中文版

会声会影X3从入门到精通

麓山文化 主编

机械工业出版社

本书是一本会声会影 X3 案例教程，全书结合**208 个实战案例+300 多分钟视频教学+5 大综合实例**，循序渐进地讲解了会声会影 X3 从获取素材、编辑素材、添加特效直到刻录输出的全部制作流程和关键技术，帮助读者在实践中实现从入门到精通，从新手成为影像编辑高手。

本书共 16 章，采用“教程+实例”的形式编写，内容包括会声会影 X3 基本介绍、快速入门、DV 转 DVD 并刻录、视频捕获素材、编辑器使用、视频滤镜、标题制作、转场效果、覆盖效果、音频编辑、文件分享输出，以及 5 大综合实例：个人写真——《魅力无限》、婚纱相册——《情真意切》、生活留念——《快乐假日》、儿童相册——《可爱女孩》、旅游记录——《美丽岳麓山》等内容，使读者能够完整地编辑和制作动态电子相册和影片。

本书配套 DVD 光盘共两张，内容丰富，包含全书所有实例的素材和源文件，以及 208 个实例、时长超过 300 多分钟的高清语音视频教学录像。

本书结构清晰、内容实用，适合于广大 DV 爱好者、数码照片工作者、影像相册工作者、数码家庭用户以及视频编辑处理人员等会声会影的初、中级读者阅读，同时也可作为各类计算机培训中心、中职中专、高职高专等院校及相关专业的辅导教材。

图书在版编目（CIP）数据

中文版会声会影 X3 从入门到精通/麓山文化主编. —北京：机械工业出版社，2011.3

ISBN 978-7-111-33558-0

Ⅰ. ①中…　Ⅱ. ①麓　Ⅲ. ①图形软件，会声会影 X3　Ⅳ. ①TP391.41

中国版本图书馆 CIP 数据核字(2011)第 030353 号

机械工业出版社（北京市百万庄大街 22 号　邮政编码 100037）

责任编辑：曲彩云

印　　刷：北京鹰驰彩色印刷有限公司

2011 年 3 月第 1 版第 1 次印刷

184mm×260mm・24.25 印张・602 千字

0001－4000 册

标准书号：ISBN 978-7-111-33558-0

　　　　　ISBN 978-7-89451-883-5（光盘）

定价：68.00 元（含 2DVD）

凡购本书，如有缺页、倒页、脱页，由本社发行部调换

销售服务热线电话（010）68326294

购书热线电话（010）88379639　88379641　88379643

编辑热线电话（010）68327259

前　言

本书特点

会声会影 X3 是 Corel 公司最新推出的操作最简单，功能最强悍的 DV、HDV 影片剪辑软体，其精美的操作界面和革命性的新增功能将带给用户全新的创作体验。本书以通俗易懂的语言，生动有趣的创意实例带领读者进入精彩的会声会影世界。

本书具有以下 4 个特点：

1、非常适合初学者

本书完全站在初学者的立场，对会声会影 X3 中常用的工具和功能进行了深入阐述，要点突出。书中每章均通过小案例来讲解基础知识和基本操作，保证读者学完知识点后即可进行软件操作。

2、知识全面系统

本书以会声会影 X3 的实际工作流程为主线，循序渐进地讲解从获取素材、编辑素材、添加特效直到刻录输出的全部制作过程，让您轻松制作出符合自己需求的视频节目。

3、图文并茂，理论与实践完美结合

为了激发读者的兴趣和引爆创意灵感，作者精心安排涵盖电子相册、电视栏目包装、片头制作、个性 MV、游戏宣传等多个应用领域的实例，深入剖析会声会影 X3 的每个核心技术细节。

4、多媒体教学课程，提高学习兴趣和效率

全书配备了多媒体教学视频，可以在家享受专家课堂式的讲解，成倍提高学习兴趣和效率。对于重要命令或操作复杂的命令，结合演示性案例进行介绍，步骤清晰，层次鲜明。

本书由麓山文化主编，具体参加本书编写的有：陈志民、陈运炳、申玉秀、李红萍、李红艺、李红术、陈云香、陈文香、陈军云、彭斌全、林小群、刘清平、钟睦、刘里锋、朱海涛、何晓瑜、廖博、喻文明、易盛、陈晶、张绍华、黄柯、何凯、黄华、陈文轶、杨少波、杨芳、刘有良、刘珊、赵祖欣、齐慧明、胡莹君等。

由于作者水平有限，书中错误、疏漏之处在所难免。在感谢您选择本书的同时，也希望您能够把对本书的意见和建议告诉我们。

联系邮箱：lushanbook@gmail.com

麓山文化

目　录

会声会影 X3 基本介绍

会声会影 X3 是 Corel 公司最新推出的视频编辑软件，是专门为视频爱好者或一般家庭用户打造的操作简单、功能强大的视频编辑软件。它不仅完全符合家庭或个人所需的影片剪辑功能，甚至可以挑战专业级的影片剪辑软件。从捕获、剪接、转场、特效、覆叠、字幕、配乐直到光盘刻录，让用户全方位剪辑出好莱坞级的家庭电影，即使是入门新手也可以在短时间内体验影片剪辑的乐趣。

本章是对会声会影 X3 进行一次快速漫游，初步感受一下会声会影 X3 的强大魅力，早日体验会声会影 X3 丰富多彩的影片剪辑世界。

本章重点：

★ 初识会声会影 X3

★ 系统配置

★ 安装与卸载

1.1 初识会声会影 X3

会声会影 X3 有完整的影音规格支持、成熟的影片编辑环境、令人目不暇接的剪辑特效和最撼动人心的 HD 高画质新体验。让用户体验影片剪辑新势力，再创完美视听新享受。

1.1.1 简介

会声会影 X3 是会声会影软件的最新版本，如图 1-1 所示，这款软件具有操作简单、功能丰富等特点，一直都是 DV 爱好者们理想的视频编辑软件，会声会影 X3 可以将生活中拍摄的一些 DV 片段制作成一个完整的影片，让每一个拥有电影梦想的人们制作出属于自己的影片。

会声会影 X3 用于创建高质量的高清、蓝光及标清影片、相册和 DVD。可以使用简易编辑快速、轻松地编辑视频或照片。作为完整的高清视频编辑程序，它以专业设计的模板、华丽的特效、精美的字幕和平滑的转场效果，让用户在创新性上领先一步。可以将影片刻录到 DVD、蓝光、高清 AVCHD 和 Blu-ray 光盘。也可以在 PSP、iPod 或 iPhone 上观看，或者直接上传到 YouTube 网站，进行全球共享。

会声会影 X3 可显著提高影片制作速度，使用户有充分的空间施展创造力。采用全新的“快速编辑”模式，可以更加快速的合成视频剪辑，或使用高级视频编辑工具进行深入编辑，如图 1-2 所示。

图 1-1　会声会影 X3

图 1-2　会声会影 X3 高级编辑界面

1.1.2 新增功能

会声会影 X3 版本与旧版本相比，完善了高清影片剪辑功能，它拥有相当于以前两倍的速度，可简化整个工作流程，快速进行创作、编辑、渲染和共享，使用户更专注于影片的制作。

1．启动程序

会声会影 X3 拥有全新的启动程序，可以更快速进行创作，通过程序“高级编辑”、“DV 转 DVD 向导”、“简易编辑”或“刻录”等不同模式的选择，如图 1-3 所示，使用户更加轻松的制作与刻录 DVD 光盘。

图 1-3　会声会影 X3 启动界面

2．GPU 与 CPU 硬件加速

会声会影 X3 新增支持 NVIDIA CUDA 的 GPU 硬件加速功能（如图 1-4 所示），以及最新 Intel Core i7 微处理器（如图 1-5 所示），让影片编辑更加顺畅。

图 1-4　NVIDIA CUDA

图 1-5　Intel Core i7 微处理器

3．滤镜特效

新增的预览特效窗口，让特效一目了然，加快影片编辑流程，使用户全情投入到影片的创作，如图 1-6 所示。

4．影片范本

会声会影 X3 提供了丰富的影片模板、专业 HD 模板以及好莱坞风格的标题、转场、特效、字幕等，可将影片制作成电影风格的作品，如图 1-7 所示。

图 1-6　特效预览

图 1-7　影片范本

5．多轨重叠效果

在覆叠轨使用多轨重叠或特效效果，不管是影片、标题或者图像，都可以制作出精美的覆叠和剪辑效果，如图 1-8 所示。

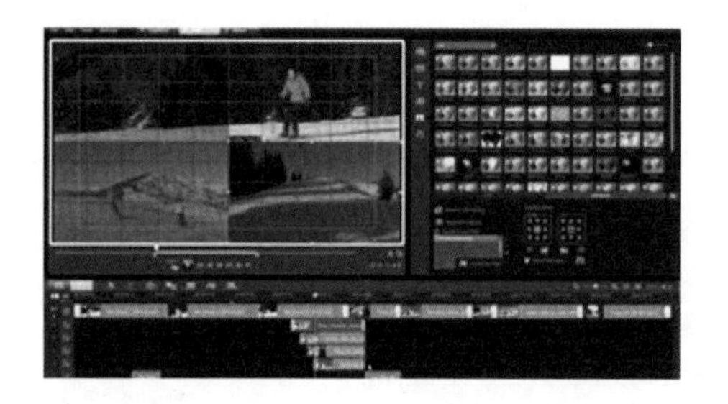

图 1-8　多轨道重迭效果

6. NewBlueFX 滤镜特效

新增的 NewBlueFX 特效提供了多种动画效果，包括强化边缘及突显昏暗或模糊场景细节的“细节加强器”(如图 1-9 所示) 以及能模拟多种相机抖动的“主动式相机”特效等。

7. 情境音乐

全新的情境音乐模式提供更多符合影片内容的音乐效果选择。多层音轨可单独微调个别乐器，让音乐为影片锦上添花，如图 1-10 所示。

图 1-9　滤镜特效

图 1-10　情境音乐

8. H. 264 编码压缩

通过建立 H.264 编码的 HD MPEG-4 格式 (如图 1-11 所示)，创建视频文件，可获得 HD 的影片质量。无论是低功率的手机还是高功率的蓝光装置，用户都可以使用这项功能更轻松地分享影片。

图 1-11　H.264 编码压缩

1.1.3 加强功能

会声会影 X3 的加强功能是把原有的功能进行更高性能的优化，用户使用会声会影 X3 的时候更能享受影片编辑带来全新体验。

1．标题特效

通过多轨字幕功能及标题滤镜特效和动画效果，可以制作出多种样式的标题，如图 1-12 所示，让影片的视觉效果更加丰富。

图 1-12　标题特效

2．丰富的影片编辑素材随时下载

按下“取得更多信息”按钮，即可让用户随时下载 Corel 提供的编辑素材内容，包括项目模板、标题样式、背景音乐和特效，为用户提供最新的编辑素材，如图 1-13 所示。

3．全方位 HD 影片制作

会声会影 X3 可以制作高清影片，通过 DV 或是各种摄影机、移动设备及数相机中导入捕获的影片或图像，如图 1-14 所示，可以编辑制作以及分享高清画质影片，让用户享受最佳质量的高清影片。

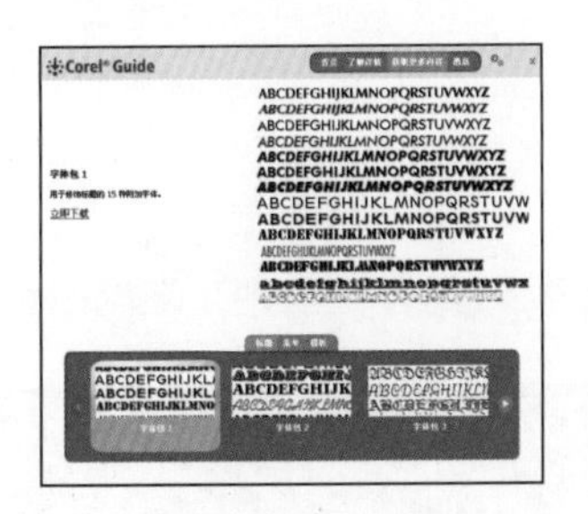

图 1-13　素材下载

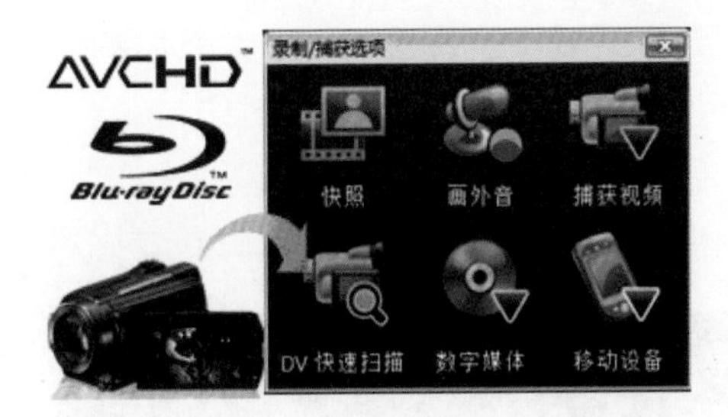

图 1-14　高画质及标准影片撷取与汇入

4．蓝光光盘制作与刻录

新增蓝光光盘制作，内建范本不管是 DVD 光盘或蓝光光盘，都能轻松制作出属于用户自己的风格，如图 1-15 所示。

5．在线分享

会声会影 X3 可以将自己的影片与电子相簿直接上传到 YouTube、Vimeo、Facebook 及 Flickr 等不同的网站，如图 1-16 所示，即可与网络或整个世界分享的电影作品。

6．灵活选择各种格式

制作的影片可储存为 AVI、FLV、MP3 编码、AVCHD、HD MPEG-2、MPEG-4 等多种文件格式，方便您与他人进行分享。

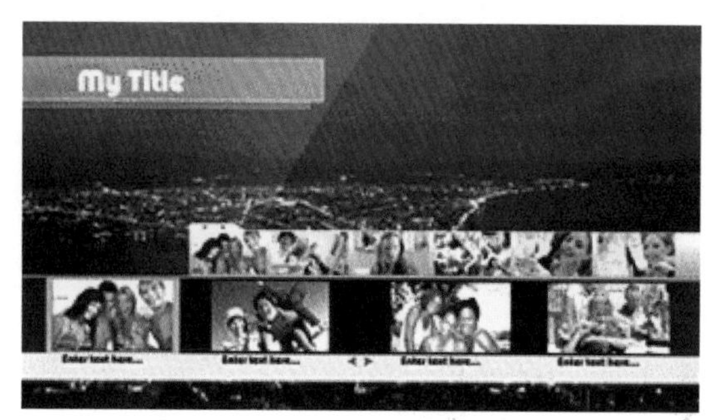

图 1-15 蓝光制作

图 1-16 多种在线分享

7. 复制、转换及刻录

复制影片到用户所选择的装置，包括 iPod、iPhone、MP3 播放器、PSP 以及移动设备，刻录 CD、DVD、蓝光光盘及 AVCHD 光盘。用户甚至可以将 HD 影片刻录为标准 DVD 光盘，然后在 DVD 或蓝光播放器上播放。

8. 快速电影制作

在“简易编辑”中，进行快速编辑，如图 1-17 所示，用户可以使用新的模板和菜单在几分钟之内制作好电影，然后与朋友和家人分享。

9. 画外音

如果需要在会声会影 X3 中添加画外音，可转到“音乐和声音”选项卡中，如图 1-18 所示，可以轻松地录制画外音。

要在会声会影 X3 中添加旁白，准备好开始录制时，单击“录制画外音”按钮，并对着麦克风说话。画外音将被录制到麦克风音轨中。要听取画外音，单击“播放”按钮即可。

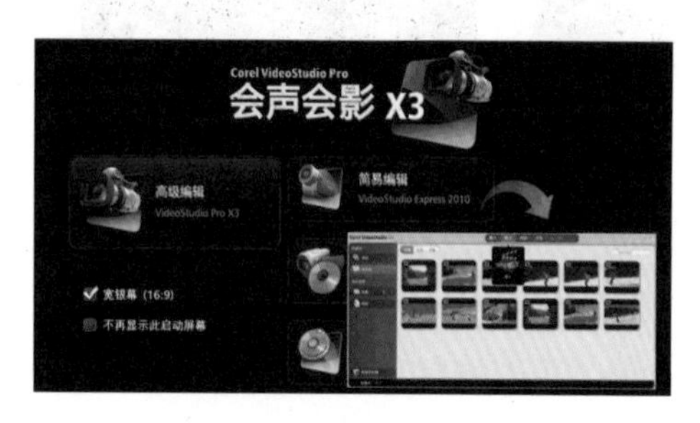

图 1-17 快速制作电影

图 1-18 录制画外音

10. 视觉效果工具

会声会影 X3 提供众多视觉效果工具，这些工具可以应用于视频、照片、图形和标题，如图 1-19 所示。要添加效果，可在素材库中选择并预览效果，然后将其拖动到素材上。如果觉得对效果默认设置不满意，可以通过单击“自定义”按钮来调整效果。

还可以将效果合并，以创建易于使用合成功能的新效果。每个添加到内容的效果将应用于当前效果列表。

创建用户想要的效果后，单击鼠标右键，在弹出快捷菜单中选择“复制属性”选项。复制效果后，可以将效果粘贴到照片或视频中。

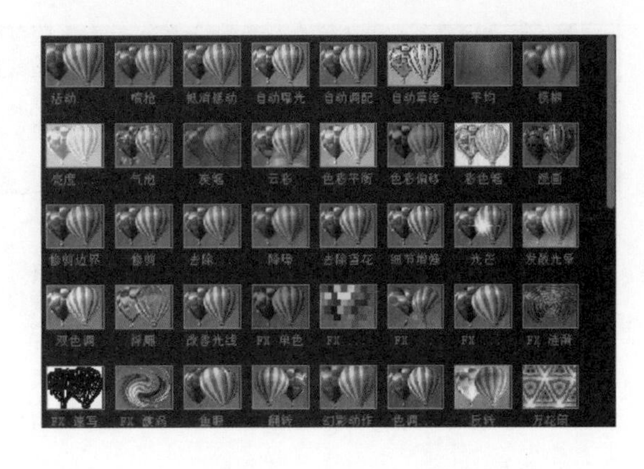

图 1-19　多种视觉效果

11. 简便的视频修正

在快速编辑框的右边，可以看到标记为更多工具的小图标，单击该图标，就会显示一组可用于改进视频外观的有用工具，如图 1-20 所示。

摄像机有时会出现色差，因此如果在荧光灯下拍摄，效果会偏绿，而从室内移动到室外时，拍摄效果会偏蓝。白平衡图标使用户能够选择一个可以修正该色差并使视频颜色看起来更自然

使用亮度滑块可以改进在光源不足或背光处拍摄的视频。但请尽量少使用此滑块，以避免数码杂点。

如果视频在经处理后出现“颗粒”，那么可以使用“缩减杂点”功能来进行改善。

视频晃动会让观众感到晕眩，降低摇动功能有助于稳定画面。

12. 移除不需要的部分

拍摄视频时，刚开始数秒可能会发生晃动，即将结束拍摄时的数秒钟也是如此，因为用户需要伸手切换数码摄像机开关。剪辑掉这些部分的视频通常可改进视频画面效果。

导入视频后，请双击该剪辑，并选择顶部工具栏中的剪辑。可在时间轴中剪辑的两端看见两个橙色的“剪辑标记”，如图 1-21 所示。

拖动左边的标记，直到主要动作开始为止，或直到视频稳定为止，并在视频结束时执行同样的操作，只需将滑块移动回主要动作结束的位置，或者晃动就要开始时的位置

现在单击右边工具面板上的“保留选定”按钮，即可更新剪辑，如果对剪辑结果不满意，可以单击“删除选定”按钮即可。

图 1-20　视频修正

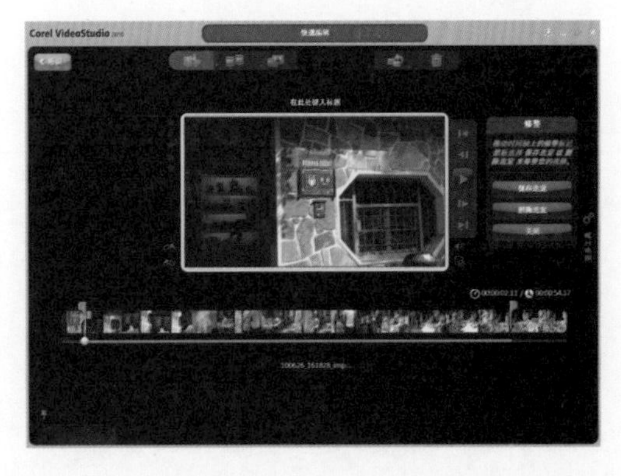

图 1-21　移除多余部分

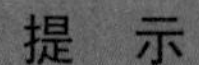

提 示

剪辑功能并不会实际移除任何视频，而只会指定原始文件中的开始位置和结束位置。可视需要随时将剪辑还原至原始状态。

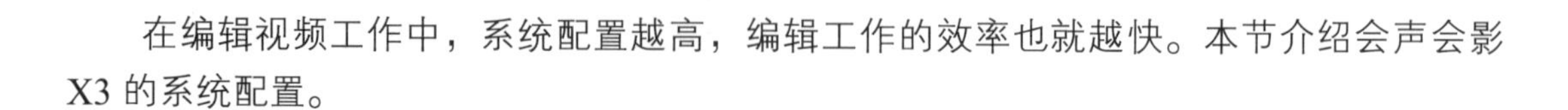

1.2 系统配置

在编辑视频工作中，系统配置越高，编辑工作的效率也就越快。本节介绍会声会影 X3 的系统配置。

1.2.1 系统安装要求

视频编辑因为需要较多的系统资源，所以在配置计算机系统时，考虑的主要因素是硬盘的大小和速度、内存和 CPU，这些因素决定了保存视频的容量、处理和渲染文件的速度。

下面介绍使用会声会影 X3 编辑影片的最低系统要求和高清影片编辑的系统要求，如果计算机用于编辑普通的 DV 视频、制作 DVD 光盘或者 VCD 光盘。

1. 最低系统要求

硬件名称	基本配置
CPU	Intel® Pentium® 4，AMD Athlon® XP（同等）或更高版本
操作系统	Microsoft® Windows® XP SP2 Home Edition/Professional、Windows XP Media Center Edition、Windows XP Professional x64 Edition、Windows Vista®
内存	512 MB 的 RAM（推荐使用 1GB 或更大内存）
硬盘	3 GB 的可用硬盘空间容量，用于安装程序
声卡	Windows 兼容的声卡（推荐使用支持环绕声效的多声道声卡）
驱动器	Windows 兼容 DVD-ROM，以进行安装

2. 高清影片编辑系统需求

高清影片编辑需要更高性能的计算机配置。普通配置计算机在编辑高清视频时，仍然会出现播放、编辑、显示不流畅的问题。下表列出了编辑高清影片的系统要求。

硬件名称	基本配置
CPU	具备超线程技术的 IntelPentium43.0GHz，AMDAthlonXP3000+或更高版本内存 1GB 的 RAM（推荐使用 2GB 或更高内存）
显示卡	16XPCIExpress®显示适配器
硬盘	用于视频和编辑的影片空间尽可能大。至少 5G 以上。
声卡	支持环绕立体多声道声卡

3. 输入/输出设备支持

在使用会声会影 X3 进行影片编辑时，常常需要从不同的设备上获取视频、音频、图片素材，并输出完成影片的制作。下表列出了会声会影 X3 支持的输入/输出设备类型。

输入、输出设备	作用及参数
1394 卡	用于捕获 DV、D8、HDV、AVCHD 摄像机中的视频文件
USB 接口	用于连接移动设备、相机、U 盘设备以获取编辑需要的文件
光驱驱动器	用于刻录或采集文件，包括 Windows 兼容 Blu-ray、DVD-R/RW 、DVD+R/RW 、DVD-RAM 或 CD-R/RW 驱动器

1.2.2 输入输出格式

使用会声会影 X3 进行影片编辑时，因为素材的不同，常常需要各种格式的文件，以不同的格式保存和输出影片，供用户进行分享。会声会影 X3 支持几乎所有流行的视频、声音和图像文件格式。以下列表是会声会影 X3 支持的输入/输出文件格式。

文件	格 式
视频	AVI、MPEG-1、MPEG-2、HDV、AVCHD、M2T、MPEG-4、H.264、QuickTime、Windows Media 格式、DVR-MS、MOD（JVC® MOD 文件格式）、M2TS、TOD、BDMV、3GPP、3GPP2
音频	杜比数码® 立体声、杜比数码 5.1、MP3、MPA、QuickTime、WAV、Windows Media
图像	BMP、CLP、CUR、EPS、FAX、FPX、GIF87a、ICO、IFF、IMG、JP2、JPC、JPG、PCD、PCT、PCX、PIC、PNG、PSD、PXR、RAS、SCT、SHG、TGA、TIF/TIFF、UFO、UFP、WMF
光盘	DVD、视频 CD (VCD)、超级 VCD (SVCD) 、Blu-ray (BDMV)
媒体	CD-R/RW、DVD-R/RW、DVD+R/RW、DVD-R 双层、DVD+R 双层、BD-R/RE

1.3 安装与卸载

在进行编辑工作前，首先需要安装会声会影 X3 程序到计算机中，本节介绍会声会影 X3 程序的安装与卸载。

1.3.1 安装与运行

安装会声会影之前请确保系统满足最低硬件和软件要求，以获得最佳性能。使用会声会影 X3 程序时，可以根据需要对程序在电脑中的安装位置、所在地区等选项进行选择。

1. 安装会声会影 X3

STEP 01 将会声会影 X3 安装光盘放入光盘驱动器中，系统将自动弹出安装界面，单击“会声会影 X3”按钮，进行会声会影 X3 软件的安装。

STEP 02 进入“许可证协议”界面，勾选“我接受许可中协议中的条款”复选框，然后单击“下一步”按钮，如图 1-22 所示。

图 1-22　会声会影安装界面

图 1-23　正在配置

STEP 03 安装界面正在配置完成进度，如图 1-23 所示。安装向导成功完成后，单击“完成”按钮就可以完成会声会影 X3 程序的安装，如图 1-24 所示。

图 1-24　安装完成

2. 启动会声会影 X3

在系统中安装会声会影以后，可以使用以下的三种方法之一启动软件。

- 双击 Windows 桌面上的会声会影 X3 图标。
- 鼠标右键单击 Windows 桌面上的会声会影 X3，在弹出的下拉菜单中，选择“打开”。
- 从“开始”菜单中选择 Corel VideoStudio Pro X3 程序中的 Corel VideoStudio Pro X3。

3. 会声会影 X3 启动界面

在默认的设置下，启动会声会影 X3 首先显示的是启动界面，如图 1-25 所示。

单击“高级编辑”按钮，进入会声会影 X3 的主程序界面，如图 1-26 所示。单击“简易编辑”按钮，进入会声会影 X3 简易编辑界面，如图 1-27 所示。

在会声会影编辑器中，可以通过捕获、编辑、效果、覆盖、标题、音频以及分享等 7 个步骤，自如地完成对影片高级编辑。会声会影编辑器适合中、高级用户，能够让用户体验全方位影片剪辑乐趣。

图 1-25　会声会影 X3 启动界面

图 1-26　高级编辑界面

4. 退出会声会影 X3

需要退出会声会影 X3 时，执行"文件"|"退出"命令即可，如图 1-28 所示。

图 1-27　简易编辑界面

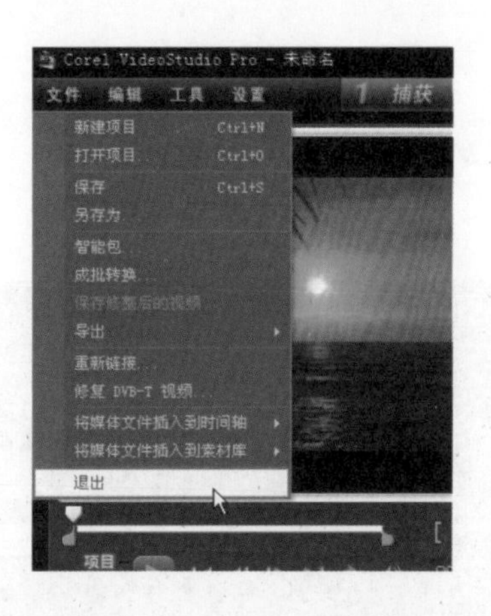

图 1-28　退出会声会影

提　示

单击操作界面左上角的 ✕ 按钮，也可以退出会声会影 X3 程序。

1.3.2 卸载程序

在系统中安装软件以后，在使用过程中难免会因为某些原因致程序无法正常工作。在这样的情况下，最好的办法就是卸载程序再重新安装。

STEP 01 执行"开始"|"设置"|"控制面板"命令，打开控制面板，单击"添加/删除程序"按钮，弹出"添加或删除程序"对话框，选择要卸载的 Corel VideoStudio Pro X3，然后单击右侧的"更改/删除"按钮，如图 1-29 所示。

STEP 02 弹出"确定完全删除 Corel VideoStudio Pro X3"对话框，程序默认勾选"清除

Corel VideoStudio Pro X3 中的所有个人设置”复选框，如图 1-30 所示，如果用户不需要清除 Corel VideoStudio Pro X3 中的所有个人设置的，可以不用勾选，设置完成后，单击“删除”按钮。

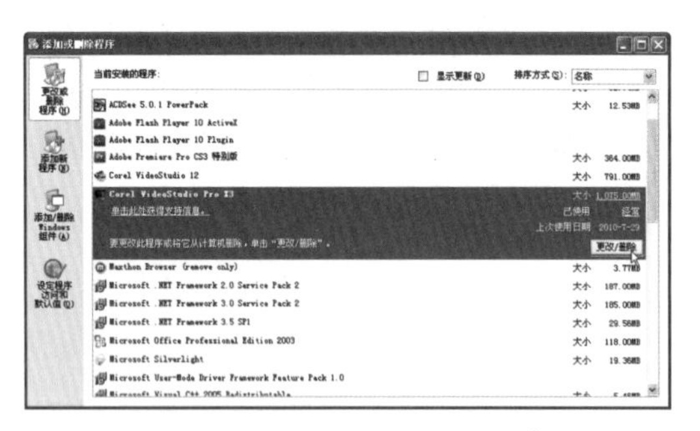

图 1-29 单击右侧的“更改/删除”

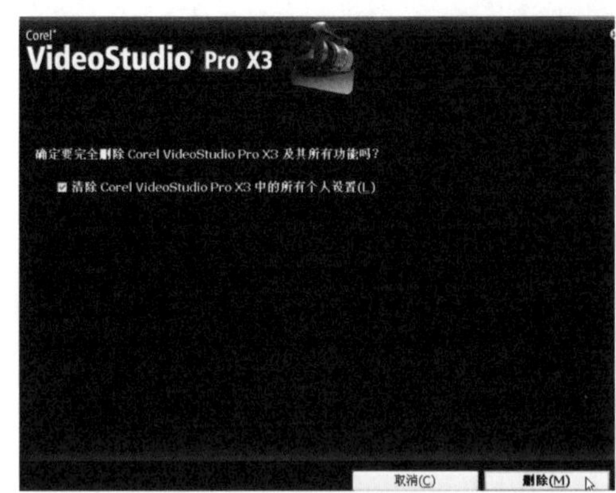

图 1-30 单击删除

STEP 03 系统将会提示正在完成配置，如图 1-31 所示，所有配置完成后，单击“完成”按钮，就可以完成会声会影 X3 程序的卸载，如图 1-32 所示。

图 1-31 正在完成配置

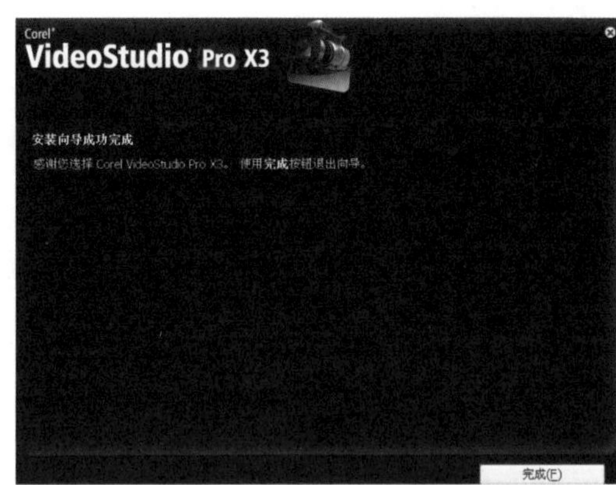

图 1-32 卸载完成

会声会影 X3 快速入门

熟练掌握会声会影 X3 的基本操作，可以大大提高视频编辑的速度和效率。例如：导入素材、标记素材、保存项目文件操作等。本章即介绍这些基本操作，为后面的深入学习打下坚实的基础。

本章重点：

★ 熟悉操作界面

★ 了解视图模式

★ 其它组件功能

★ 添加素材文件

★ 应用素材库

★ 应用主题模板

2.1 熟悉操作界面

会声会影 X3 的启动程序与之前旧的版本有很大的不同，它分为 4 个选项，分别是“全功能编辑”、“简易编辑”、“DV 转 DVD 直接刻录向导”和“刻录”，如图 2-1 所示。

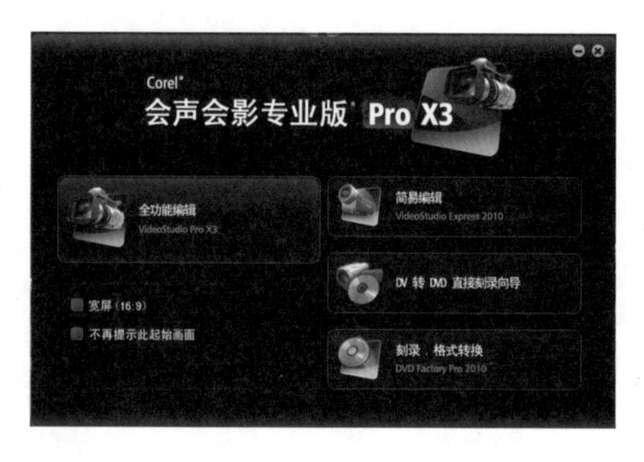

图 2-1　会声会影启动界面

单击“高级编辑”按钮，进入高级编辑界面。整个编辑界面由步骤面板、菜单栏、预览窗口、导览面板、工具栏、项目时间轴、素材库、素材库面板、选项面板组成，如图 2-2 所示。

下面对会声会影操作界面上各个部分的名称和功能做一个简单介绍，如表 2-1 所示，使读者对影片编辑的流程和控制方法有一个基本认识。

图 2-2　会声会影 X3 高级编辑器操作界面

表 2-1　名称和功能

名称	功能及说明
步骤面板	包括捕获、编辑和分享按钮，这些按钮对应视频编辑中的不同步骤
菜单栏	包括文件、编辑、工具和设置菜单，这些菜单提供了不同的命令集
预览窗口	显示了当前项目或正播放的素材的外观
导览面板	提供一些用于回放和精确修整素材的按钮。在“捕获”步骤中，它也可用作 DV 或 HDV 摄像机的设备控制
工具栏	包括在两个项目视图（如“故事板视图”和“时间轴视图”）之间进行切换的按钮，以及选择其他快速设置的按钮
项目时间轴	显示项目中使用的所有素材、标题和效果
素材库	存储和组织所有媒体素材
素材库面板	根据媒体类型过滤素材库——媒体、转场、标题、图形、滤镜和音频
选项面板	包含控制按钮，以及可用于自定义所选素材设置的其他信息。该面板的内容会有所不同，具体取决于所选媒体素材的性质

2.1.1 菜单栏

菜单栏提供的各种命令，用于自定义会声会影文件的打开和保存影片项目，处理单个素材等，如图 2-3 所示。下面对会声会影菜单栏名称和功能做一个简单介绍，如表 2-2 所示。

文件　编辑　工具　设置

图 2-3　菜单栏

表 2-2　菜单栏菜单功能

名称	功 能
文件	进行新建、打开和保存等操作
编辑	包括撤消、重复、复制和粘贴等编辑命令
工具	对素材进行多样编辑
设置	对各种管理器进行操作

2.1.2 导览面板

导览面板用于预览和编辑项目所用的素材，如图 2-4 所示。使用导览控制可以移动所选素材或项目。使用修整标记和擦洗器可以编辑素材。下面对导览面板各个部分的名称和功能做一个简单介绍，如表 2-3 所示。

图 2-4　导览面板

表 2-3　导览面板按钮功能

项目/素材模式	指定预览整个项目或只预览所选素材
播放	播放、暂停或恢复当前项目或所选素材
起始	返回起始片段或提示
上一帧	移动到上一帧
下一帧	移动到下一帧
结束	移动到结束片段或提示
重复	循环回放
系统音量	可以通过拖动滑动条调整计算机扬声器的音量
时间码 00:00:00:01	通过指定确切的时间码，可以直接跳到项目或所选素材的某个部分
扩大预览窗口	增大预览窗口的大小
分割素材	分割所选素材。将擦洗器放在想要分割素材的位置，然后单击此按钮
开始标记 [结束标记]	在项目中设置预览范围或设置素材修整的开始和结束点
擦洗器	可以在项目或素材之间拖曳
修整标记	可以拖动设置项目的预览范围或修整素材

2.1.3 工具栏

通过工具栏可以便捷地访问编辑按钮，如图 2-5 所示。还可以更改项目视图，在“项目时间轴”上放大和缩小视图以及启动不同工具帮助进行有效的编辑。下面对工具栏上各个部分的名称和功能做一个简单介绍，如表 2-4 所示。

图 2-5　工具栏

表 2-4　工具栏各工具功能

故事板视图	按时间顺序显示媒体缩略图
时间轴视图	可以在不同的轨中对素材执行精确到帧的编辑操作
撤消	撤消上次的操作
重复	重复上次撤销的操作
录制/捕获选项	显示“录制/捕获选项”面板，可在同一位置执行捕获视频、导入文件、录制画外音和抓拍快照等所有操作
成批转换	将多个视频文件从一种视频格式转换为另一种
绘图创建器	启动“绘图创建器”面板，在其中可以使用绘图和画画功能来创建图像和动画覆叠
混音器	启动“环绕混音”和多音轨的“音频时间轴”，自定义音频设置
即时项目	可插入“项目时间轴”的一种样本项目，可为项目快速选择菜单样式模板。通过使用“替换素材”功能，样本项目还可用作视频项目的一个模板
缩放控件	通过使用缩放滑动条和按钮可以调整“项目时间轴”的视图
将项目调到时间轴窗口大小	将项目视图调到适合于整个“时间轴”跨度
项目区间 0:00:19:21	显示项目区间

2.1.4 步骤面板

会声会影 X3 将影片制作过程简化为三个简单步骤，如图 2-6 所示，单击步骤面板中的按钮，可在步骤之间切换，如图 2-7 所示。下面对步骤面板做一个简单介绍，如表 2-5 所示。

图 2-6　步骤面板

图 2-7　步骤面板的切换

表 2-5　步骤介绍

捕获	媒体素材可以直接在“捕获”步骤中录制或导入到计算机的硬盘驱动器中。该步骤允许捕获和导入视频、照片和音频素材
编辑	“编辑”步骤和“时间轴”是会声会影的核心，可以通过它们排列、编辑、修整视频素材并为其添加效果
分享	“分享”步骤可以完成的影片导出到磁盘、DVD 或 Web

2.1.5 选项面板

选项面板是用于自定义所选素材的设置，用户可以自行设置所需要的效果。素材设置根据步骤面板的不同而有所不同。标题选项面板如图 2-8 所示。

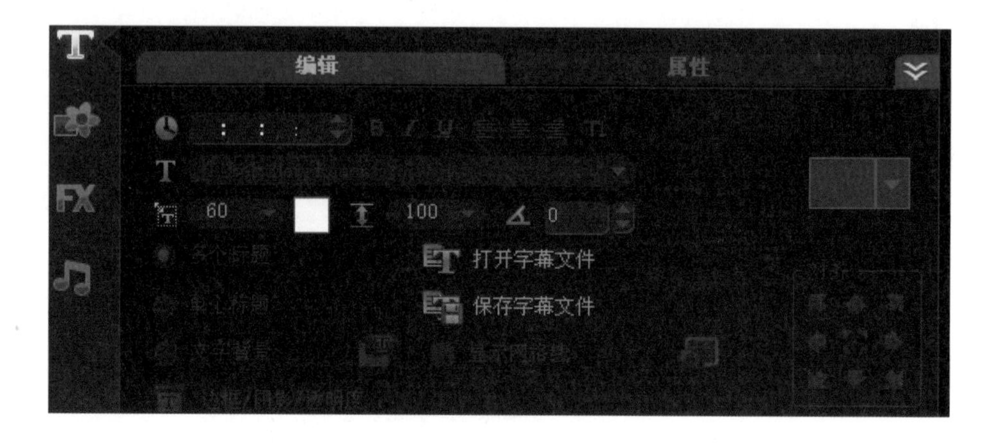

图 2-8　标题选项面板

2.2 了解视图模式

会声会影 X3 高级编辑界面中有三种视图模式，分别为故事板视图、时间轴视图和音频视图。

2.2.1 故事板视图

整理项目中的照片和视频素材最快、最简单的方法是使用“故事板视图”，如图 2-9 所示。故事板中的每个缩略图都代表一张照片、一个视频素材或一个转场。缩略图是按其在项目中的位置显示的，可以拖动缩略图重新进行排列。每个素材的区间都显示在各缩略图的底部。此外，也可以在视频素材之间插入转场以及在“预览窗口”修整所选的视频素材。

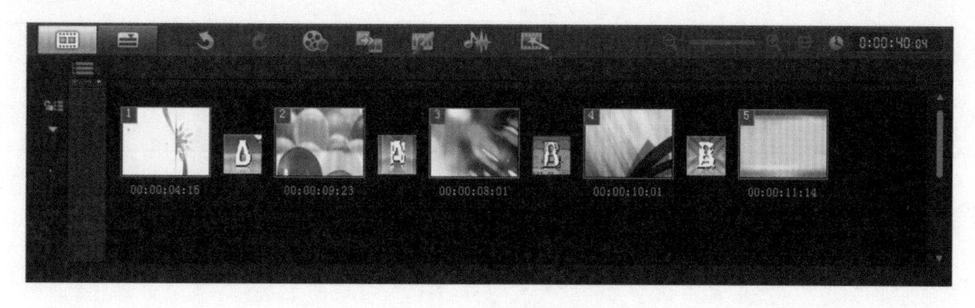

图 2-9　故事板视图

2.2.2 时间轴视图

“时间轴视图”为影片项目中的元素提供最全面的显示，如图 2-10 所示。它按视频、覆叠、标题、声音和音乐将项目分成不同的轨。它可以粗略浏览不同素材的内容。时间轴模式的素材可以是视频文件、静态图像、声音文件或者转场效果，也可以是彩色背景或标题。下面对时间轴视图做一个简单介绍，如表 2-6 所示。

图 2-10　时间轴

表 2-6　时间轴各项功能

显示全部可视化轨道	显示项目中的所有轨道
轨道管理器	可以管理“项目时间轴”中可见的轨道
所选范围	显示代表项目的修整或所选部分的色彩栏
添加/删除章节或提示	可以在影片中设置章节或提示点
启用/禁用连续编辑	当插入素材时锁定或解除锁定任何移动的轨
自动滚动时间轴	预览的素材超出当前视图时，启用或禁用“项目时间轴”的滚动
滚动控制	可以通过使用左和右按钮或拖动“滚动栏”在项目中移动
时间轴标尺	通过以“时：分：秒：帧”的形式显示项目的时间码增量，帮助用户确定素材和项目长度
视频轨	包含视频、照片、色彩素材和转场
覆叠轨	包含覆叠素材，可以是视频、照片、图形或色彩素材
标题轨	包含标题素材
声音轨	包含画外音素材
音乐轨	包含音频文件中的音乐素材

技　巧

鼠标在缩放控件或时间轴标尺上时，可以使用滚轮放大和缩小“项目时间轴”。

2.2.3 音频视图

音频视图通过混音面板可以实时地调整项目中音频轨的音量，也可以调整音频轨中特定的音量，如图 2-11 所示

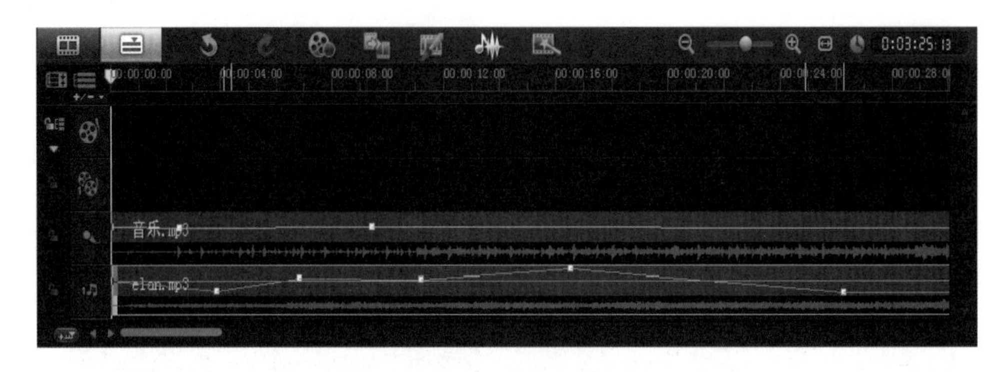

图 2-11　音频视图

2.3 其他组件功能

会声会影 X3 不仅有高级编辑器，还有简易编辑、DV 转 DVD 向导、刻录功能，本节介绍各项功能的作用。

2.3.1 简易编辑

如果用户是视频编辑的初学者，或者想快速制作影片，那么可以进入“简易编辑”程序来编辑视频素材和图像素材、添加背景音乐和标题。下面就来介绍一下简易编辑的操作流程和方法。

视频文件	DVD\视频\第 2 章\2.3.1 简易编辑.avi

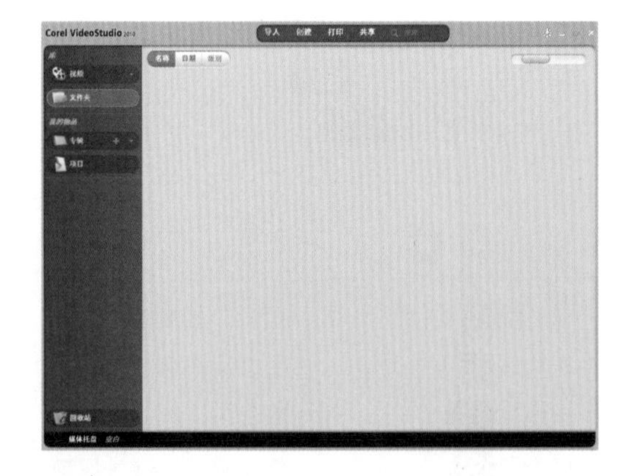

图 2-12　会声会影 X3 的简易编辑程序

STEP 01 在启动程序上单击“简易编辑”按钮，将进入会声会影 X3 的简易编辑程序，如图 2-12 所示。

STEP 02 单击“创建”|“电影”命令，如图 2-13 所示。

STEP 03 选择要使用的一种模板，单击右下

角“选中照片和视频”按钮，如图 2-14 所示。

图 2-13　单击“电影”按钮

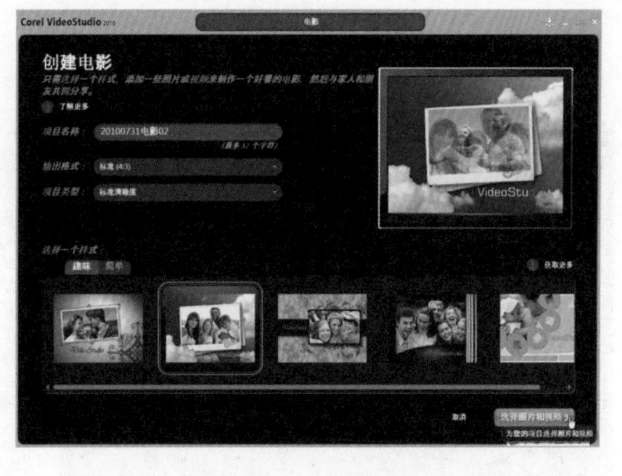

图 2-14　选择模板

STEP 04 选择所要使用的文件夹，单击鼠标左键拖动到下面的媒体托盘中，图片依次排列到媒体托盘中，如图 2-15 所示。

STEP 05 单击“转至电影”按钮，修改标题后单击“输出”按钮，如图 2-16 所示，输出完成后可生产视频文件。

图 2-15　素材添加到媒体托盘中

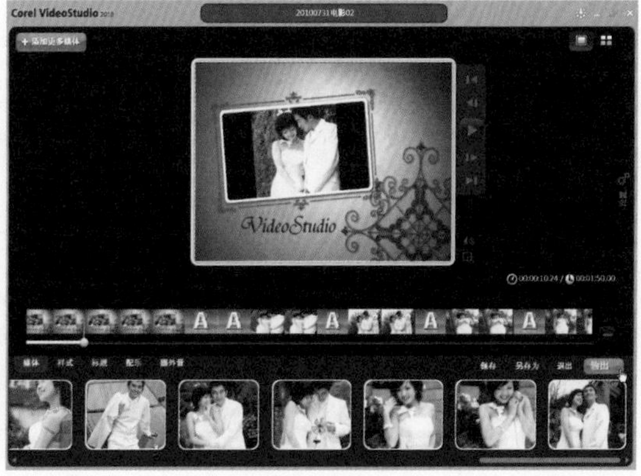

图 2-16　输出影片

2.3.2 DV 转 DVD 向导

单击“DV 转 DVD 向导”按钮，将进入 DV 转 DVD 向导界面，如图 2-17 所示。它可以从 DV 带捕获视频并直接刻录成 DVD 光碟，还可以为影片添加动态菜单，如果需要快速将录像带转成 DVD 光盘，也可以选择“DV 转 DVD 向导”命令。

2.3.3 刻录

会声会影 X3 新增刻录功能，它不仅可以将做好的视频文件创建成光盘，如图 2-18 所示。还可以把文件复制到 iPod/iPhone、Sony PSP、移动电话、MP3 等存储设备上，打印成照片或者光盘卷标，甚至可以上传到 YouTube、vimeo、Flickr 等网站进行共享，让更多的人看到用户制作的影片。

图 2-17　DV 转 DVD 向导程序

图 2-18　创建多种类光盘类型

2.3.4 16:9 宽荧幕

会声会影 X3 可以捕获和编辑标准的 4:3 视频素材，也可以捕获和编辑高清影片所采用的 16:9 视频素材。在启动程序上选中“16:9”选项，如图 2-19 所示，可以将项目设为 16:9 宽荧幕模式。

2.3.5 不显示启动屏幕

如果用户平时编辑视频时，不需要使用影片向导和 DVD 向导，选中启动程序中的“不再显示此消息”选项，如图 2-20 所示。那么在用户下次启动会声会影将直接进入会声会影编辑器，而不再显示启动程序。

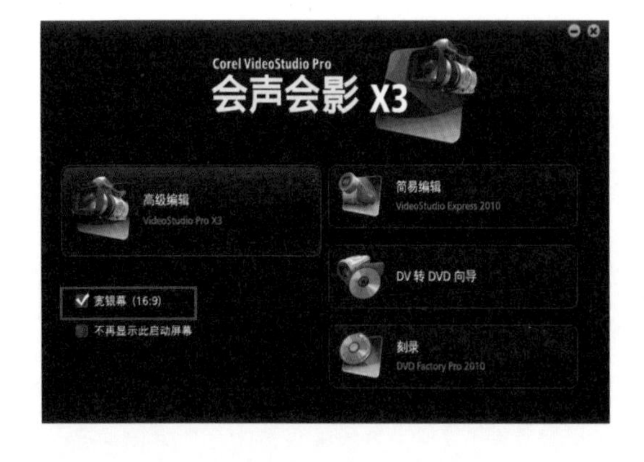

图 2-19　选择 16:9 模式

图 2-20　取消显示启动程序

2.4 添加素材文件

将视频从来源设备传送到计算机的过程称作捕获。

捕获通常是影片剪辑的第一步操作，在捕获步骤中可以直接将视频源中的影片素材传输到计算机中。在捕获步骤的选项面板上，如图 2-21 所示。

图 2-21 捕获步骤面板

2.4.1 DV 获取视频

在会声会影高级编辑器中，将 DV 与计算机相连接，即可进行视频的捕获，下面介绍一下在高级编辑器中捕获 DV 视频的方法。

STEP 01 将 DV 与计算机进行连接，如图 2-22 所示。

STEP 02 单击“捕获”按钮，切换至捕获步骤面板，单击面板中的“捕获视频”按钮，如图 2-23 所示。

图 2-22 将 DV 与计算机进行连接

图 2-23 单击“捕获视频”按钮

STEP 03 进入捕获界面，单击“捕获文件夹”按钮，如图 2-24 所示。

STEP 04 弹出“浏览文件夹”对话框，选择需要保存的文件夹位置，如图 2-25 所示。

图 2-24　单击“捕获视频”按钮

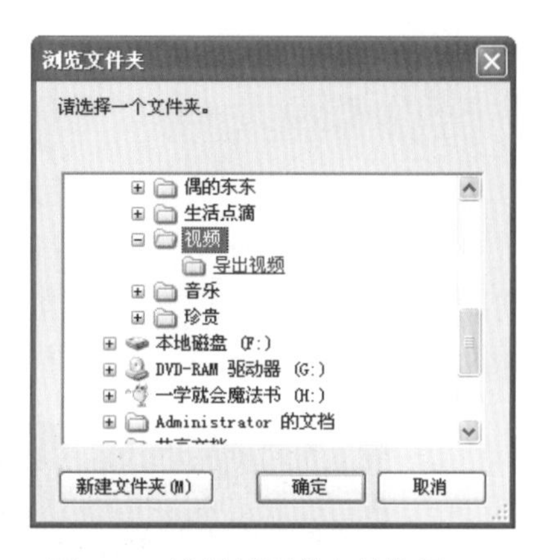

图 2-25　选择需要保存的位置

STEP 05 单击“确定”按钮，即可在选项面板面板中显示相应路径，单击选项面板中的“捕获视频”按钮，开始捕获视频，如图 2-26 所示。

STEP 06 捕获至合适位置后，单击“停止捕获”按钮，如图 2-27 所示，捕获完成的视频文件即可保存到素材库中。

图 2-26　单击“捕获视频”按钮

图 2-27　停止捕获

STEP 07 切换至编辑步骤，在时间轴中即可对刚刚捕获的视频进行编辑，如图 2-28 所示。

图 2-28　编辑捕捉视频

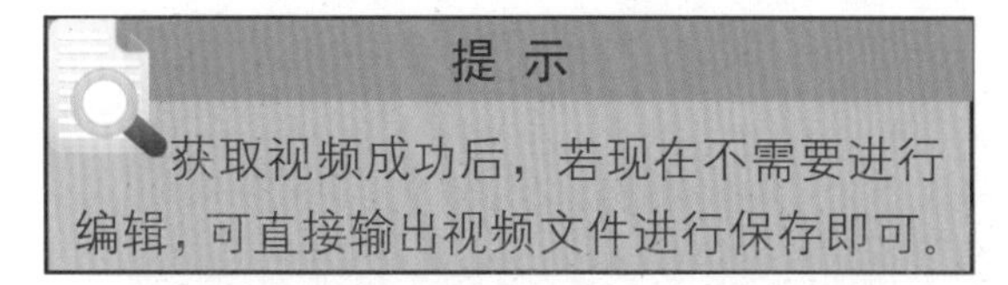

提　示

获取视频成功后，若现在不需要进行编辑，可直接输出视频文件进行保存即可。

2.4.2 添加视频素材

在编辑影片时，如果需要使用到电脑中已有的一些视频或图像素材，可以直接将文件插入到会声会影 X3 程序的时间轴中，然后进行编辑，操作步骤如下：

素材文件：	DVD\素材\第 2 章\街道.mpg
项目文件：	DVD\项目\第 2 章\添加视频素材.VSP
视频文件：	DVD\视频\第 2 章\2.4.2 添加视频素材.avi

STEP 01 进入高级编辑程序，执行“文件”|“将文件插入到时间轴”|“插入视频”命令。

STEP 02 在弹出的“打开视频文件”对话框中，选择需要使用的视频文件并单击“打开”按钮，如图 2-29 所示。

STEP 03 返回程序就可以看到所选择的文件已将插入到时间轴中，如图 2-30 所示。

图 2-29　添加视频

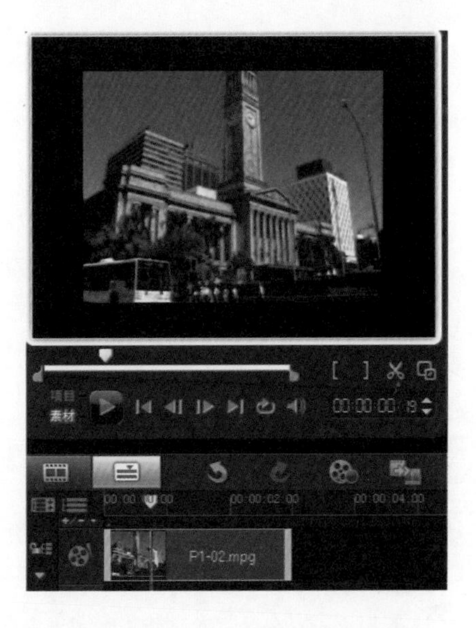

图 2-30　文件添加到时间轴

2.4.3 添加图像素材

插入图像与插入视频的方法相同，操作步骤如下：

素材文件：	DVD\素材\第 2 章\吉他.jpg
项目文件：	DVD\项目\第 2 章\添加图像素材.VSP
视频文件：	DVD\视频\第 2 章\2.4.3 添加图像素材.avi

STEP 01 进入高级编辑程序，执行“文件”|“将文件插入到时间轴”|“插入照片”命令。

STEP 02 在弹出的“浏览照片”对话框中，选择需要使用的图像文件并单击“打开”按钮，如图 2-31 所示。

STEP 03 返回程序就可以看到所选择的文件已插入到时间轴中，如图 2-32 所示。

图 2-31　添加照片

图 2-32　文件添加到时间轴

2.4.4 添加数字媒体

"插入数字媒体"选项用于从 DVD 光盘、光盘摄像机或者硬盘摄像机上导入视频素材，操作步骤如下：

视频文件	DVD\视频\第 2 章\2.4.4 添加数字媒体.avi

STEP 01 将所需要导入的 DVD 光盘放到光驱中。进入会声会影操作程序，执行"文件"|"将媒体文件插入到时间轴"|"插入数字媒体"命令。

STEP 02 弹出"选取'导入源文件夹'"对话框，勾选可移动存储设备，单击"确定"按钮，如图 2-33 所示。

图 2-33　勾选可移动存储设备

STEP 03 在弹出"从数字媒体导入"对话框，单击"起始"按钮，如图 2-34 所示。

STEP 04 在弹出的对话框中，选择需要导入的视频文件，如图 2-35 所示。

图 2-34　选择文件夹

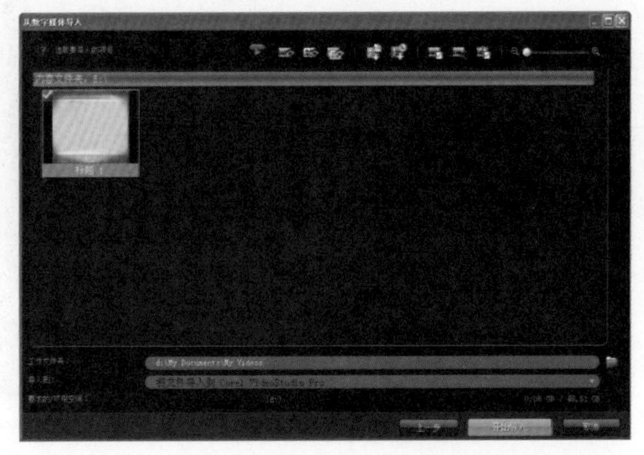

图 2-35　文件添加到时间轴

STEP 05 单击"开始"按钮，显示视频文件导入进度，如图 2-36 所示。

STEP 06 文件导入成功后，在时间轴中显示视频文件，如图 2-37 所示，即可进行编辑。

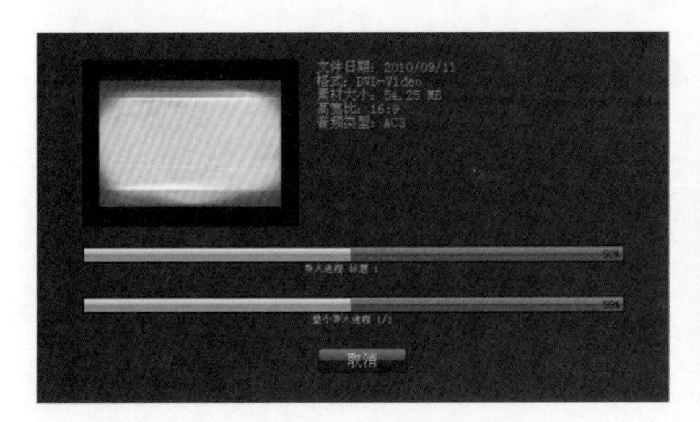

图 2-36　添加进程

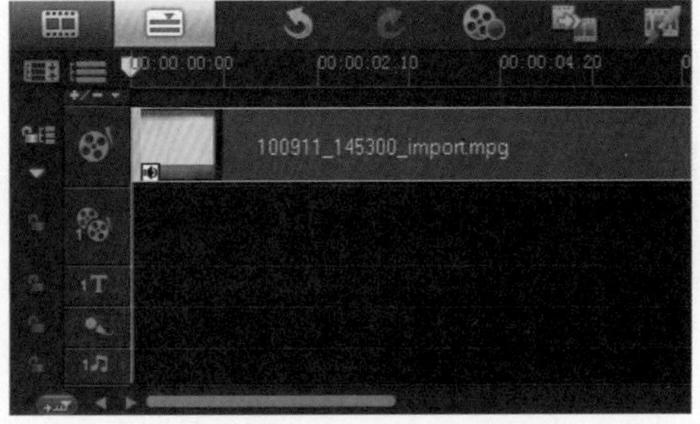

图 2-37　文件添加到时间轴

2.4.5 移动设备获取

会声会影 X3 可以从 SONY PSP、iPOD、MP3 以及很多移动设备中导入视频。在这里用 MP4 为例，将视频导入会声会影中，操作步骤如下：

视频文件	DVD\视频\第 2 章\2.4.5 移动设备获取.avi

STEP 01 将数据线插入到 MP4 的 USB 接口中，将线的另一端插入计算机的 USB 接口，将 MP4 与计算机进行连接。

STEP 02 Windows 系统显示找到可移动磁盘设备。

STEP 03 进入到简易编辑界面中，单击"导入"按钮，在弹出的面板中单击"其他设备"按钮，如图 2-38 所示。

STEP 04 在弹出的"从其他设备中复制"对话框中，单击"我的电脑"|"可移动磁盘"按钮，选择所需要的素材，单击右下角的"导入"按钮，如图 2-39 所示。

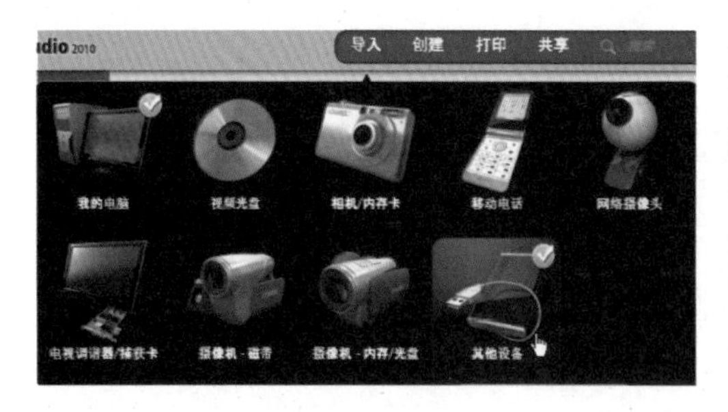

图 2-38　单击“其他设备”按钮

图 2-39　选择素材单击“导入”选项

STEP 05 在弹出的对话框中提示“文件已成功导入”，如图 2-40 所示。

STEP 06 单击“确定”按钮，在程序中显示导入的文件夹，如图 2-41 所示。

图 2-40　文件成功导入

图 2-41　显示文件夹

2.5 应用素材库

在会声会影程序的素材库中，预设了一些素材文件，如图 2-42 所示。在影片向导中有视频和图像两种素材库，用户可根据需要选择素材库的类型，然后将素材库中的文件插入到“媒体”中。素材库中存储了制作影片所需的全部内容：视频素材、照片、转场、标题、滤镜、色彩素材和音频文件。

2.5.1 查看素材库

选择素材库面板中的媒体选项，显示对应的媒体素材。在画廊下拉列表中，单击下拉菜单中的任意标题，显示每个文件夹中的媒体素材，如图 2-43 所示。

图 2-42　素材库文件

图 2-43　素材库类别

2.5.2 添加视频素材

将视频素材导入到素材库，是将硬盘上已经保存的需要经常使用的视频添加到素材库中，这样就可以方便地添加到媒体素材列表中或者对它们进行整理。

素材文件:	DVD\素材\第 2 章\大海.mpg
项目文件:	DVD\项目\第 2 章\在素材库中添加视频素材.VSP
视频文件:	DVD\视频\第 2 章\2.5.2 添加视频素材.avi

STEP 01 执行“添加”按钮，在弹出的“浏览视频”对话框中选择所需要使用的视频文件，如图 2-44 所示。

STEP 02 单击“打开”按钮，将视频导入到素材库中，如图 2-45 所示。

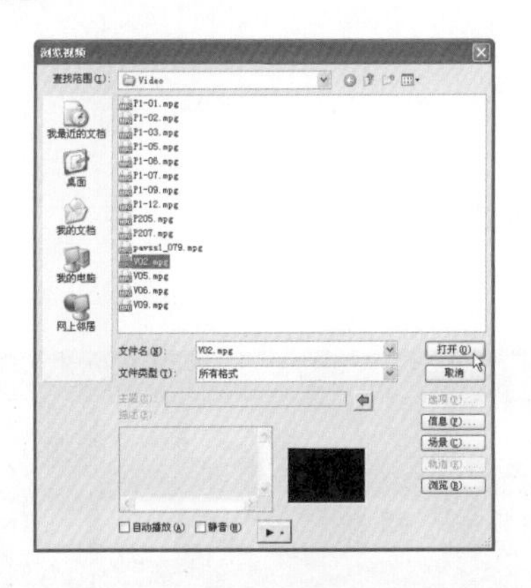

图 2-44　选择文件

图 2-45　素材添加到素材库

提　示

如果用户正在使用 Windows 7 或 Windows Vista 操作系统，会声会影会在程序启动时自动与媒体库同步。

2.5.3 添加图像素材

将视频素材导入到素材库，是将硬盘上已经保存的需要经常使用的图片添加到素材库中，这样就可以方便地对图像素材进行管理或者添加到媒体素材列表中。

素材文件：	DVD\素材\第 2 章\房子.jpg
项目文件：	DVD\项目\第 2 章\在素材库中添加图像素材.VSP
视频文件：	DVD\视频\第 2 章\2.5.3 添加图像素材.avi

STEP 01 执行“添加”按钮，在弹出的“浏览照片”对话框中选择所需要使用的图片文件，如图 2-46 所示。

STEP 02 单击“打开”按钮，视频自动导入到素材库中，如图 2-47 所示。

图 2-46　选择文件

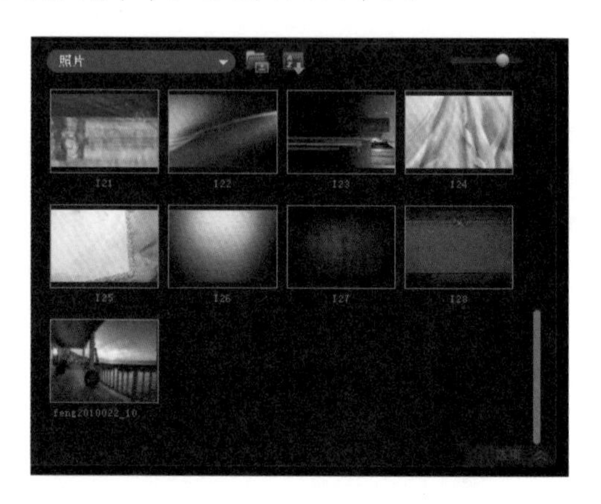

图 2-47　素材添加到素材库

2.5.4 删除素材文件

如果素材库中的一些素材用户不需要使用，可以进行删除素材。

视频文件	DVD\视频\第 2 章\2.5.4 删除素材文件.avi

STEP 01 在“素材库”中选择用户要删除的素材，如图 2-48 所示，单击鼠标右键，在弹出的快捷菜单中选择“删除”按钮。

STEP 02 在弹出的对话框中提示“用户要删除此略图吗？”单击“确定”按钮，如图 2-49 所示。

STEP 03 所要删除的素材就已经被删除，素材库中将不再显示该素材，如图 2-50 所示。

图 2-48　选择要删除的素材

图 2-49　单击“确定”按钮

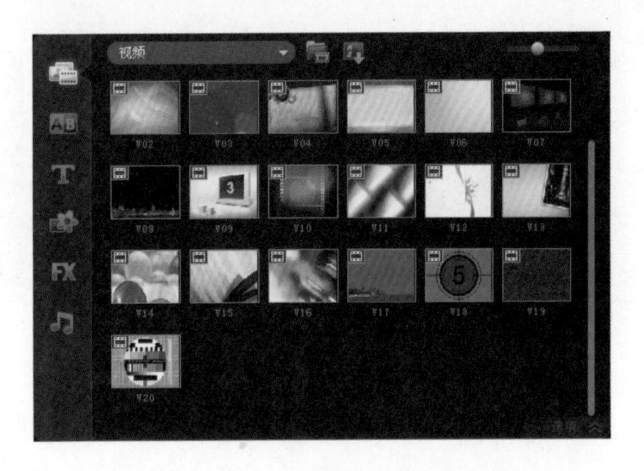

图 2-50　成功删除素材库素材

2.5.5 恢复素材文件

如果不小心删除多个会声会影素材库中自带的素材文件时，可以选择重置库来恢复所删除会声会影自带的素材文件。

在菜单栏中单击“设置”|“素材库管理”|“重置库”命令，在弹出的对话框中会提示用户“确定要重置您的媒体库吗？”，单击“确定”按钮。弹出“媒体库已重置”，如图 2-51 所示。单击“确定”按钮，如图 2-52 所示，媒体库就恢复到默认的状态。

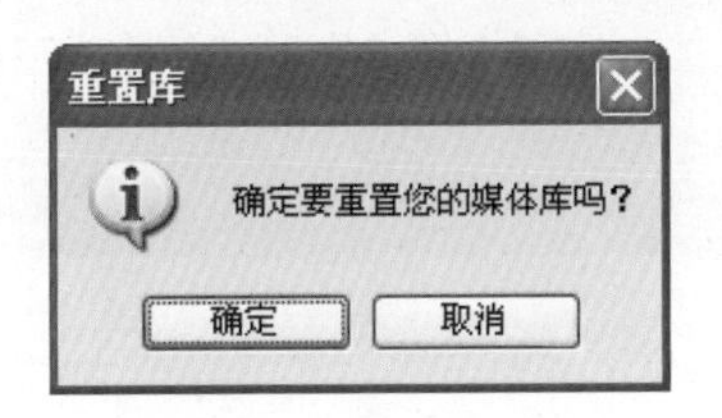

图 2-51　提示对话框

图 2-52　提示对话框

2.5.6 提取素材片段

将视频文件插入到媒体素材后，为了使影片的内容更加紧凑，可以对素材的片段进行提取、排序等简单编辑的操作。

提取素材的片段即对素材进行修整，将素材中不需要的片段剔除，只保留需要的部分，修整素材的功能只针对视频文件。

素材文件:	DVD\素材\第 2 章\大海.mpg
视频文件:	DVD\视频\第 2 章\2.5.6 提取素材片段.avi

STEP 01 将视频素材插入到时间轴中，单击“选项面板”按钮，如图 2-53 所示。

STEP 02 在选项面板中单击“多重修整视频”按钮，如图 2-54 所示。

STEP 03 弹出“多重修整视频”对话框，在对话框中单击“设置标记开始时间”按钮[，如图 2-55 所示，确定视频起始点。

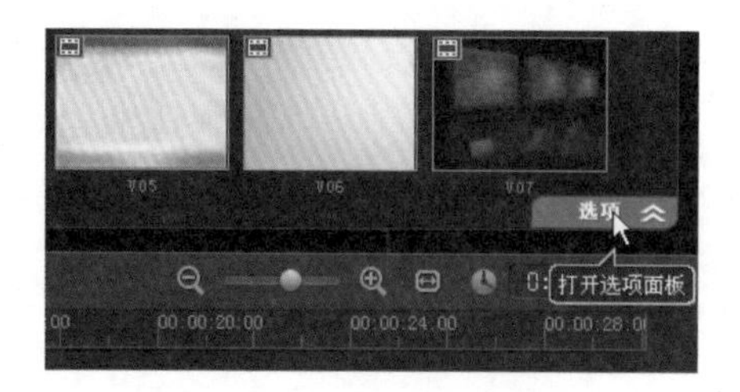

图 2-53　单击“选项”按钮

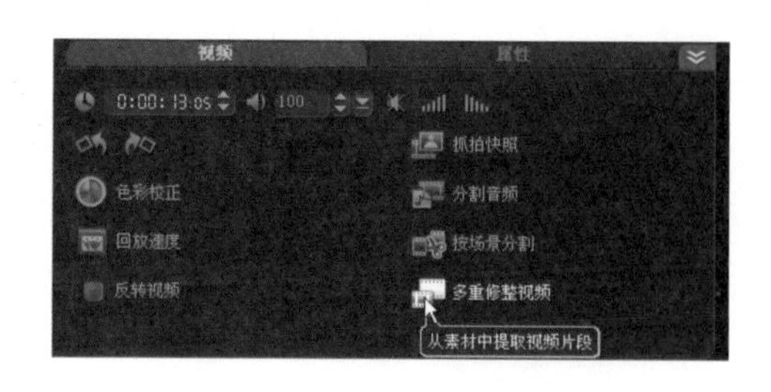

图 2-54　单击“多重修整视频”按钮

STEP 04 单击预览窗口下方中的“播放”按钮，对视频进行播放，至需要保留的大概位置时，单击“暂停”按钮，如图 2-56 所示，停止视频播放。

图 2-55　单击“设置标记开始时间”按钮

图 2-56　单击“暂停”按钮

STEP 05 停止素材播放后，单击“转到上一帧”或“转到下一帧”按钮来精确调整视频的位置，调整完成后，单击“设置标记退出时间”按钮]，如图 2-57 所示。

STEP 06 选定的区间即可显示在对话框下方的列表中，完成标记第一个修整片段起点和终点的操作，如图 2-58 所示。

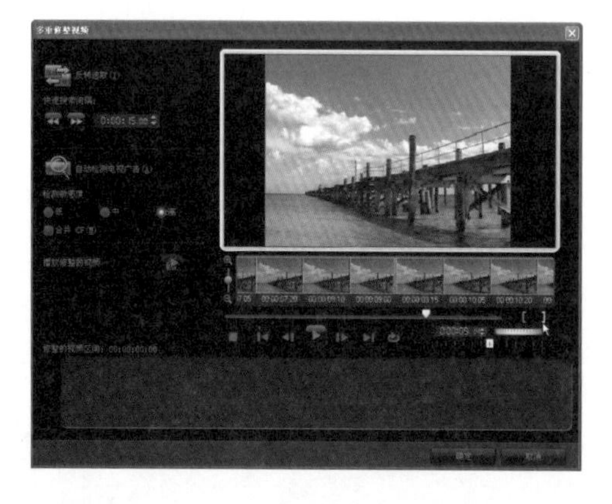

图 2-57　单击“设置标记退出时间”按钮

图 2-58　完成标记起点到终点设置

STEP 07 单击“确定”按钮，返回会声会影操作程序，单击“播放”按钮，即可预览标记视频片段后的效果，如图 2-59 所示。

图 2-59　预览标记视频片段效果

2.5.7 素材进行排序

在编辑影片时，会应用多个素材文件，将文件插入到“媒体素材库”后，需要对素材文件进行排序时，可通过程序中的排序功能完成操作。

视频文件	DVD\视频\第 2 章\2.5.7 素材进行排序.avi

STEP 01 在插入了编辑影片需要的素材后，单击“对素材库中的素材排序”按钮，如图 2-60 所示。

STEP 02 在菜单中可选择“按名称排序”命令，如图 2-61 所示。

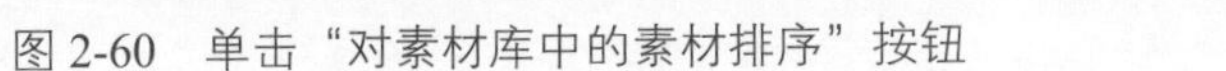
图 2-60　单击“对素材库中的素材排序”按钮

图 2-61　选择“按名称排序”

STEP 03 视频素材就会按照名称进行排列，如图 2-62 所示。

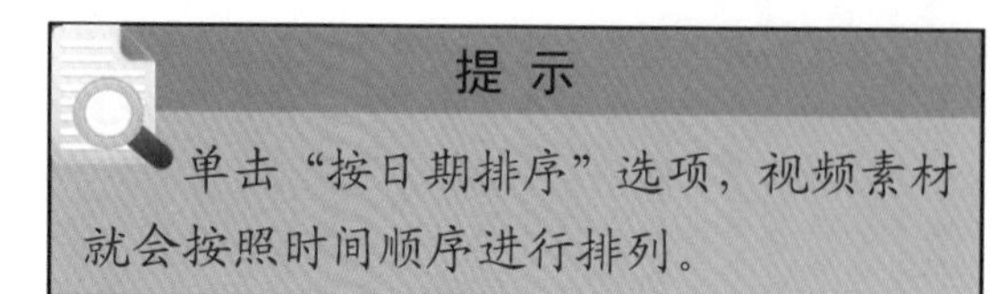
提 示

单击“按日期排序”选项，视频素材就会按照时间顺序进行排列。

图 2-62　显示排列效果

2.6 应用主题模板

会声会影简易编辑最方便之处就是为影片添加了各种预设模板，通过简易编辑可以捕获、插入视频或图像素材。选择要使用的模板后，程序就会自动为影片添加专业的片头、片尾、背景音乐和转场效果等，使影片具有更丰富的视频效果。下面介绍应用预设模板的使用方法。

2.6.1 选择主题模板

在会声会影 X3 中，提供多种模板供用户使用，使用模板可以快速制作影片。

视频文件:	DVD\视频\第 2 章\2.6.1 保存项目文件.avi

STEP 01 双击桌面上的会声会影图标，弹出启动界面，在启动界面中单击“简易编辑”按钮，如图 2-63 所示。

STEP 02 在左侧窗格“库”选项区中，单击“视频”右侧的下拉按钮，在弹出的列表框中选择“照片”选项，如图 2-64 所示。

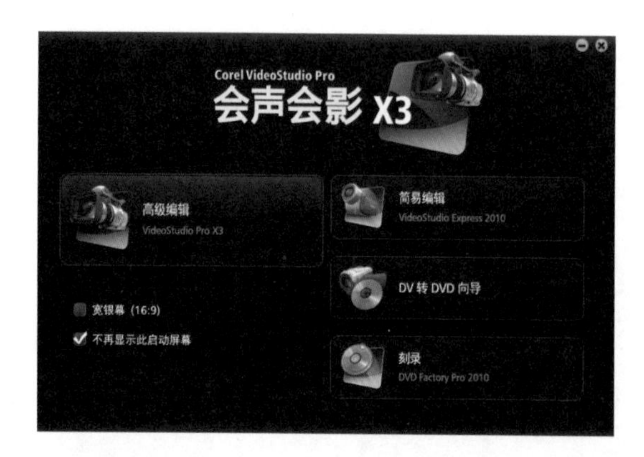

图 2-63　单击“简易编辑”按钮

图 2-64　选择“照片”选项

STEP 03 单击“导入”按钮，在弹出的面板中单击“我的电脑”按钮，如图 2-65 所示。

STEP 04 打开“我的电脑”窗口，勾选需要导入的文件夹（DVD\素材\第 2 章\2.6 生活照），如图 2-66 所示。

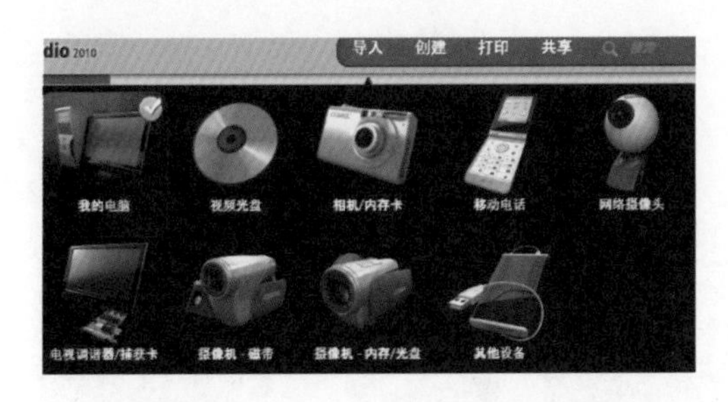

图 2-65 单击“我的电脑”按钮

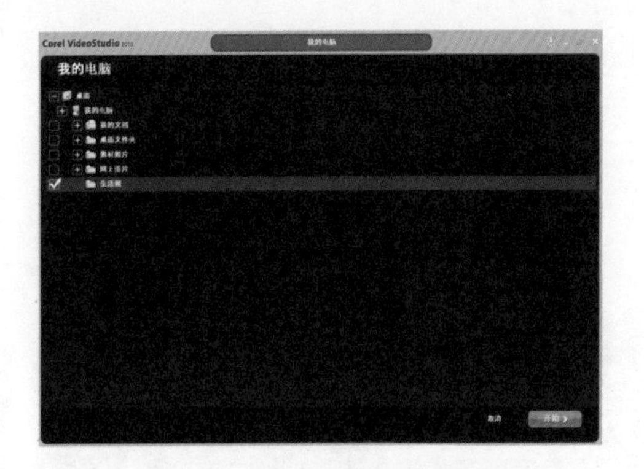

图 2-66 选择文件夹

STEP 05 单击“开始”按钮，图片导入简易编辑窗口中，如图 2-67 所示。

STEP 06 按住 Shift 键的同时选择导入的素材文件，如图 2-68 所示。

STEP 07 单击鼠标右键，在弹出的快捷菜单中选择“添加到媒体托盘”选项。

图 2-67 导入图片素材

图 2-68 选择导入的素材

STEP 08 执行操作后，即可添加到媒体托盘，如图 2-69 所示。

STEP 09 单击“创建”|“电影”按钮，如图 2-70 所示。

图 2-69 添加到媒体托盘

图 2-70 单击“电影”按钮

STEP 10 打开“创建电影”窗口，在“项目名称”文本框中输入文字“一日游”，如图 2-71 所示

STEP 11 单击“转至电影”按钮，打开“一日游”窗口，如图 2-72 所示。

图 2-71 输入文字

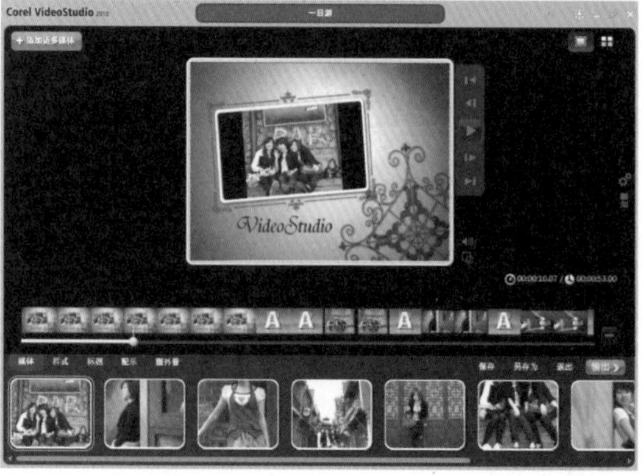

图 2-72 预览窗口

STEP 12 选择窗口下方的“样式”选项，在其中为影片选择相应的主题面板，在预览窗口中可以预览影片效果，如图 2-73 所示。

STEP 13 切换到样式选项板，为影片选择相应的主题模板，在预览窗口中可以预览影片效果，如图 2-74 所示。

图 2-73 选择“样式”选项

图 2-74 选择主题模板

STEP 14 单击窗口右侧的“设置”按钮，打开“设置”面板，如图 2-75 所示。

STEP 15 单击“转场”按钮，在弹出的列表中选择用户需要为影片设置相应的转场效果，如图 2-76 所示。

图 2-75　选择“样式”选项

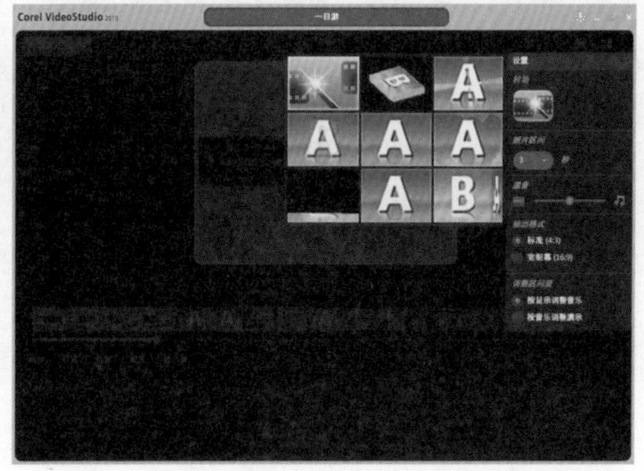

图 2-76　选择主题模板

STEP 16 设置完成后，单击预览窗口中的“播放”按钮，即可预览影片，效果，如图 2-77 所示。

图 2-77　预览影片效果

2.6.2 改变模板标题

影片套用预设模板后，接下来可以为影片添加相应的标题字幕，使影片更加生动。

视频文件:	DVD\视频\第 2 章\2.6.2 保存项目文件.avi

STEP 01 接着上一小节继续操作，单击预览窗口右侧的“起始”按钮，时间标记将移动到素材开始位置，如图 2-78 所示。

STEP 02 在“选项面板”中选择“标题”选项，如图 2-79 所示。

STEP 03 选择相应的标题样式，单击样式下方的“在当前位置添加一个标题”按钮，如图 2-80 所示

STEP 04 单击按钮后，即可在时间标记的当前位置添加一个标题，如图 2-81 所示。

图 2-78　单击起始

图 2-79　选择“标题”选项

图 2-80　选择标题

图 2-81 在当前位置添加标题

STEP 05 选择添加的标题样式，修改标题为“步行街一日游”，如图 2-82 所示。

STEP 06 选择标题内容，单击预览窗口上方的“字体类型”下拉按钮，在弹出的下拉列表中选择“华文行楷”选项。操作完成后，标题字幕的字体更改为“华文行楷”，如图 2-83 所示。

图 2-82　输入文本

图 2-83　更改为华文行楷

STEP 07 选择标题字幕，单击预览窗口上方的“字体大小”下拉按钮，在弹出的下拉列表中选择 80，操作完成后，标题字幕大小更改为 80，如图 2-84 所示

STEP 08 选择标题字幕，单击“字体颜色”，在弹出的下拉颜色列表中选择粉色，操作完成后，预览窗口查看标题调整效果，如图 2-85 所示。

图 2-84　更改字体大小

图 2-85　标题字体更改为粉色

STEP 09 在预览窗口下方的 VodepStudio 标题字幕上双击鼠标左键，即可打开标题编辑状态，如图 2-86 所示。

STEP 10 删除已有的标题文字，输入文字“开心时刻”，如图 2-87 所示。

图 2-86　打开标题编辑状态

图 2-87　输入文字

STEP 11 选择标题字幕，设置字体类型为“华文新魏”，字体大小为 46，如图 2-88 所示。

STEP 12 参照同样方法修改结尾字幕，设置字体类型为“华文新魏”，字体大小为 50，如图 2-89 所示

STEP 13 设置完成后，单击导览面板中的“播放”按钮，即可预览影片字幕效果，如图 2-90 所示。

图 2-88　设置字体属性

图 2-89　结尾字幕修改

图 2-90　预览字幕效果

2.6.3 更换背景音乐

在主题模板中，程序自动为整部影片添加背景音乐，并自动适应影片长度，如需更换背景音乐，可以按照以下步骤操作。

素材文件:	素材文件 DVD\素材\第 2 章\音乐.mp3
视频文件:	视频文件 DVD\视频\第 2 章\2.6.3 保存项目文件.avi

STEP 01 接着上一小节继续操作，选择窗口下方的“配乐”选项，如图 2-91 所示。

STEP 02 切换到“配乐”选项面板，单击下方的删除按钮，如图 2-92 所示。

图 2-91　选择“配乐”

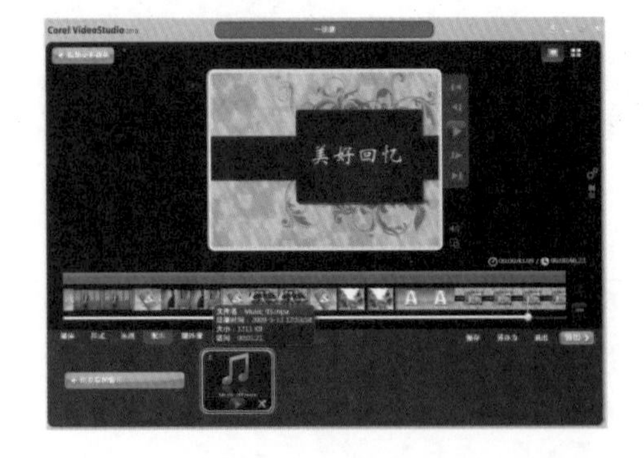

图 2-92　删除原有音乐

STEP 03 操作完成后，即可删除音频文件，单击“浏览我的音乐”按钮，如图 2-93 所示。

STEP 04 打开“音乐”窗口，在文件夹当中选择所需要添加的音频文件，如图 2-94 所示。

图 2-93　单击“浏览我的音乐”

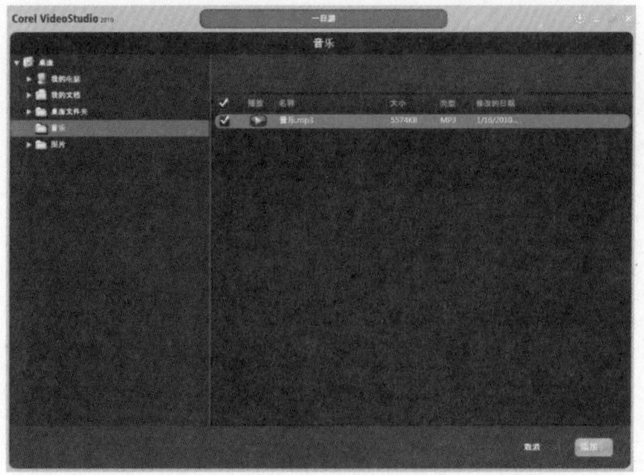

图 2-94　选择需要添加的音频文件

STEP 05 单击“添加”按钮，返回窗口，在“配乐”面板中可查看已经添加的音乐文件，如图 2-95 所示。

STEP 06 单击预览窗口右侧的“播放”按钮，试听音乐效果，如图 2-96 所示。

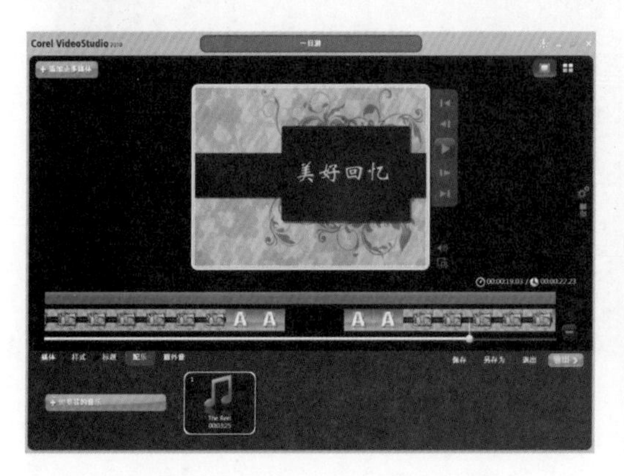

图 2-95　单击“浏览我的音乐”

图 2-96　选择需要添加的音频文件

2.6.4 调整影片区间

在主题模板中，程序自动为整部影片添加背景音乐，并且自动适应影片的长度。但有时需要保持音乐的完整性（例如制作 MTV 影片），会声会影允许用户调整影片的长度，使影片与音乐更好的结合起来。

视频文件:	DVD\视频\第 2 章\2.6.4 调整影片区间.avi

STEP 01 接着上一小节继续操作，单击窗口右侧的“设置”按钮，打开“设置”面板，如图 2-97 所示。

STEP 02 在弹出的设置面板下方有“按显示调整音乐”和“按音乐调整演示”两个选项，

根据用户的需要选择相对应的选项。在此选择默认选项“按显示调整音乐”选项，如图 2-98 所示。

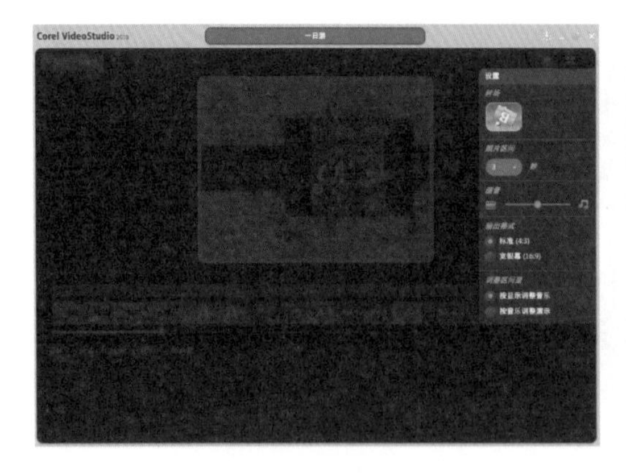

图 2-97　打开“设置”面板

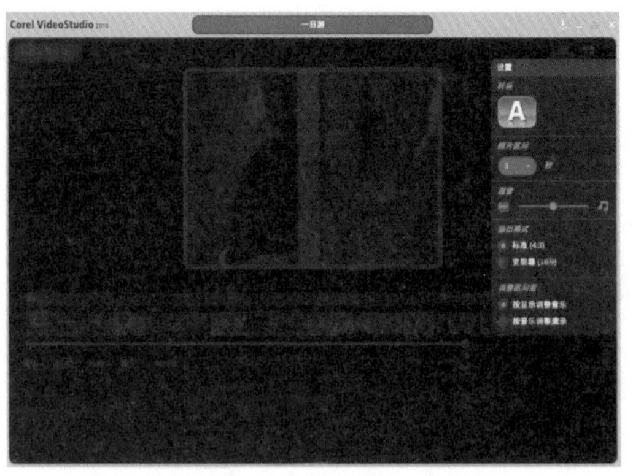

图 2-98　选择“按显示调整音乐”选项

STEP 03 单击“照片区间”的下拉按钮，更改照片区间为 5 秒，如图 2-99 所示。

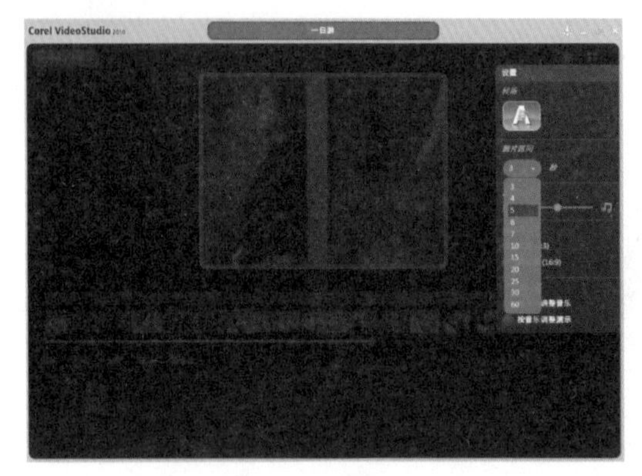

图 2-99　设置照片区间为 5 秒

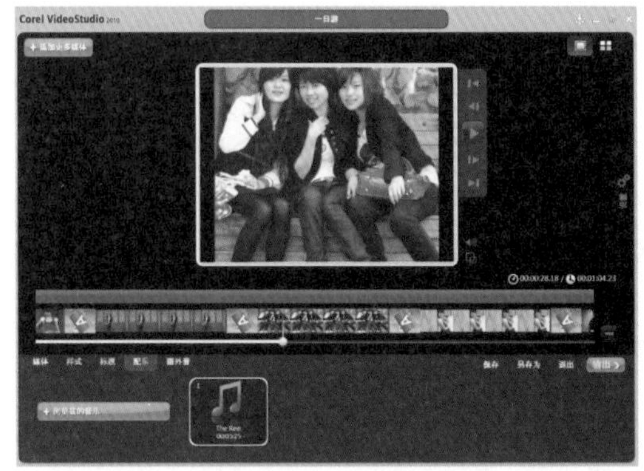

图 2-100　程序自动适应影片长度

STEP 04 程序自动修改照片区间秒数和音乐长度，如图 2-100 所示。

STEP 05 单击预览窗口右侧的“播放”按钮，预览最终效果，如图 2-101 所示。

> **提　示**
>
> 按显示调整音乐：使音乐自动适合影片的长度。
>
> 按音乐调整演示：程序会自动调整影片的长度，以适合背景音乐的长度。

图 2-101　预览最终效果

2.6.5 保存项目文件

影片制作完成后，想要保存我们的工作成果，就需要保存项目文件，以便于今后在会声会影编辑操作器中继续编辑和调整影片。

视频文件:	DVD\视频\第 2 章\2.6.5 保存项目文件.avi

STEP 01 接着上一小节继续操作，在窗口右下方单击“另存为”按钮，弹出“另存为”对话框，如图 2-102 所示。

STEP 02 在弹出的对话框中设置文件名称为“步行街一日游”，如图 2-103 所示。

图 2-102　弹出“另存为”对话框

图 2-103　修改文件名称并保存

STEP 03 单击“确定”按钮即可保存项目文件。单击“退出”按钮，返回简易编辑界面，在“项目”选项卡中即可预览已保存的项目文件，如图 2-104 所示。

图 2-104　显示保存项目文件

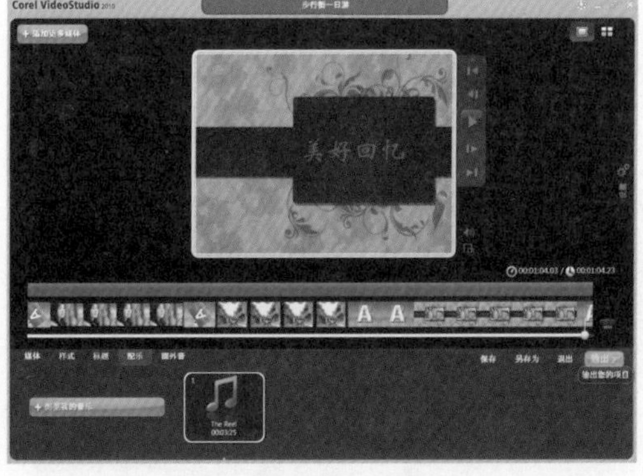

图 2-105　单击“输出”选项

提　示

在窗口的选项面板中单击“保存”按钮，程序自动保存项目文件，方便用户下次再进行编辑。

2.6.6 输出完整影片

用户通过简易编辑模式制作好视频后，如果需要将影片输出为视频文件，可以按照以下的步骤操作。

视频文件:	DVD\视频\第 2 章\2.6.6 输出完整影片.avi

STEP 01 接着上一小节继续操作，单击选项面板上“输出”选项，如图 2-105 所示。

STEP 02 进入“输出电影”界面，单击“文件”按钮，如图 2-106 所示。

STEP 03 弹出“另存为视频文件”窗口，用户可以根据需要设置影片项目的相关参数，单击“视频格式”右侧的下拉按钮，在弹出的下拉列表中选择 MPG4 选项，如图 2-107 所示，并单击“保存”按钮。

图 2-106　单击“文件”选项

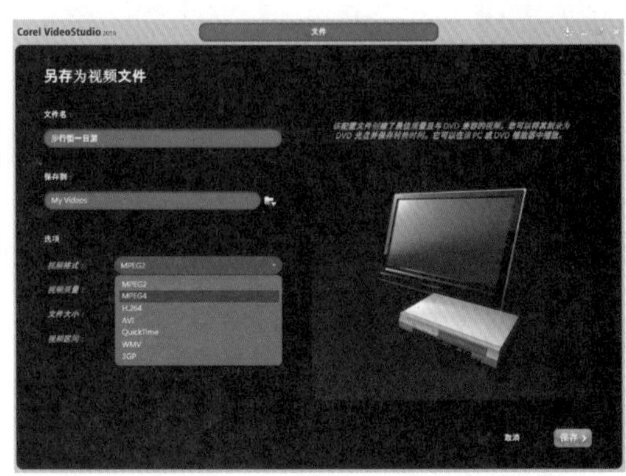

图 2-107　修改文件名称并保存

STEP 04 进入“创建电影文件”程序，显示视频文件创建进度，如图 2-108 所示。

STEP 05 视频创建完成后，弹出提示信息，提示视频文件已创建成功，单击“确定”按钮，如图 2-109 所示。

图 2-108　创建进度

图 2-109　视频创建成功

2.6.7 进入高级编辑器

通过会声会影简易编辑向导捕获视频，并为影片添加片头、片尾以及背景音乐后，还可以利用会声会影编辑器进一步精细调整影片。

项目文件:	DVD\项目\第 7 章\进入高级编辑器.VSP
视频文件:	DVD\视频\第 2 章\2.6.7 进入高级编辑器.avi

STEP 01 在简易编辑编辑器中，打开项目文件（DVD\第 2 章\项目文件\步行街一日游.vsp），如图 2-110 所示。

STEP 02 转到“输出电影”界面，单击“高级编辑”按钮，如图 2-111 所示。

图 2-110 打开项目文件

图 2-111 单击“高级编辑”按钮

STEP 03 程序将跳转到“高级编辑”界面，进行再次编辑，如图 2-112 所示。

图 2-112 进入“高级编辑”界面

DV 转 DVD 并刻录

“DV 转 DVD 向导”可以将捕获的视频文件，不进行画面编辑，直接刻录成 DVD 光盘。在进行刻录之前，用户可以为影片添加动态菜单，让刻录的 DVD 光盘更加独具个性。本章就来学习一下 DV 转 DVD 向导的使用。

本章重点：

★ 认识 DV 转 DVD 向导

★ 设置参数

★ 场景的预览、标记与删除

★ 刻录 DVD 视频光盘

3.1 认识 DV 转 DVD 向导

在“DV 转 DVD 向导”界面中，可以对视频的捕获区间、捕获格式以及场景检测等进行设置，设置完成后，就可以对视频进行捕获并刻录，下面就来认识一下“DV 转 DVD 向导”界面的功能和作用，如图 3-1 所示。

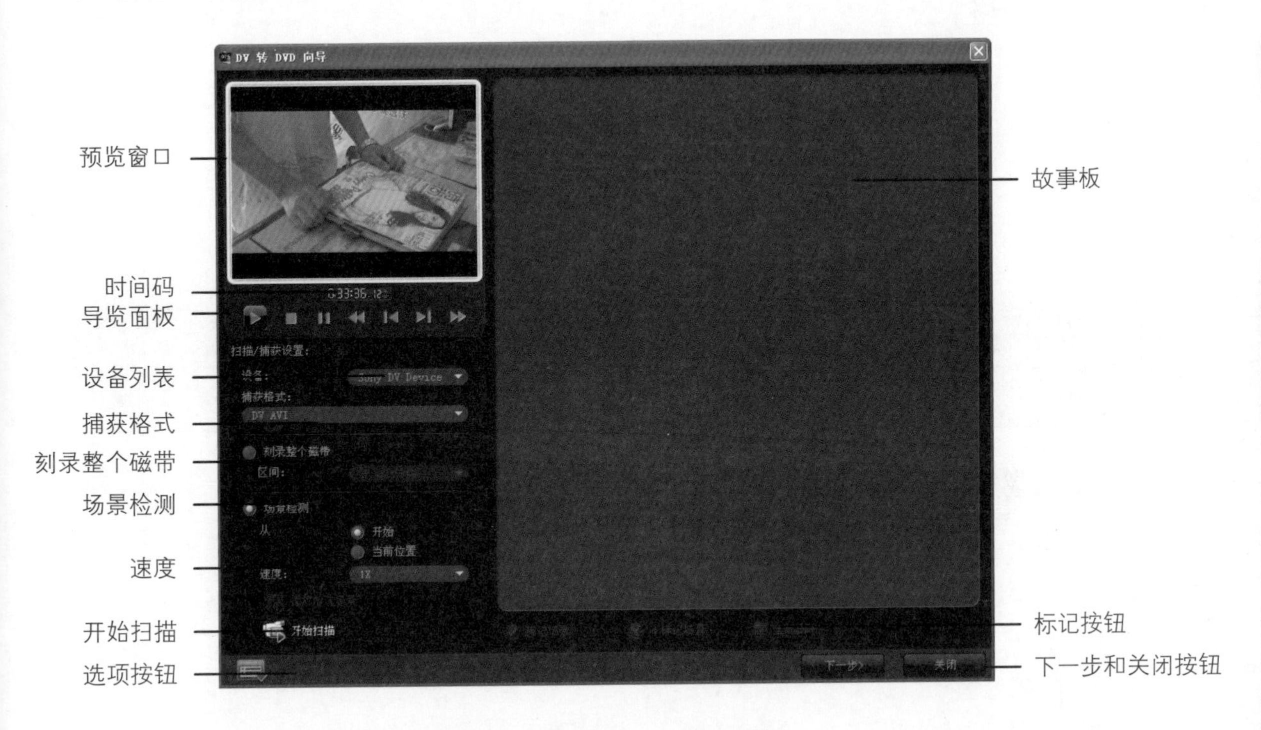

图 3-1　“DV 转 DVD 向导”界面

- 预览窗口：预览 DV 中录制的视频画面。
- 时间码：显示视频画面在 DV 中的时间位置。
- 导览面板：执行视频的播放、停止等作用，共包括 7 个工具按钮。
- 设备列表：选择刻录设备
- 捕获格式：选择捕获视频的格式，共两种格式
- 刻录整个磁带：选中该选项，即可刻录整个磁带
- 场景检测：设置场景检测的起始位置，共有两个选项，用户根据需要自行选择。
- 速度：设置视频捕获时的速度。
- 开始扫描：单击该按钮，执行扫描操作。
- 选项按钮：设置扫描后的视频文件保存进行格式设置。
- 故事板：用于放置扫描到的视频片段。
- 标记按钮：对扫描到的场景进行标记设置。
- 下一步和关闭按钮：进行程序的下一步操作或关闭。

3.2 设置参数

在进行捕获视频前，用户可以根据需要来设置捕获视频文件的格式、刻录区间、速度等，下面就来介绍一下参数设置。

3.2.1 捕获格式设置

在会声会影 X3 中，DV 转 DVD 向导的捕获格式包括 DVD AVI 和 DVD 两种，用户可根据需要选择合适的格式。

将 DV 与计算机进行连接，启动 DV 转 DVD 向导，进入操作界面后，单击“捕获格式”右侧的三角按钮，弹出下拉列表，选择 DVD 格式，如图 3-2 所示，即可完成捕获格式的设置操作。

提　示

在弹出的下拉列表中，可根据用户需要选择捕获格式，即可完成捕获格式的设置。

3.2.2 刻录区间设置

会声会影 X3 的刻录区间是针对刻录整个磁带而言，所以在进入 DV 转 DVD 向导界面后，首先需要单击界面中的“刻录整个磁带”选项，下面介绍一下刻录区间的设置。

将 DV 与计算机进行连接，启动 DV 转 DVD 向导，进入操作界面后，在“扫描/捕获设置”区域内选择“刻录整个磁带”按钮，单击“区间”右侧的三角按钮，弹出下拉列表，选择用户需要的区间选项，如图 3-3 所示，即可完成刻录区间的设置操作。

图 3-2　选择捕获格式

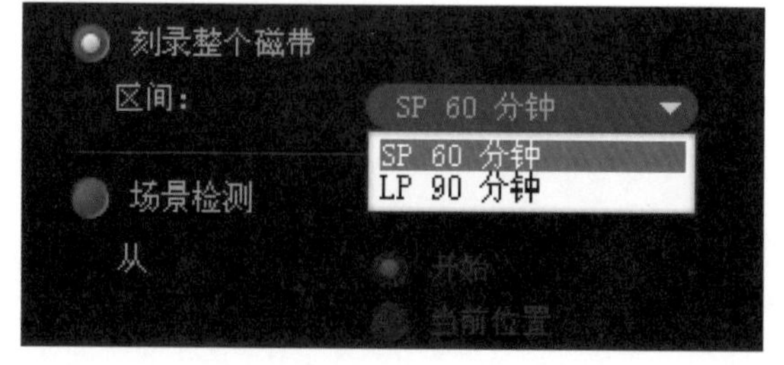

图 3-3　选择刻录磁带区间

3.2.3 场景检测设置

场景检测包括“开始”与“当前位置”两个选项，用户可根据自己的需要设置文件开始检测的位置。下面就介绍一下场景检测设置操作。

将 DV 与计算机进行连接，启动 DV 转 DVD 向导，进入操作界面后，如果不需要对

DV 当中的位置进行设置，即可选择“开始”单选按钮，然后进行捕获视频。

如果需要从“当前位置”开始检查，就需要对 DV 中场景的位置进行设置。

STEP 01 单击导览面板中的“播放”按钮，对 DV 当中所拍摄的文件进行播放，如图 3-4 所示。

STEP 02 视频播放至所需要位置后，单击“停止”按钮，如图 3-5 所示。

图 3-4　开始播放

图 3-5　暂停播放

STEP 03 确定文件开始检查的位置后，在场景检测中，单击“当前位置”单选按钮，如图 3-6 所示，即可设置完成场景检测位置。

3.2.4 设置检测速度

在会声会影 X3“DV 转 DVD”向导中，视频文件的检测速度包括“1X”、“2X”和“最大检测速度”3 个选项，如图 3-7 所示。

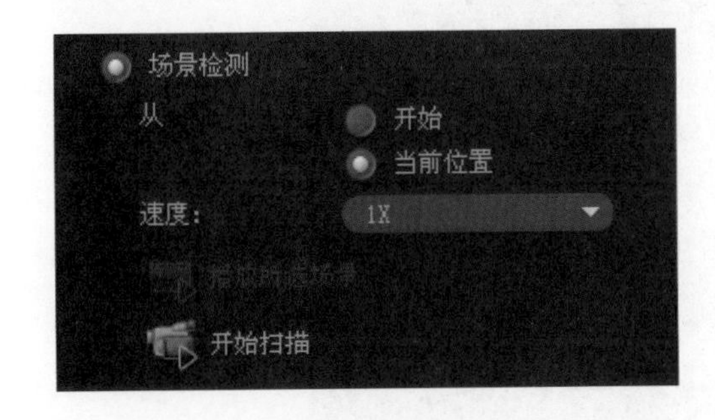

图 3-6　单击“当前位置”单选按钮

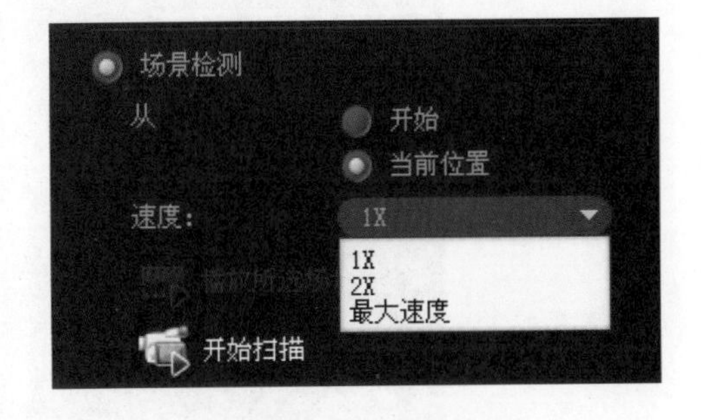

图 3-7　场景检测速度

视频文件的检测速度会影响检测到的视频文件的质量，所以在检测文件时，尽量不要使用过快的检测速度。

3.2.5 扫描视频文件

捕获文件设置完成后，即可进行捕获的操作。捕获视频文件完成后，程序将自动地把捕获完成的视频片段缩略图保存到故事板视图中。

STEP 01 设置好参数后，单击场景检测下方的“开始扫描”按钮，如图 3-8 所示。

STEP 02 到不需要扫描视频的时候，单击“停止扫描”按钮，如图 3-9 所示。

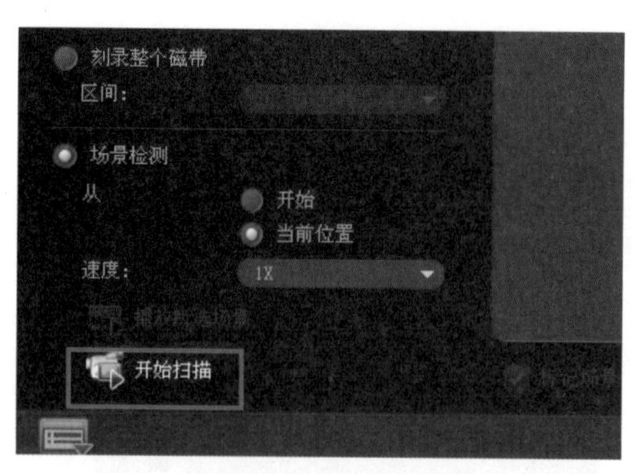

图 3-8 单击“开始扫描”按钮

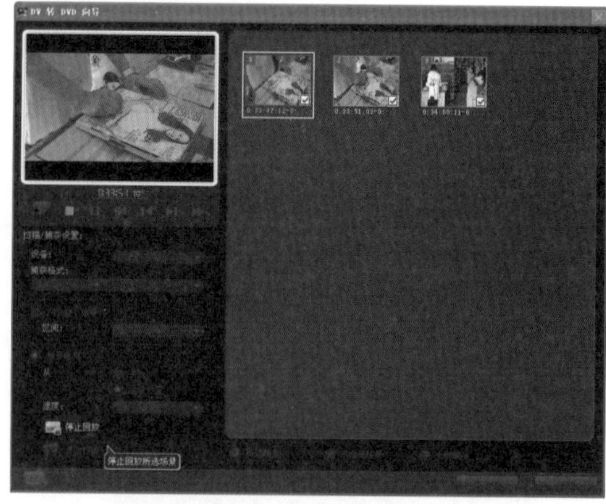

图 3-9 单击“停止扫描”按钮

STEP 03 停止扫描后，在故事板视图中，即可显示程序检测到的场景画面缩略图，如图 3-10 所示，程序是自动按照场景进行排列。

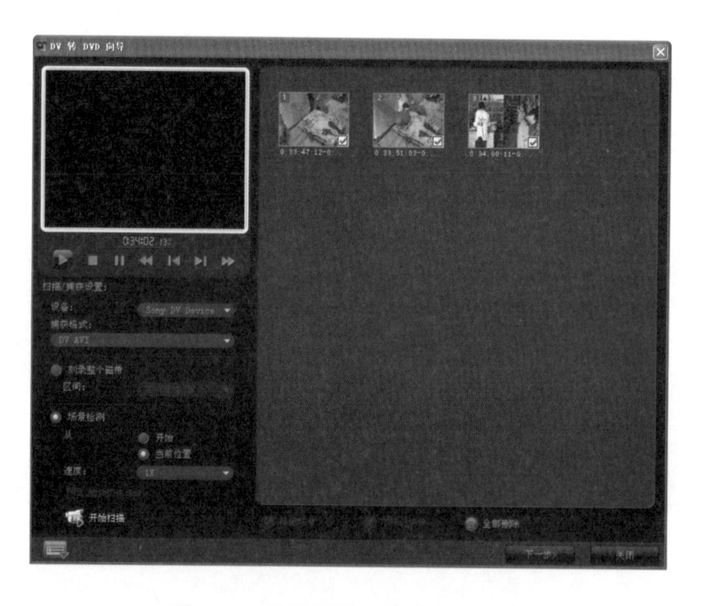

图 3-10 显示扫描完成的视频文件

> **注 意**
>
> 在扫描过程中，DV 需要保持充足的电量，不能中途关机，以免将已扫描到的场景丢失。

3.3　场景的预览、标记与删除

场景扫描完成后，为了确认检测到的场景是否正确，可以对场景进行预览。用户为了方便刻录成 DVD 分卷，可以进行标记，如果发现检测到的场景不对，还可以进行删除操作。

3.3.1 预览视频

预览视频是将扫描到的视频文件进行播放，查看视频采集时有没有丢帧现象。

STEP 01 扫描结束后，在故事板视图中，选择需要进行预览的视频，如图 3-11 所示。

STEP 02 单击左下方的"播放所选场景"按钮，如图 3-12 所示。

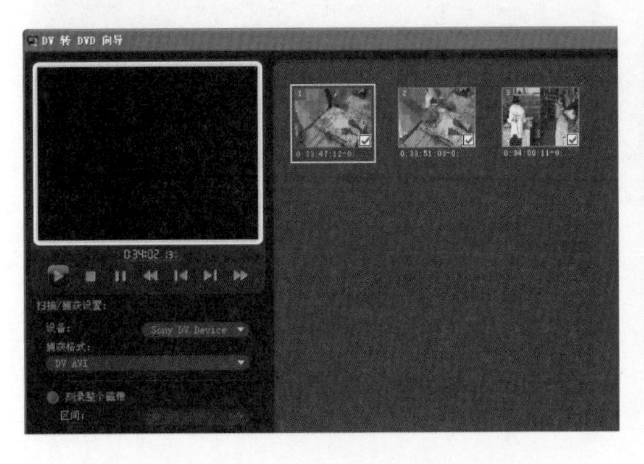

图 3-11　选择需要进行预览的视频

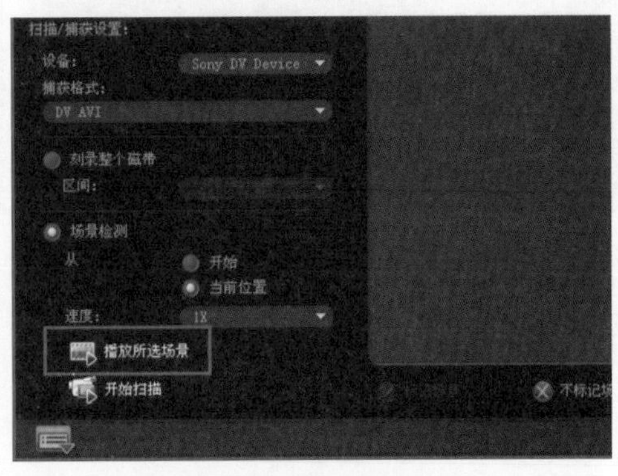

图 3-12　单击"播放所选场景"按钮

STEP 03 在预览窗口中，程序开始对 DV 机进行快速查找，找到所选场景，进行播放，如图 3-13 所示。

STEP 04 播放完成后，单击"停止回放"按钮，如图 3-14 所示，即可完成对扫描到的场景进行预览。

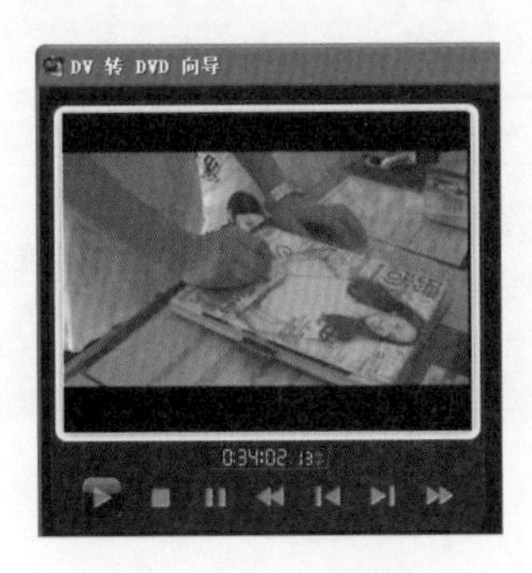

图 3-13　预览视频

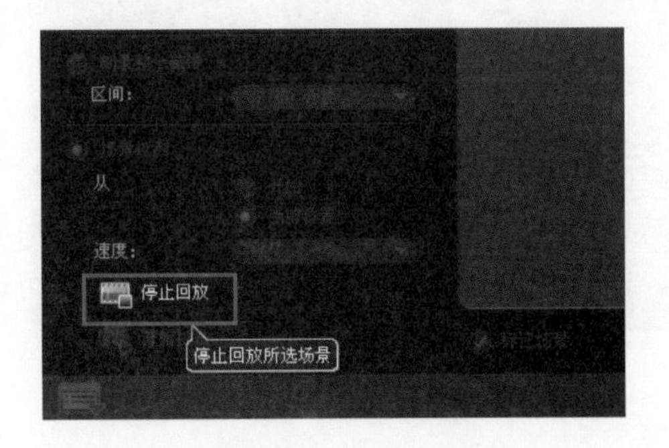

图 3-14　停止回放

3.3.2 标记视频

在进入下一步编辑时，程序会对标记的场景进行检测，没有标记的将不会进行检测。下面就来介绍一下取消标记。

1. 使用快捷菜单

STEP 01 在故事板视图中，选择需要取消标记的场景缩略图，单击鼠标右键，在弹出的快捷菜单中选择“不标记场景”选项，如图 3-15 所示。

STEP 02 在故事板视图中，即可查看场景取消标记，如图 3-16 所示。

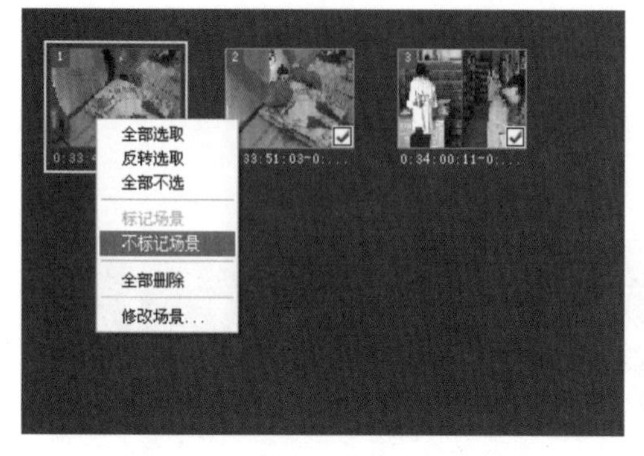

图 3-15 选择“不标记场景”选项

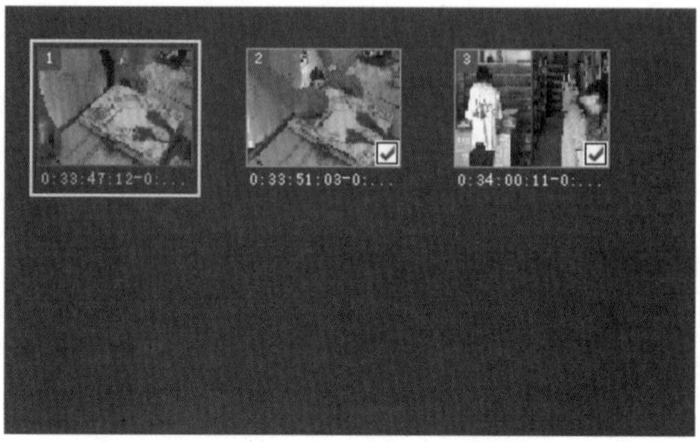

图 3-16 查看场景标记

2. 使用按钮

STEP 01 扫描完成后，在故事板视图中，选择需要取消标记的场景缩略图，如图 3-17 所示。

STEP 02 单击故事板视图下方的“不标记场景”按钮，如图 3-18 所示，即可取消场景标记的操作。

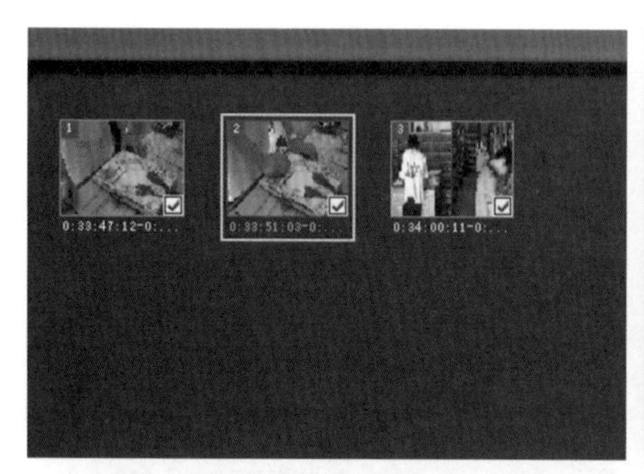

图 3-17 选择视频

图 3-18 单击按钮

3.3.3 删除视频

删除扫描到的场景时，只能一次性全部删除扫描场景，不能单个删除场景。下面就来介绍一下具体方法。

1. 使用快捷菜单

STEP 01 选择一个场景缩略图，单击鼠标右键，在弹出的快捷菜单中选择“全部删除”选项，如图 3-19 所示。

STEP 02 在故事板视图中，即可将扫描到的场景全部删除，如图 3-20 所示。

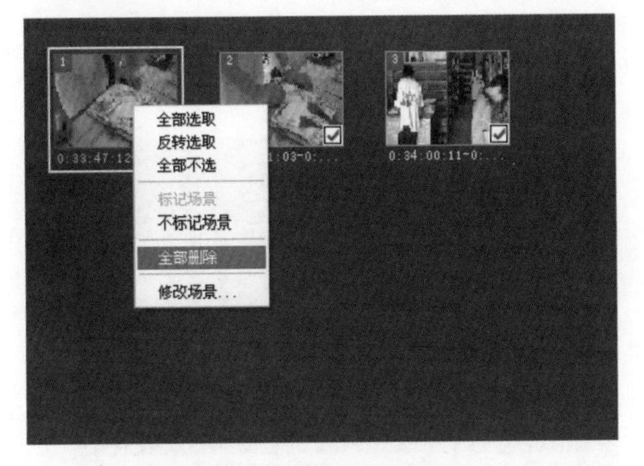

图 3-19　选择菜单命令

图 3-20　删除结果

2. 使用按钮

STEP 01 场景扫描到故事板后，单击下方的“全部删除”按钮，如图 3-21 所示。

STEP 02 在故事板视图中，即可将扫描到的场景全部删除，如图 3-22 所示。

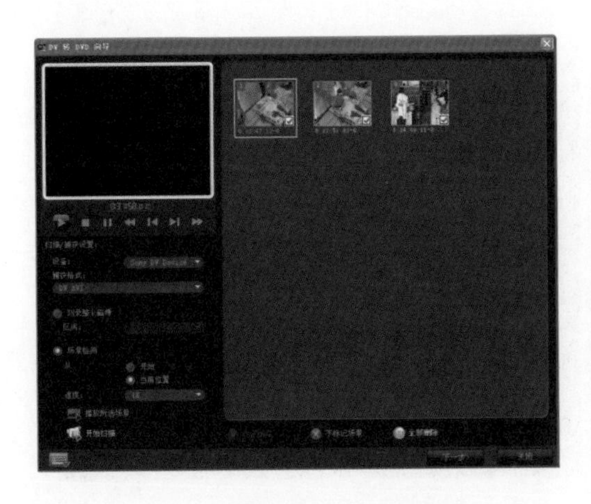

图 3-21　单击按钮

图 3-22　删除结果

3.4 刻录 DVD 视频光盘

用 DV 进行扫描后，就可以进入到光盘的刻录界面进行刻录。在刻录光盘之前，首先根据视频文件的需要对刻录的光盘进行简单的编辑，这其中包括添加章节、模板、标题、拍摄日期等内容。

STEP 01 DV 中的视频场景扫描到故事板后，单击页面下方的“下一步”按钮，如图 3-23 所示，进入刻录光盘界面。

STEP 02 将一张空白的 DVD 光盘放入光驱中，在刻录界面中，选择一种主题模板，如图 3-24 所示。

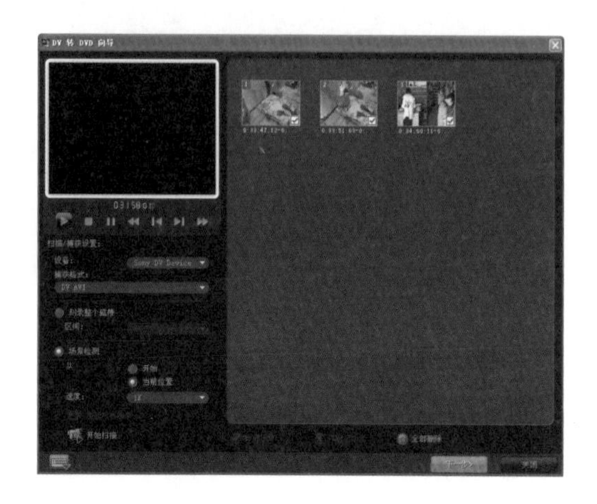

图 3-23　单击“下一步”按钮

图 3-24　选择模板

STEP 03 输入卷标名称，例如“生活点滴”，如图 3-25 所示。

STEP 04 在刻录格式选项中，单击“高级”按钮，如图 3-26 所示。

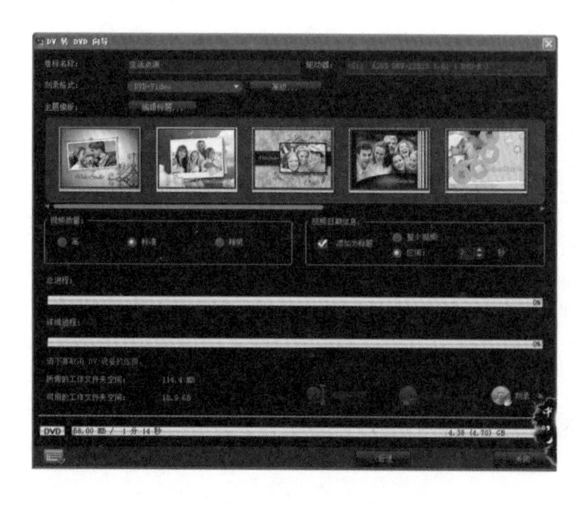

图 3-25　输入卷标名称

图 3-26　单击“高级”按钮

STEP 05 弹出“高级设置”对话框，在对话框中，单击“显示高度比”右侧的三角按钮，选择“16: 9”选项，如图 3-27 所示。

STEP 06 单击工作文件夹后面的按钮，如图 3-28 所示。

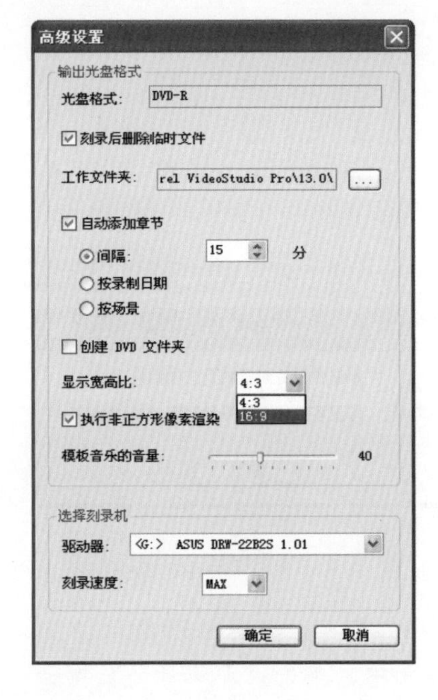

图 3-27　选择“16: 9”选项

图 3-28　单击工作夹按钮

STEP 07 在弹出的浏览文件夹中，选择一个文件夹，如图 3-29 所示。

STEP 08 勾选“创建 DVD 文件夹”复选框，如图 3-30 所示。

图 3-29　选择文件夹

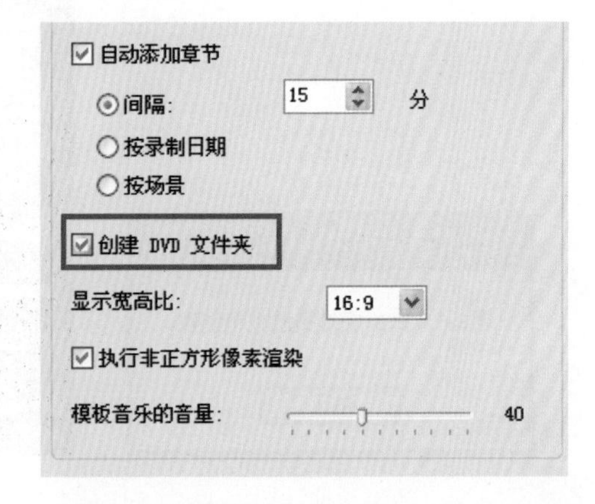

图 3-30　勾选“创建 DVD 文件夹”复选框

STEP 09 高级设置完成后，单击“确定”按钮，如图 3-31 所示。

STEP 10 程序弹出提示信息，提示创建 DVD 文件夹，如图 3-32 所示，单击“确定”按钮即可。

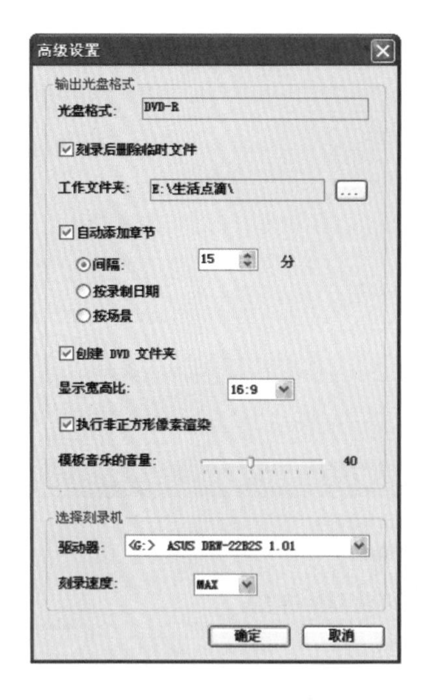

图 3-31　单击“确定”按钮

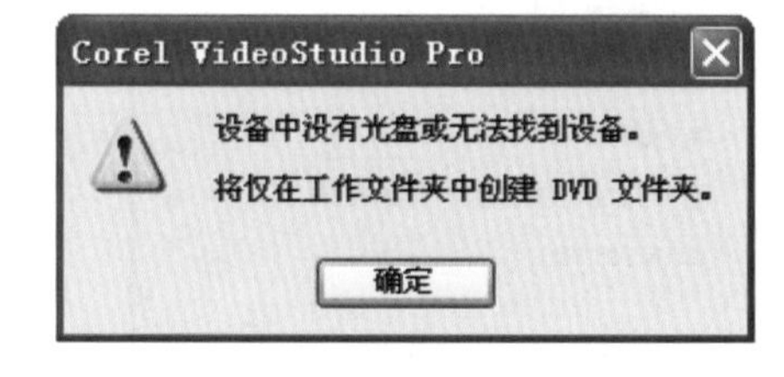

图 3-32　提示创建 DVD 文件夹

STEP 11 程序提示成功创建文件夹，单击“确定”按钮即可，如图 3-33 所示。

STEP 12 单击“确定”按钮，返回刻录界面，在界面中，单击“编辑标题”按钮，如图 3-34 所示。

图 3-33　提示成功创建文件夹

图 3-34　单击“编辑标题”按钮

STEP 13 弹出“编辑模板标题”对话框，在对话框中设置起始标题，修改文字为“生活点滴”，如图 3-35 所示。

STEP 14 单击字体右侧的三角按钮，在下拉菜单中选择“方正剪纸简体”字体，如图 3-36 所示。

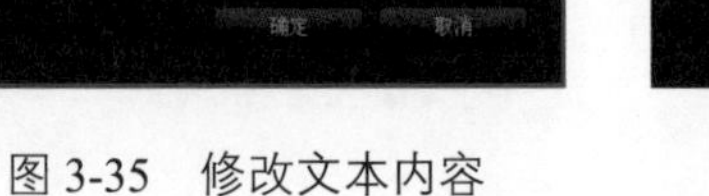

图 3-35　修改文本内容

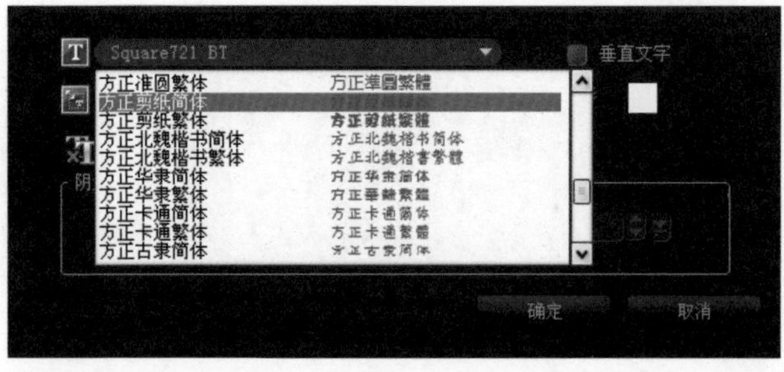

图 3-36　选择字体

STEP 15 字体修改完成后，勾选“垂直文字”复选框，单击“色彩”按钮，选择“Corel 色彩选取器”选项，如图 3-37 所示。

STEP 16 在弹出的“Corel 色彩选取器”对话框中，设置 R：185、G：160、B：58，如图 3-38 所示。

图 3-37　单击“Corel 色彩选取器”选项

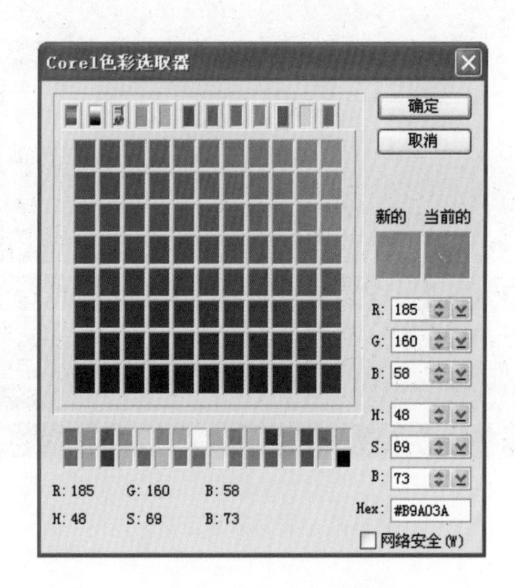

图 3-38　设置色彩数值

STEP 17 设置文字倾斜度为“-4”，如图 3-39 所示。

STEP 18 在“编辑模板标题”对话框中，单击“确定”按钮，如图 3-40 所示，结束标题的制作参照起始标题的设置方法，单击“确定”按钮，即可设置完成模板标题。

图 3-39　设置文字倾斜度

图 3-40　单击“确定”按钮

STEP 19 在刻录界面中，单击“刻录”按钮，显示刻录进度，如图 3-41 所示。

STEP 20 光盘刻录成功后，程序会有提示，如图 3-42 所示，单击“确定”按钮，刻录 DVD 文件即可完成。

图 3-41　显示刻录进度

图 3-42　提示光盘刻录成功

捕获视频素材

第 4 章

在编辑影片前，首先需要捕获视频素材。将捕获工具与计算机进行正确连接，以确保能够成功地捕获到高质量的视频素材，进行影片的编辑工作。本章将学习捕获素材前的准备和对捕获进行的一些必要工作。

本章重点：

★ 捕获视频准备

★ 捕获属性设置

★ 从 DV 获取视频

★ 从 DV 中获取静态图像

★ DV 快速扫描

★ 从数字媒体导入视频

★ 从移动设备导入视频

★ 从硬盘摄像机导入视频

4.1 捕获视频准备

在捕获视频前，首先需要将 IEEE1394 卡与电脑进行连接，然后再用 DV 进行捕获工作。

4.1.1 选购 1394 卡

IEEE1394 卡简称 1394 卡，如图 4-1 所示。IEEE1394 卡是一种用于采集视频信息的外部设备，它是把输入的模拟信号通过内置的芯片提供的采集捕获功能转换成数字信号。

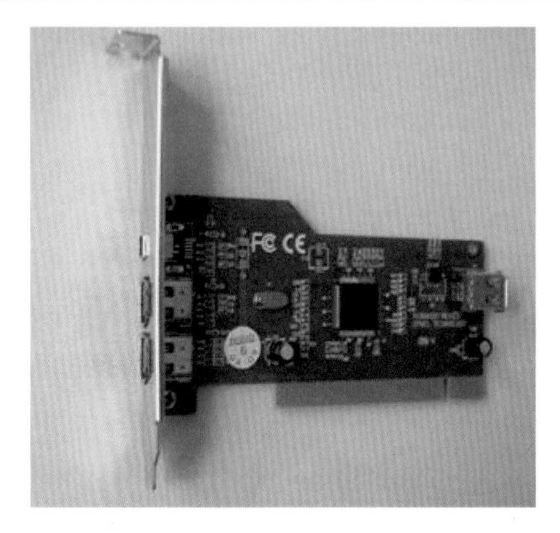

图 4-1 1394 卡

1394 采集卡可以分为常见的两类：一种是带有硬件 DV 实时编码功能的 DV 卡，另一种是用软件实现压缩编码的 1394 卡。带有硬件 DV 实时编码功能的 DV 卡的价格通常较高，这类卡可以实时地处理一些特技转换，有些还带有 MPEG-2 压缩功能，大大提高了 DV 视频编辑速度，而软件编码的 1394 卡速度较慢，成本低。

> **提 示**
>
> 在购买时应该注意：①是否具有硬件压缩功能的捕获卡。②帧速率是否能带到 25 帧/秒。

4.1.2 安装 1394 卡

STEP 01 关闭计算机电源，打开计算机机箱。在拆开机箱之前，要注意手上的静电。

STEP 02 将 1394 卡插入到主板上的 PCI 插槽中，注意力度。

STEP 03 利用螺钉固定板卡(同其他板卡的安装差不多)，将 1394 卡固定在机箱上。

4.1.3 设置 1394 卡

1394 卡安装完成后，重新启动计算机，系统将自动查找、安装 1394 卡的驱动程序。如果需要确认 1394 卡的安装情况，可以按照如下的步骤操作：

STEP 01 在 Windows 操作系统的桌面上右击“我的电脑”图标，在弹出的快捷菜单中选择“属性”命令，如图 4-2 所示。

STEP 02 弹出“系统属性”对话框，在该对话框中，单击“硬件”选项卡，切换到该选项卡中，单击“设备管理器”选项区域中的“设备管理器”按钮，如图 4-3 所示。

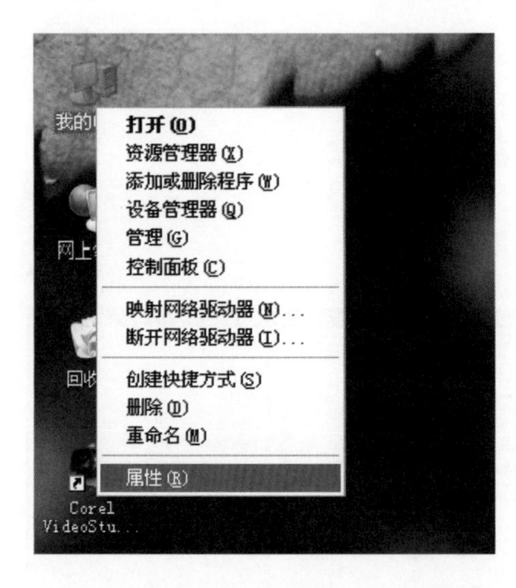

图 4-2　单击“属性”命令

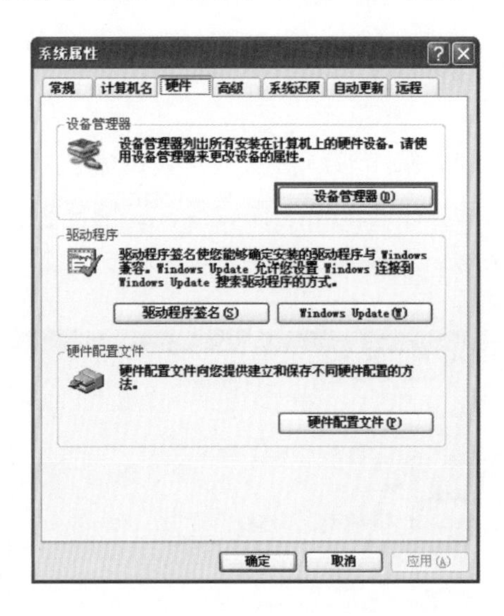

图 4-3　单击“设备管理器”按钮

STEP 03 弹出“设备管理器”窗口，在窗口中可以看到一个“IEEE 1394 总线控制器”选项，该选项就是 IEEE 1394 的驱动程序。如图 4-4 所示。

提　示

如果在查看 1394 总线控制器的时候，发现该硬件有错误，则可以右击设备中的 1394 卡，打开一个快捷菜单，选择其中的“扫描检测硬件改动”命令，使用计算机重新查找硬件，再次安装驱动程序。

图 4-4　“设备管理器”窗口

4.2 捕获属性设置

将摄像机与 DV 进行连接，进行视频素材捕获，捕获完成后，将捕获的素材放到会声会影素材库中，方便以后进行剪辑。所以，用户在进行捕获前，需要做好充足的准备，例如，声音属性的设置，捕获参数的设置等等。本节我们就来介绍一下捕获属性的设置。

4.2.1 检查硬盘空间

捕获视频文件时，首先需要检查一下硬盘空间，以确保能有足够的空间来存储捕获的视频。

在“我的电脑”窗口中，放置鼠标在硬盘图标上，就会显示该硬盘的相关信息，如图 4-5 所示。或者单击选择硬盘，左侧任务窗格的“详细信息”栏中，会显示该硬盘的文件系统类型以及硬盘的可用空间和总大小情况，如图 4-6 所示。

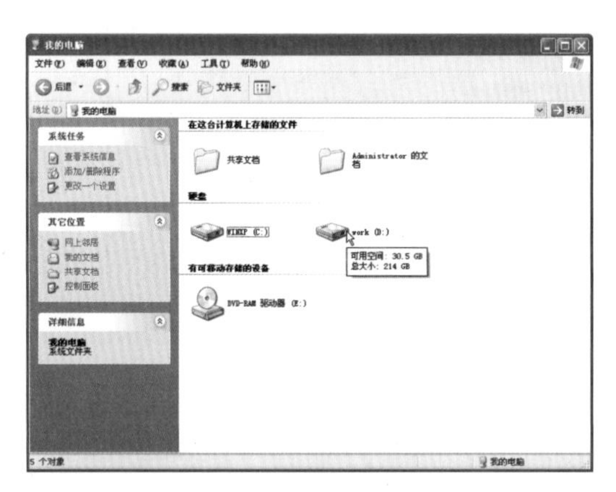

图 4-5 显示硬盘的信息

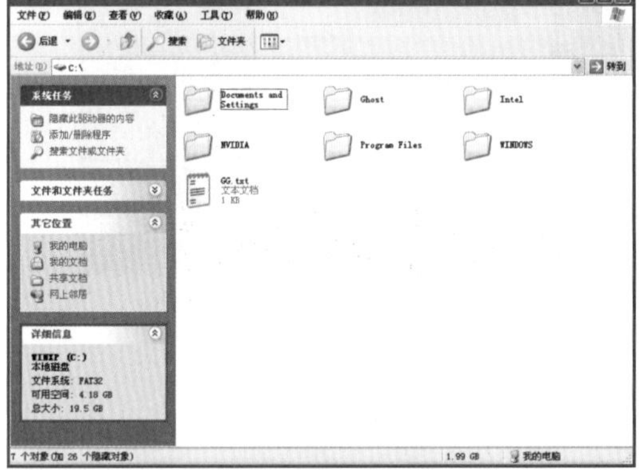

图 4-6 显示硬盘的信息

4.2.2 声音属性设置

捕获卡安装好后，要确保声画同步，用户还需要在计算机中对声音属性进行设置。

STEP 01 进入 Windows 系统后，单击“开始”|“控制面板”命令，弹出“控制面板”窗口，双击“声音和音频设备”图标，如图 4-7 所示。

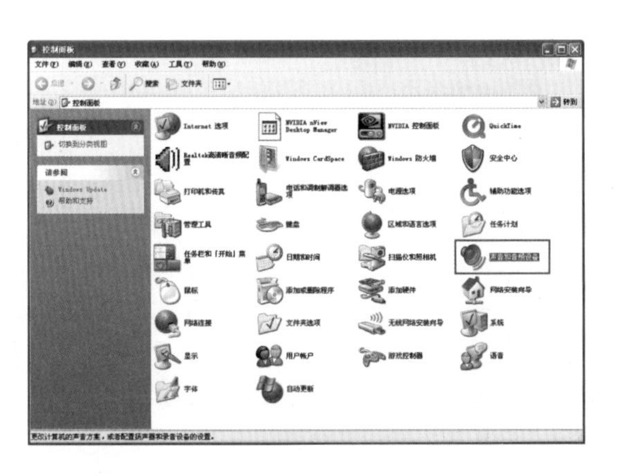

图 4-7 双击“声音和音频设备”图标

STEP 02 弹出“声音和音频设备属性”

窗口，如图 4-8 所示。

STEP 03 单击“音频”选项卡，在“录音”默认设备列表中，使用当前的声卡设置为首选设备，如图 4-9 所示。

图 4-8　“声音和音频设备属性”窗口

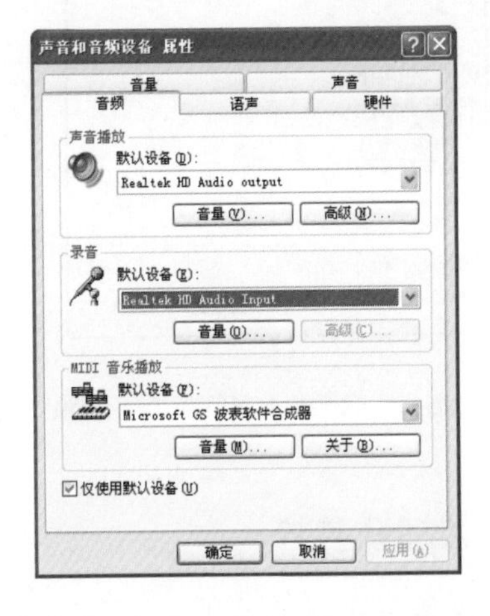

图 4-9　使用当前的声卡设置为首选设备

STEP 04 单击“确定”按钮，在 Windows 桌面的任务栏中，双击“音量”图标，弹出“主音量”窗口，如图 4-10 所示。

STEP 05 在“主音量”窗口中，单击“选项”|“属性”命令，如图 4-11 所示。

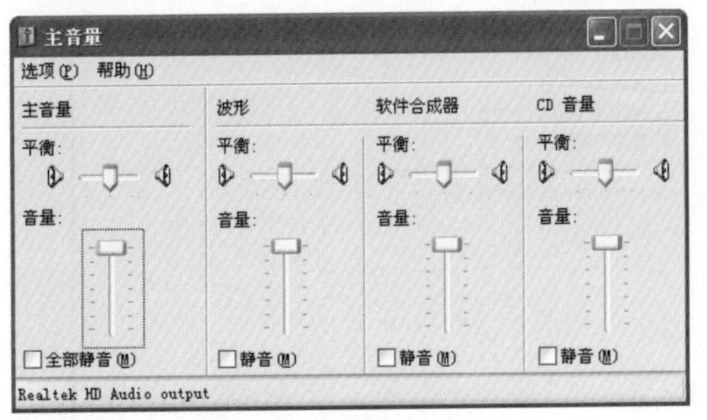

图 4-10　“主音量”窗口

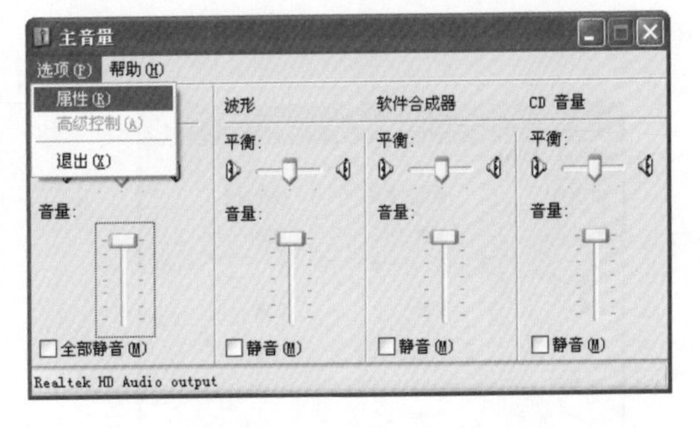

图 4-11　单击“属性”命令

STEP 06 弹出“属性”窗口，单击“混音器”右侧的三角按钮，选择“Realtek HD Audio Input”选项，属性就会默认选中“录音”选项，并默认勾选 CD 音量、麦克风音量、线路音量，如图 4-12 所示。

提　示

根据计算机安装系统的不同，弹出对话框中的设置可能会有所不同。

STEP 07 单击“确定”按钮，弹出“录音控制”窗口，如图 4-13 所示。

STEP 08 在“录音控制”对话框中，勾选“线路输入”复选框，如图 4-14 所示，然后单击窗口右上方的“关闭”按钮，即可完成声音属性设置。

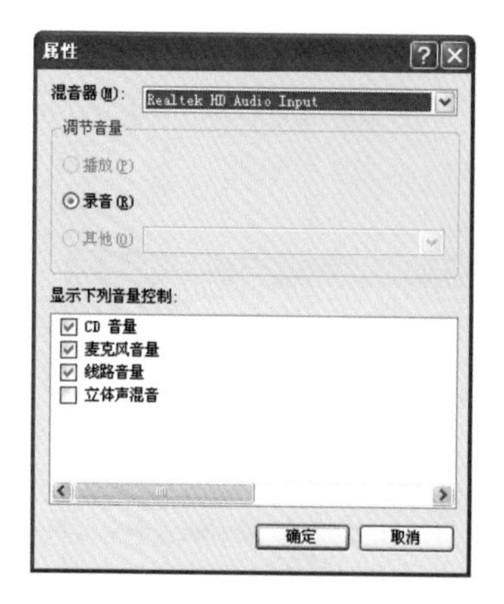

图 4-12　选择“Realtek HD Audio Input”选项

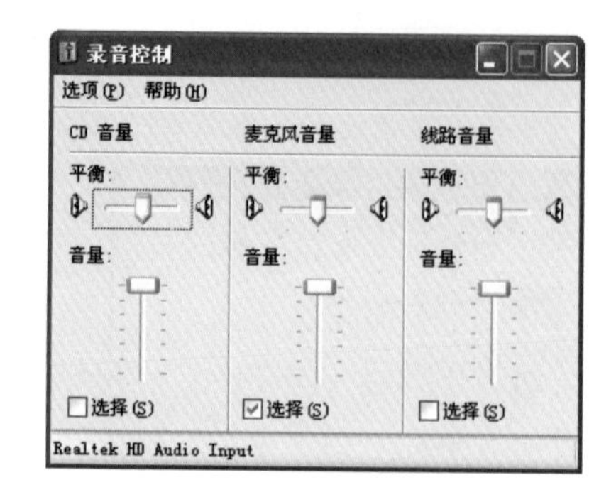

图 4-13　“录音控制”窗口

4.2.3 设置捕获参数

进入会声会影编辑器，单击“设置”|“参数选择”命令，弹出“参数选择”对话框，选择“捕获”选项卡，如图 4-15 所示，在选项卡中设置相应的参数。具体设置可参考第 5 章 5.2.1 节。

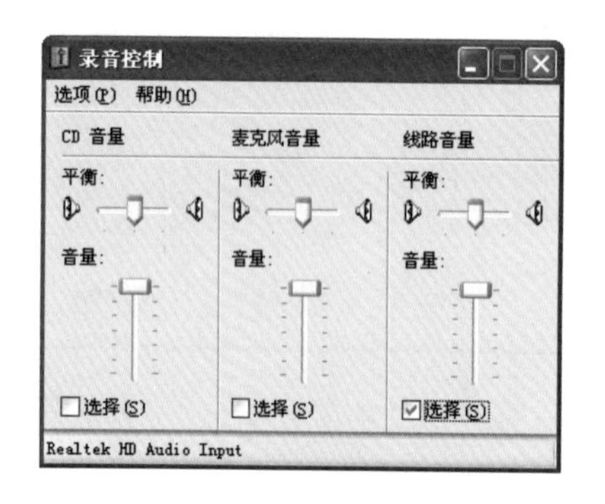

图 4-14　勾选“线路输入”复选框

图 4-15　捕获选项卡

4.2.4 捕获注意事项

捕获视频前，首先需要注意一些事项，确保用户在捕获视频时可以成功地进行捕获。

1. 需要检查硬盘空间

在捕获视频前，首先需要检查一下硬盘空间，因为捕获的视频文件较大，需要硬盘有足够的空间，在这里建议用户预留出 30GB 的硬盘空间。

2. 关闭不需要的程序

关闭不需要使用的程序，以免在捕获视频时发生中断现象。

3. 设置工作文件夹

在捕获视频前，需要对硬盘的空间进行检查，并设置相应的捕获工作文件夹，用于保存捕获完成的视频素材。建议用户预留出 30GB 以上的硬盘空间，以免发生磁盘空间不足和丢帧的现象。

进入会声会影“高级”界面，执行“设置”|“参数选择”命令，弹出“参数选择”对话框，在对话框中，单击“工作文件夹”右侧按钮，如图 4-16 所示，弹出“浏览文件夹”对话框，选择需要存放的文件夹，如图 4-17 所示，单击“确定”按钮，即可设置保存文件夹。

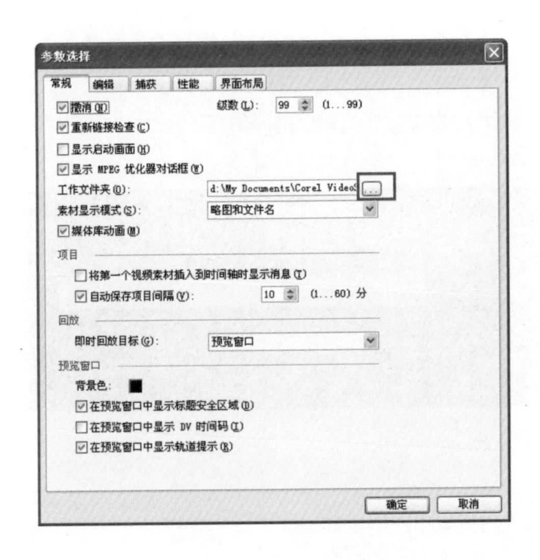

图 4-16　单击按钮

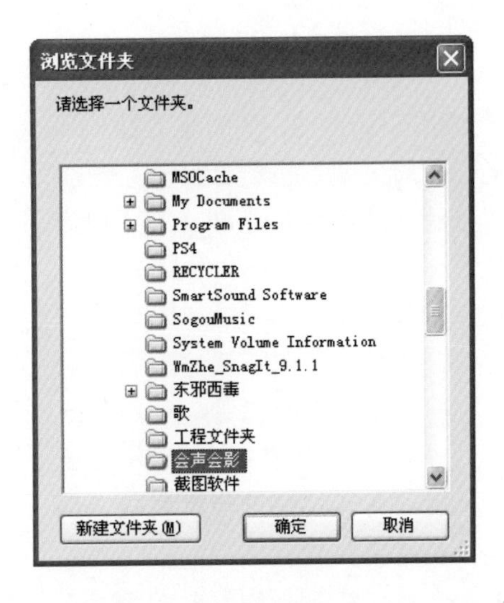

图 4-17　选择需要保存的文件夹

4.3 从 DV 获取视频

制作影片前，首先需要捕获视频文件，将视频信号转捕获成数字文件，即使不需要进行编辑，捕获成数字文件也是很方便很安全的一种保存方式。

4.3.1 设置捕获选项

首先需要将 DV 与计算机进行连接，进入会声会影高级编辑界面，单击“捕获视频”按钮，如图 4-18 所示，切换到“捕获”步骤面板，在选项面板中，即可设置相应的选项，如来源、格式、捕获文件夹等，如图 4-19 所示。

图 4-18　单击“捕获视频”按钮

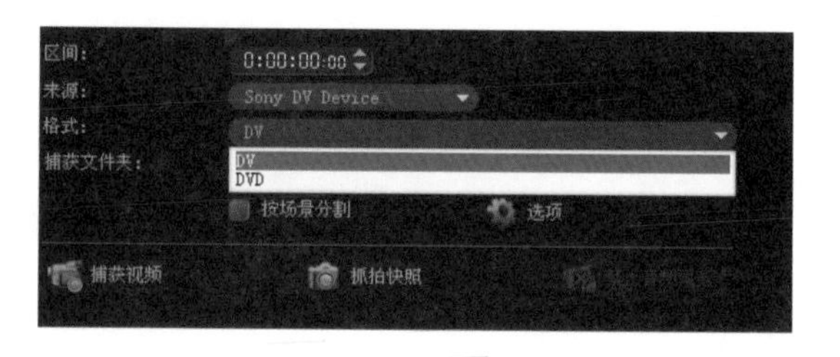

图 4-19　设置捕获选项

4.3.2 设置选项面板

单击“捕获视频”按钮后，切换到“捕获”步骤面板，在选项面板中，如图 4-20 所示，即可设置相应的选项。下面来介绍一下选项面板中各参数的功能及所用。

图 4-20　选项面板

- 区间：用于指定要捕获的素材的长度，数字分别代表小时、分钟、秒、0.01 秒。单击数字，当数字处于闪烁状态时，单击三角按钮，即可调整设置的时间。在捕获视频时，区间显示当前已经捕获的视频时间长度，也可以预先指定数值，捕获指定长度的视频。
- 来源：显示检测到的视频捕获设备，也就是 DV 的名称和类型。
- 格式：用于保存捕获的文件格式，单击右侧的三角按钮，弹出列表，如图 4-20 所示，用户可以根据需要来选择需要输出的格式。
- 捕获文件夹：单击“捕获文件夹”右侧的按钮，弹出“浏览文件”对话框，用户可以设置捕获文件的文件夹位置。
- 按场景分割：拍摄影片时，常常需要拍摄不同场景的画面，分割这些视频片段，以便为其添加转场效果或标题等。
- 选项：选项包括“捕获选项”和“视频属性”两个选项，选择相应的选项，即可打开捕获驱动程序相关的对话框。
- 抓拍快照：可以将捕获到的视频文件的当前帧作为静态图像进行捕获，并保存到会声会影中。
- 禁止音频预览：单击该按钮，可以使在捕获期间使用音频静音。

提　示

在设置捕获文件夹时，需要检查磁盘空间，以便有足够的磁盘空间捕获视频文件。

4.3.3 DV 获取视频

在会声会影高级编辑器中，将 DV 与计算机相连接，即可进行视频的捕获，下面介绍一下在高级编辑器中捕获 DV 视频的方法。

STEP 01 将 DV 与计算机进行连接，如图 4-21 所示。

STEP 02 单击“捕获”按钮，切换至捕获步骤面板，单击面板中的“捕获视频”按钮，如图 4-22 所示。

图 4-21　将 DV 与计算机进行连接

图 4-22　单击“捕获视频”按钮

STEP 03 进入捕获界面，单击“捕获文件夹”按钮，如图 4-23 所示。

STEP 04 弹出“浏览文件夹”对话框，选择需要保存的文件夹位置，如图 4-24 所示。

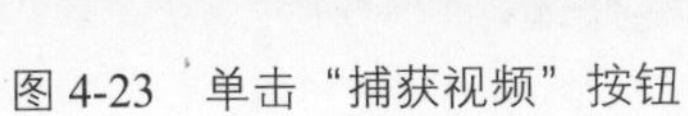

图 4-23　单击“捕获视频”按钮

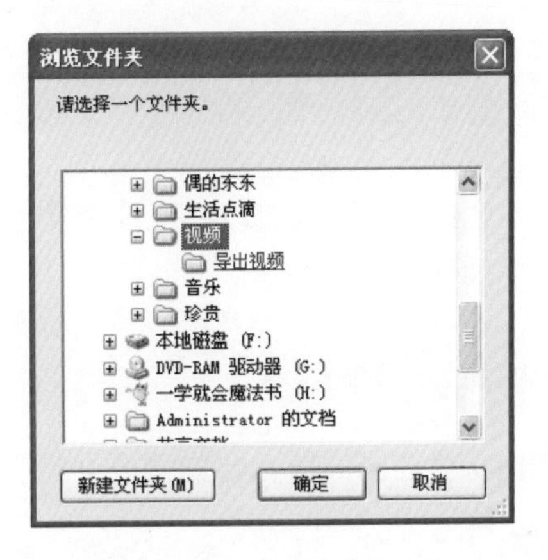

图 4-24　选择需要保存的位置

STEP 05 单击“确定”按钮，即可在选项面板面板中显示相应路径，单击选项面板中的“捕获视频”按钮，开始捕获视频，如图 4-25 所示。

STEP 06 捕获至合适位置后，单击“停止捕获”按钮，如图 4-26 所示，捕获完成的视频文件即可保存到素材库中。

图 4-25　捕获视频

图 4-26　停止捕获

STEP 07 切换至编辑步骤，在时间轴中即可对刚刚捕获的视频进行编辑，如图 4-27 所示。

图 4-27　在时间轴中可对视频进行编辑

提　示

在捕获完成后，如果不需要对视频进行编辑，直接进入指定的保存文件夹，即可对捕获的视频文件进行查看。

4.4 从 DV 中获取静态图像

会声会影 X3 不仅可以获取视频文件，还可以获取静态图像，也就是把视频当中的某一帧图像捕获成静态图像。

4.4.1 设置捕获参数

在捕获静态图像前，首先需要进行参数设置，才能捕获静态图像。

STEP 01 执行“设置”|“参数选择”命令，弹出“参数选择”对话框，选择“捕获”选项卡，如图 4-28 所示。

STEP 02 在捕获格式右侧，单击三角按钮，在弹出的下拉列表中选择 JPEG 选项，如图 4-29 所示。

STEP 03 设置完成后，单击“确定”按钮，即可完成捕获图像参数的设置。

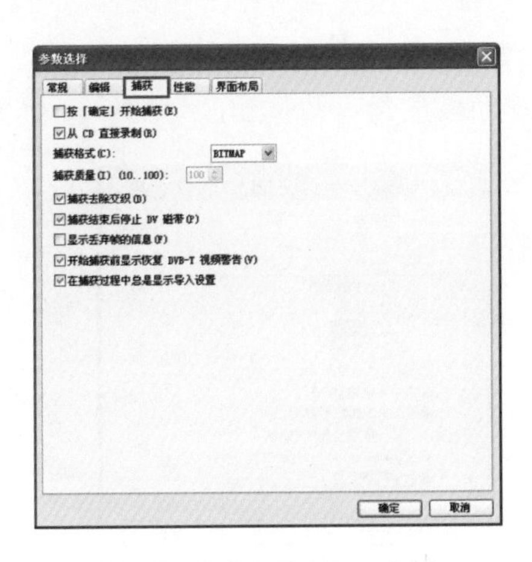

图 4-28　选择"捕获"选项卡

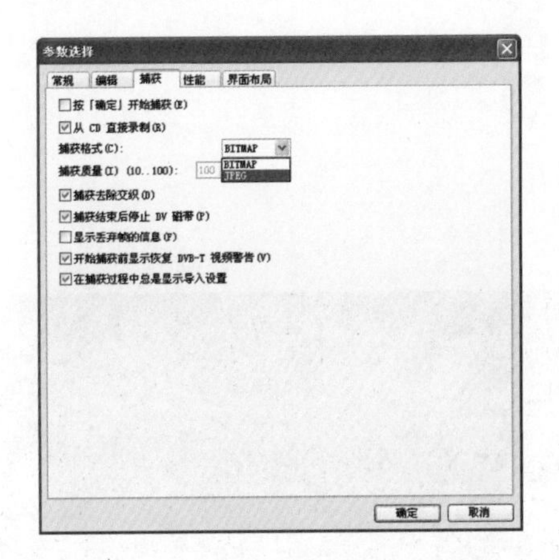

图 4-29　选择捕获格式

提　示

捕获的图像长宽是根据视频来决定的。

4.4.2 获取图像画面

捕获图像前，首先需要找到图像的位置，用户可以通过预览窗口播放视频来确定图像。

STEP 01 将 DV 与计算机进行连接，进入会声会影高级编辑器，切换至"捕获"步骤面板，单击导览面板中的"播放"按钮，如图 4-30 所示。

STEP 02 播放至合适位置后，单击导览面板中的"暂停"按钮，找到需要捕获的画面，如图 4-31 所示。

图 4-30　播放视频

图 4-31　暂停视频

4.4.3 捕获静态图像

找到所需要的画面后，即可捕获静态图像，下面就来介绍一下捕获静态图像的具体步骤。

STEP 01 在选项面板中，单击“捕获文件夹”按钮，如图 4-32 所示。

STEP 02 在弹出的“浏览文件夹”对话框中，选择所需要保存的位置，如图 4-33 所示。

图 4-32　单击“捕获文件夹”按钮

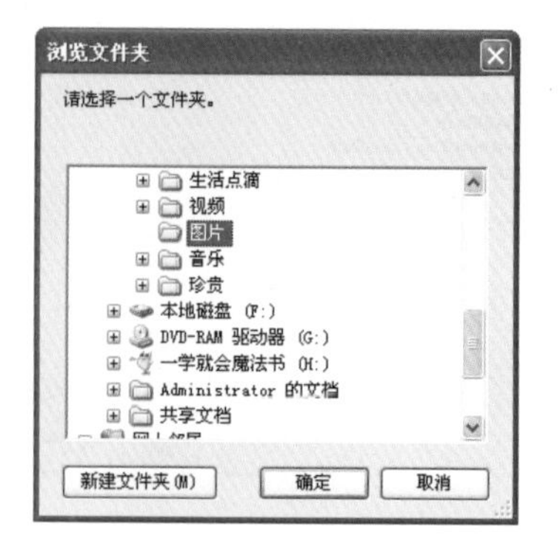

图 4-33　选择保存位置

STEP 03 单击“确定”按钮，在选项面板中单击“抓拍快照”按钮，如图 4-34 所示，进行捕获静态图像。

STEP 04 捕获静态图像完成后，会自动保存到素材库中，如图 4-35 所示。

图 4-34　单击“抓拍快照”按钮

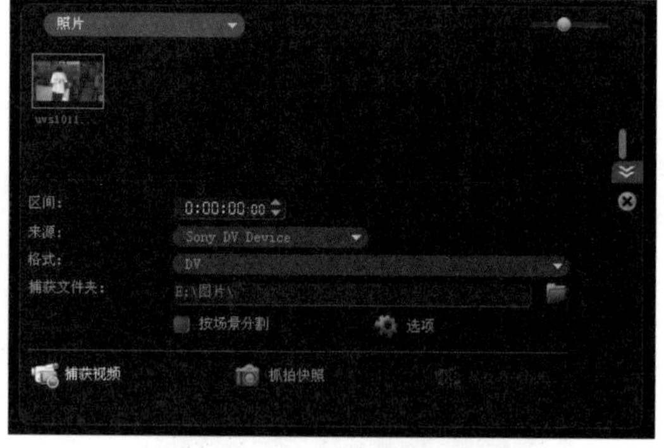

图 4-35　保存到素材库中

4.5 DV 快速扫描

DV 快速扫描是捕获视频的一种方法，本节介绍使用 DV 快速扫描进行视频素材捕获的方法。

STEP 01 进入会声会影高级编辑器，切换至“捕获”步骤面板，单击“DV 快速扫描”按钮，如图 4-36 所示。

STEP 02 弹出“DV 快速扫描”对话框，在对话框中，单击“开始扫描”按钮，如图 4-37 所示，程序开始对 DV 中的视频文件进行扫描。

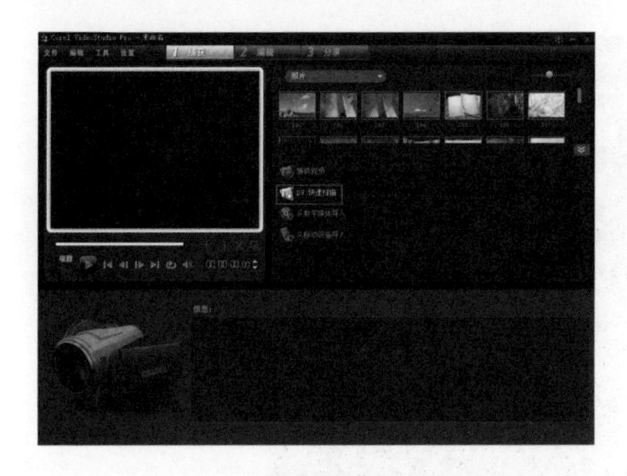

图 4-36　单击“DV 快速扫描”按钮　　　　图 4-37　单击“开始扫描”按钮

STEP 03 扫描完成后，单击“停止扫描”按钮，如所图 4-38 示。

STEP 04 在右侧的故事板中即可看到捕获的视频文件缩略图，单击“下一步”按钮，如图 4-39 所示。

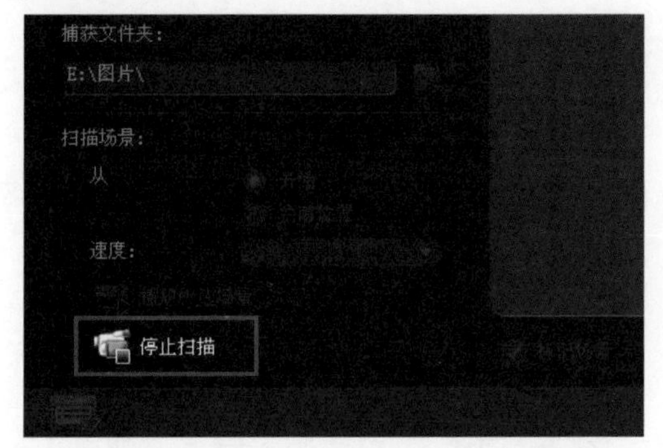

图 4-38　单击“停止扫描”按钮

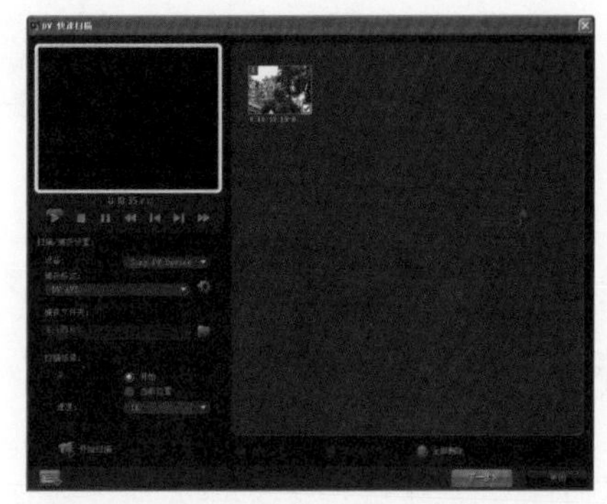

图 4-39　单击“下一步”按钮

STEP 05 弹出“导入设置”对话框，如图 4-40 所示。

STEP 06 单击“确定”按钮，显示渲染进度，如图 4-41 所示。

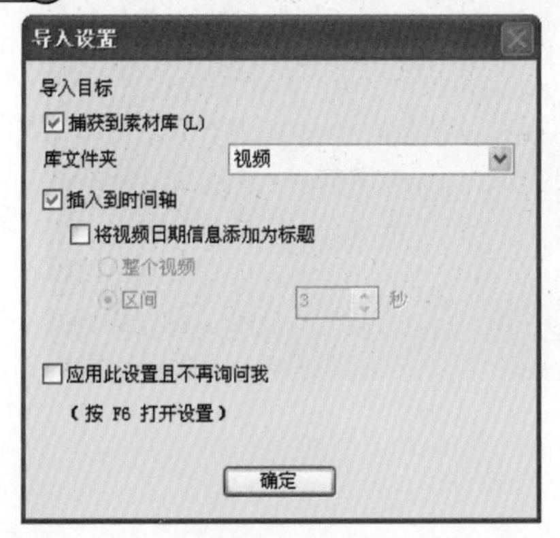

图 4-40　设置相应选项

图 4-41　显示捕获场景进度

STEP 07 在时间轴中，可以看到捕获完成的视频文件，如图 4-42 所示。

图 4-42　在时间轴显示捕获文件

4.6　从数字媒体导入视频

数字媒体导入是指从视频光盘或内存/光盘摄像机中导入视频素材，下面就来介绍一下从数字媒体导入视频文件的方法。

STEP 01 进入会声会影高级编辑器，切换至“捕获”步骤面板，单击“从数字媒体导入”按钮，如图 4-43 所示。

STEP 02 弹出“从数字媒体导入”对话框，单击“选取‘导入源文件夹’”按钮，如图 4-44 所示。

图 4-43　单击“从数字媒体导入”按钮

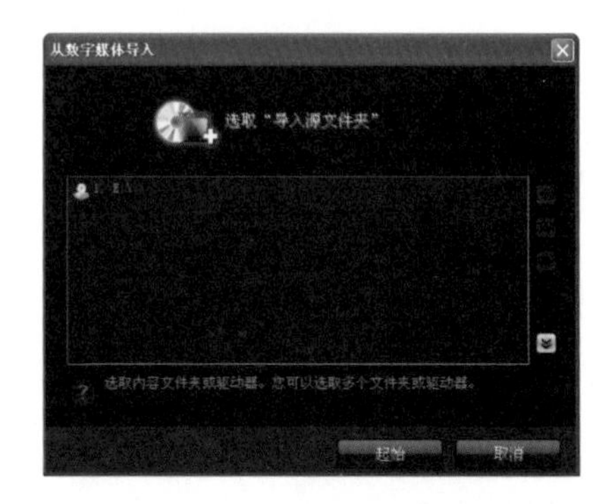

图 4-44　选取导入源文件夹

STEP 03 弹出“导入源文件夹”对话框，勾选需要导入的数字媒体文件复选框，如图 4-45 所示。

STEP 04 单击“确定”按钮，返回“从数字媒体导入”对话框，如图 4-46 所示，单击“起始”按钮。

图 4-45　勾选文件复选框

图 4-46　单击“起始”按钮

STEP 05 在“从数字媒体导入”对话框中，勾选需要导入的文件，并设置保存位置，如图 4-47 所示。

STEP 06 单击“开始导入”按钮，显示渲染进度，如图 4-48 所示。

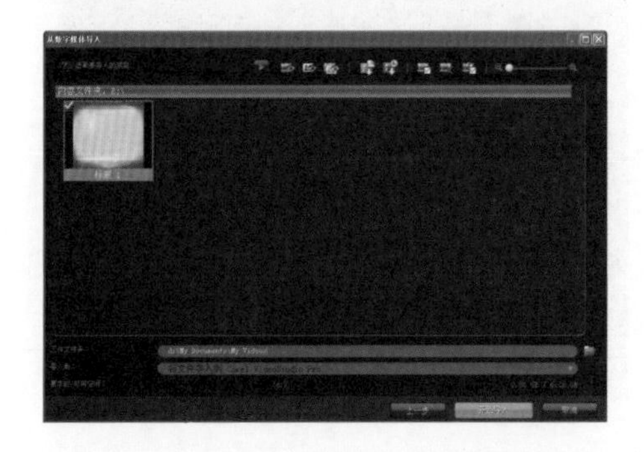

图 4-47　勾选需要导入的文件

图 4-48　显示导入进度

STEP 07 渲染成功后，弹出“导入设置”对话框，如图 4-49 所示。

STEP 08 单击“确定”按钮，导入的视频文件自动保存到素材库中，如图 4-50 所示。

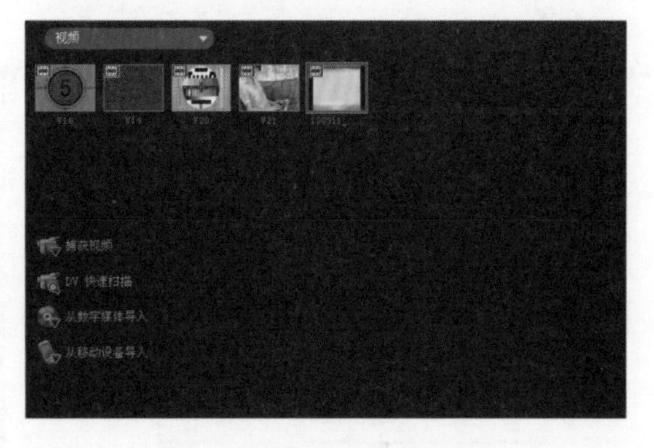

图 4-49　“导入设置”对话框

图 4-50　自动导入到素材库中

提　示

在设置保存的文件夹中，也可以找到导入的视频文件。

4.7 从移动设备导入视频

从移动设备中导入，是指从移动硬盘、U 盘等存储设备中，导入需要的视频或图像文件，下面就来介绍一下从移动设备中导入视频或图像文件的方法。

STEP 01 进入会声会影高级编辑器，切换至“捕获”步骤面板，单击“从移动设备导入”按钮，如图 4-51 所示。

STEP 02 弹出“从硬盘/外部设备导入媒体文件”对话框，选择需要导入的文件，如图 4-52 所示。

图 4-51　单击“从移动设备导入”按钮

图 4-52　选择需要导入的文件

STEP 03 单击“确定”按钮，显示导入进度，导入完成后，弹出“导入设置”对话框，如图 4-53 所示。

STEP 04 单击“确定”按钮，视频文件自动保存到素材库中，如图 4-54 所示。

图 4-53　设置相应选项

图 4-54　视频自动保存到素材库中

4.8　从硬盘摄像机导入视频

在会声会影 X3 中，可以直接导入硬盘摄像机中拍摄的视频文件，以便进行编辑使用。下面介绍一下从硬盘摄像机导入视频的方法。

STEP 01 通过 USB 连接线将硬盘摄像机与计算机进行连接。

STEP 02 进入会声会影 X3 操作界面，执行“文件”|“将媒体文件插入到时间轴”|“插入数字媒体”命令，如图 4-55 所示。

STEP 03 弹出“选取‘导入源文件夹’”对话框，选择视频文件位置，并单击“确定”按钮，如图 4-56 所示。

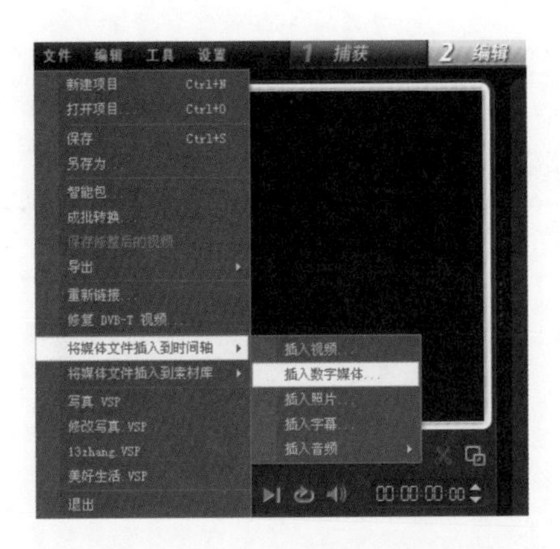

图 4-55　单击“插入数字媒体”命令

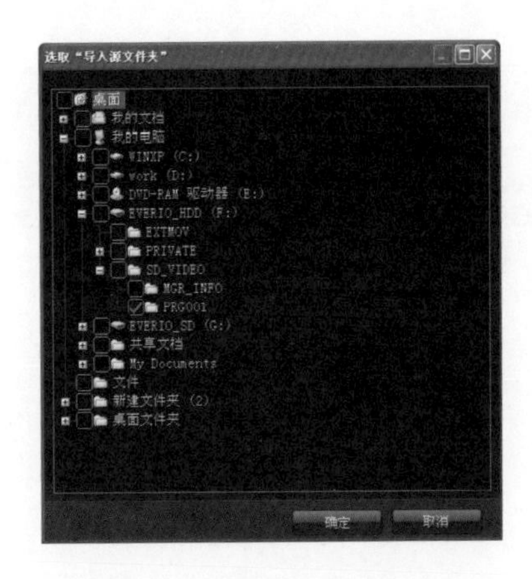

图 4-56　选择导入硬盘文件

STEP 04 弹出“从数字媒体导入”对话框，单击“起始”按钮，如图 4-57 所示。

STEP 05 在“从数字媒体导入”对话框中，选择需要导入的视频，设置需要保存的路径，单击“开始”导入按钮，如图 4-58 所示。

图 4-57　单击“起始”按钮

图 4-58　单击“开始”导入按钮

STEP 06 弹出窗口，显示视频文件信息及视频导入进度，如图 4-59 所示。

STEP 07 视频素材导入完成后，在时间轴中就会显示视频素材，如图 4-60 所示。

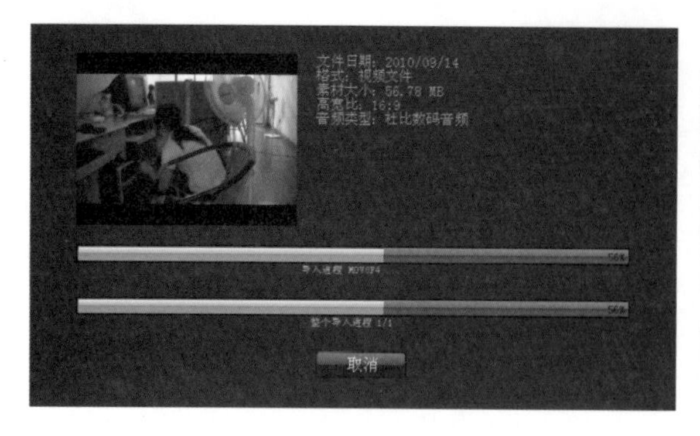

图 4-59　显示导入进度

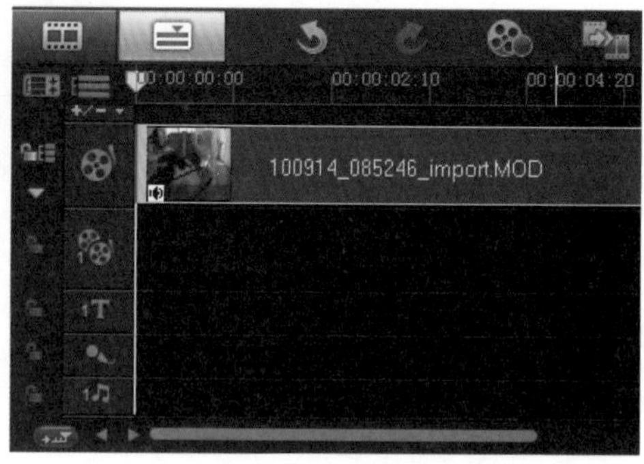

图 4-60　在时间轴中显示视频文件

提　示

Sony 硬盘摄像机视频文件格式为 MPEG-2，JVC 硬盘摄像机视频格式为 MOD。

第 5 章 添加和编辑视频素材

会声会影 X3 拥有丰富而强大的视频编辑功能，可以对素材进行修剪、编辑、调整顺序以及保存等操作。本章学习编辑器的界面以及视频素材的编辑方法，通过学习，用户可以根据自己的需要来完成影片的制作。

本章重点：

★ 项目文件基本操作
★ 设置参数属性
★ 添加影片素材
★ 调整素材播放时间
★ 添加摇动和缩放
★ 剪辑视频素材
★ 调整视频素材
★ 绘图创建器

5.1 项目文件基本操作

所谓项目，就是进行视频编辑等加工工作的文件，它可以保存视频文件素材、图片素材、声音素材，背景音乐以及字幕、特效等使用参数信息。

5.1.1 打开项目文件

用户需要使用已经保存的项目文件时，可以将其打开，然后再进行相应的编辑，下面是打开项目文件的具体步骤。

素材文件:	DVD\素材\第 5 章\飞机.mpg
项目文件:	DVD\项目\第 5 章\旅游.VSP
视频文件:	DVD\视频\第 5 章\5.1.1 打开项目文件.avi

STEP 01 进入会声会影高级编辑界面，执行“文件”|“打开项目”命令。

STEP 02 在弹出的“打开”对话框中，选择需要打开的项目文件，如图 5-1 所示。

STEP 03 单击“打开”按钮，即可打开选择的项目文件，在预览窗口中可进行预览，如图 5-2 所示。

图 5-1　选择需要打开的项目文件

图 5-2　窗口预览打开文件

5.1.2 保存项目文件

影片在制作过程中，要注意随时保存劳动成果。保存后的项目还可以重新打开，修改其中的某些部分，然后对修改过的各个元素进行渲染并生成新的影片。

视频文件:	DVD\视频\第 5 章\5.1.2 保存项目文件.avi

STEP 01 在会声会影高级编辑界面中，执行“文件”|“保存”命令。

STEP 02 弹出“另存为”对话框，在其中设置文件的保存路径及文件名称，单击“保存”按钮，如图 5-3 所示，即可保存项目文件。

5.1.3 另存项目文件

将当前编辑完成的项目文件进行保存后，若需要将文件进行备份，可使用会声会影文件中的“另存为”命令，另外存储一份项目文件。

STEP 01 在会声会影高级编辑界面中，单击“文件”菜单项，在下拉菜单中选择“另存为”命令。

STEP 02 弹出“另存为”对话框，在其中设置文件的保存路径及文件名称，单击“保存”按钮即可保存项目文件，如图 5-4 所示。

图 5-3　“另存为”对话框

图 5-4　另存为

5.2 设置参数属性

在启动会声会影时，它会自动打开一个新项目，供用户开始制作影片作品。新项目总是基于应用程序的默认设置，用户可根据所需要的工作环境来对参数进行设置。它可以帮助用户节约大量的时间，从而提高视频编辑的工作效率。

5.2.1 设置参数属性

在“参数”对话框中，可以对项目文件的常规、编辑、捕获、性能、界面布局 5 个方面来进行设置。在“常规”选项卡中，用于设置会声会影高级编辑界面基本操作的参数。

进入会声会影 X3 高级界面后，单击“设置”|“参数设置”命令，在弹出的“参数设置”对话框中，可以对参数进行基本设置，如图 5-5 所示。

下面介绍该选项卡中各主要选项的功能，如图 5-6 所示。

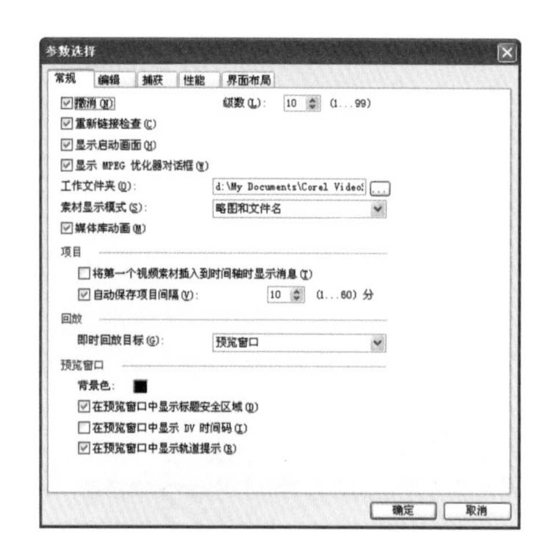

图 5-5　参数设置对话框

图 5-6　“常规”选项卡

1. 常规选项卡

“常规”选项卡用于设置会声会影高级编辑器基本操作的参数，它的功能和作用如表5-1 所示。

表 5-1　“常规”选项卡功能和作用

撤消	撤消上一步所执行的操作步骤。可以通过设置“级数”中的数值来确定撤消次数，该数值框可以设置的参数范围为 0-99
重新链接检查	可以自动检查项目中的素材与其来源文件之间的关联。如果来源文件存放的位置被改变，则会弹出信息提示框，通过该对话框，用户可以将来源文件重新链接到素材
显示启动画面	勾选复选框后，每次启动会声会影时，会显示启动画面，在启动画面中可以选择运行的窗口
显示 MPEG 优化器对话框	取消勾选该复选框时，可以阻止在选择 MPEG 影片模板时显示 MPEG 优化器对话框
工作文件夹	设置程序中一些临时文件夹的保存位置
素材显示模式	设置时间轴上素材的显示模式
媒体库动画	勾选该复选框可启用媒体库中的媒体动画
将第一个视频素材插入时间轴时显示消息	会声会影在检测到插入的视频素材的属性与当前项目设置不匹配时显示提示信息
自动保存项目间隔	选择和自定义会声会影程序自动保存当前项目文件的时间间隔。这样可以最大限度地减少不正常退出时的损失
即时回放目标	设置回放项目的目标设备。提供了 3 个选项，用户可以同时在预览窗口和外部显示设备上进行项目的回放
背景色	单击右侧的黑色方框图标，弹出颜色选项，选中相应颜色，即可完成会声会影预览窗口背景色的设置

在预览窗口中显示标题安全区域	勾选此复选框，在创建标题时，预览窗口中显示标题安全框，只要文字位于此矩形框内，标题就可完全显示出来
在预览窗口中显示 DV 时间码	DV 视频回放时，可预览窗口上的时间码。这就要求计算机的显卡必须是兼容 VMR（视频混合渲染器）

2. 编辑选项卡

在“参数选择”对话框中，选择“编辑”选项卡，如图 5-7 所示，它的功能和作用如表 5-2 所示。

3. 捕获选项卡

在“参数选择”对话框中，选择“捕获”选项卡，如图 5-8 所示，它的功能和作用如表 5-3 所示。

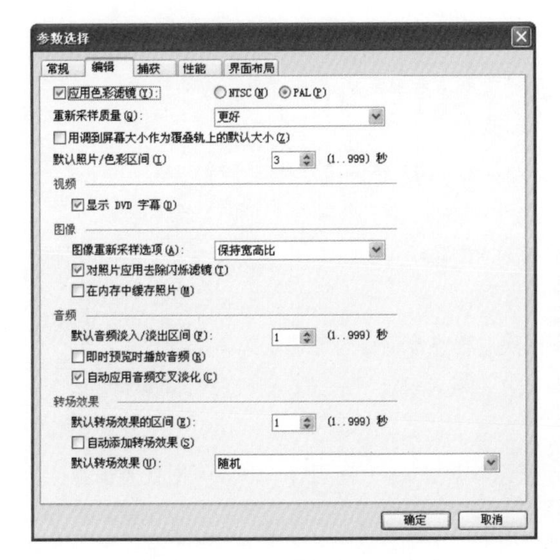

图 5-7　“编辑”选项卡

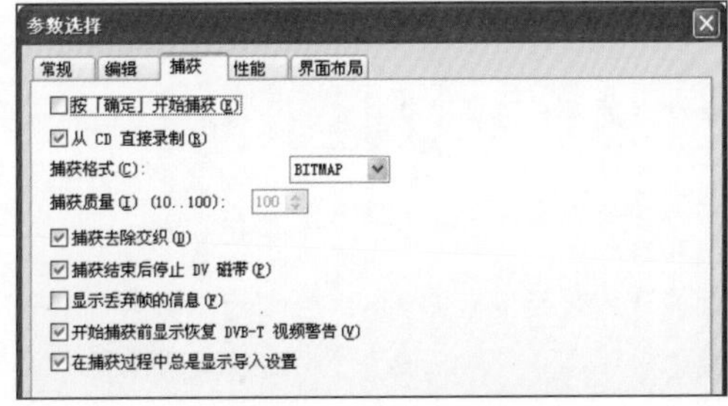

图 5-8　“捕获”选项卡

表 5-2　“编辑”选项卡功能和作用

应用色彩滤镜	选择调色板的色彩空间，有 NTSC 和 PLA 两种，一般选择 PLA
重新采样质量	指定会声会影里的所有效果和素材的质量。一般使用较低的采样质量（例如较好）获取最有效的编辑性能
调到屏幕大小作为覆盖轨上的默认大小	勾选该复选框，插入到覆盖轨道的素材默认大小设置为适合屏幕的大小
插入图像/色彩素材的默认区间	设置添加到项目中的图像素材和色彩的默认长度，区间的时间单位为秒
显示 DVD 字幕	设置是否显示 DVD 字幕
图像从新采样选项	选择一种图像重新采样的方法，即在预览窗口中的显示。有保持高宽比和调整到项目大小两个选项

对图像素材应用去除闪烁滤镜	减少在使用电视查看图像素材时所发生的闪烁
在内存中缓存图像素材	允许用户使用缓存处理较大的图像文件，以便更有效地进行编辑
默认音频淡入/淡出区间	该选项用于设置音频的淡入和淡出的区间，在此输出的值是素材音量从正常至淡化完成之间的时间总值
即时预览时播放音频	勾选该复选框，在时间轴内拖动音频文件的飞梭栏，即可预览音频文件
自动应用音频交叉淡化	允许用户使用两个重叠视频，对视频中的音频文件应用交叉淡化
默认转场效果的区间	指定应用于视频项目中所有转场效果的区间，单位为秒
自动添加转场效果	勾选了该复选框后，当项目文件中的素材超过两个时，程序将自动为其应用转场效果
默认转场效果	用于设置了自动转场效果时所使用的转场效果

表 5-3　捕获选项卡功能和作用

按“确定”开始捕捉	勾选复选框后，在捕获视频时，需要在弹出的提示对话框中按下“确定”按钮才开始捕获视频
从 CD 直接录制	勾选该复选框，可以直接从 CD 播放器上录制音频文件
捕获格式	指定捕获的静态图像文件格式，有 BITMP、JPEG 两种格式
捕获去除交织	在捕获图像时保持连续的图像分辨率，而不是交织图像的渐进图像分辨率
捕获结束后停止 DV 磁带	DV 摄像机在视频捕获过程完成后，自动停止磁带的回放
显示丢弃帧的信息	勾选该复选框，可以在捕获视频时，显示在视频捕获期间共丢弃多少帧
开始捕获前显示恢复 DVB-T 视频警告	选中该复选框可以显示恢复 DVB-T 视频警告，以便捕获流畅的视频素材

5.2.2 设置项目属性

项目属性设置包括项目文件信息、项目模板属性、文件格式、自定义压缩、视频设置以及音频等设置。

进入会声会影 X3 高级界面后，单击“设置”|“项目属性”命令，弹出“项目属性”对话框，如图 5-9 所示，添加视频素材后，该对话框中就会显示被插入视频的相关信息。项目属性中各项功能及作用如表 5-4 所示。

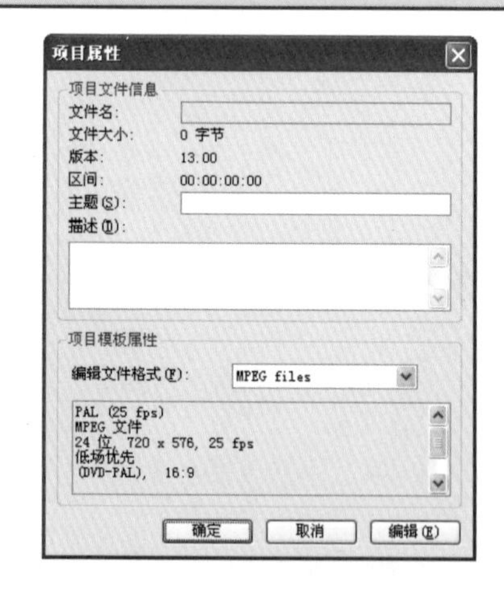

图 5-9　“项目属性”对话框

表 5-4　项目属性功能和作用

项目文件信息	显示项目文件的相关信息，例如：文件名、区间和文件大小等
项目模板属性	显示项目使用的视频文件格式和其他属性
编辑文件格式	在其右侧的下拉列表中选择创建影片最终使用的视频格式，包括 MPEG 和 AVI 两种格式
编辑	单击该按钮，弹出“项目选项”对话框，在其中可以对所选的文件格式进行自定义压缩，并进行视频和音频设置

5.3 添加影片素材

在“编辑”步骤中，最基本的操作是添加新的素材。除了从摄像机直接捕获视频外，在会声会影中还可以将存储在计算机中的视频素材、图像、色彩素材或者 Flash 动画添加到项目文件中。

5.3.1 添加素材库文件

将素材库中的文件添加到视频轨道上，先按照 2.5.2 节的方法将素材文件添加到素材库中，然后按照以下步骤操作：

视频文件：	DVD\视频\第 5 章\5.3.1 添加素材库文件.avi

STEP 01 素材库中选取素材，如图 5-10 所示。

STEP 02 单击鼠标左键将它拖动到视频轨道上，如图 5-11 所示。

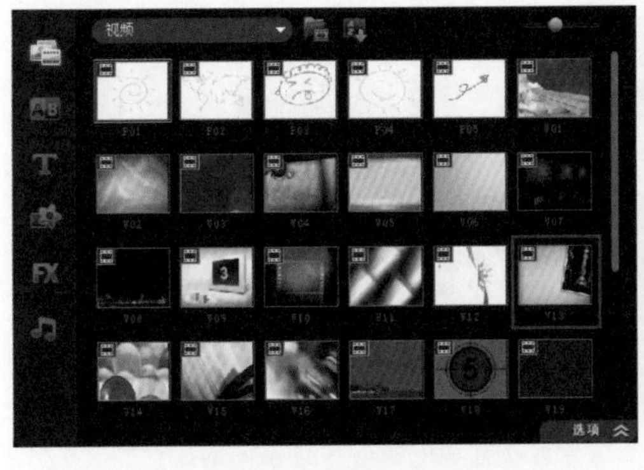

图 5-10　选择素材

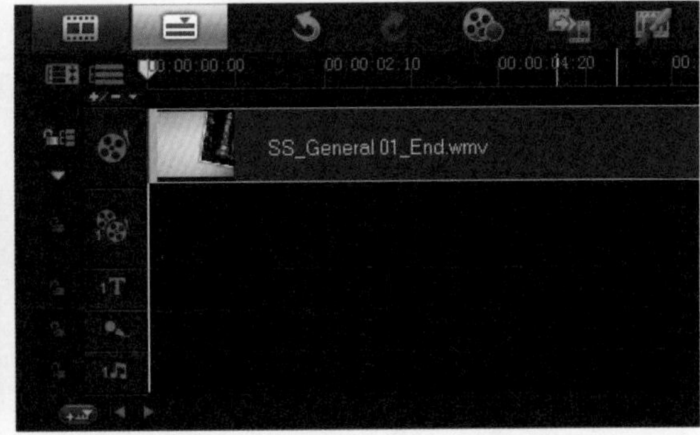

图 5-11　将素材拖到视频轨道上

技　巧

按住 Shift 或 Ctrl 键可以一次选取并添加多个素材文件。

5.3.2 添加色彩素材

色彩素材就是单色的背景，通常用于标题和转场之中。例如，使用黑色素材来产生淡出到黑色的转场效果，这种方式适合使用与处理片段或影片结束位置。

在会声会影中，通常是从图形素材库中添加色彩素材，但是素材库中的色彩素材颜色有限，这时用户就可以自定义色彩素材，操作步骤如下：

视频文件：	DVD\视频\第 5 章\5.3.2 添加色彩素材.avi

STEP 01 进入会声会影高级编辑界面，单击素材库面板上的“图形”按钮，如图 5-12 所示。

STEP 02 切换到“色彩”素材库，单击素材库上方的“添加”按钮，如图 5-13 所示。

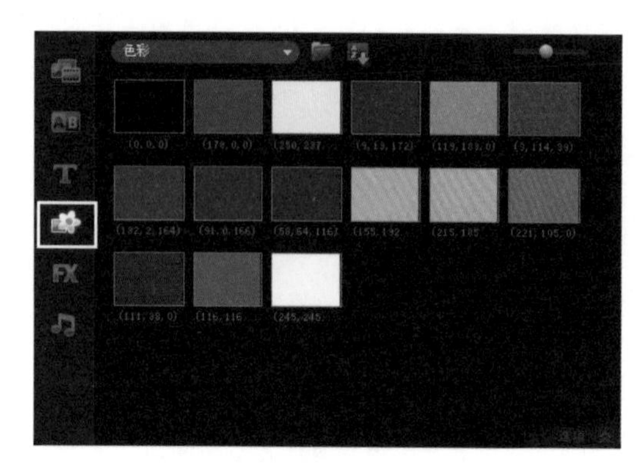

图 5-12　单击“图形”按钮

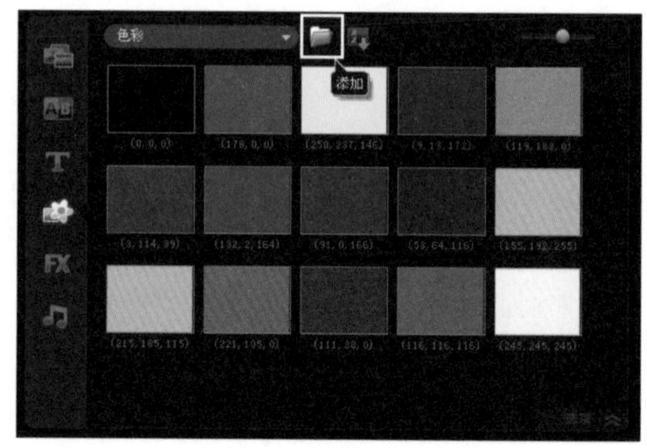

图 5-13　单击“添加”按钮

STEP 03 弹出“新建色彩素材”对话框，如图 5-14 所示。

STEP 04 单击“色彩”右侧的色块，弹出下拉面板，选择“Corel 色彩选取器”选项，如图 5-15 所示。

图 5-14　“新建色彩素材”对话框

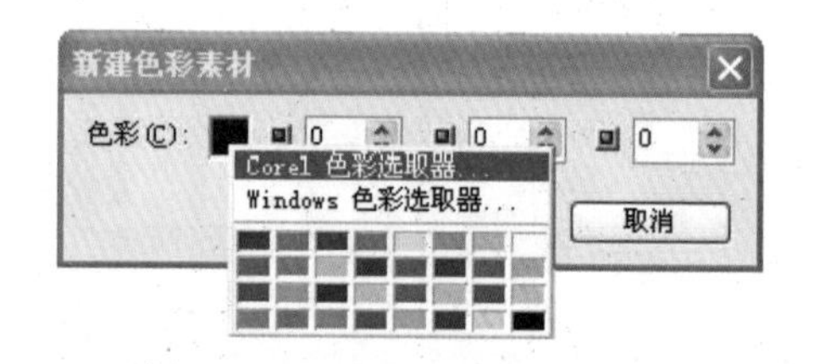

图 5-15　选择颜色选取器

STEP 05 在弹出的“Corel 色彩选取器”对话框中，输入 R:51、G:228、B:225，如图 5-16 所示。

STEP 06 单击“确定”按钮，在“新建色彩素材”对话框中，就可以看到颜色和相应数值，如图 5-17 所示。

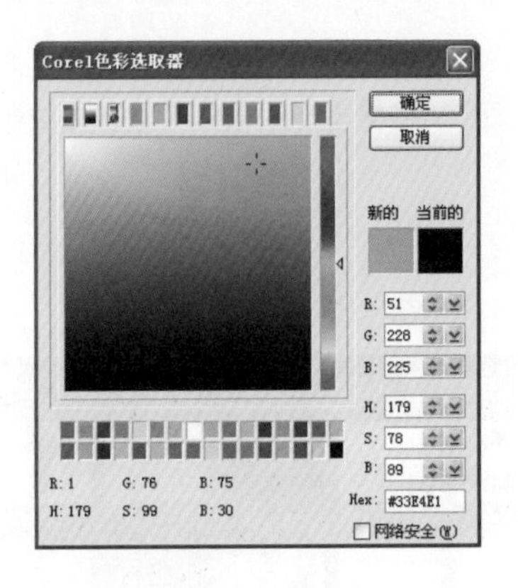

图 5-16　输入色值

图 5-17　新建色彩素材

STEP 07 在“新建色彩素材”对话框中单击“确定”按钮，所定义的颜色将被添加到素材库中，如图 5-18 所示。

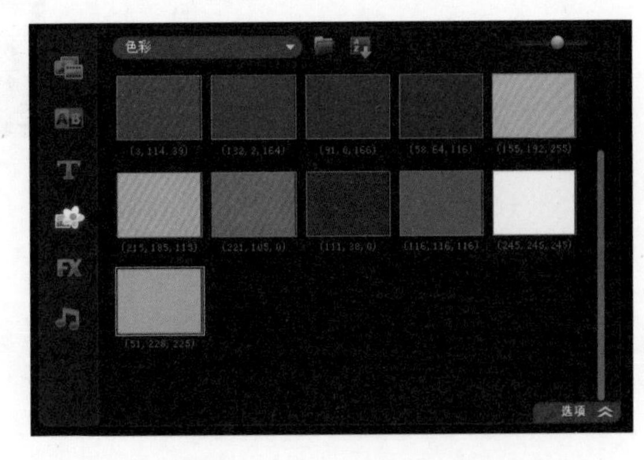

图 5-18　显示新建色彩素材

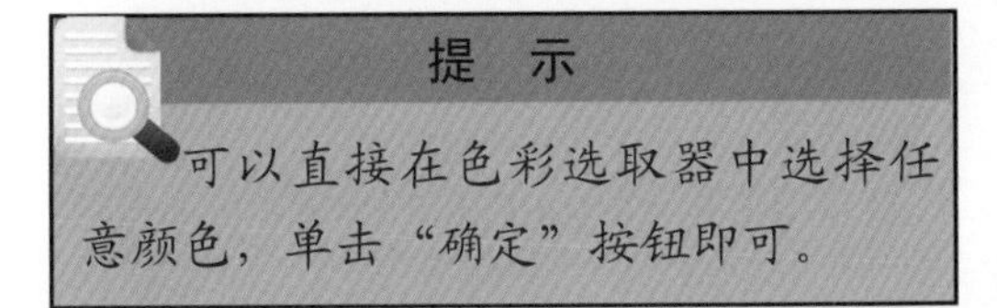

提　示

可以直接在色彩选取器中选择任意颜色，单击“确定”按钮即可。

5.3.3 添加 Flash 素材

在会声会影中，可以从素材库或者直接从硬盘上将 Flash 动画添加到影片中。添加方法如下：

视频文件：	DVD\视频\第 5 章\5.3.3 添加 Flash 素材.avi

STEP 01 在“图像”素材库中单击“画廊”按钮，在弹出的下拉菜单中选择“Flash 动画”，如图 5-19 所示。

STEP 02 切换到“Flash 动画”素材库，单击“添加”按钮，如图 5-20 所示。

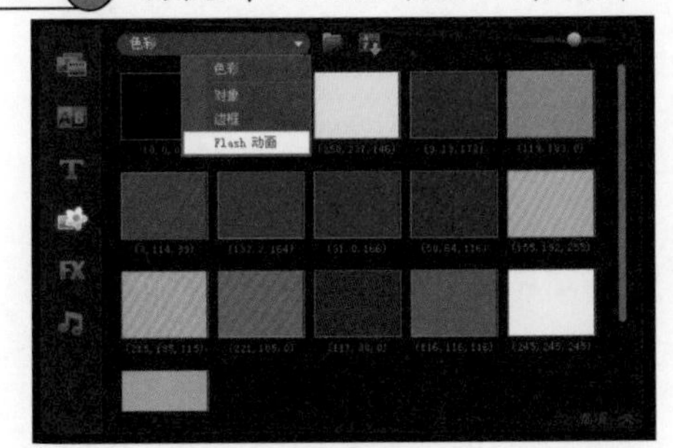

图 5-19　选择“Flash 动画”选项

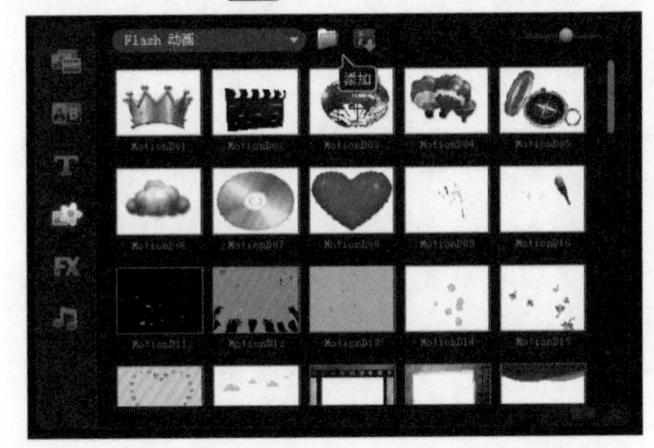

图 5-20　单击“添加”按钮

STEP 03 弹出“浏览 Flash 动画”对话框，选择需要添加的动画，如图 5-21 所示，单击

“打开”按钮。

STEP 04 返回“Flash 动画”素材库，选中的 Flash 动画素材已经插入到素材库中，如图 5-22 所示。

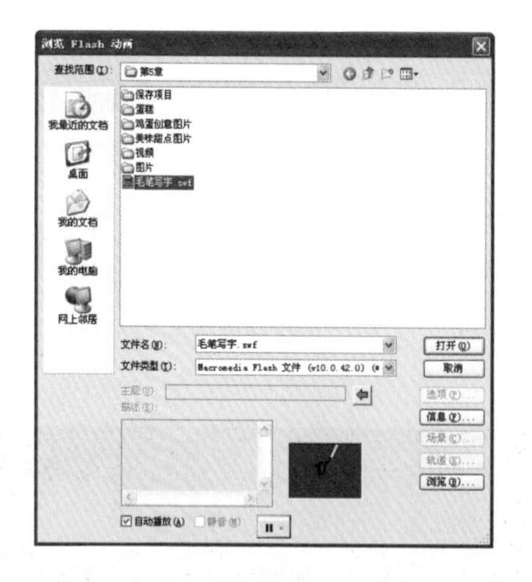

图 5-21　选择需要添加的 Flash 动画

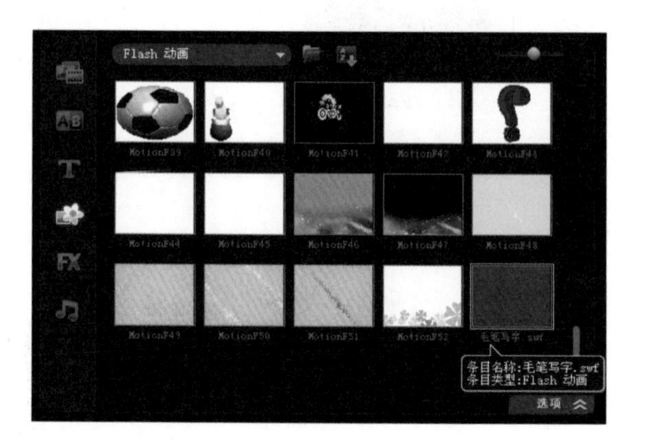

图 5-22　Flash 动画添加到素材库中

5.4 调整素材播放时间

将素材导入到时间轴中，程序默认素材的播放时间，有时因为影片编辑的需要，需要调整图像素材的播放时间，本节介绍调整素材播放时间的方法。

5.4.1 设置图像默认区间

设置默认区间是在插入素材之前设置图像素材的默认播放时间。修改默认区间步骤如下：

素材文件：	DVD\素材\第 5 章\蛋糕 1、2、3、4、5.jpg
项目文件：	DVD\项目\第 5 章\设置图像默认区间.VSP
视频文件：	DVD\视频\第 5 章\5.4.1 设置图像默认区间.avi

STEP 01 添加图像素材（DVD\第 5 章\素材\蛋糕 1、2、3、4、5.jpg），单击菜单栏上的“设置”|“参数设置”命令，如图 5-23 所示。

STEP 02 弹出“参数选择”对话框，选择“编辑”选项卡，如图 5-24 所示。

STEP 03 设置“默认照片/色彩区间”参数，修改需要持续播放的时间为 6 秒，如图 5-25 所示。

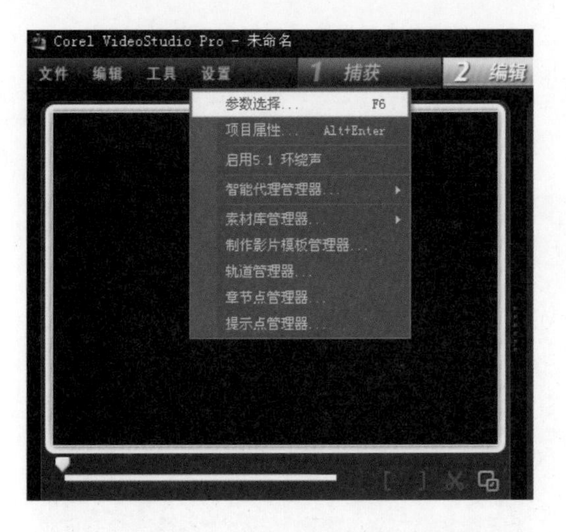

图 5-23　单击“参数选择”选项

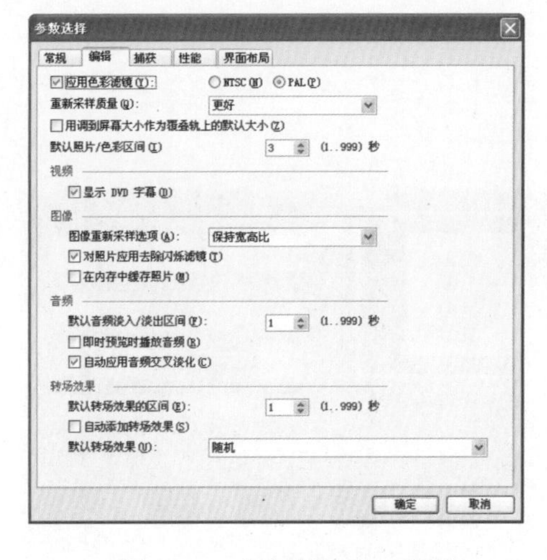

图 5-24　“参数选择”对话框

STEP 04 单击“确定”按钮，在故事板视图中就会显示图像素材自定义的持续播放时间，如图 5-26 所示。

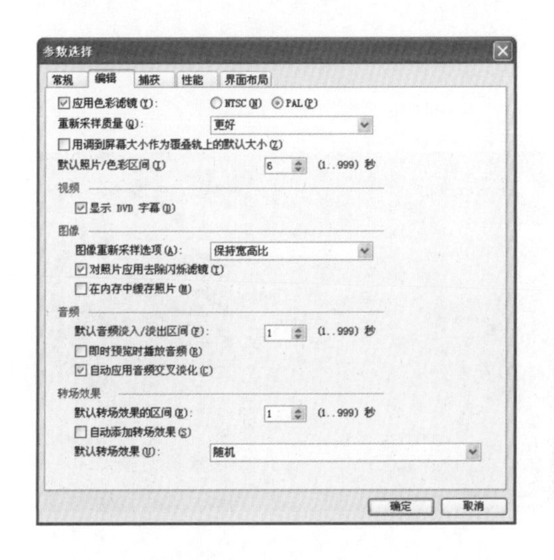

图 5-25　修改持续播放时间

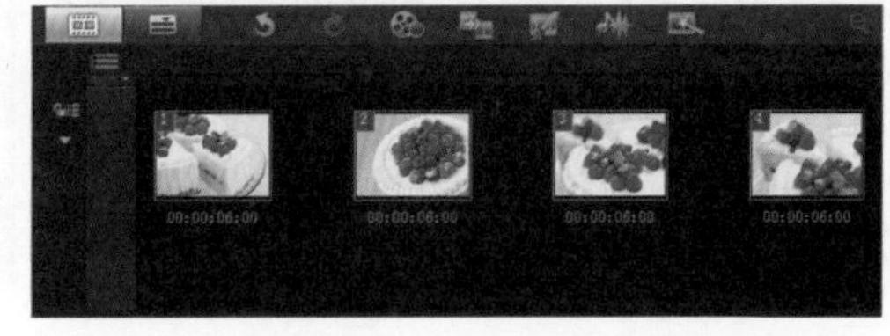

图 5-26　显示修改效果

5.4.2 调整单个播放时间

如果想要调整已经添加到故事视图中的单个素材的播放时间，可以按照以下方法操作。

素材文件：	DVD\素材\第 5 章\鸡蛋创意 1、2、3、4、5.jpg
项目文件：	DVD\项目\第 5 章\调整单个播放时间.VSP
视频文件：	DVD\视频\第 5 章\5.4.2 调整单个播放时间.avi

STEP 01 进入会声会影高级编辑界面，添加图像素材（DVD\第 5 章\素材\鸡蛋创意 1、2、

3、4、5.jpg)，如图 5-27 所示。

STEP 02 在故事板视图上选中需要调整的图像素材，单击"选项"按钮，如图 5-28 所示，打开选项面板。

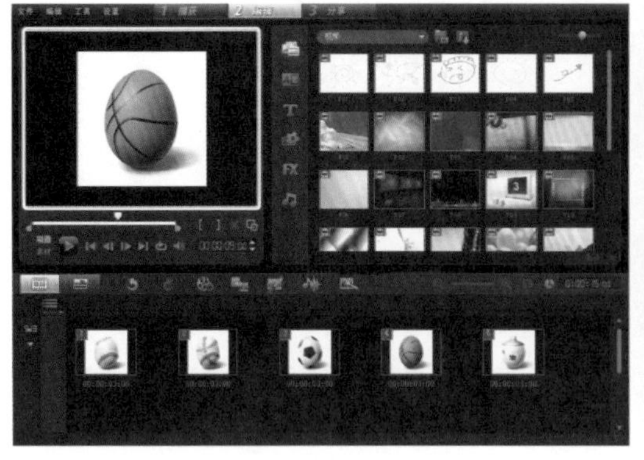

图 5-27 添加图像素材

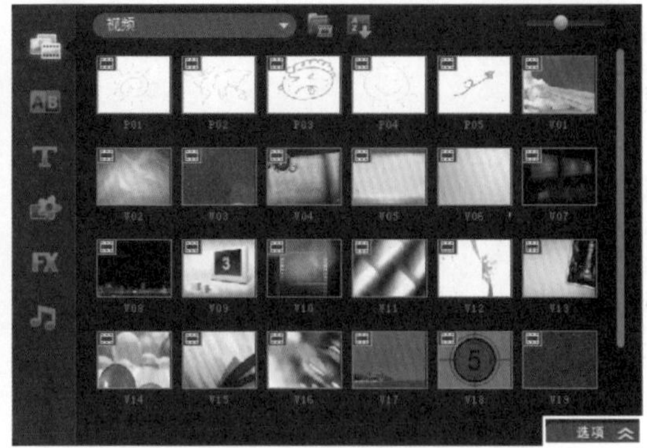

图 5-28 单击"选项"按钮

STEP 03 在"区间"中显示当前素材的持续播放时间，如图 5-29 所示。

STEP 04 在需要修改的时间上单击鼠标，使它处于闪烁状态，然后输入 0: 00: 05: 00，如图 5-30 所示。

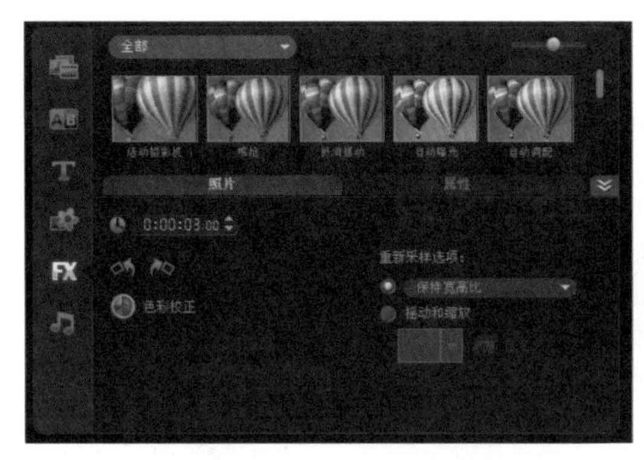

图 5-29 查看持续播放时间

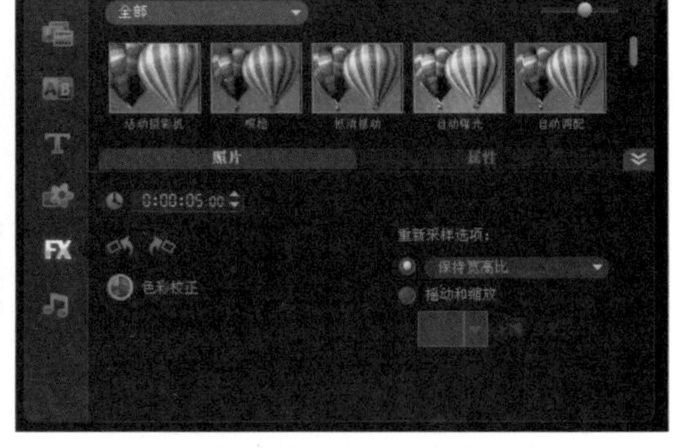

图 5-30 修改持续播放时间

STEP 05 设置完成后按 Enter 键，即可以调整单个文件的播放时间，如图 5-31 所示。

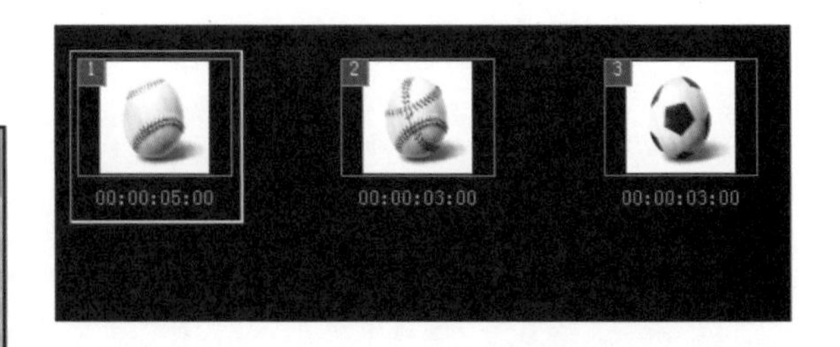

图 5-31 显示修改后的播放时间

技 巧

选择素材图像后，单击鼠标右键，弹出的快捷菜单中选择"更改照片区间"选项，在弹出的对话框中修改时间，可快速调整素材的播放时间

5.4.3 批量调整播放时间

在制作电子相册时，常常会在故事板视图上添加大量的相片素材，单独调整每张图片的播放时间效率很低，所以需要用批量调整播放时间功能，这样就可以方便快捷的调整播放时间，操作步骤如下：

素材文件：	DVD\素材\第 5 章\美味水果 1、2、3、4、5.jpg
项目文件：	DVD\项目\第 5 章\调整单个播放时间.VSP
视频文件：	DVD\视频\第 5 章\5.4.3 批量调整播放时间.avi

STEP 01 在会声会影操作界面中添加图像素材（DVD\第 5 章\素材\美味水果 1、2、3、4、5.jpg），如图 5-32 所示。

STEP 02 按住 Shift 键，单击鼠标选中要调整的多个文件素材，如图 5-33 所示。

图 5-32 添加图像素材

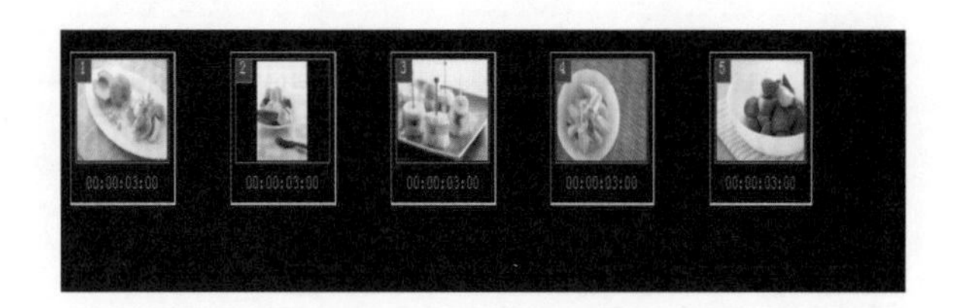

图 5-33 全部选择素材图像

STEP 03 在任意一张图片上单击鼠标右键，在弹出的快捷菜单中选择“更改照片区间”选项，如图 5-34 所示。

STEP 04 在弹出的区间对话框中，修改时间为 6 秒，如图 5-35 所示。

图 5-34 选择“更改照片区间”

图 5-35 修改区间

STEP 05 修改完成后单击“确定”按钮，在缩略图下方就可以看到被选中的素材播放时间都变成了 6 秒，如图 5-36 所示。

提 示

按住快捷键 Ctrl+A 可以快速选中所有素材。

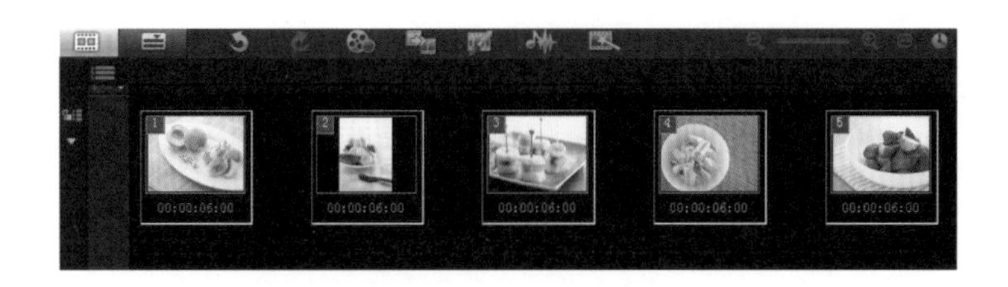

图 5-36　显示修改区间效果

5.5 添加摇动和缩放

会声会影的自动摇动和缩放是快速制作电子相册必不可少的一项功能，它可以模拟摄像机运动拍摄，使静止的图片动起来，增强画面的动感，让相片更加生动。

素材文件：	DVD\素材\第 5 章\水果 1、2、3、4、5、6.jpg
项目文件：	DVD\项目\第 5 章\添加摇动和缩放.VSP
视频文件：	DVD\视频\第 5 章\5.5 添加摇动和缩放.avi

STEP 01 在会声会影操作界面，添加图像素材（DVD\第 5 章\素材\水果 1、2、3、4、5、6.jpg），如图 5-37 所示。

STEP 02 单击预览窗口下方的“播放”按钮，查看相片效果，每张相片都是静止状态，如图 5-38 所示。

图 5-37　打开图像素材

图 5-38　单击播放按钮

STEP 03 按住快捷键 Ctrl+A 选中所有素材，在任意一个素材上单击鼠标右键，在弹出的快捷菜单中选择“自动摇动和缩放”选项，如图 5-39 所示。

STEP 04 程序将自动把效果应用到所有素材上，单击“播放”按钮，查看应用自动摇动和缩放后的效果，如图 5-40 所示。

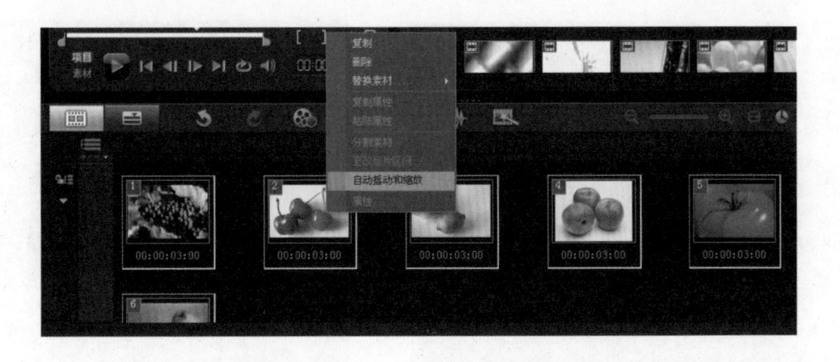

图 5-39　选择“自动摇动和缩放”命令

图 5-40　应用自动摇动和缩放后的效果

5.6 剪辑视频素材

剪辑素材是指将一个视频文件分割为若干个片段，将视频分割后，就可以根据需要对每个片段进行不同的处理。在会声会影中，用户可以在导览面板中手动进行剪辑，可以使用多重修整功能剪辑，也可以使用按场景分割功能分割视频。

5.6.1 导览面板剪辑

通过导览面板可以设置视频文件的开始和结束位置，也可以将一段视频剪切为若干个小片段。在前面的章节中已经讲解了导览面板中的一些功能，下面直接介绍在导览面板中剪辑素材的方法。

1．设置素材的预览范围

方法一

素材文件：	DVD\素材\第 5 章\鸭子.avi
项目文件：	DVD\项目\第 5 章\设置素材预览范围方法一.VSP
视频文件：	DVD\视频\第 5 章\5.6.1.1 设置预览范围方法一.avi

STEP 01 在会声会影操作界面，添加视频素材（DVD\第 5 章\素材\鸭子.avi），如图 5-41 所示。

STEP 02 将鼠标指向导览面板中的“修整标记”，如图 5-42 所示。

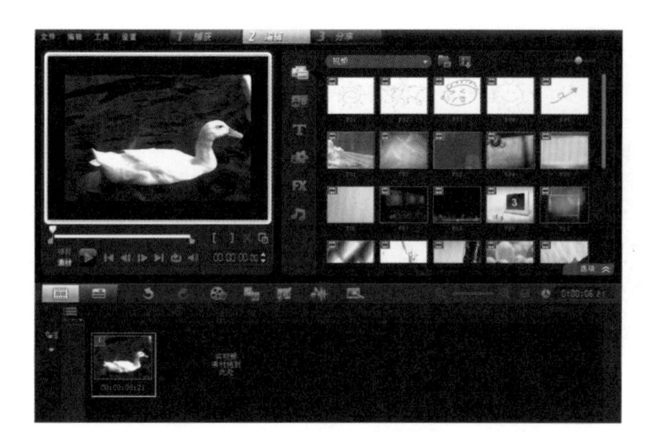

图 5-41　导入素材文件　　　　图 5-42　鼠标变成“修整标记”

STEP 03 当鼠标变成修整标记时，向右拖动鼠标，拖动至要设置的起始位置时释放鼠标，如图 5-43 所示。

STEP 04 同上方法，对素材的结束位置也进行设置，就完成了在导览面板中的剪辑，单击“播放”按钮，将修整后的视频进行预览，如图 5-44 所示。

图 5-43　设置开始位置　　　　图 5-44　设置结束位置

提　示

将素材文件修整后若想恢复为原始状态，则只需要把修整标记拖回原来的开始或结束处，即可将修剪后的视频恢复为原始状态。

方法二

素材文件:	DVD\素材\第 5 章\飞机.mpg
项目文件:	DVD\项目\第 5 章\设置素材预览范围方法二.VSP
视频文件:	DVD\视频\第 5 章\5.6.1.2 设置预览范围方法二.avi

STEP 01 添加素材文件（DVD\第 5 章\素材\飞机.mpg），单击导览面板中的“播放”按钮▶，对素材进行播放，当文件播放到大概位置后，单击“暂停”按钮⏸，如图 5-45 所示。

STEP 02 将素材的剪辑位置大概确定后，单击“上一帧”◀或“下一帧”▶按钮，精确素材位置，如图 5-46 所示。

图 5-45　预览素材

图 5-46　精确定位素材位置

STEP 03 位置精确后，单击“开始标记”按钮，设置素材的开始位置，如图 5-47 所示。

STEP 04 按照同样方法设置素材结束位置，单击“结束标记”按钮，，如图 5-48 所示，即可完成预览范围。

图 5-47　开始标记

图 5-48　结束标记

2. 素材分割为多个片段

当需要将视频文件分割为多个片段时，只需在确定好剪辑的位置后，使用剪辑按钮完成操作，即可根据需要分割成多个片段。

素材文件:	DVD\素材\第 5 章\夕阳.mpg
项目文件:	DVD\项目\第 5 章\素材分割为多个片段.VSP
视频文件:	DVD\视频\第 5 章\5.6.1.3 素材分割为多个片段.avi

STEP 01 导入素材文件后，拖动预览窗口下方的“擦洗器”按钮，将其移动到需要剪辑的位置，如图 5-49 所示。

STEP 02 设置好位置后，单击“剪辑”按钮，如图 5-50 所示。

STEP 03 剪辑完成后，视频分割为两段，通过时间轴可以看到分割后的视频效果，如图 5-51 所示。

图 5-49　设置素材开始剪辑位置

图 5-50　剪辑素材

STEP 04 单击时间轴中的第二段视频，再次拖动擦洗器，将其移动到需要剪辑的位置，如图 5-52 所示。

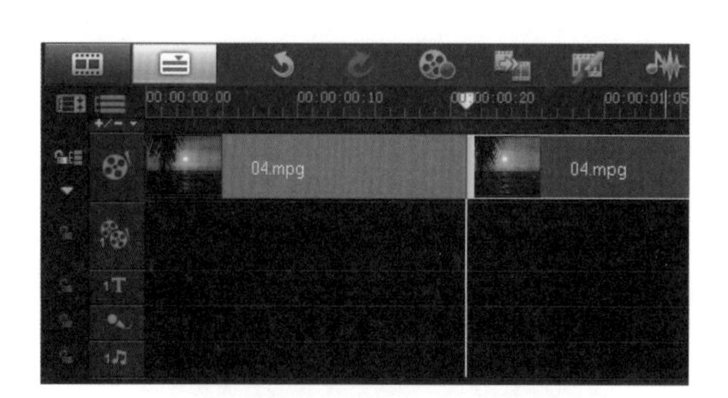

图 5-51　显示剪辑效果

图 5-52　设置素材开始剪辑位置

STEP 05 设置好位置后，单击“剪辑”按钮，如图 5-53 所示。

STEP 06 一个视频文件即分割为 3 个片段。用户可根据自己的需要将视频分割为不同的片段，如图 5-54 所示。

图 5-53　剪辑素材

图 5-54　显示剪辑后的效果

提 示

将文件剪辑成两个片段后，右击时间轴中需要删除的视频，弹出菜单，选择“删除”命令，就可以将素材当中多余的部分去除。

5.6.2 多重修整视频

多重修整视频是将视频分割成多个片段的另一个方法，它可以让用户完整地控制所要提取的素材，更为便捷地管理项目。将视频添加到视频轨道上，单击选项面板上的“多重修整视频”按钮，如图 5-55 所示，弹出的对话框中即可进行视频的多重修整，如图 5-56 所示。本书在 2.5.6 章节中已经详细介绍了多重修整视频的使用方法，请参考前面章节所介绍的内容。

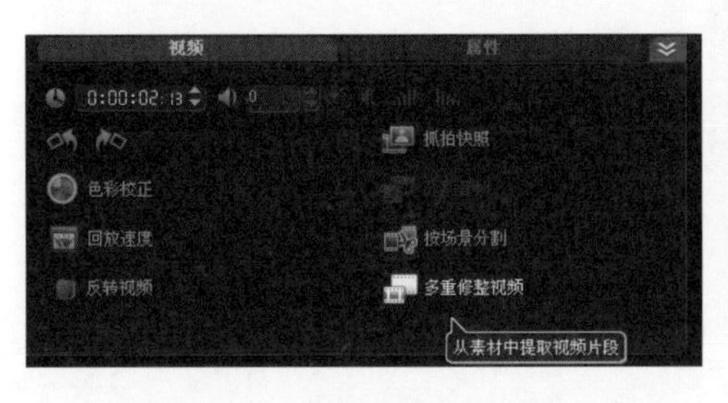

图 5-55 单击多重修整视频按钮

图 5-56 多重修整视频对话框

5.6.3 场景分割视频

场景分割是指以视频文件中的不同场景为单位，将它们自动分割成单个场景的视频文件。下面就介绍一下分割场景的操作方法。

素材文件:	DVD\素材\第 5 章\风光.mpg
项目文件:	DVD\项目\第 5 章\场景分割视频.VSP

STEP 01 进入会声会影高级编辑界面，打开视频素材（DVD\第 5 章\素材\风光.mpg），如图 5-57 所示。

STEP 02 选中视频，单击“选项”按钮，打开选项面板，单击“按场景分割”按钮，如图 5-58 所示。

图 5-57　添加视频素材

图 5-58　单击“按场景分割”按钮

STEP 03 在弹出的“场景”对话框中，勾选“将场景作为多个素材打开到时间轴”选项，如图 5-59 所示。

STEP 04 单击“选项”按钮，弹出“场景扫描度”对话框，拖动“敏感度”标尺上的滑块，敏感度数值越高，场景检测越精确。设置完成后，单击“确定”，如图 5-60 所示。

图 5-59　勾选选项

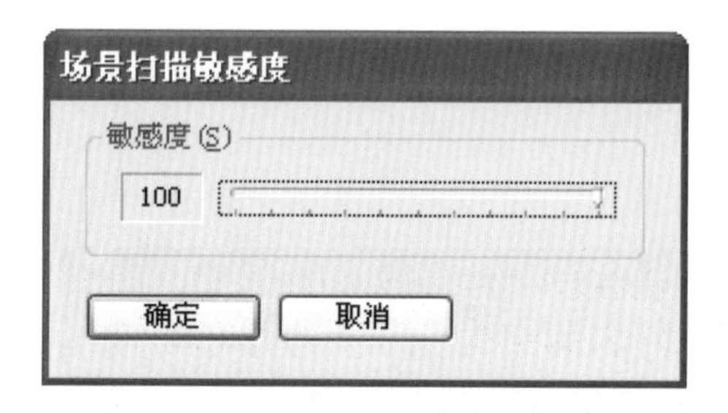

图 5-60　调整敏感度

STEP 05 返回到“场景”对话框中，单击“扫描”按钮，程序开始执行扫描操作，场景扫描结束后，在“检测到的场景”列表框中显示分割的片段，单击“确定”按钮，如图 5-61 所示。

STEP 06 返回到会声会影高级编辑界面中，在时间轴中就可以看到分割后的视频片段的缩略图，如图 5-62 所示。

图 5-61　单击“确定”按钮

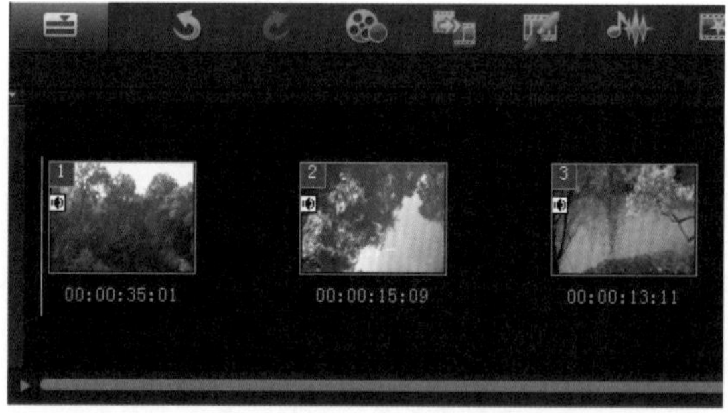

图 5-62　显示分割后视频片段

5.7 调整视频素材

为了使影片的效果更加的理想，可以对素材的播放顺序、播放速度、色彩等内容进行调整。

5.7.1 反转视频素材

有时用户使用会声会影剪辑影片时，需要视频倒放的效果。在会声会影中，反转功能可以将视频进行倒序播放，同时音频也会进行倒序播放，让视频更加有视觉效果。

素材文件：	DVD\素材\第 5 章\埃及.mpg
项目文件：	DVD\项目\第 5 章\反转视频素材.VSP
视频文件：	DVD\视频\第 5 章\5.7.1 反转视频素材.avi

STEP 01 进入会声会影高级编辑界面，添加视频素材（DVD\第 5 章\素材\埃及.mpg），然后单击“播放”按钮，查看原始素材效果，如图 5-63 所示。

图 5-63 预览视频文件

STEP 02 选中视频，单击“选项”按钮，打开选项面板，如图 5-64 所示。

STEP 03 在选项面板上勾选“反选视频”复选框，如图 5-65 所示。

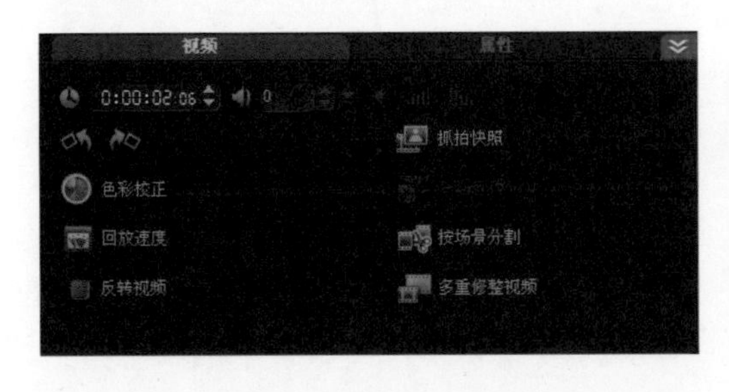

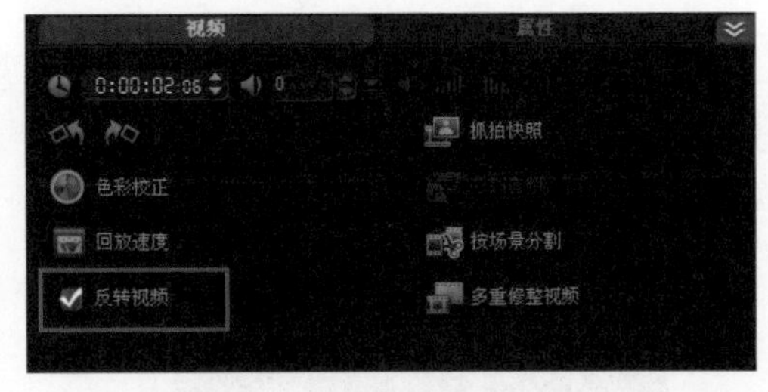

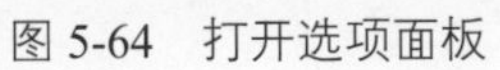

图 5-64 打开选项面板

图 5-65 勾选“反转视频”选项

STEP 04 单击预览窗口下方的“播放”按钮，查看视频素材反转播放的效果，如图 5-66 所示。

图 5-66　反转后的效果

5.7.2 调整播放速度

在会声会影中程序中，用户可以根据自己的需要对视频进行加快播放速度或放慢播放速度。

素材文件：	DVD\素材\第 5 章\城市上空.mpg
项目文件：	DVD\项目\第 5 章\调整播放速度.VSP
视频文件：	DVD\视频\第 5 章\5.7.2 调整播放速度.avi

STEP 01 进入会声会影高级编辑界面，添加视频素材（DVD\第 5 章\素材\城市上空.mpg），如图 5-67 所示。

STEP 02 选中视频，单击“选项”按钮，打开选项面板，如图 5-68 所示。

图 5-67　添加视频素材

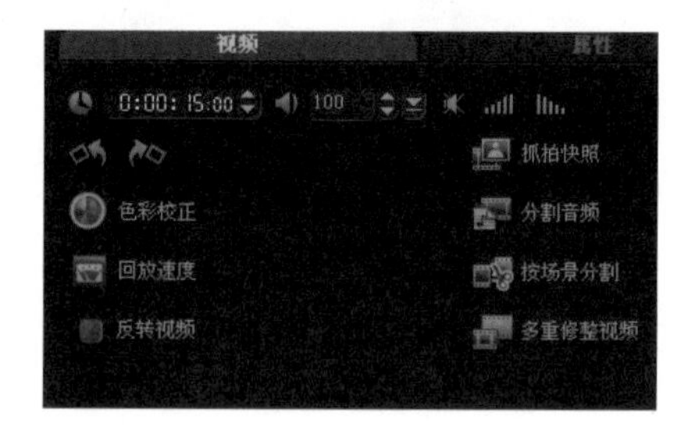

图 5-68　打开选项面板

STEP 03 在选项面板上单击“回放速度”按钮，如图 5-69 所示。

STEP 04 弹出“回放速度”对话框，拖动“速度”标尺上的滑块调整到 300%，如图 5-70 所示。

图 5-69　单击回放速度

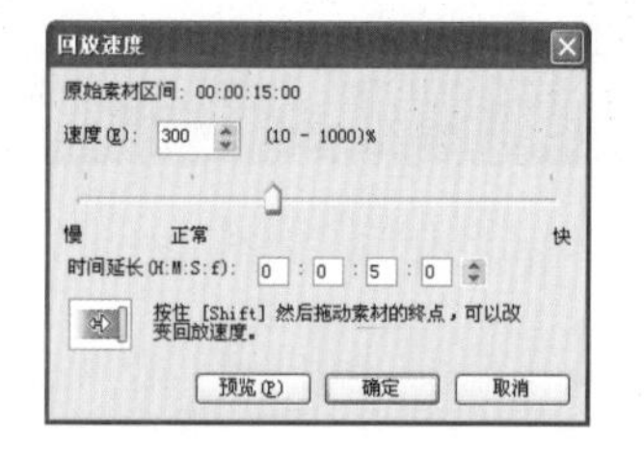

图 5-70　拖动速度标尺上的滑块

STEP 05 调整好视频的播放速度后，单击“确定”按钮，返回会声会影高级编辑界面中，通过视频面板中的时间码，就可以看到调整播放速度后的视频长度，如图 5-71 所示。

图 5-71 显示调整视频后的时间

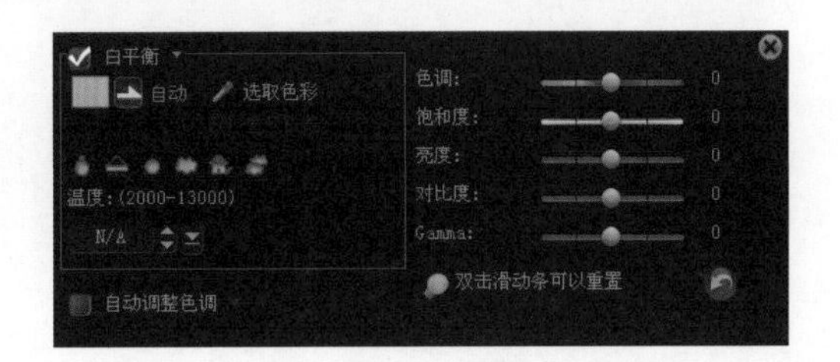

图 5-72 色彩校正面板

5.7.3 素材色彩校正

当素材文件的颜色不正时，会声会影提供了专业的色彩校正功能，如图 5-72 所示。

可以轻松地针对过暗、偏黄等影片进行校正，也能够将影片调成具有艺术效果的色彩。面板中各区域的作用如表 5-5 所示。

表 5-5 色彩校正面板功能及作用

名称	功能及作用
自动计算白点	用于自动计算合适的白点
选取色彩	用于在图像中手动选择白点。单击该按钮后，指针变成吸管形状，单击预览窗口中相应位置，就可以选取图片的颜色
温度数值框	用于指定光源的温度，以开始温标（K）为单位，单击各个按钮，分别表示钨光、荧光、日光、阴影、阴暗 6 种模式
自动调整色度	勾选该复选框，用于自动调整色调，包括最亮、较亮、一般、较暗、最暗 5 个选项
调整色彩区域	用于调整素材的色调、饱和度、亮度、对比度、Gamma 的数值
重置为默认按钮	对素材的色调、饱和对等参数进行设置后，单击按钮即可将参数设置为默认

调整色彩区域的操作如下：

STEP 01 选中需要调整的素材，单击选项面板上的“色彩校正”按钮，如图 5-73 所示。

STEP 02 在弹出的选项面板上可以校正图像和视频的色彩和对比度，如图 5-74 所示。

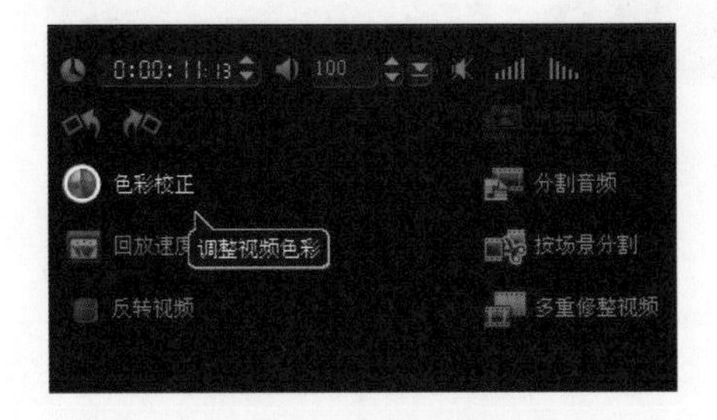

图 5-73 单击色彩校正

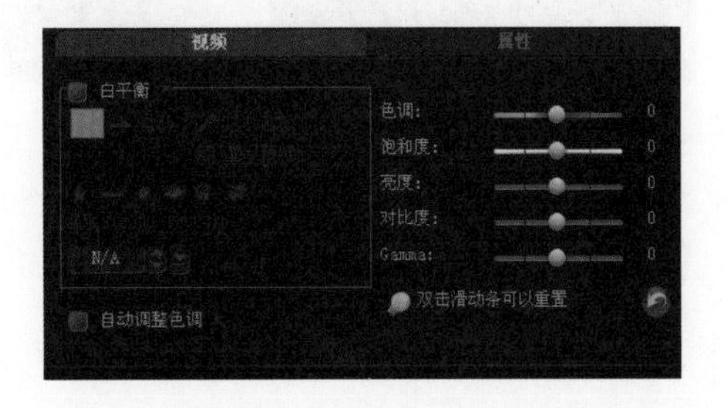

图 5-74 色彩校正选项面板

1. 色调

调整画面的颜色。在调整的过程中，会根据色环做改变，如图 5-75 所示。

图 5-75 调整色调改变画面颜色

2. 饱和度

调整视频的色彩浓度。向左拖动滑块色彩浓度降低，向右拖动滑块色彩变得鲜艳，如图 5-76 所示。

图 5-76 调整饱和度改变画面色彩浓度

3. 亮度

调整图像的明暗。向左拖动滑块画面变暗，向右拖动滑块画面变亮，如图 5-77 所示。

图 5-77 调整亮度改变画面明暗程度

4. 对比度

调整图像的明暗对比。向左拖动滑块对对比度减小，向右拖动滑块对比度增强，如图 5-78 所示。

图 5-78　调整对比度改变画面明暗对比

5. Gamma

调整图像明暗平衡，如图 5-79 所示。

图 5-79　调整 Gamma 值改变画面明暗平衡

5.7.4 调整白平衡

使用白平衡调整素材的色彩时，可以快捷地完成素材的色彩校正操作。

素材文件:	DVD\素材\第 5 章\大海.mpg
项目文件:	DVD\项目\第 5 章\调整白平衡.VSP
视频文件:	DVD\视频\第 5 章\5.7.4 调整白平衡.avi

STEP 01 进入会声会影操作界面，添加视频素材（DVD\第 5 章\素材\大海.mpg），如图 5-80 所示。

STEP 02 单击选项面板上的“色彩校正”按钮，如图 5-81 所示。

图 5-80　添加视频素材

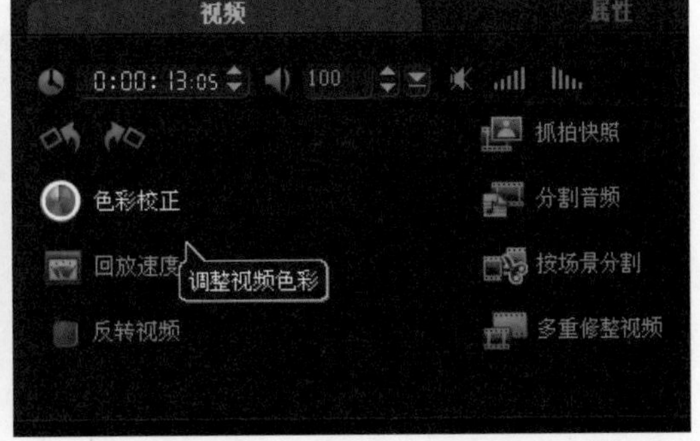

图 5-81　单击“色彩校正”按钮

STEP 03 勾选面板上的“白平衡”复选框，程序自动校正白平衡，如图 5-82 所示。

图 5-82　自动校正白平衡

STEP 04 如果觉得效果不满意，按下“选取色彩”按钮，用鼠标在白色区域单击鼠标，使程序以此为标准进行白平衡校正，如图 5-83 所示。

图 5-83　选取色彩校正白平衡

5.7.5 素材变形处理

使用会声会影的视频扭曲工具，可以任意倾斜或扭曲视频素材，可以配合倾斜或扭曲的重叠画面，使视频应用变得更加自由。

素材文件:	DVD\素材\第 5 章\花.jpg
项目文件:	DVD\项目\第 5 章\素材变形处理.VSP
视频文件:	DVD\视频\第 5 章\5.7.5 素材变形处理.avi

STEP 01 进入会声会影操作界面，添加图像素材（DVD\第 5 章\素材\花.jpg），如图 5-84 所示。

STEP 02 在故事板中选择添加的素材图像，单击“选项”按钮，打开选项板，如图 5-85 所示。

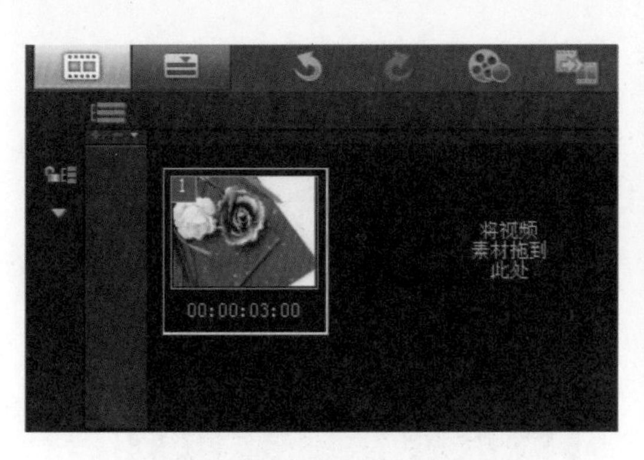

图 5-84　插入图像

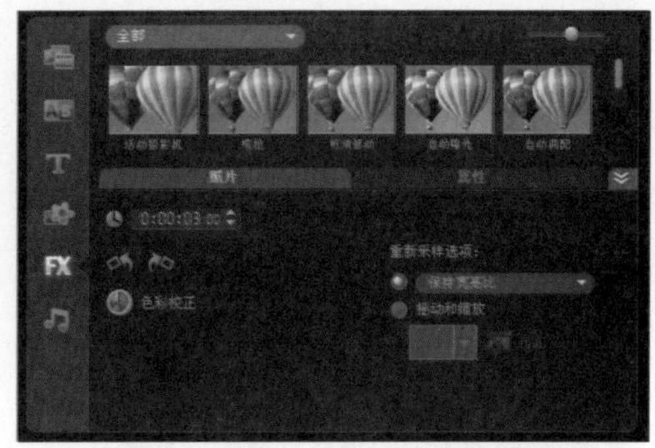

图 5-85　打开选项面板

STEP 03 在选项板中选择“属性”选项卡，如图 5-86 所示。

STEP 04 选中“变形素材”复选框，如图 5-87 所示。

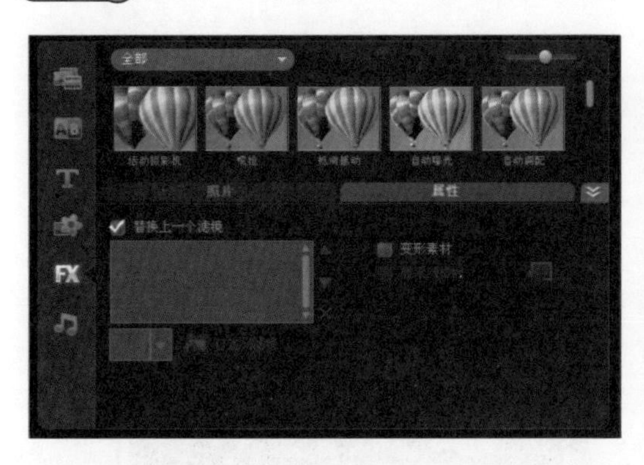

图 5-86　选择“属性”选项卡

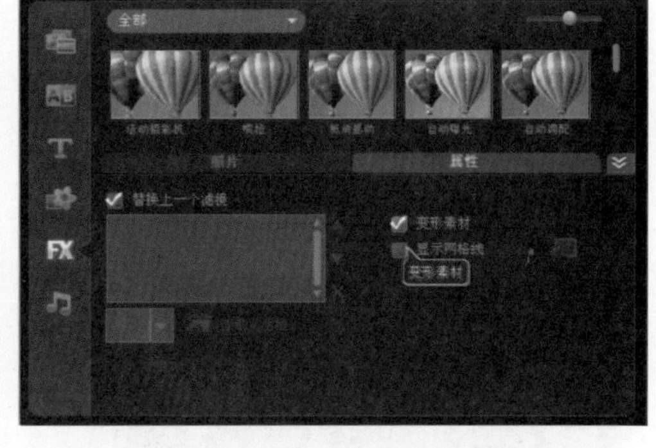

图 5-87　勾选“变形素材”

STEP 05 此时在预览窗口的图像将显示控制点，如图 5-88 所示

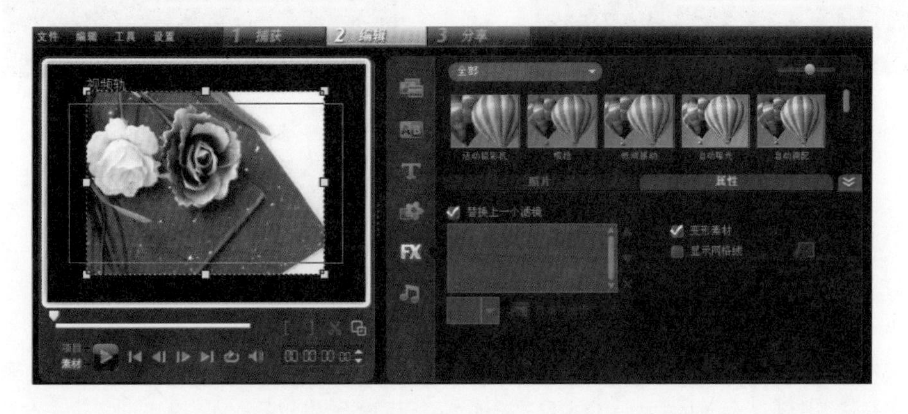

图 5-88　预览窗口中显示可以调整的控制点

STEP 06 将鼠标置于变换控制框四周的黄色控制处，当鼠标指针呈↔或↕形状时，单击鼠标左键并拖拽，可以不按比例调整素材大小，如图 5-89 所示。

STEP 07 将鼠标置于变换控制框四周的黄色控制处，当鼠标指针呈↘形状时，单击鼠标左键并拖拽，可以等比例调整素材大小，如图 5-90 所示。

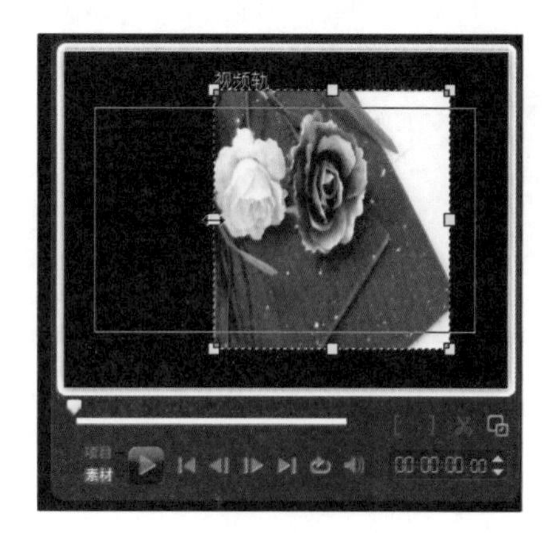

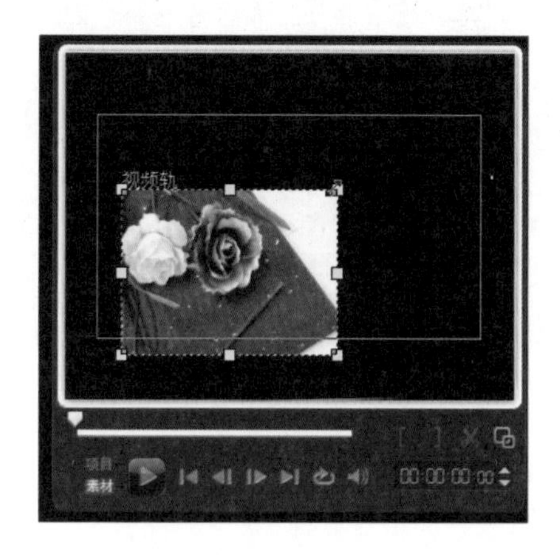

图 5-89　不按比例调整大小

图 5-90　按比例调整大小

STEP 08 将鼠标置于变换控制框四周的绿色控制处，当鼠标指针呈箭头形状时，单击鼠标左键并拖拽，可以不按比例调整素材的大小及位置，如图 5-91 所示。

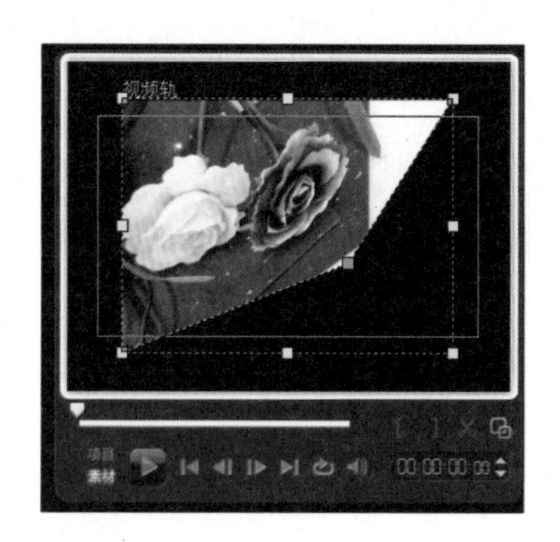

图 5-91　倾斜素材

5.8 绘图创建器

通过绘图创建器，如图 5-92 所示，可以手动制作静态图片或动态视频，做出来的动画或图片可以运用到影片制作中，让用户制作的影片更加生动。

5.8.1 绘图界面

下面就先来认识一下绘图创建器窗口中各个区域的作用，如表 5-6 所示。

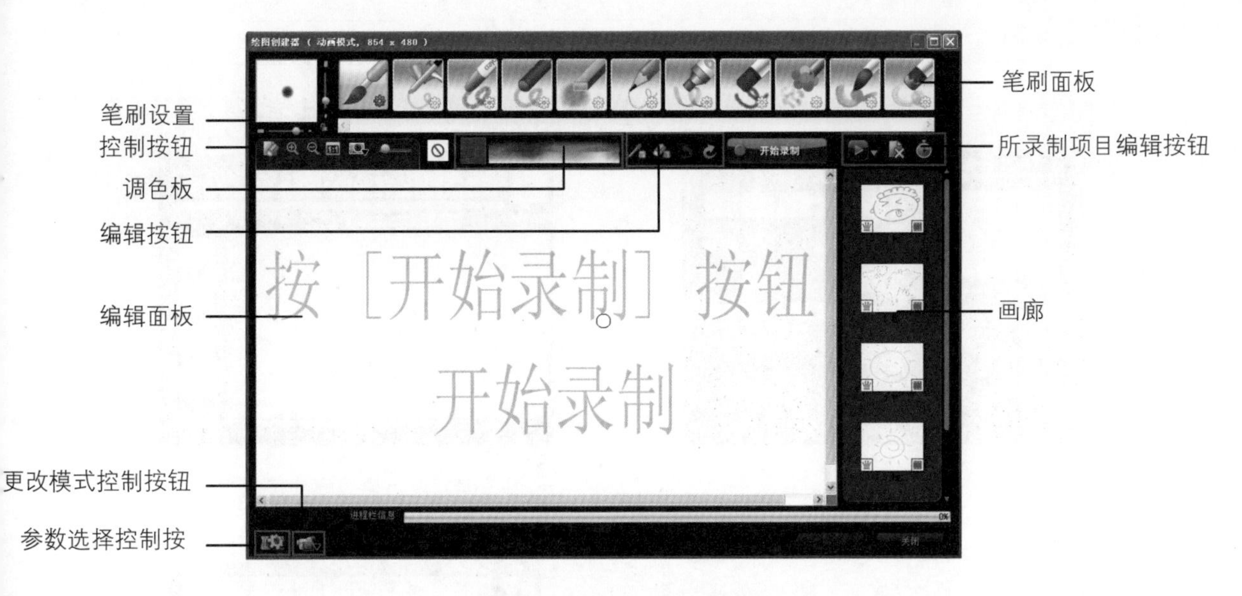

图 5-92　绘图创建器界面

表 5-6　绘图创建器各项功能及作用

名称	功能及作用
笔刷设置	通过拖动两侧的滑块，自定义笔刷的高度和宽度
笔刷面板	在该区域中放置了 11 种笔刷，单击该按钮即可选择相应笔刷
控制按钮	用于控制预览窗口中的相关内容，包括擦除、扩大、缩小、实际大小、预览窗口背景图像的设置
纹理按钮	用于选择纹理并将其应用到所选择的笔刷端
调色板	用于选择并指定所需要色彩的 RGB 值。用户可以从 Windows 色彩选取器或 Corel 色彩选取器中选择和指定色彩，用户也可以通过单击滴管来选取色彩
编辑按钮	用户在录制动画时进行编辑，包括色彩选取工具、擦除模式、撤消和重复
开始按钮 开始录制	做好准备后，单击该按钮即开始执行动画的录制
所录制项目编辑按钮	录制完项目后，用于所录制文件的编辑操作，包括播放、删除、更改选择的画廊区间
编辑面板	绘图区域，用于录制文件时进行编辑
画廊	用于放置所录制的动画和静态图像
参数选择设置按钮	用于启动“参数选择”对话框
更改模式控制按钮	用于转换所制作文件的模式，包括动画模式和静态模式

5.8.2 切换创建模式

绘图创建器共有两种模式供用户选择:动画模式和静态模式。在“动画”模式中，如用户可以录制手绘动画，“静态”模式可以绘画静态图像。要在两种模式之间进行选择，具体步骤如下：

视频文件：DVD\视频\第 5 章\5.8.2 创建模式.avi

STEP 01 进入会声会影高级编辑界面后，单击“绘图创建器”按钮，如图 5-93 所示。

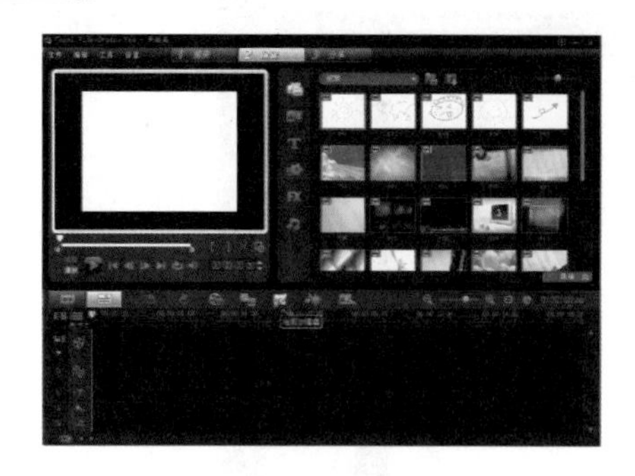

图 5-93　进入高级编辑界面

图 5-94　单击更改模式按钮

STEP 02 进入绘图创建器后，单击绘图创建器对话框底部“更改为‘动画’或者‘静态’模式”按钮，如图 5-94 所示。

STEP 03 在弹出的选项中进行动态和静态的切换，如图 5-95 所示。

图 5-95　动画/静态模式进行切换

5.8.3 更改区间

用绘图创建器创建动画默认录制区间是 3 秒，如果录制的动画较多，也可以更改这个默认时间，步骤如下：

视频文件：DVD\视频\第 5 章\5.8.3 更改区间.avi

STEP 01 进入绘图创建器，单击绘图创建器对话框底部的“参数选项设置”按钮，如图 5-96 所示。

STEP 02 弹出“参数选择”对话框，在常规选项卡中更改默认录制区间为 10 秒，如图 5-97 所示，单击确定即可更改默认录制区间。

图 5-96　单击“参数选择设置”按钮

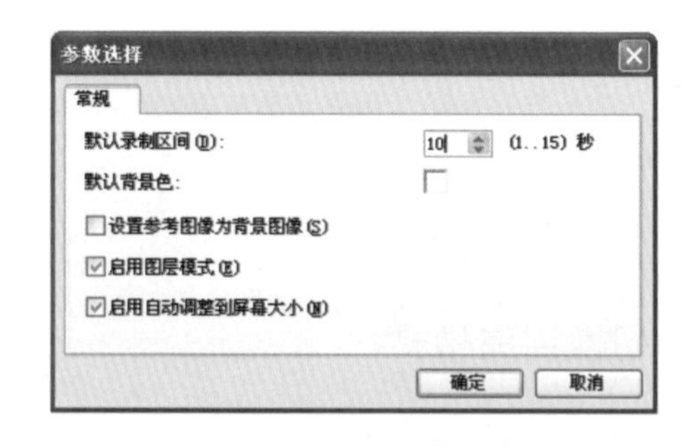

图 5-97　更改默认录制区间

提　示

用户可自行设置增大或减小录制区间的秒数。

5.8.4 参考图像

参考图像可以将图像用作绘图参考，并能通过滑动条控制其透明度。

素材文件:	DVD\素材\第 5 章\参考图像.jpg
视频文件:	DVD\视频\第 5 章\5.8.4 参考图象.avi

STEP 01 进入绘图创建器，单击绘图创建器对话框底部的“参数选项设置”按钮，如图 5-98 所示。

STEP 02 弹出“背景图像选项”对话框，单击“自定义图像”单选按钮，如图 5-99 所示。

图 5-98　单击“参数选项设置”按钮

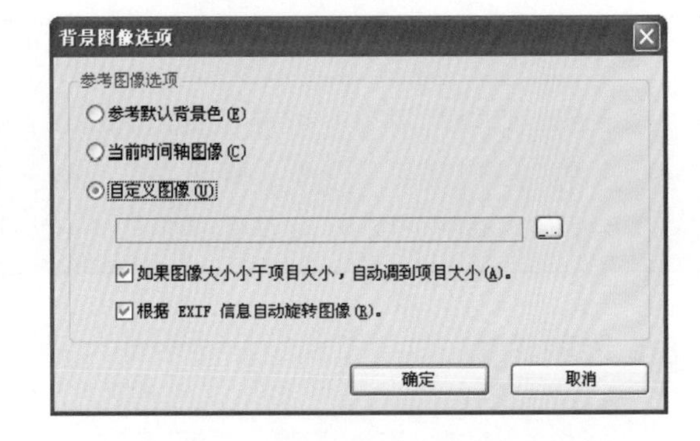

图 5-99　单击“自定义图像”单选按钮

STEP 03 在弹出的“打开图像文件”对话框中，选择用户需要使用的参考图像，单击“确定”按钮，如图 5-100 所示。

STEP 04 返回“背景图像选项”对话框，单击“确定”按钮，如图 5-101 所示。

图 5-100　选择图像

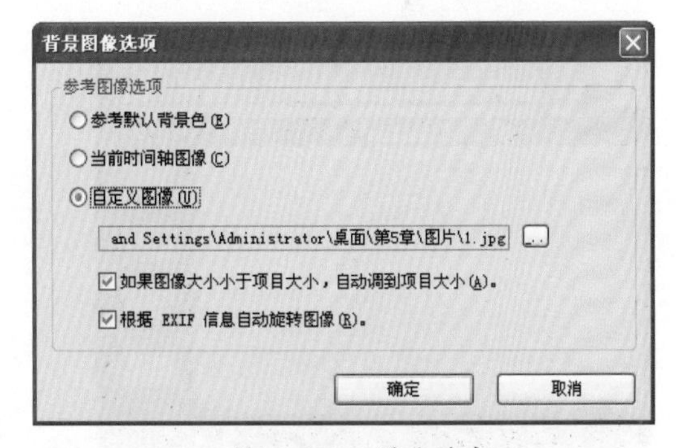

图 5-101　单击确定

STEP 05 返回绘图创建器界面时，原来空白的画布现在已经添加背景图像，如图 5-102 所示。

STEP 06 左右拖动“预览窗口背景图像透明度设置”控制按钮，可使背景图像变清晰或模糊，如图 5-103 所示。

图 5-102　显示自定义背景

图 5-103　调整透明度

> **提　示**
>
> 参考默认背景色：为绘图或动画选择单一的背景色。
> 当前时间轴图像：使用当前显示在“时间轴”中的视频帧。
> 自定义图像：打开一个图像并将其用作绘图或动画的背景。

5.8.5 笔刷设置

有时根据绘制的图案不同，需要不同的笔刷和大小，这就需要对笔刷进行设置。

视频文件:	DVD\视频\第 5 章\5.8.5.1 笔刷设置.avi

STEP 01 进入绘图创建器界面，单击笔刷设置图标按钮，如图 5-104 所示。

STEP 02 在弹出的设置框中，设置笔刷角度 81、柔化边缘 50、透明度 75，单击“确定”按钮，如图 5-105 所示。

图 5-104　单击笔刷设置图标

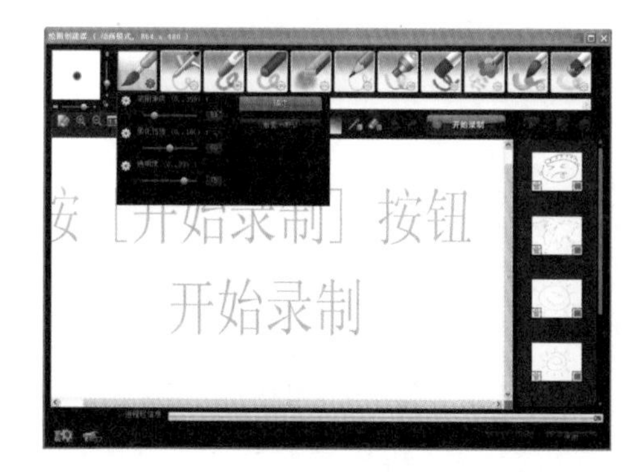

图 5-105　设置笔刷

修改过的笔刷也可以恢成复默认值，具体方法如下：

视频文件:	DVD\视频\第 5 章\5.8.5.2 恢复笔刷默认值.avi

STEP 01 进入绘图创建器界面，单击笔刷设置图标按钮如图 5-106 所示。

STEP 02 弹出的设置框中，单击“重置为默认”按钮，如图 5-107 所示。

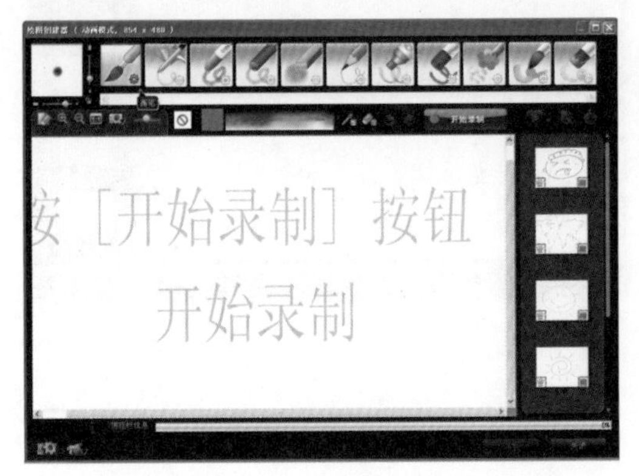

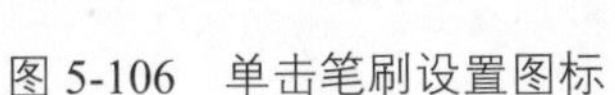
图 5-106 单击笔刷设置图标

图 5-107 单击“重置为默认”按钮

STEP 03 笔刷就恢复到原来的默认值，如图 5-108 所示。

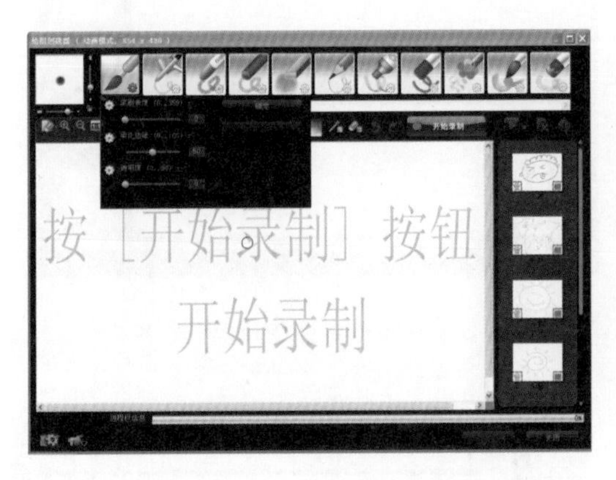

图 5-108 恢复笔刷默认值

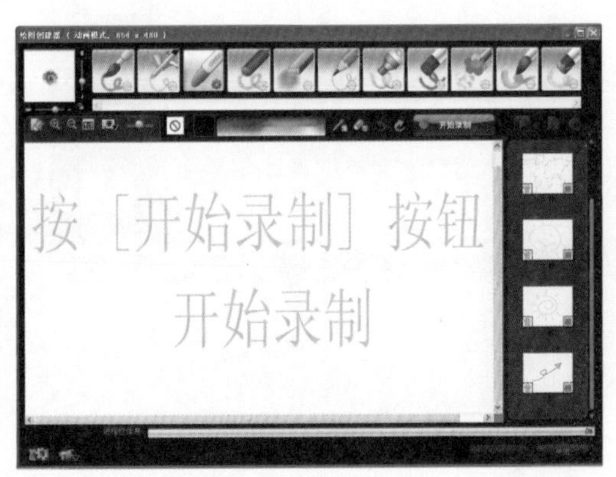

图 5-109 选择笔刷

5.8.6 录制动画

通过绘图创建器，用户可以手动绘制线条和图案，程序会将整个绘制过程记录下来，生成透空背景的视频文件，使影片更加独具个性。绘制步骤如下：

视频文件：	DVD\视频\第 5 章\5.8.6 录制动画.avi

STEP 01 进入绘图创建器后，在笔刷面板上选择蜡笔，颜色为蓝色，如图 5-109 所示。
STEP 02 选择好笔刷，单击“开始录制”按钮，如图 5-110 所示。
STEP 03 单击鼠标左键并拖动，开始绘制正方体图案，如图 5-111 所示。

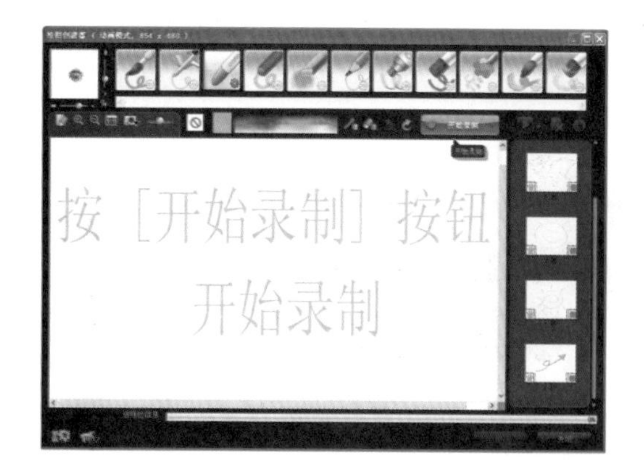

图 5-110　单击开始录制

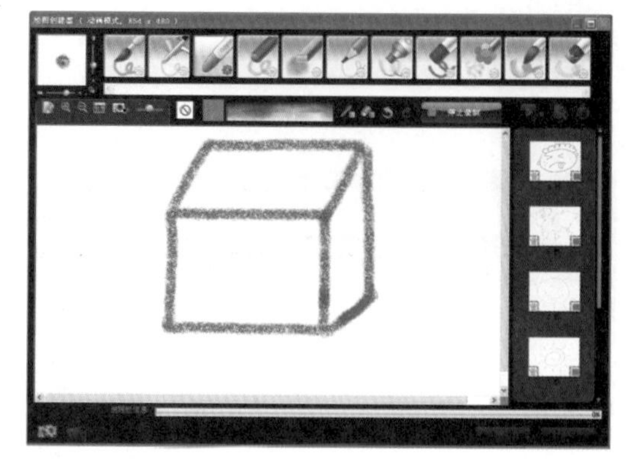

图 5-111　手绘动画

STEP 04 绘制正方体所有步骤完成后单击“停止录制”按钮，如图 5-112 所示。

STEP 05 绘制完成的动画就会自动保存到绘图创建器素材库中，如图 5-113 所示。

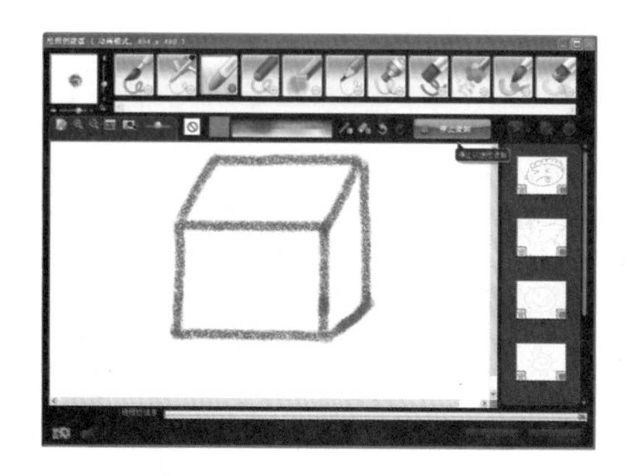

图 5-112　单击停止录制

图 5-113　保存到绘图创建器素材库中

5.8.7 绘制图像

绘图创建器不仅能录制手绘动画，还能绘制静态图像，绘制步骤如下：

视频文件：DVD\视频\第 5 章\5.8.7 绘制动画.avi

STEP 01 进入绘图创建器，单击绘图创建器对话框底部“更改为‘动画’或‘静态’模式”按钮，可以更改为“动画”或者“静态”模式，在这里更改为“静态模式”，如图 5-114 所示。

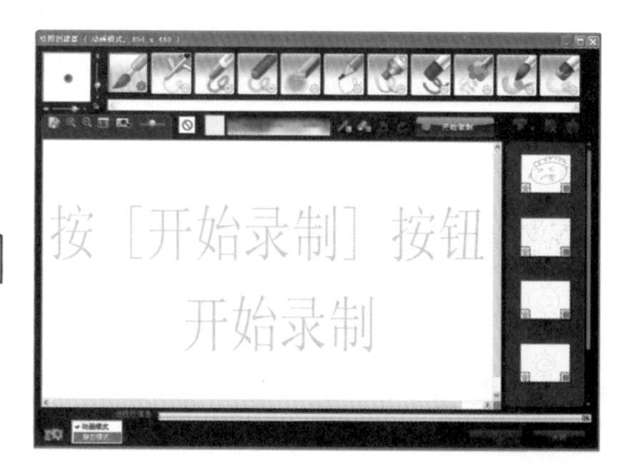

图 5-114　切换静态模式

STEP 02 单击鼠标左键开始绘制花朵，绘制完成后单击“快照”按钮，如图 5-115 所示。

STEP 03 绘制完成的动画就会自动保存到绘图创建器素材库中，如图 5-116 所示

图 5-115　绘制花朵

图 5-116　保存到绘图创建器素材库中

5.8.8 播放动画

动画录制完成后，需要进行预览，这时就需要进行动画播放，下面就介绍一下播放动画的操作步骤。

视频文件:	DVD\视频\第 5 章\5.8.8 播放动画.avi

STEP 01 从“画廊”中选择所需要播放的动画，如图 5-117 所示。

STEP 02 单击“播放”按钮，播放所选画廊条目，如图 5-118 所示。

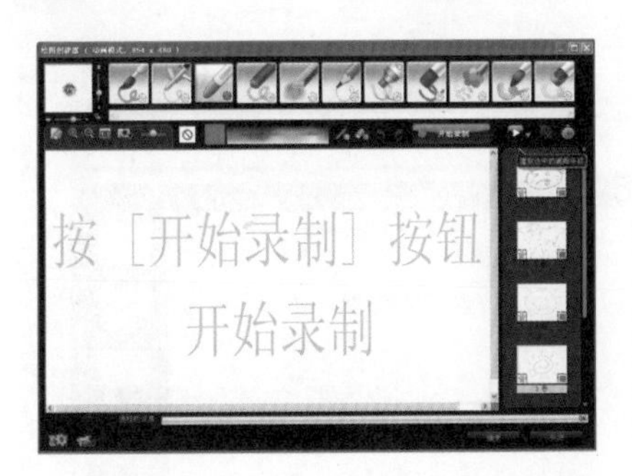

图 5-117　选择动画

图 5-118　播放所选画廊条目

5.8.9 转换图像

绘图创建器还可以把录制好的动画转换成静态图像。

视频文件:	DVD\视频\第 5 章\5.8.9 转换图像.avi

STEP 01 进入绘图创建器，在“画廊”中，选择需要转换动画，单击鼠标右键，在弹出的下拉菜单中选择“将动画效果转换为静态”选项，如图 5-119 所示。

STEP 02 在“画廊”中就会出现动画的静态图片，如图 5-120 所示。

提　示

用户可以使用静态图像作为动画的开场或结束素材。

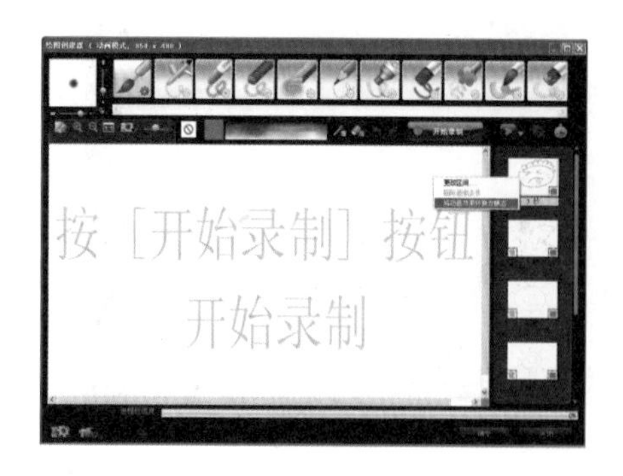

图 5-119　单击鼠标右键

图 5-120　静态图片出现在绘图素材库中

5.8.10 导入素材库

绘制完成的动画和图像可以导入到会声会影素材库中，以方便用户使用。

视频文件:	DVD\视频\第 5 章\5.8.10 导入素材库.avi

STEP 01 绘制好动画或图像后，在“画廊”中选择所需的动画或图像，单击下方的“确定”按钮，如图 5-121 所示。

STEP 02 弹出正在制作绘图创建器文件进度，如图 5-122 所示。

图 5-121　选择动画

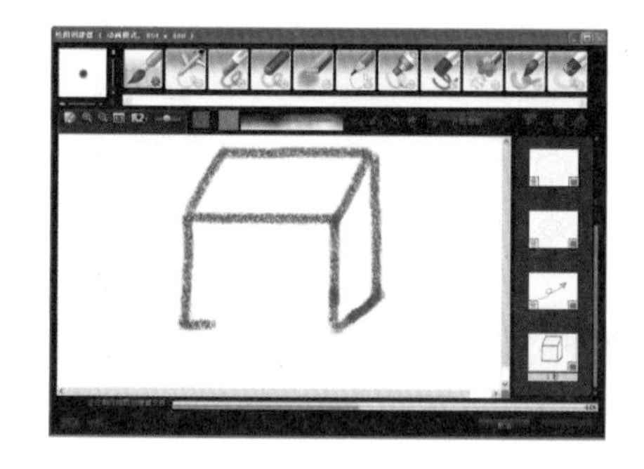

图 5-122　创建器文件进度

STEP 03 会声会影会自动将用户绘制的动画插入到视频素材库中，如图 5-123 所示，将图像插入到“图像”文件夹中，两者的格式都为*.UVP 格式。

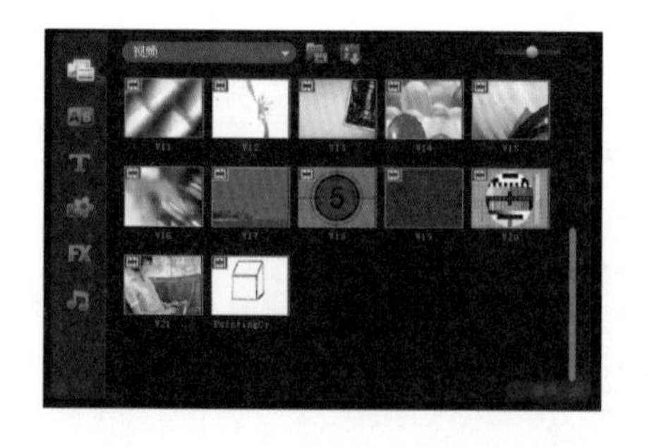

图 5-123　自动载入素材库

应用视频滤镜

在电影中经常会看到一些梦幻、变形、发光等奇特的画面效果，这些效果并不是拍摄出来的，而是通过后期制作出来的。在会声会影 X3 程序中，通过使用“滤镜”功能就可以轻松帮助用户制作出以上效果。

本章重点：

★ 认识属性面板

★ 添加滤镜

★ 删除滤镜

★ 自定义滤镜属性

★ 控制关键帧

★ 应用视频滤镜

★ 应用标题滤镜

6.1 认识属性面板

视频滤镜可以将特殊的效果添加到视频或图像素材中，改变素材的样式或外观。为素材添加了滤镜效果后，单击“选项”按钮，打开“属性”面板，如图 6-1 所示，可以进一步编辑，本节介绍“属性”面板中各部分的作用，如表 6-1 所示。

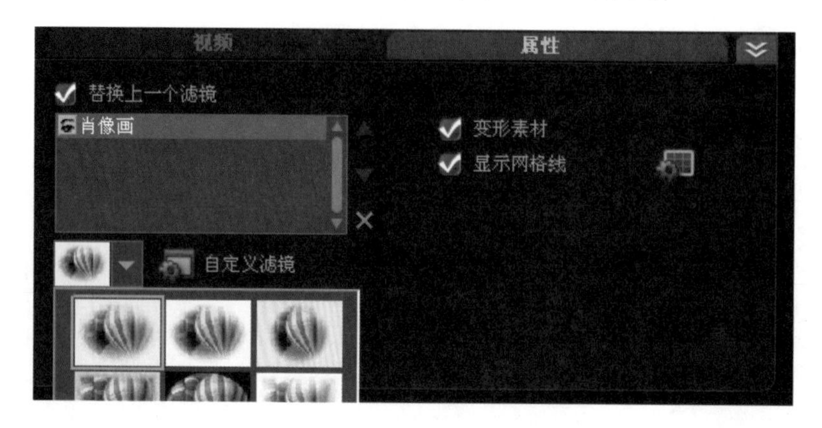

图 6-1　“属性”面板

表 6-1　“属性”面板选项功能及说明

名称	功能及说明
替换上一个滤镜	选中该复选框只能为素材添加一个滤镜效果，取消选中该复选框可以在素材上应用多个滤镜
滤镜列表	用于显示所使用到素材上的所有视频滤镜
删除按钮	单击按钮可以从滤镜列表中删除所选择的滤镜
滤镜预设样式	有的滤镜不止一种样式，当滤镜有多个样式时，就可以快速更改滤镜样式
自定义滤镜	应用了滤镜后，还可以对了滤镜效果进行设置，单击该按钮，即可打开相应滤镜的对话框，就可以进行自定义设置
变形素材	选中该复选框后，即可用鼠标对画面进行变形处理
显示网格线	选中该复选框后，视频画面中会显示出网格线
网络线选框	用于设置网络线的大小、颜色、线条类型等

6.2 添加滤镜

了解了滤镜的属性后，接下来介绍视频滤镜应用到影片中的方法。用户可以通过简单的拖拽操作，应用到素材上，也可以在同一个素材上应用多个视频滤镜。

6.2.1 添加单个滤镜

用户可以根据制作的需要，为素材添加相应的视频滤镜，使素材产生用户需要的效果。

素材文件：	DVD\素材\第 6 章\花.mpg
项目文件：	DVD\项目\第 6 章\添加单个滤镜.VSP
视频文件：	DVD\视频\第 6 章\6.2.1 添加单个滤镜.avi

STEP 01 进入会声会影 X3 高级编辑界面，添加视频素材（DVD\素材\第 6 章\花.mpg）到视频轨道上，如图 6-2 所示。

STEP 02 在素材库面板上单击"滤镜"按钮，如图 6-3 所示。

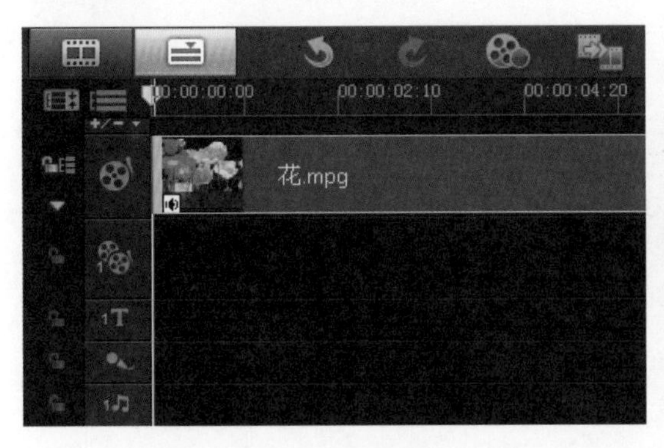

图 6-2　添加视频

图 6-3　单击滤镜按钮

STEP 03 素材库切换至滤镜素材库，如图 6-4 所示。

STEP 04 在素材库中选择"镜头闪光"滤镜，将它拖拽到视频轨的素材上，如图 6-5 所示。

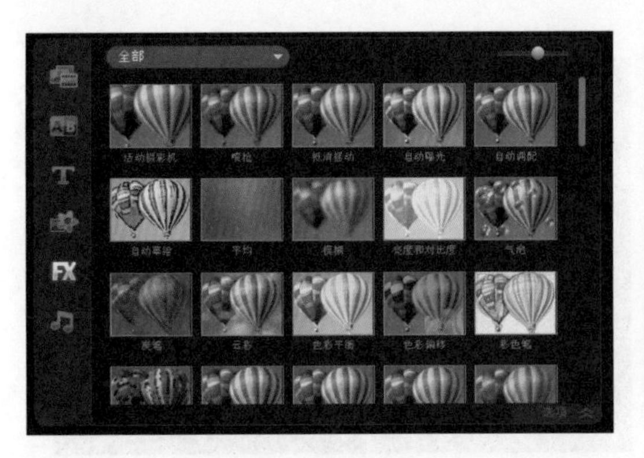

图 6-4　滤镜视频库

图 6-5　添加"镜头闪光"滤镜

STEP 05 单击滤镜预设样式图标右侧的三角按钮，从下拉列表中个选择一种新的镜头闪光预设效果，如图 6-6 所示。

STEP 06 在预览窗口下方单击"播放"按钮，就可以预览应用滤镜后的影片效果，如图 6-7 所示。

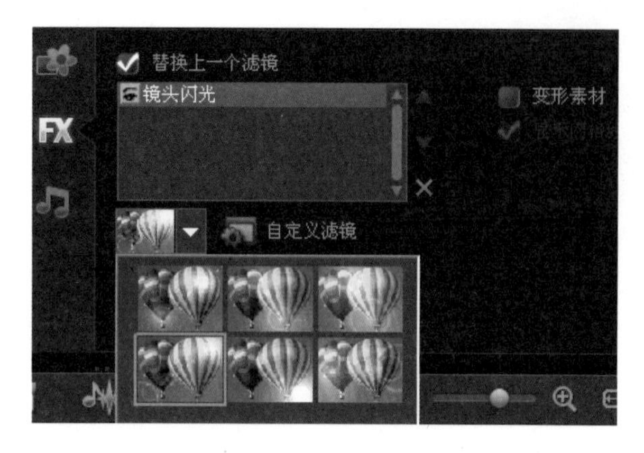

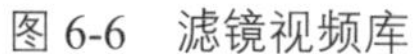

图 6-6　滤镜视频库

图 6-7　添加“镜头闪光”滤镜

6.2.2 添加多个滤镜

通过以上学习，可以掌握为素材应用滤镜效果的操作。在会声会影中不仅可以添加一个滤镜效果，还可以为素材应用两种以上的滤镜效果，下面学习为素材添加多种滤镜的方法和操作。

素材文件:	DVD\素材\第 6 章\人物 jpg
项目文件:	DVD\项目\第 6 章\添加多个滤镜.VSP
视频文件:	DVD\视频\第 6 章\6.2.2 添加多个滤镜.avi

STEP 01 进入会声会影 X3 高级编辑界面，插入一幅图像素材（DVD\素材\第 6 章\人物 jpg），如图 6-8 所示。

STEP 02 单击素材库中“滤镜”按钮，切换至滤镜素材库，如图 6-9 所示。

图 6-8　插入图像

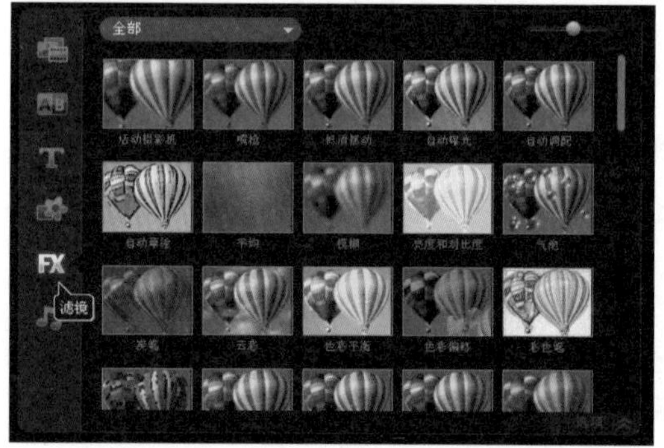

图 6-9　滤镜素材库

STEP 03 在素材库中选择“气泡”滤镜，将它拖动到图像上，如图 6-10 所示。

STEP 04 在属性面板上取消勾选“替换上一个滤镜”复选框，如图 6-11 所示。

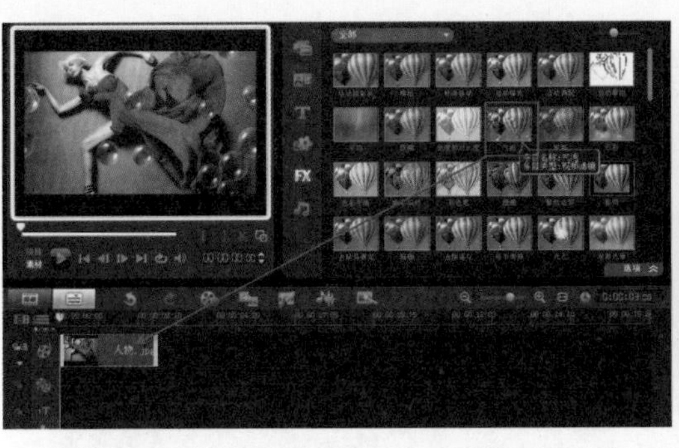

图 6-10　添加气泡滤镜

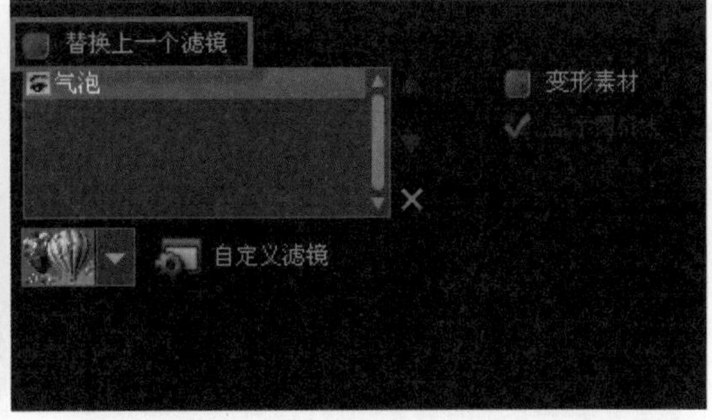

图 6-11　取消勾选“替换上一个滤镜”复选框

STEP 05 取消选中后，在素材库中添加“色彩平衡”滤镜，将它拖动到图像上，在滤镜列表中就会显示两个滤镜，如图 6-12 所示。

STEP 06 单击预览窗口下的“播放”按钮，查看滤镜叠加后的效果，如图 6-13 所示。

图 6-12　添加色彩平衡滤镜

图 6-13　滤镜叠加后的效果

> **提　示**
>
> 取消选中“替换上一个滤镜”复选框后，新添加的滤镜就不会替换原先的滤镜，能够在素材上同时应用多个滤镜效果，但叠加的滤镜不能超过 5 个。

6.3　删除滤镜

当用户为一个素材添加滤镜后，发现该滤镜未能达到自己所需要的效果时，可以将该滤镜效果删除。

素材文件：	DVD\素材\第 6 章\海滩.jpg
项目文件：	DVD\项目\第 6 章\删除滤镜.VSP
视频文件：	DVD\视频\第 6 章\6.3 删除滤镜.avi

STEP 01 添加项目文件（DVD\项目\第 6 章\海滩.VSP），打开属性面板，当视频添加了多

个滤镜效果后，在滤镜列表框中选择“气泡”视频滤镜，如图 6-14 所示。

STEP 02 单击滤镜列表框右下角的“删除滤镜”按钮，如图 6-15 所示，即可删除所有选择滤镜。

图 6-14　选择“气泡”视频滤镜

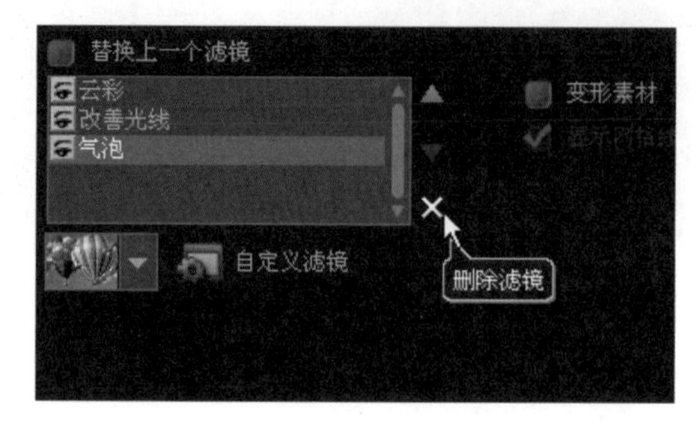

图 6-15　删除滤镜

STEP 03 单击导览面板中的“播放”按钮，即可预览删除视频滤镜后的效果，如图 6-16 所示

图 6-16　删除滤镜前后对比

6.4 自定义滤镜属性

在会声会影中添加素材库中的滤镜，有时候达不到想要的效果，这时就可以自定义视频滤镜，设定为用户想要达到的某种特殊效果。下面就介绍一下自定义滤镜属性的操作。

素材文件:	DVD\素材\第 6 章\水滴.mov
项目文件:	DVD\项目\第 6 章\自定义滤镜属性.VSP
视频文件:	DVD\视频\第 6 章\6.4 自定义滤镜属性.avi

STEP 01 进入会声会影 X3 高级编辑界面，添加视频素材（DVD\素材\第 6 章\水滴.mov）到视频轨道上，如图 6-17 所示。

STEP 02 添加“镜头闪光”视频滤镜到素材上，在“属性”面板上，显示视频滤镜，如图 6-18 所示。

图 6-17　添加素材

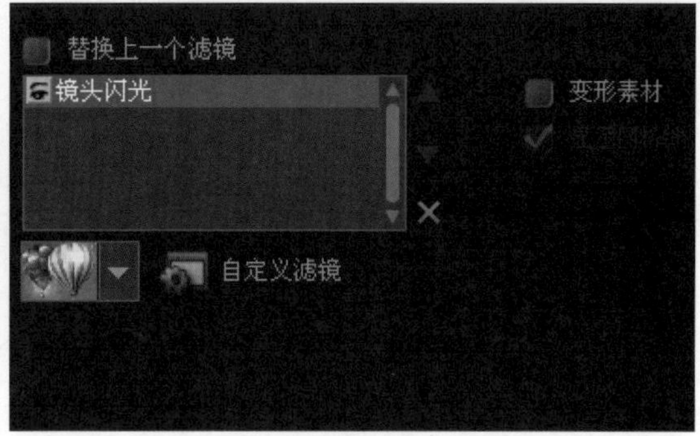

图 6-18　显示滤镜列表

STEP 03 单击属性面板上的“自定义滤镜”按钮，如图 6-19 所示。

STEP 04 打开当前应用的滤镜的属性设置对话框，如图 6-20 所示。

图 6-19　单击“自定义滤镜”按钮

图 6-20　打开自定义滤镜对话框

STEP 05 在第一个关键帧标记上单击鼠标，将它选中。然后在左侧的原图窗口中把+标记移动到新的位置，改变光线的照射方向，在对话框下方设置镜头类型为 35mm、调整亮度为 160、大小为 58、额外强度为 200，如图 6-21 所示。

图 6-21　调整光线

STEP 06 将预览窗口下方的滑块移动到需要添加关键帧的位置，如图 6-22 所示。

STEP 07 单击添加关键帧按钮，在对话框下方设置镜头类型并调整亮度、大小、额外强度属性，如图 6-23 所示。

图 6-22 移动到要添加关键帧的位置

图 6-23 设置关键帧属性

STEP 08 选择最后一个关键帧位置，单击添加关键帧按钮，在对话框下方设置镜头类型并调整亮度、大小、额外强度属性，如图 6-24 所示。

STEP 09 所有操作完成后，单击“预览窗口”右侧的“播放”按钮，预览滤镜效果，如图 6-25 所示，单击“确定”按钮完成自定义滤镜操作。

图 6-24 添加最后一个关键帧和属性

图 6-25 预览滤镜效果

6.5 控制关键帧

在“自定义滤镜”对话框中，关键帧按钮用来控制关键帧，如图 6-26 所示。下面介绍一下关键帧按钮的各项功能，如表 6-2 所示。

除了关键帧按钮外，还有一些按钮用于控制添加效果后的影片播放和输出，如图 6-27 所示。下面介绍一下控制添加效果后的影片播放和输出按钮的各项功能，如表 6-3 所示。

图 6-26 关键帧按钮

图 6-27 播放和输出按钮

表 6-2　关键帧按钮各项功能

上一个关键帧	单击该按钮可以使上一个关键帧处于编辑状态
下一个关键帧	单击该按钮可以使上一个关键帧处于编辑状态
添加关键帧	将预览滑块移动到没有关键帧的位置，单击按钮即可添加新的关键帧
删除关键帧	选中一个关键帧，单击按钮就可以删除该关键帧
将关键帧移动到左边	单击按钮可以将关键帧向左移动一帧
将关键帧移动到右边	单击按钮可以将关键帧向右移动一帧

表 6-3　播放和输出按钮各项功能

播放	单击按钮，播放视频。左侧窗口显示原始画面，右侧窗口显示添加视频滤镜后的效果
播放速度	单击按钮，从弹出的下拉菜单中可以选择正常、快、更快、最快，预览画面效果
启用设备	单击按钮，启动指定的预览设备
奉还设备	单击按钮，弹出的对话框中可以指定其他回放设备，用来查看添加滤镜后的效果

6.6　常用视频滤镜精彩应用 15 例

本节通过实例制作，具体讲解常用视频滤镜的使用方法，让用户快速掌握滤镜应用。

6.6.1 修剪滤镜——16:9 效果

修剪滤镜用于修剪视频画面，用指定的色彩遮挡局部区域，模拟 16:9 的影片效果。

素材文件:	DVD\素材\第 6 章\女孩吉他.jpg
项目文件:	DVD\项目\第 6 章\修剪滤镜.VSP
视频文件:	DVD\视频\第 6 章\6.6.1 修剪滤镜.avi

STEP 01 进入会声会影 X3 高级编辑界面，添加图像到轨道上（DVD\素材\第 6 章\女孩吉他.jpg），如图 6-28 所示。

STEP 02 打开滤镜素材库，单击“画廊”命令，弹出的菜单中选择“二维映射”命令，如图 6-29 所示。

图 6-28　添加素材图像

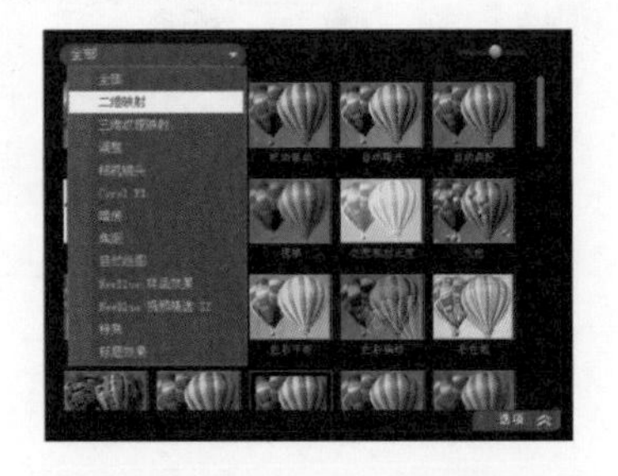

图 6-29　选择“二维映射”选项

STEP 03 切换至二维映射素材库，选择“修剪”滤镜，将它拖动到素材上，如图 6-30 所示。

STEP 04 单击“选项”按钮，如图 6-31 所示，打开属性面板。

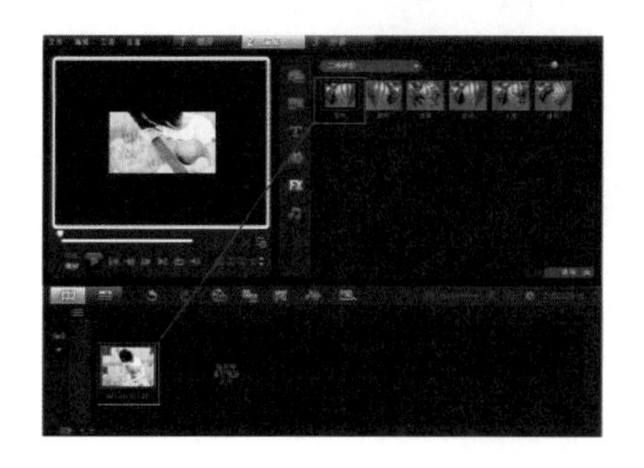

图 6-30　添加“修剪”滤镜

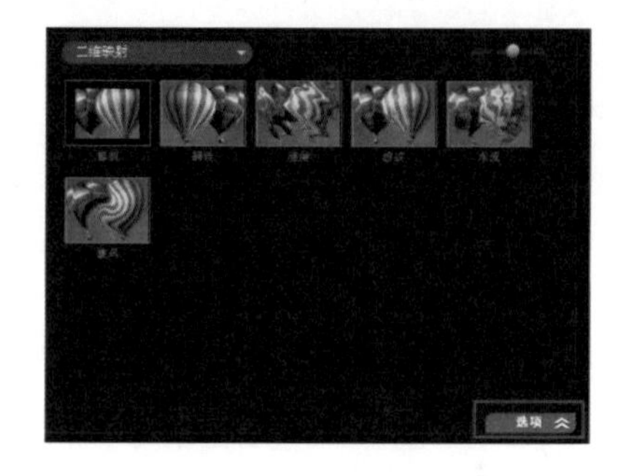

图 6-31　单击“选项”按钮

STEP 05 在属性面板中，单击滤镜预设样式图标，选择第 9 个预设样式，如图 6-32 所示。

STEP 06 选择完预设样式后，单击“自定义滤镜”按钮，如图 6-33 所示。

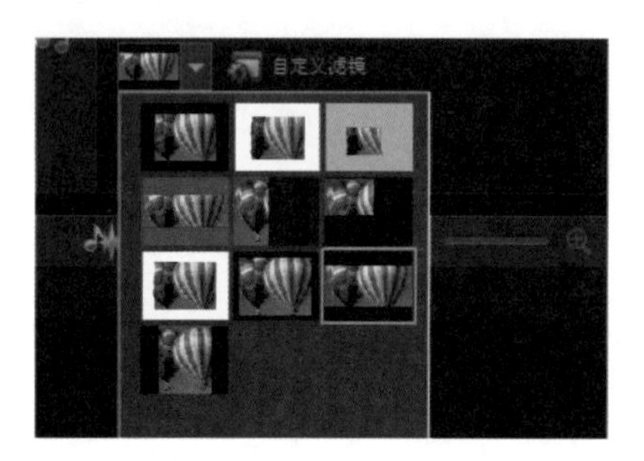

图 6-32　选择第 9 个预设样式

图 6-33　单击“自定义滤镜”按钮

STEP 07 弹出修剪对话框，单击第一个关键帧，当关键帧变成红色，修改高度为 75，如图 6-34 所示。

STEP 08 用鼠标拖动滑块到最后一个关键帧，单击最后一个关键帧，当关键帧变成红色，修改高度为 75，如图 6-35 所示，单击“播放”按钮▶，预览滤镜效果。

图 6-34　设置关键帧

图 6-35　修改高度

STEP 09 操作完成后，单击“确定”按钮，返回操作界面，在窗口预览即可出现 16：9 效果，如图 6-36 所示。

图 6-36　应用“修剪”滤镜的前后对比

提　示

填充色可以将指定的色彩覆盖被修剪的区域。

6.6.2 水流滤镜——风中摇曳

“水流”滤镜用于在画面上添加水流效果，仿佛通过水面看图像。

素材文件：	DVD\素材\第 6 章\向日葵.jpg
项目文件：	DVD\项目\第 6 章\水流滤镜.VSP
视频文件：	DVD\视频\第 6 章\6.6.2 水流滤镜.avi

STEP 01 进入会声会影 X3 高级编辑界面，添加图像到轨道上（DVD\素材\第 6 章\向日葵.jpg），如图 6-37 所示。

STEP 02 单击素材库中的“滤镜”按钮，在画廊中选择“二维映射”选项，将“水流”滤镜拖动到图像上，如图 6-38 所示。

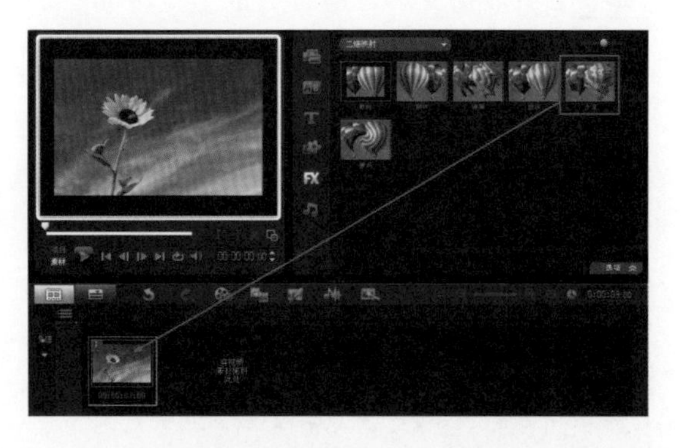

图 6-37　添加素材图像
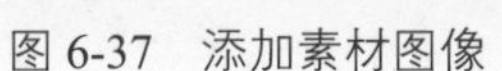

图 6-38　添加“水流”滤镜

STEP 03 单击“选项”按钮，如图 6-39 所示，打开属性面板。

STEP 04 在属性面板中，单击“自定义滤镜”按钮，如图 6-40 所示。

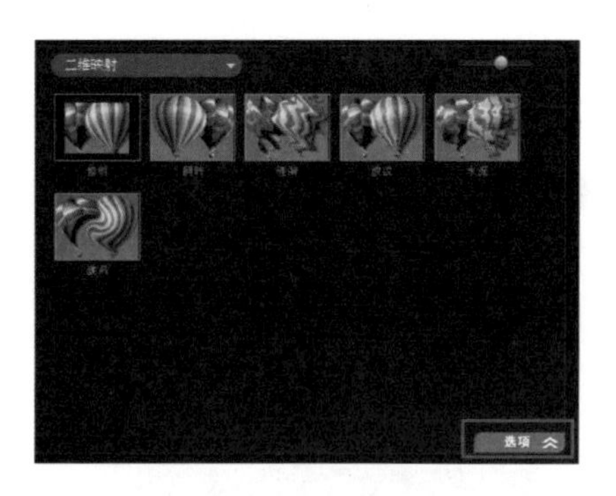

图 6-39　单击“选项”按钮

图 6-40　单击“自定义滤镜”按钮

STEP 05 弹出“水流”对话框，单击第一个关键帧，调整“程度”为 20，单击最后一帧调整“程度”为 70，如图 6-41 所示。

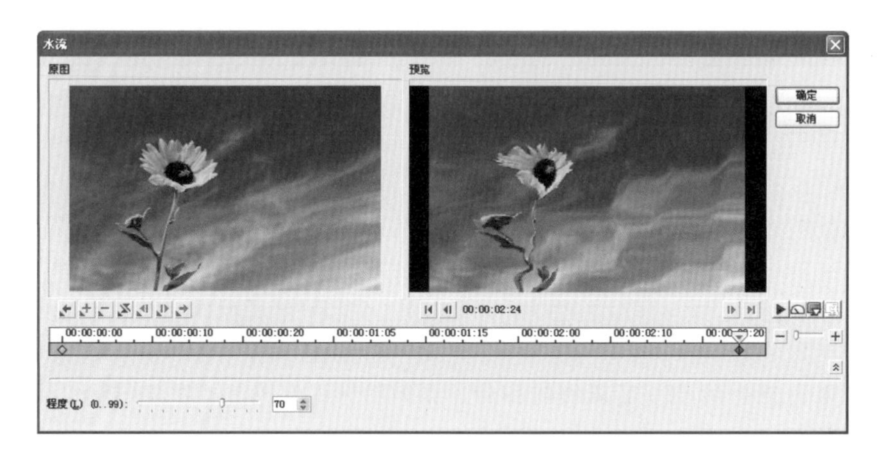

图 6-41　设置数值

STEP 06 操作完成后，单击“确定”按钮，返回操作界面，单击导览面板上的“播放”按钮查看滤镜的应用，如图 6-42 所示。

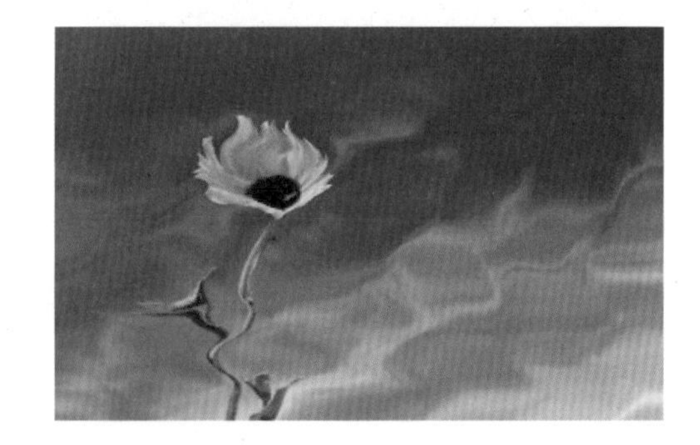

图 6-42　应用“水流”滤镜的前后对比

6.6.3 鱼眼滤镜——可爱兔子

鱼眼滤镜可以将素材中的图像设置成凸显的效果。本小节目通过实例介绍该视频滤镜的应用方法。

素材文件:	DVD\素材\第 6 章\兔子.jpg
项目文件:	DVD\项目\第 6 章\鱼眼滤镜.VSP
视频文件:	DVD\视频\第 6 章\6.6.3 鱼眼滤镜.avi

STEP 01 进入会声会影 X3 高级编辑界面，添加图像到轨道上（DVD\素材\第 6 章\兔子.jpg），如图 6-43 所示。

STEP 02 打开滤镜素材库，单击“画廊”命令，在弹出的菜单中选择“三维纹理映射”命令，如图 6-44 所示。

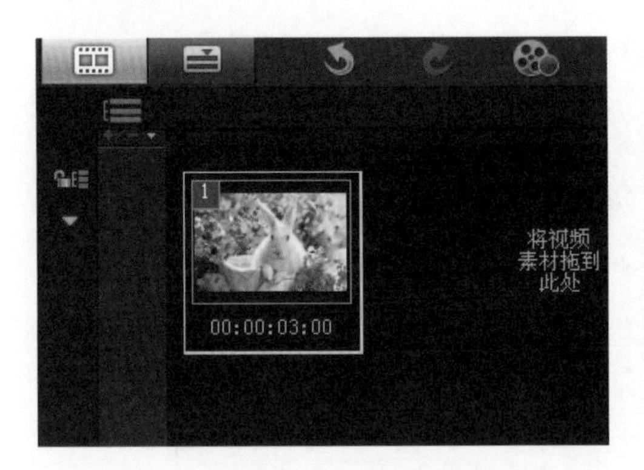

图 6-43　添加素材图像

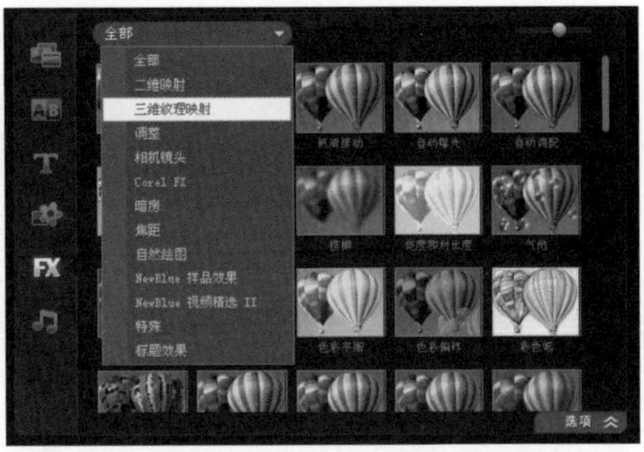

图 6-44　选择二维映射素材库

STEP 03 切换至三维纹理素材库，如图 6-45 所示。

STEP 04 在素材库中，将“金鱼”滤镜拖动到图像上，如图 6-46 所示。

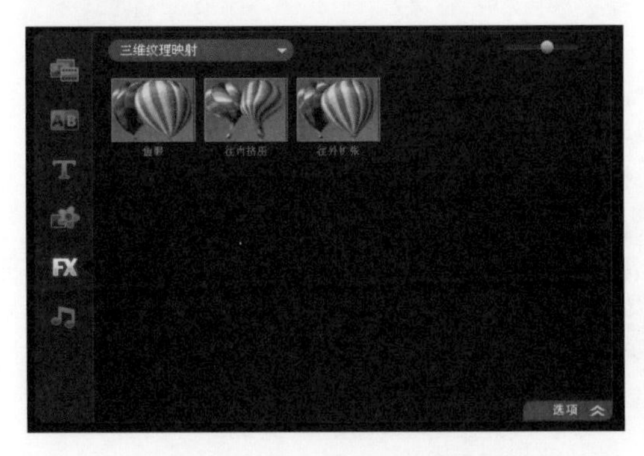

图 6-45　三维纹理素材库

图 6-46　添加“金鱼”滤镜

STEP 05 单击“选项”按钮，如图 6-47 所示，打开属性面板。

STEP 06 在属性面板中，单击“自定义滤镜”按钮，如图 6-48 所示。

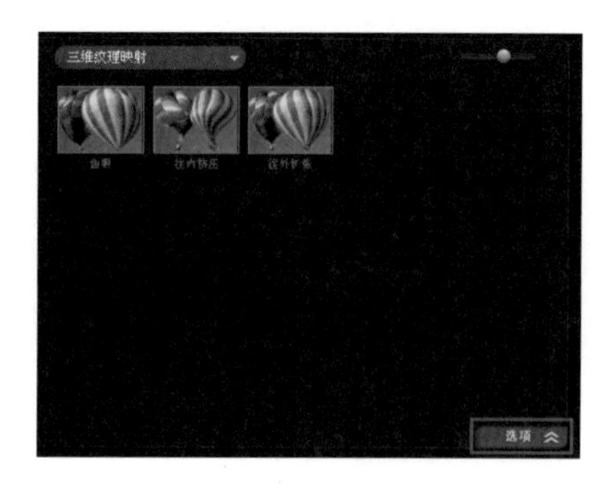

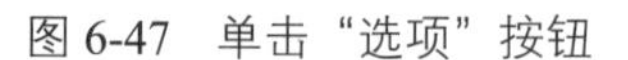

图 6-47　单击“选项”按钮　　　　图 6-48　单击“自定义滤镜”按钮

STEP 07 在弹出的“鱼眼”对话框中，设置“光线方向”为“从中央”，如图 6-49 所示，单击“确定”按钮。

图 6-49　修改光线方向

STEP 08 单击导览面板中的“播放”按钮，查看应用滤镜效果，如图 6-50 所示。

图 6-50　应用“鱼眼”滤镜的前后对比

6.6.4 往内挤压——奇异水杯

往内挤压滤镜可以制作出向内凹陷的效果。

素材文件:	DVD\素材\第 6 章\水杯.jpg
项目文件:	DVD\项目\第 6 章\往内挤压.VSP
视频文件:	DVD\视频\第 6 章\6.6.4 往内挤压.avi

STEP 01 进入会声会影 X3 高级编辑界面，添加图像到轨道上（DVD\素材\第 6 章\水杯.jpg），如图 6-51 所示。

STEP 02 在“三维纹理映射”素材库中，将“金鱼”滤镜拖动到图像上，如图 6-52 所示。

图 6-51　添加素材图像

图 6-52　添加“往内挤压”滤镜

STEP 03 单击导览面板中的“播放”按钮，查看应用滤镜效果，如图 6-53 所示。

图 6-53　应用“往内挤压”滤镜的前后对比

6.6.5 改善光线——灿烂夜景

改善光线用于校正光线较差的视频。

素材文件:	DVD\素材\第 6 章\夜景.jpg
项目文件:	DVD\项目\第 6 章\改善光线.VSP
视频文件:	DVD\视频\第 6 章\6.6.5 改善光线.avi

STEP 01 进入会声会影 X3 高级编辑界面，添加图像到轨道上（DVD\素材\第 6 章\夜景.jpg），如图 6-54 所示。

STEP 02 在素材库中单击“滤镜”按钮，在滤镜素材库中，单击“画廊”命令，在弹出的菜单中选择“调整”命令，如图 6-55 所示。

图 6-54　添加素材图像

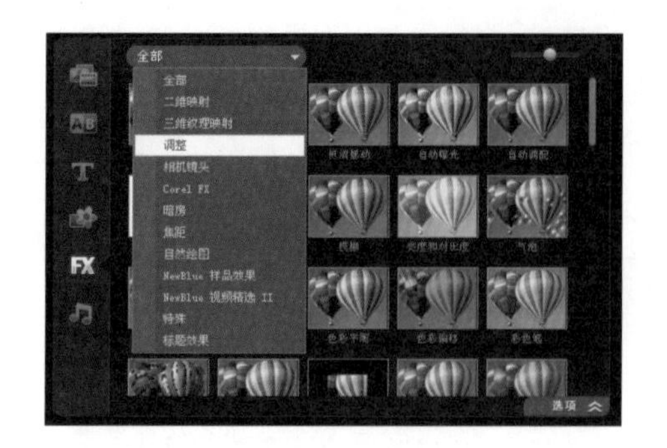

图 6-55　选择“调整”选项

STEP 03 切换至调整素材库，如图 6-56 所示。

STEP 04 将“改善光线”滤镜拖动到图像上，如图 6-57 所示。

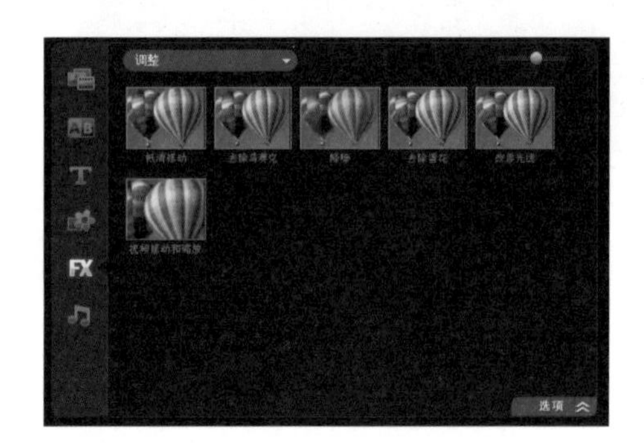

图 6-56　调整素材库

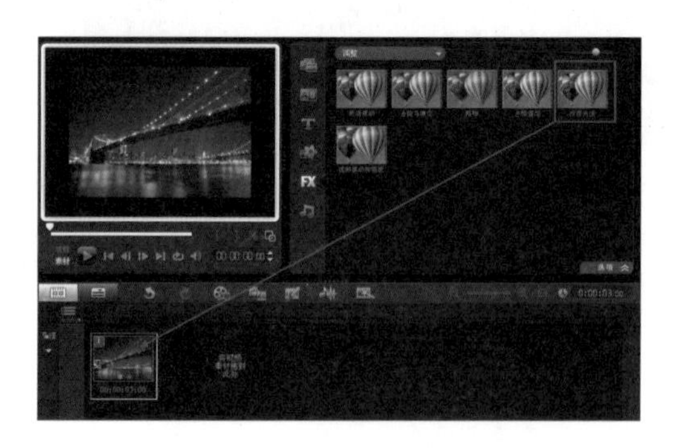

图 6-57　添加“改善光线”滤镜

STEP 05 单击“选项”按钮，如图 6-58 所示，打开属性面板。

STEP 06 在属性面板中，单击“自定义滤镜”按钮，如图 6-59 所示。

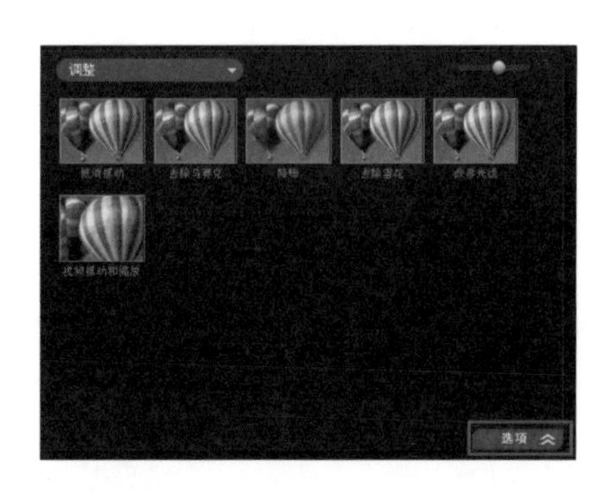

图 6-58　单击“选项”按钮

图 6-59　单击“自定义滤镜”按钮

STEP 07 在弹出的“改善光线”对话框中，调整“填充闪光”数值为 80，“改善光线”为 -30，如图 6-60 所示，单击“确定”按钮即可。

STEP 08 单击导览面板中的“播放”按钮，查看应用滤镜效果，如图 6-61 所示。

图 6-60　设置参数

图 6-61　应用“改善光线”滤镜的前后对比

6.6.6 光芒滤镜——草地光芒

光芒滤镜可在素材上添加旋转移动的光芒效果。下面来介绍一下该视频滤镜的应用。

素材文件：	DVD\素材\第 6 章\小熊.jpg
项目文件：	DVD\项目\第 6 章\光芒滤镜.VSP
视频文件：	DVD\视频\第 6 章\6.6.6 光芒滤镜.avi

STEP 01 进入会声会影 X3 高级编辑界面，添加图像到轨道上（DVD\素材\第 6 章\小熊.jpg），如图 6-62 所示。

STEP 02 单击素材库中的“滤镜”按钮，在画廊中选择“相机镜头”选项，在“相机镜头”素材库中，将“光芒”滤镜拖动到图像上，如图 6-63 所示。

图 6-62　添加素材图像

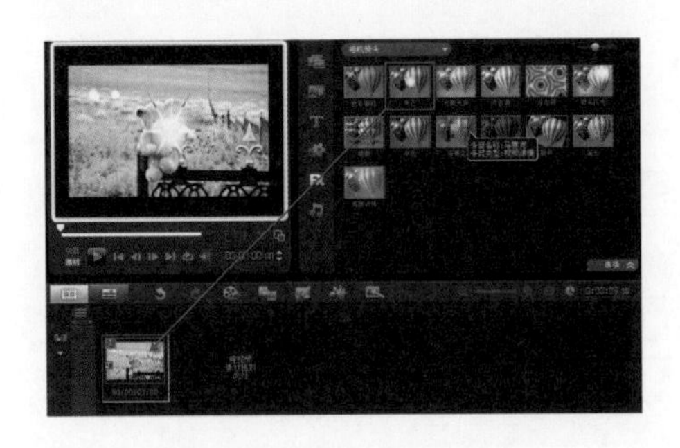

图 6-63　添加“光芒”滤镜

STEP 03 单击“选项”按钮，如图 6-64 所示，打开属性面板。

STEP 04 单击“滤镜预设样式”按钮，单击第 8 种预览样式，如图 6-65 所示。

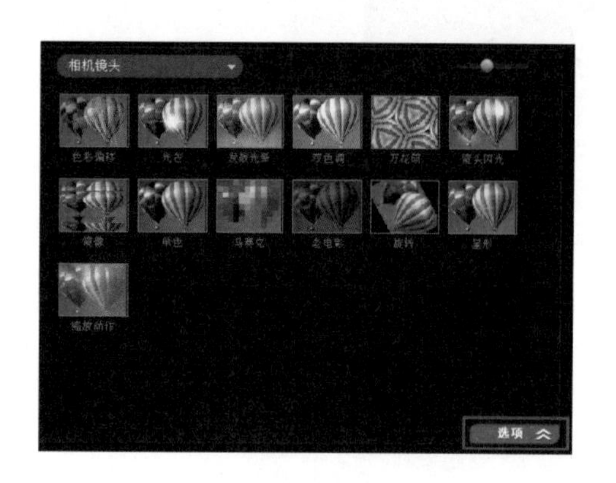

图 6-64 单击“选项”按钮

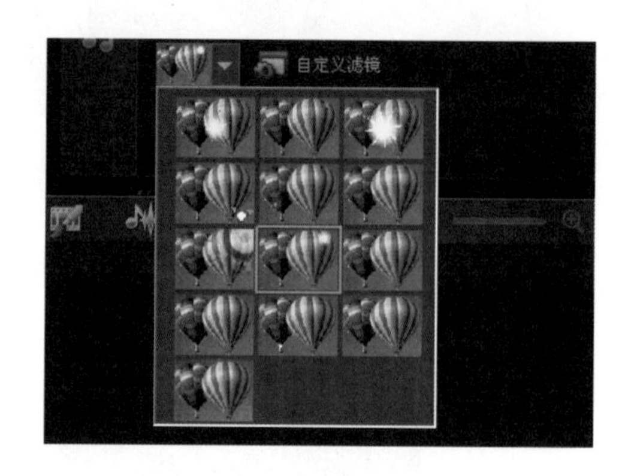

图 6-65 单击第 8 种预览样式

STEP 05 单击导览面板中的“播放”按钮，查看应用滤镜效果，如图 6-66 所示。

图 6-66 应用“光芒”滤镜的前后对比

6.6.7 缩放动作——齿轮发光

使素材呈现出由于镜头运动而产生的缩放效果。

素材文件:	DVD\素材\第 6 章\齿轮.jpg
项目文件:	DVD\项目\第 6 章\缩放动作.VSP
视频文件:	DVD\视频\第 6 章\6.6.7 缩放动作.avi

STEP 01 进入会声会影 X3 高级编辑界面，添加图像到轨道上（DVD\素材\第 6 章\齿轮.jpg），如图 6-67 所示。

STEP 02 在“相机镜头”素材库中，将“缩放动作”滤镜拖动到图像上，如图 6-68 所示。

STEP 03 单击导览面板中的“播放”按钮，查看应用滤镜效果，如图 6-69 所示。

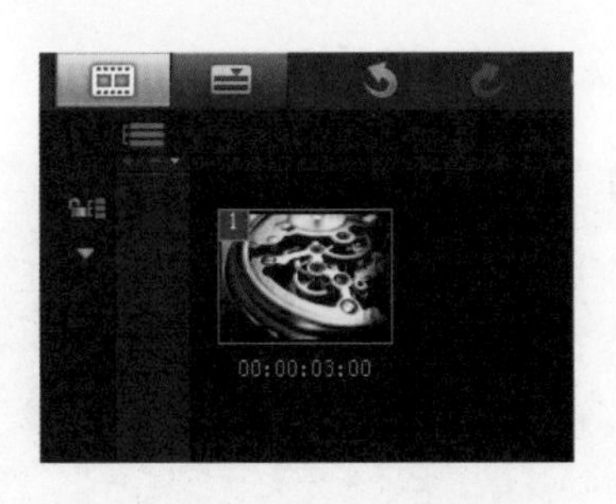

图 6-67　添加素材图像

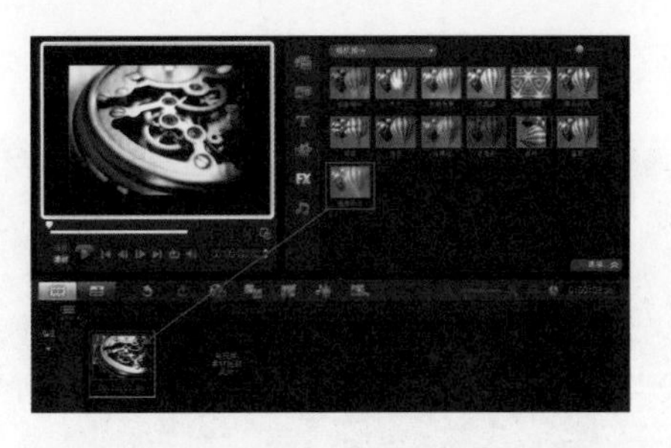

图 6-68　添加“缩放动作”滤镜

图 6-69　应用“缩放动作”滤镜的前后对比

6.6.8 光线滤镜——舞台光束

“光线”滤镜用于在素材上添加光照效果。

素材文件：	DVD\素材\第 6 章\葵花.jpg
项目文件：	DVD\项目\第 6 章\光线滤镜.VSP
视频文件：	DVD\视频\第 6 章\6.6.8 光线滤镜.avi

STEP 01 进入会声会影 X3 高级编辑界面，添加图像到轨道上（DVD\素材\第 6 章\葵花.jpg），如图 6-70 所示。

STEP 02 在素材库中单击“滤镜”按钮，在滤镜素材库中，单击“画廊”命令，在弹出的下拉菜单中选择“暗房”选项，如图 6-71 所示。

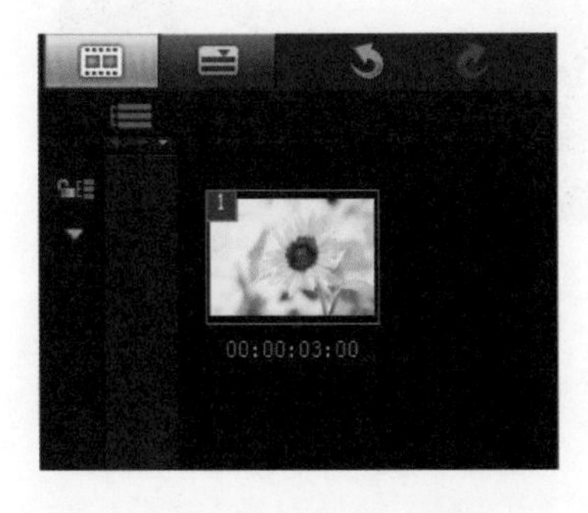

图 6-70　添加素材图像

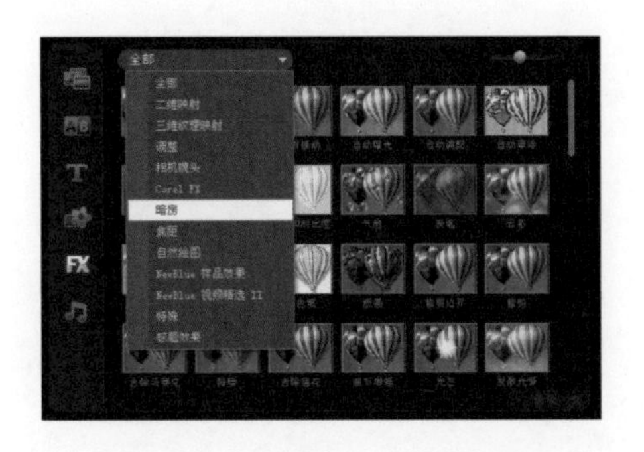

图 6-71　选择“暗房”选项

STEP 03 切换至暗房素材库，选择“光线”滤镜，将它拖动到素材上，如图 6-72 所示。

STEP 04 单击“选项”按钮，如图 6-73 所示，打开属性面板。

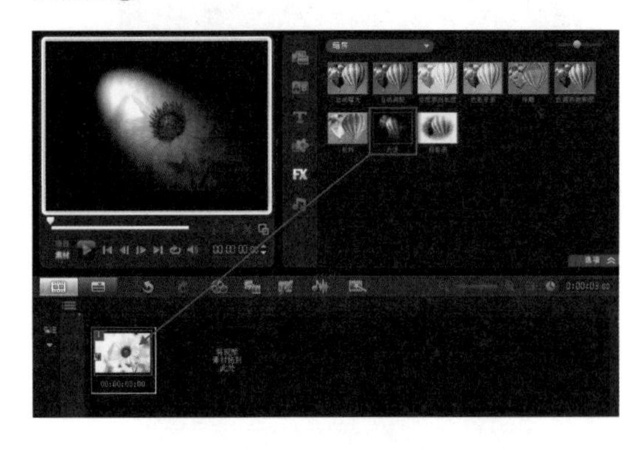

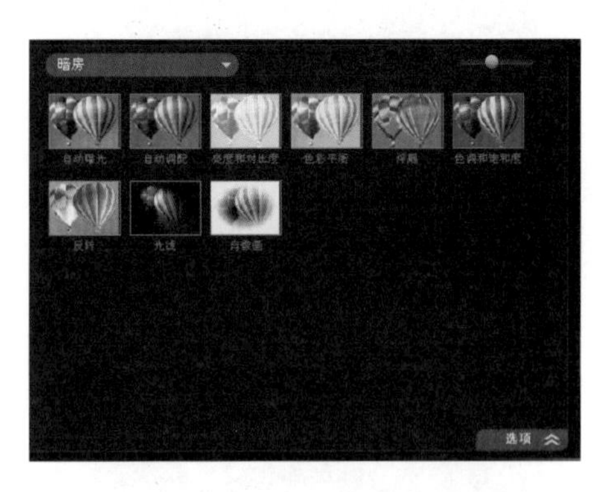

图 6-72 添加“光线”滤镜

图 6-73 单击“选项”按钮

STEP 05 在属性面板中，单击“自定义滤镜”按钮，如图 6-74 所示。

STEP 06 在弹出的“光线”对话框中，选择距离为“远”，如图 6-75 所示，单击“确定”按钮。

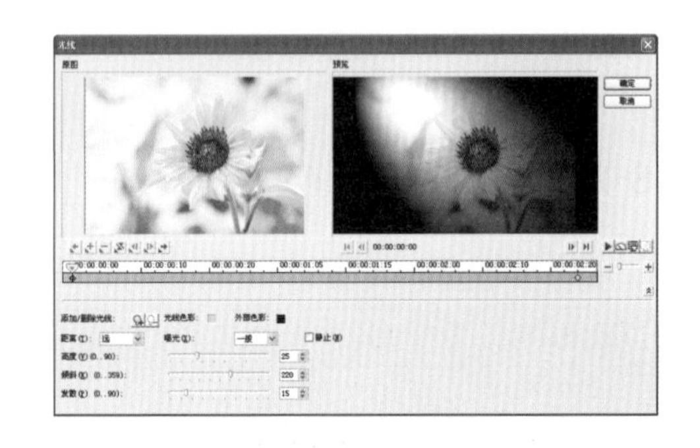

图 6-74 单击自定义滤镜

图 6-75 修改属性

STEP 07 单击导览面板中的“播放”按钮，查看应用滤镜效果，如图 6-76 所示。

图 6-76 应用“光线”滤镜的前后对比

6.6.9 肖像画——人物海报

“肖像画”滤镜是在画面上添加柔和的边缘效果，从而更加突出主体。下面就来介绍一下“肖像画”视频滤镜的应用。

素材文件：	DVD\素材\第 6 章\黑人美女.jpg
项目文件：	DVD\项目\第 6 章\肖像画.VSP
视频文件：	DVD\视频\第 6 章\6.6.9 肖像画.avi

STEP 01 进入会声会影 X3 高级编辑界面，添加图像到轨道上（DVD\素材\第 6 章\黑人美女.jpg），如图 6-77 所示。

STEP 02 在素材库中单击“滤镜”按钮，在滤镜素材库中，单击“画廊”命令，在弹出的菜单中选择“暗房”选项，将“肖像画”滤镜拖动到图像上，如图 6-78 所示。

图 6-77　添加素材图像

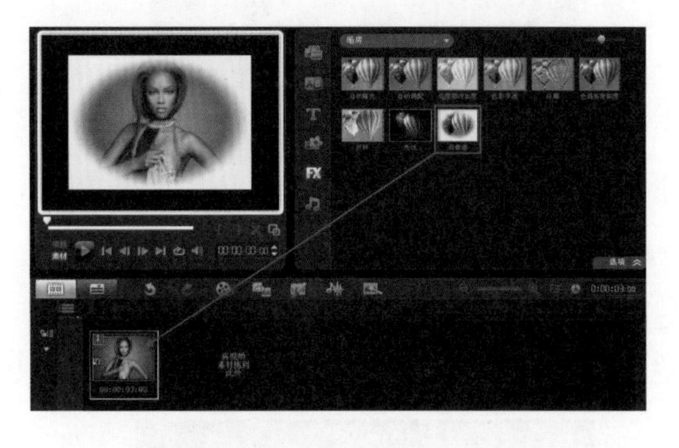

图 6-78　添加“肖像画”滤镜

STEP 03 单击导览面板中的“播放”按钮，查看应用滤镜效果，如图 6-79 所示。

图 6-79　应用“肖像画”滤镜的前后对比

6.6.10 锐化滤镜——视野清晰

“锐化”滤镜能使画面细节变得更加清晰。下面就来介绍一下“锐化”视频滤镜的应用。

素材文件：	DVD\素材\第 6 章\浴室.jpg
项目文件：	DVD\项目\第 6 章\锐化滤镜.VSP
视频文件：	DVD\视频\第 6 章\6.6.10 锐化滤镜.avi

STEP 01 进入会声会影 X3 高级编辑界面，添加图像到轨道上（DVD\素材\第 6 章\浴

室.jpg），如图 6-80 所示。

STEP 02 打开滤镜素材库，单击“画廊”命令，在弹出的下拉菜单中选择“焦距”选项，如图 6-81 所示。

图 6-80　添加素材图像

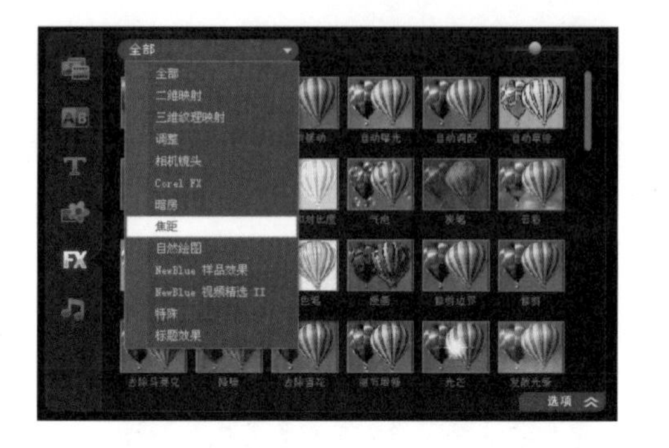

图 6-81　选择焦距素材库

STEP 03 切换到焦距素材库，如图 6-82 所示。

STEP 04 将“锐化”滤镜拖动到图像上，如图 6-83 所示。

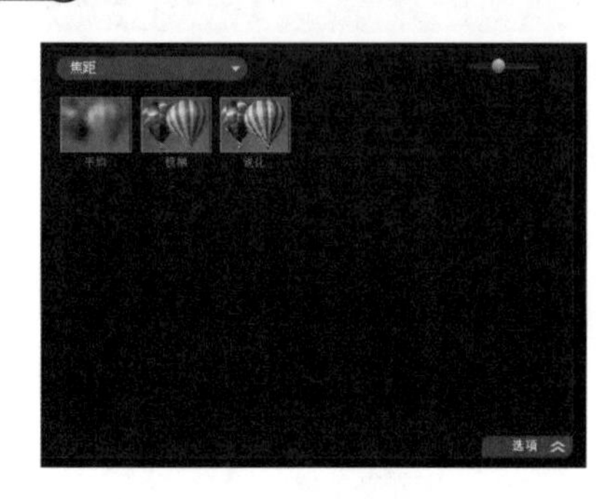

图 6-82　焦距素材库

图 6-83　添加“锐化”滤镜

STEP 05 单击“选项”按钮，如图 6-84 所示，打开属性面板。

STEP 06 在属性面板中，单击“自定义滤镜”按钮，如图 6-85 所示。

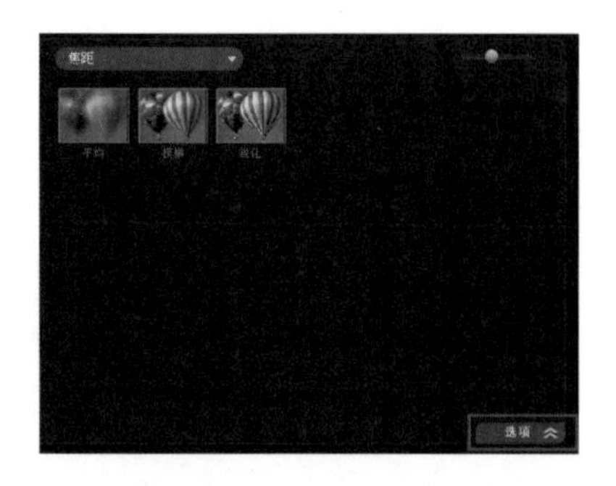

图 6-84　单击“选项”按钮

图 6-85　单击“自定义滤镜”按钮

STEP 07 在弹出的“锐化”对话框中，单击最后一个关键帧，设置“程度”为 5，如图 6-86 所示，单击“确定”按钮。

图 6-86 设置数值

STEP 08 单击导览面板中的"播放"按钮，查看应用滤镜效果，如图 6-87 所示。

图 6-87 应用"锐化"滤镜的前后对比

6.6.11 自动草绘——绘画人物

"自动草绘"滤镜是模仿手绘画制作的滤镜效果。下面就来介绍一下"自动草绘"视频滤镜的应用。

素材文件:	DVD\素材\第 6 章\母女.jpg
项目文件:	DVD\项目\第 6 章\自动草绘.VSP
视频文件:	DVD\视频\第 6 章\6.6.11 自动草绘.avi

STEP 01 进入会声会影 X3 高级编辑界面，添加图像到轨道上（DVD\素材\第 6 章\母女.jpg），如图 6-88 所示。

STEP 02 打开滤镜素材库，单击"画廊"命令，弹出的下拉菜单中选择"自然绘图"命令，如图 6-89 所示。

图 6-88　添加素材图像

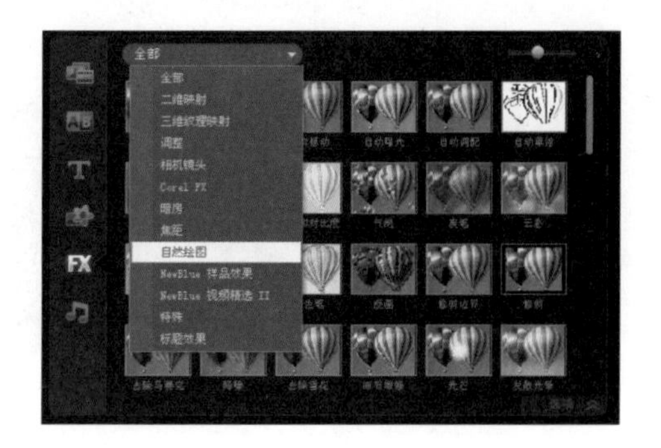

图 6-89　选择“自然绘图”选项

STEP 03 切换自动绘图素材库，如图 6-90 所示。

STEP 04 将“自动草绘”滤镜拖动到图像上，如图 6-91 所示。

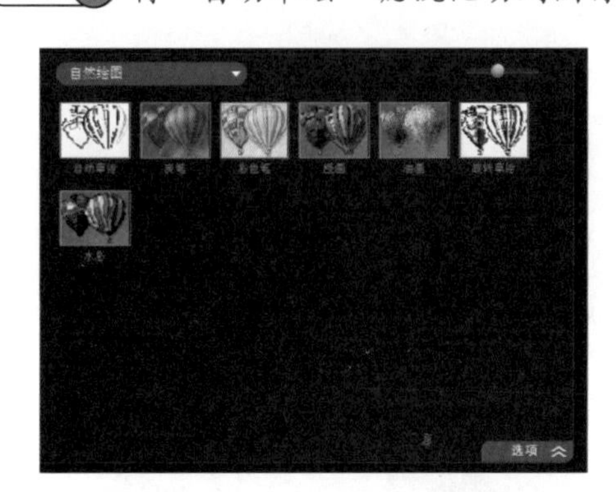

图 6-90　自动绘图素材库

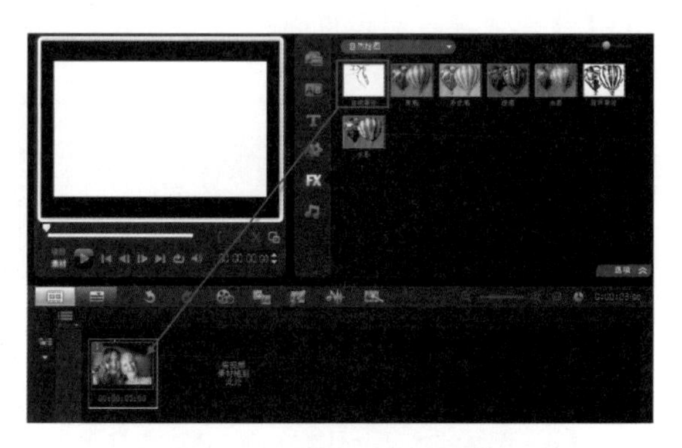

图 6-91　添加“自动草绘”滤镜

STEP 05 单击导览面板中的“播放”按钮，查看应用滤镜效果，如图 6-92 所示。

图 6-92　应用“自动草绘”滤镜效果

6.6.12 漫画滤镜——漫画风格

“漫画”滤镜是模仿漫画风格的应用效果。下面就来介绍一下“漫画”视频滤镜的应用。

素材文件：	DVD\素材\第 6 章\高跟鞋.jpg
项目文件：	DVD\项目\第 6 章\高跟鞋.VSP
视频文件：	DVD\视频\第 6 章\6.6.12 漫画滤镜.avi

STEP 01 进入会声会影 X3 高级编辑界面，添加图像到轨道上（DVD\素材\第 6 章\高跟鞋.jpg），如图 6-93 所示。

STEP 02 打开滤镜素材库，单击“画廊”按钮，选择“自动绘图”选项，在自然绘图滤镜库中，将“漫画”滤镜拖动到图像上，如图 6-94 所示。

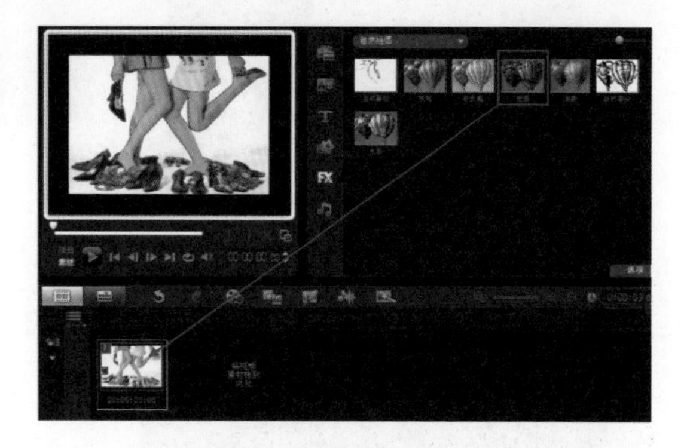

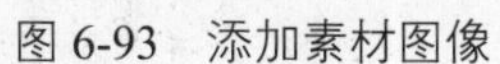

图 6-93　添加素材图像

图 6-94　添加“漫画”滤镜

STEP 03 单击导览面板中的“播放”按钮，查看应用滤镜效果，如图 6-95 所示。

图 6-95　应用“漫画”滤镜的前后对比

6.6.13 喷枪滤镜——梦幻画面

“喷枪”滤镜能够羽化图像边缘，让画面看起来更加梦幻。下面就来介绍一下“喷枪”视频滤镜的应用。

素材文件:	DVD\素材\第 6 章\香皂.jpg
项目文件:	DVD\项目\第 6 章\喷枪滤镜.VSP
视频文件:	DVD\视频\第 6 章\6.6.13 喷枪滤镜.avi

STEP 01 进入会声会影 X3 高级编辑界面，添加图像到轨道上（DVD\素材\第 6 章\香皂.jpg），如图 6-96 所示。

STEP 02 打开滤镜素材库，单击“画廊”命令，在弹出的菜单中选择“NewBlue 样品效果”命令，如图 6-97 所示。

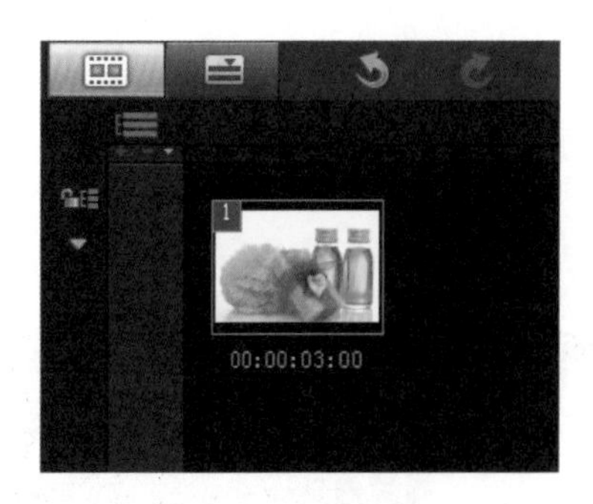

图 6-96 添加素材图像

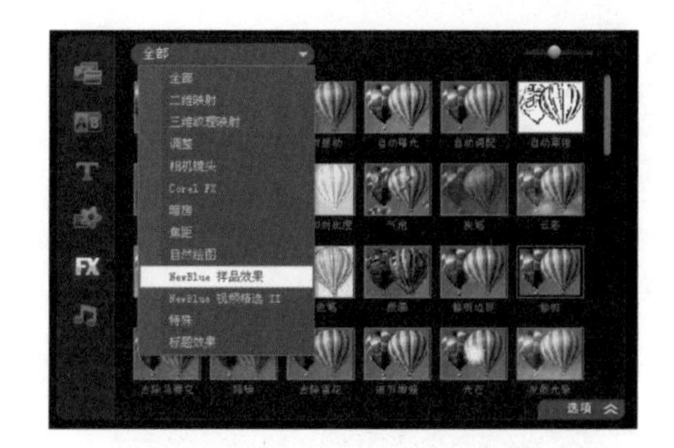

图 6-97 选择 NewBlue 样品效果素材库

STEP 03 切换到 NewBlue 样品效果素材库，如图 6-98 所示。

STEP 04 将“喷枪”滤镜拖动到图像上，如图 6-99 所示。

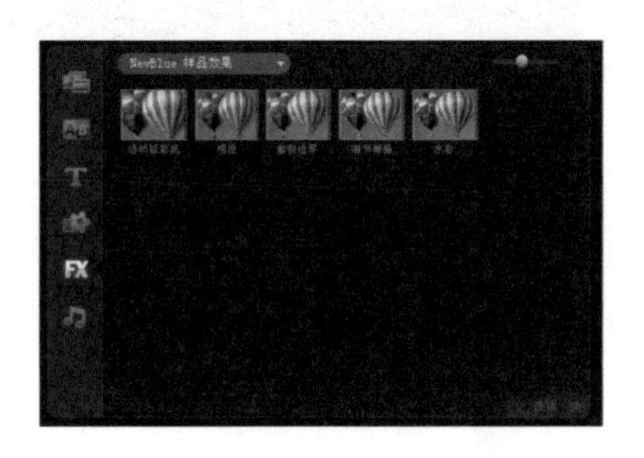

图 6-98 NewBlue 样品效果素材库

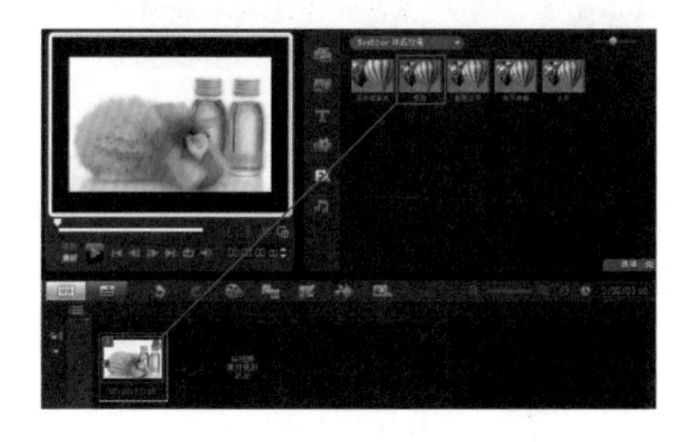

图 6-99 添加“喷枪”滤镜

STEP 05 单击导览面板中的“播放”按钮，查看应用滤镜效果，如图 6-100 所示。

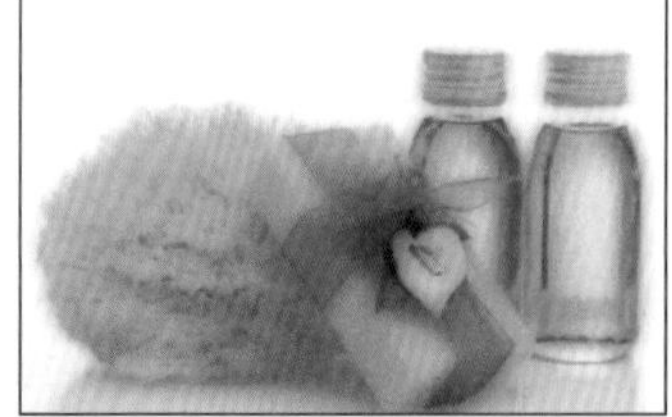

图 6-100 应用“喷枪”滤镜的前后对比

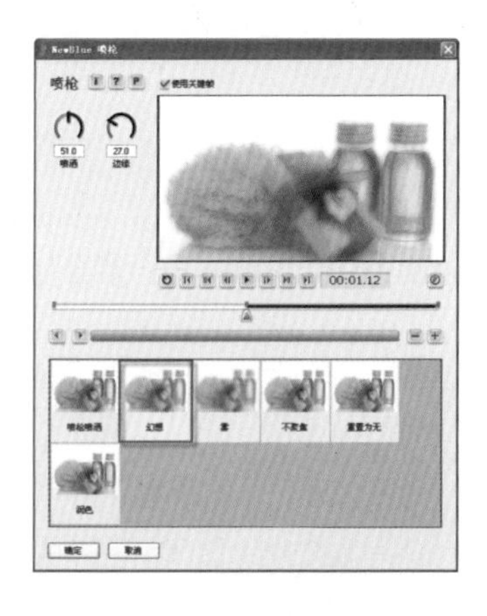

图 6-101 NewBlue 喷枪对话框

提 示

单击自定义滤镜，弹出“NewBlue 喷枪”对话框，在对话框中用户可以根据自己需要来选择效果，如图 6-101 所示。

6.6.14 闪电滤镜——海上之船

“闪电”滤镜用于在画面上添加闪电照射的效果，下面就来介绍一下“闪电”视频滤镜的应用。

素材文件：	DVD\素材\第 6 章\帆船.jpg
项目文件：	DVD\项目\第 6 章\闪电滤镜.VSP
视频文件：	DVD\视频\第 6 章\6.6.14 闪电滤镜.avi

STEP 01 进入会声会影 X3 高级编辑界面，添加图像到轨道上（DVD\素材\第 6 章\帆船.jpg），如图 6-102 所示。

STEP 02 打开滤镜素材库，单击“画廊”命令，弹出的下拉菜单中选择“特殊”命令，如图 6-103 所示。

图 6-102　添加素材图像

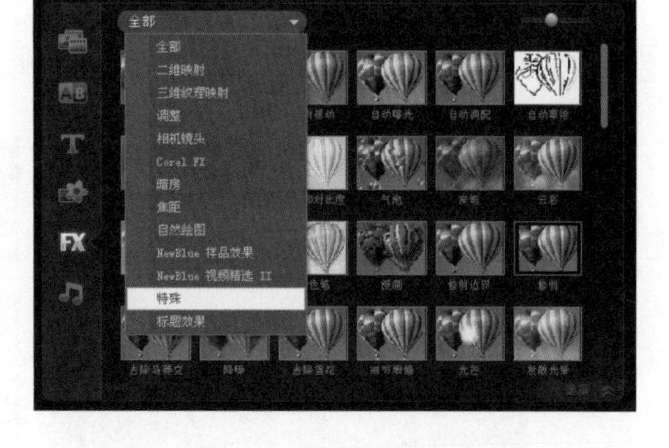

图 6-103　选择“特殊”素材库

STEP 03 将“闪电”滤镜拖动到图像上，如图 6-104 所示。

STEP 04 打开属性面板，单击属性面板中的“自定义滤镜”按钮，如图 6-105 所示。

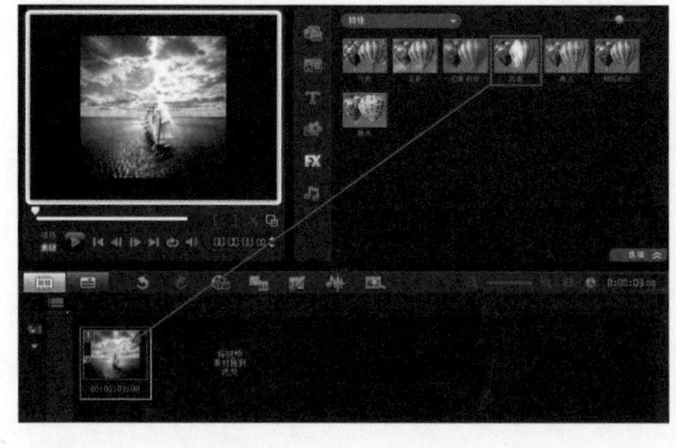

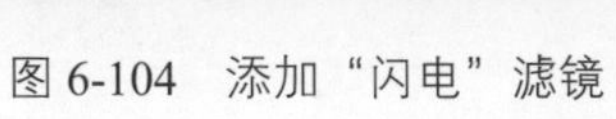
图 6-104　添加“闪电”滤镜

图 6-105　单击“自定义滤镜”按钮

STEP 05 在弹出的“闪电”滤镜对话框中，鼠标向左上拖动十字形状，修改闪电中心点位置，如图 6-106 所示，操作完成后单击“确定”按钮。

图 6-106　修改中心点位置

STEP 06 单击导览面板中的“播放”按钮，查看应用滤镜效果，如图 6-107 所示。

图 6-107　应用“闪电”滤镜的前后对比

6.6.15 雨点滤镜——绵绵细雨

“雨点”滤镜用于在画面上添加雨丝的效果，下面就来介绍一下“雨点”视频滤镜的应用。

素材文件:	DVD\素材\第 6 章\树.jpg
项目文件:	DVD\项目\第 6 章\雨点滤镜.VSP
视频文件:	DVD\视频\6.6.15 雨点滤镜.avi

STEP 01 进入会声会影 X3 高级编辑界面，添加图像到轨道上（DVD\素材\第 6 章\树.jpg），如图 6-108 所示。

STEP 02 在“特殊”滤镜素材库中，将“雨点”滤镜拖动到图像上，如图 6-109 所示。

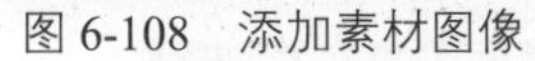
图 6-108　添加素材图像

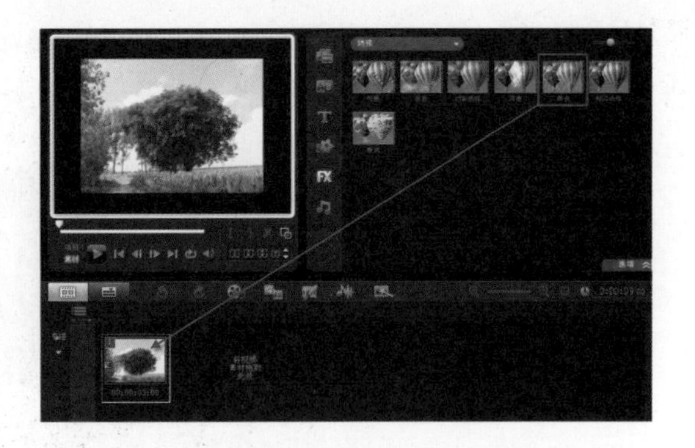

图 6-109　添加“雨点”滤镜

STEP 03 单击导览面板中的“播放”按钮，查看应用滤镜效果，如图 6-110 所示。

图 6-110　应用“雨点”滤镜的前后对比

6.7　应用标题滤镜

标题滤镜包括“气泡”、“云彩”、“色彩偏移”、“修剪”、“光芒”、“浮雕”等 27 种滤镜效果，如图 6-111 所示。

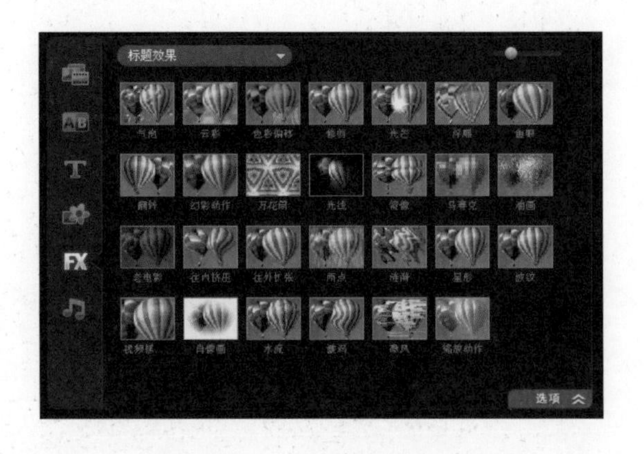

图 6-111　“标题”滤镜

标题滤镜的使用方法和前面章节中讲过滤镜的使用方法相同，一般用于标题效果的制作，如图 6-112 所示，在这里就不过多讲解，具体操作方法参考前面滤镜的操作方法。

原图

使用“缩放动作”滤镜效果

使用“油画”滤镜效果

图 6-112　应用标题滤镜

第 7 章 应用转场效果

在影片编辑过程中，有时候预览剪辑效果时总觉得素材之间的衔接比较突兀，这时候就需要转场效果来进行素材与素材之间的连接，会使整个影片看起来更加流畅、自然。

本章重点：

★ 应用转场效果

★ 收藏和使用收藏转场

★ 设置转场属性

★ 转场效果应用实例

会声会影 X3 提供了 16 大类 100 多种转场效果，如图 7-1 所示。运用这些转场效果，可以使素材之间过渡更加流畅，从而制作出更具创意的影片。

图 7-1　转场效果

7.1 应用转场效果

在视频编辑中，要使素材与素材之间的连接更加自然，常常会用到转场效果，本节介绍转场效果的应用方法和基本操作。

7.1.1 添加转场效果

在项目中添加转场效果能让素材与素材之间过渡更自然，操作方法如下：

素材文件：	DVD\素材\第 7 章\快乐爷爷 1、2、3.jpg
项目文件：	DVD\项目\第 7 章\添加转场效果.VSP
视频文件：	DVD\视频\第 7 章\7.1.1 添加转场效果.avi

STEP 01 进入会声会影 X3 高级编辑界面，添加素材图像到视频轨道上（DVD\素材\第 7 章\快乐爷爷 1、2、3.jpg），如图 7-2 所示。

STEP 02 单击素材库中“转场”按钮，切换至转场素材库，如图 7-3 所示。

STEP 03 在素材库中，单击“画廊”命令，在弹出的菜单中选择“过滤”选项，如图 7-4 所示。

STEP 04 切换至“过滤”素材库，选择“喷出”和“遮罩”转场效果，分别拖动到素材与素材之间的位置上，如图 7-5 所示。

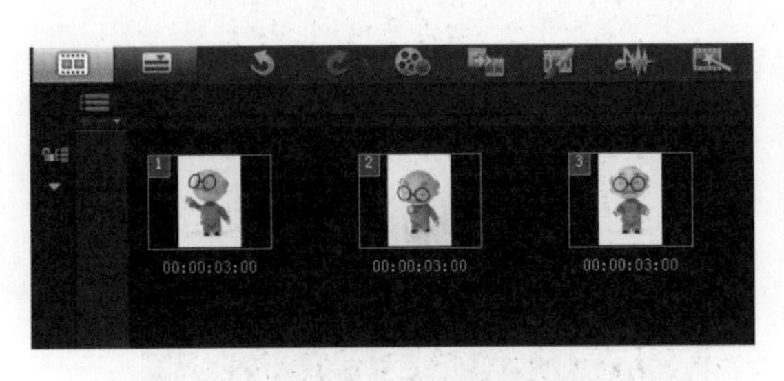

图 7-2　添加素材图像

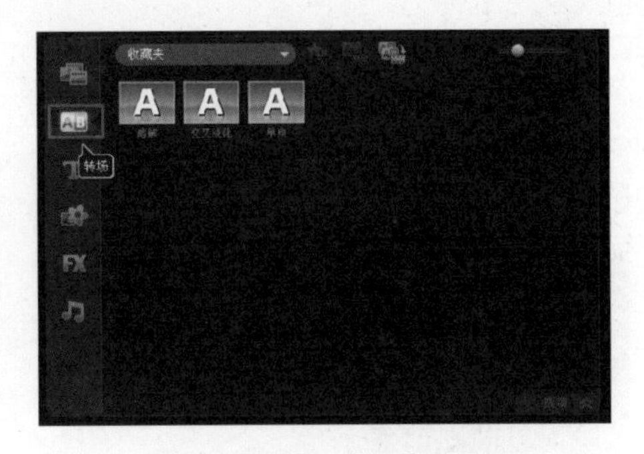

图 7-3　单击“转场”按钮

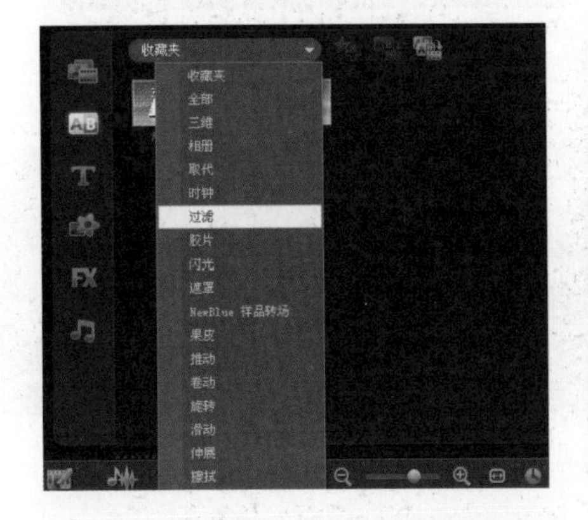

图 7-4　选择“过滤”转场素材库

图 7-5　添加转场效果

STEP 05 操作完成后，单击导览面板上的“播放”按钮，预览转场效果，如图 7-6 所示。

图 7-6　预览“过渡”素材库中转场效果

7.1.2 应用随机效果

应用随机效果转场时，程序将随机挑选转场效果，添加到素材之间。

素材文件：	DVD\素材\第 7 章\蛋糕 1、2、3.jpg
项目文件：	DVD\项目\第 7 章\蛋糕.VSP
视频文件：	DVD\视频\第 7 章\7.1.2 应用随机效果.avi

STEP 01 进入会声会影 X3 高级编辑界面，添加素材图像到视频轨道上（DVD\素材\第 7 章\蛋糕 1、2、3.jpg），如图 7-7 所示。

图 7-7　添加素材图像

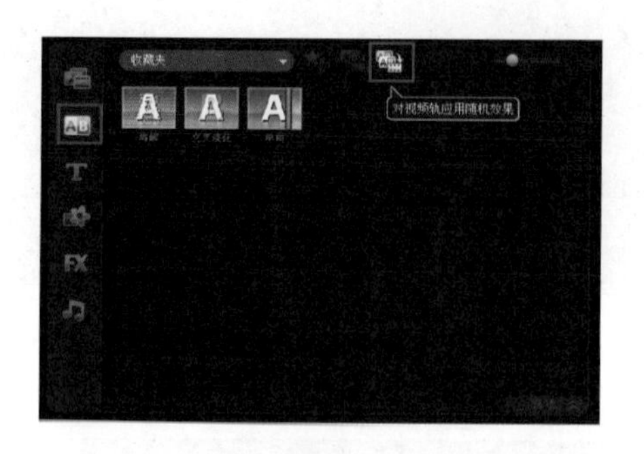

图 7-8　单击“对视频轨应用随机效果”按钮

STEP 02 单击素材库中“转场”按钮，切换至转场素材库，并单击“画廊”右侧的“对视频轨应用随机效果”按钮，如图 7-8 所示。

STEP 03 转场效果随机自动添加到素材之间，如图 7-9 所示。

STEP 04 单击导览面板上的“播放”按钮，预览转场效果，如图 7-10 所示。

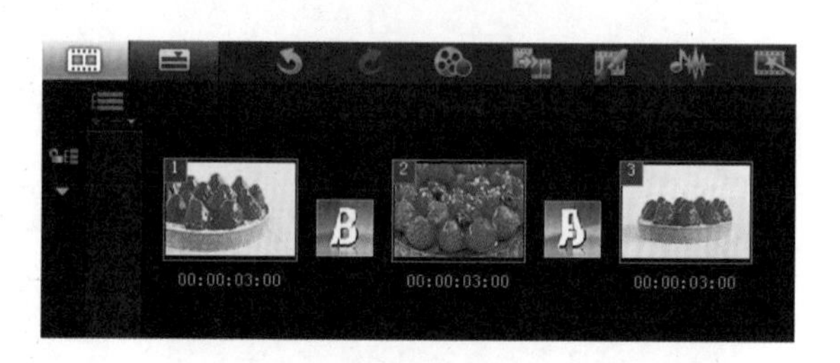

图 7-9　素材之间自动添加转场效果

图 7-10　预览转场效果

7.1.3 应用当前效果

应用当前效果转场时，程序将当前选中的转场效果应用到视频轨道上所有素材之间。

素材文件:	DVD\素材\第 7 章\小书 1、2、3.jpg
项目文件:	DVD\项目\第 7 章\应用当前效果.VSP
视频文件:	DVD\视频\第 7 章\7.1.3 应用当前效果.avi

STEP 01 进入会声会影 X3 高级编辑界面，添加素材图像到视频轨道上（素材文件 DVD\素材\第 7 章\小书 1、2、3.jpg），如图 7-11 所示。

STEP 02 单击素材库中“转场”按钮，切换至转场素材库，并单击“画廊”命令，在弹出的菜单中选择“擦拭”选项，如图 7-12 所示。

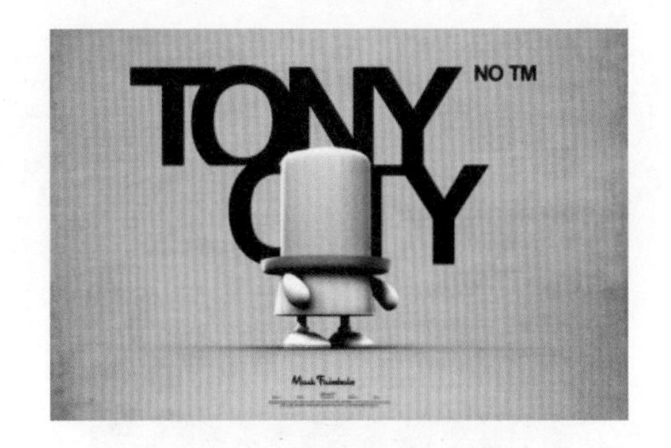

图 7-11　添加素材图像

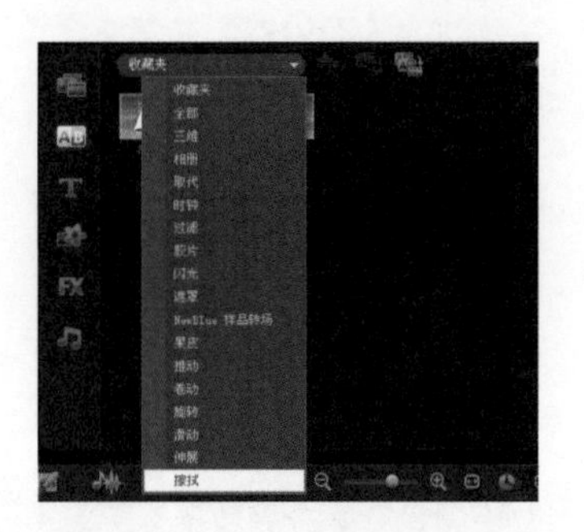

图 7-12　单击“擦拭”选项

STEP 03 切换至“擦拭”素材库，选择“菱形”转场效果，单击画廊右侧的“对视频轨道应用当前效果”按钮，如图 7-13 所示。

STEP 04 在故事板视图中，菱形转场就已经自动添加到所有素材之间，如图 7-14 所示。

图 7-13　选择转场效果

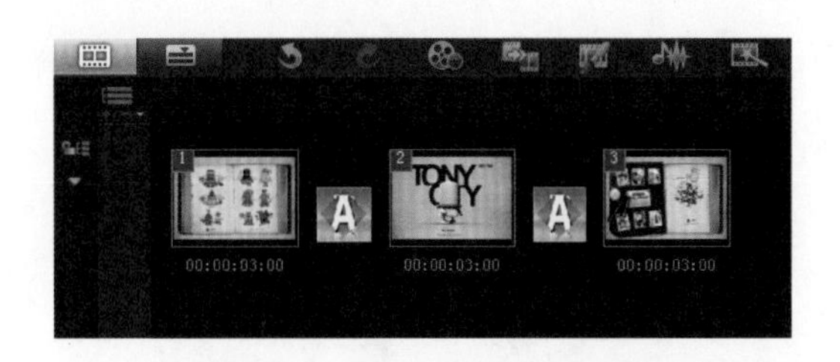

图 7-14　自动添加相同转场效果

STEP 05 操作完成后，单击导览面板上的“播放”按钮，预览转场效果，如图 7-15 所示。

图 7-15　预览“菱形”转场效果

7.1.4 删除转场效果

如果添加的转场效果不是很满意，还可以将添加的转场效果删除。下面具体介绍删除转场效果的操作方法。

素材文件:	DVD\素材\第 7 章\家居 1、2.jpg
项目文件:	DVD\项目\第 7 章\删除转场效果.VSP
视频文件:	DVD\视频\第 7 章\7.1.4 删除转场效果.avi

STEP 01 进入会声会影 X3 高级编辑界面，添加素材图像到视频轨道上（DVD\素材\第 7 章\家居 1、2.jpg），如图 7-16 所示。

STEP 02 选择要删除的转场效果，单击鼠标右键，在弹出的快捷菜单中选择“删除”选项，如图 7-17 所示。

图 7-16　添加素材和转场效果

图 7-17　删除转场效果

STEP 03 单击导览面板上的“播放”按钮，预览删除转场后的效果，如图 7-18 所示。

图 7-18　删除转场后的效果

> **提　示**
>
> 也可以单击选择素材之间转场效果，按下 Delete 直接删除转场效果。

7.1.5 自动添加转场

用户需要快速制作影片时，可以应用程序中自动为素材添加转场效果，可以根据自己的需要来设置合适的转场效果，使用户能够做出更好的影片。下面具体介绍自动添加转场效果的方法。

素材文件:	DVD\素材\第 7 章\水果 1、2、3.jpg
项目文件:	DVD\项目\第 7 章\自动添加转场.VSP
视频文件:	DVD\视频\第 7 章\7.1.5 自动添加转场.avi

STEP 01 进入会声会影 X3 高级编辑界面，执行“设置”|“参数选择”命令。

STEP 02 在弹出的“参数选择”对话框中选择“编辑”选项卡，如图 7-19 所示。

STEP 03 在编辑选项卡中选中“自动添加转场效果”复选框，如图 7-20 所示。

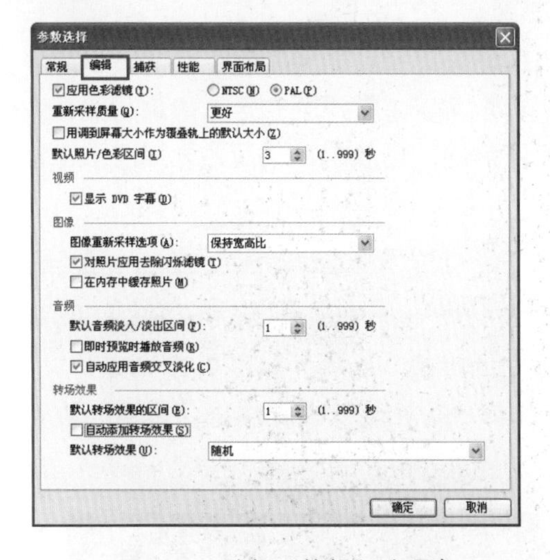

图 7-19　选择“编辑”选项卡

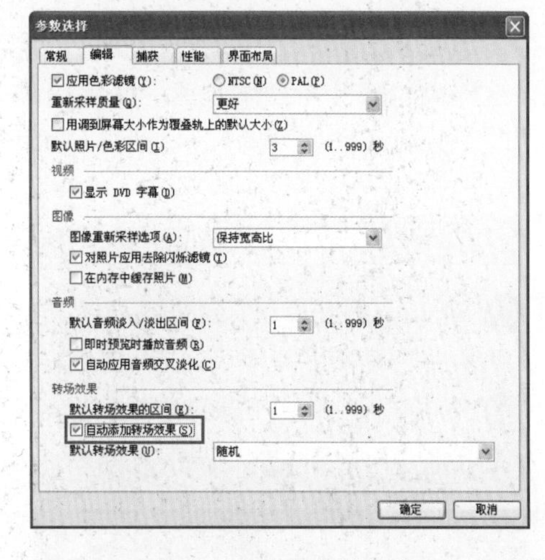

图 7-20　勾选“自动添加转场效果”复选框

STEP 04 单击“确定”按钮，返回操作界面，添加素材图像素材（DVD\素材\第 7 章\水果 1、2、3.jpg），程序就会自动在两个素材之间添加转场效果，如图 7-21 所示。

图 7-21　自动添加转场效果

STEP 05 单击导览面板上的“播放”按钮，预览自动添加的转场效果，如图 7-22 所示。

图 7-22　预览自动添加转场效果

7.2 收藏和使用收藏转场

会声会影 X3 中有上百种转场效果，需要用转场效果时，还需要到不同的素材库中去查找，这样大大降低了工作效率。使用收藏夹，用户可以将常用的转场效果进行收藏，需要使用时，只需在“收藏夹”中就可以快速找到所需的转场效果，从而大大提高了工作效率。

视频文件:	DVD\视频\第 7 章\7.2 收藏和使用收藏转场.avi

STEP 01 进入会声会影 X3 高级编辑界面，单击素材库上的“转场”按钮，切换至转场素材库，并单击“画廊”命令，在弹出的菜单中选中“时钟”选项，如图 7-23 所示。

STEP 02 切换到“时钟”素材库中，选中“四分之一”转场效果并单击“画廊”右侧的“添加至收藏夹”按钮，如图 7-24 所示。

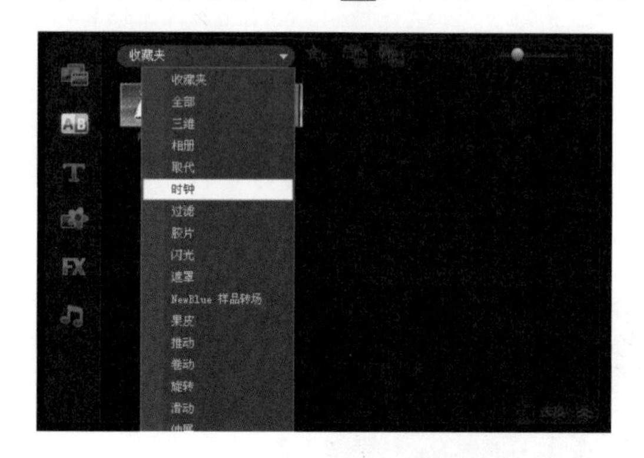

图 7-23　选择“时钟”选项

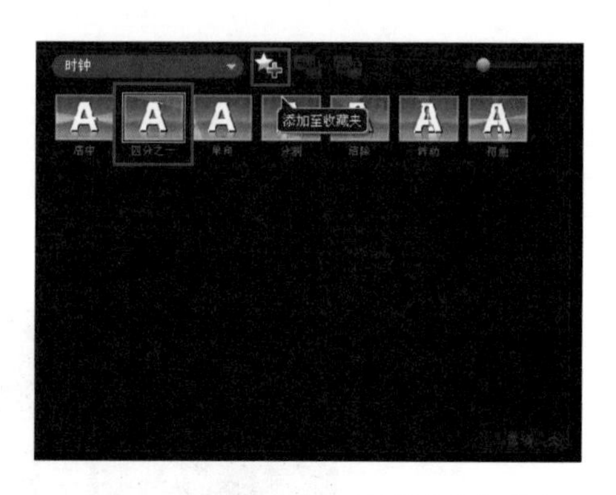

图 7-24　单击“添加至收藏夹”按钮

STEP 03 添加完成后，单击“画廊”命令，在弹出的菜单中选择“收藏夹”选项，如图 7-25 所示。

STEP 04 切换到“收藏夹”素材库，此时“四分之一”转场效果已经添加到收藏夹里，如图 7-26 所示。

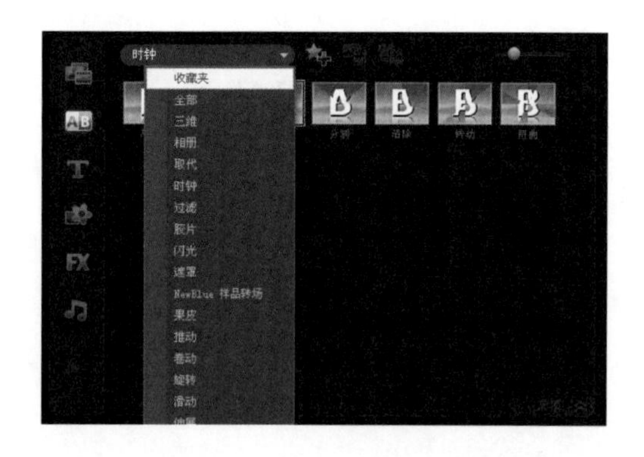

图 7-25　选择“收藏夹”选项

图 7-26　显示添加的收藏转场

7.3　设置转场属性

添加完转场效果后，若用户不满意当前效果，还可以对转场进行属性设置，直至得到用户满意的效果。

7.3.1 设置转场效果

会声会影 X3 中有一百多种转场效果，用户可以自定义转场，下面具体介绍如何设置转场属性。

素材文件:	DVD\素材\第 7 章\生活 1、2.jpg
项目文件:	DVD\项目\第 7 章\设置转场效果.VSP
视频文件:	DVD\视频\第 7 章\7.3.1 设置转场效果.avi

STEP 01 进入会声会影 X3 高级编辑界面，添加素材图像到视频轨道上（DVD\素材\第 7 章\生活 1、2.jpg），如图 7-27 所示。

STEP 02 选择“转场”素材库，单击素材库上方的“画廊”命令，在弹出的菜单中选择“三维”|“手风琴”命令，即可添加“手风琴”转场到素材之间，如图 7-28 所示。

图 7-27　添加素材图像

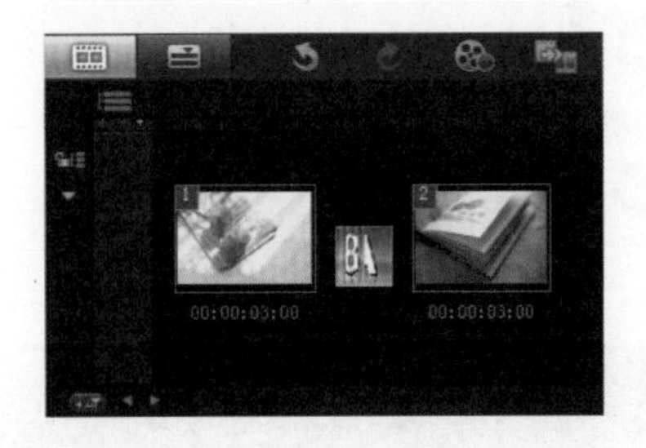

图 7-28　添加“手风琴”转场

STEP 03 单击导览面板中的“播放”按钮，预览转场效果，如图 7-29 所示。

STEP 04 双击时间轴中的手风琴转场，在弹出的面板中设置“区间”为 0: 00: 02: 00、“边框”为 1，“柔化边缘”为“强柔化边缘”、“方向”为“从左到右”，如图 7-30 所示。

图 7-29　预览转场效果

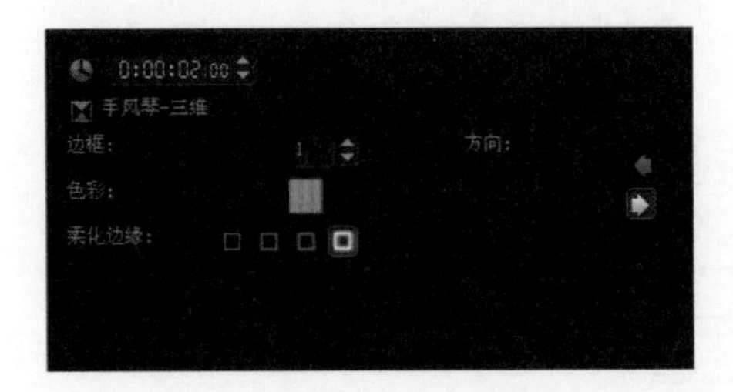

图 7-30　设置转场属性

STEP 05 单击导览面板上的“播放”按钮，预览转场设置效果，如图 7-31 所示。

图 7-31　预览转场设置效果

7.3.2 设置转场时间

将转场效果添加到项目中以后，可以根据用户的需要，方便地调整转场效果的持续播放时间，下面具体介绍操作方法。

素材文件：	DVD\素材\第 7 章\喝水.jpg、拿花.jpg
项目文件：	DVD\项目\第 7 章\设置转场时间.VSP
视频文件：	DVD\视频\第 7 章\7.3.2 设置转场时间.avi

STEP 01 进入会声会影 X3 高级编辑界面，添加素材图像到视频轨道上（DVD\素材\第 7 章\喝水.jpg、拿花.jpg），如图 7-32 所示。

STEP 02 单击素材库中“转场”按钮，切换至转场素材库，并单击“画廊”命令，在弹出的菜单中选择“三维”选项，如图 7-33 所示。

图 7-32　添加素材图像

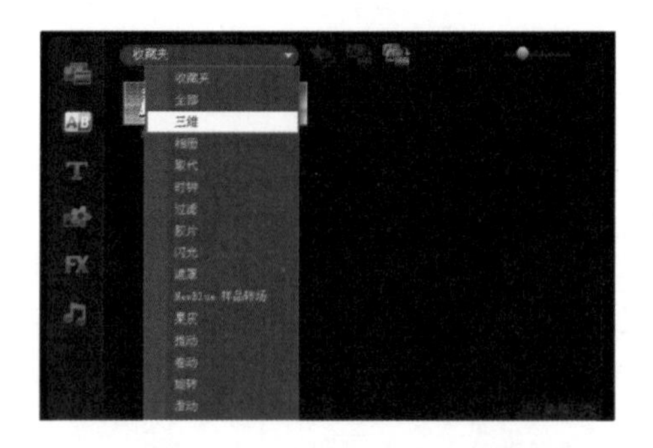

图 7-33　选择“三维”选项

STEP 03 切换至“三维”素材库，选择“对开门”转场效果，将“对开门”转场添加到图像素材之间，如图 7-34 所示。

STEP 04 选中素材之间的“对开门”转场，双击鼠标左键，如图 7-35 所示。

STEP 05 弹出选项面板，在区间中修改时间为 0: 00: 03: 00，如图 7-36 所示，即可修改转场区间。

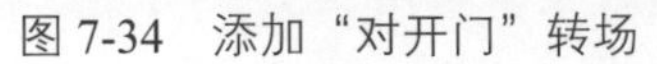

图 7-34　添加“对开门”转场

图 7-35　双击“对开门”转场

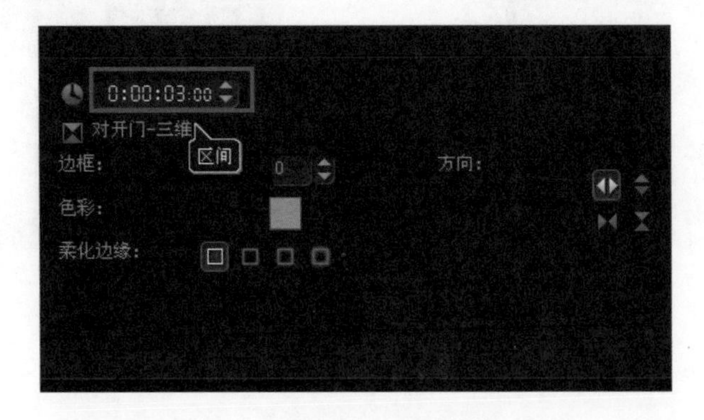

图 7-36　修改区间

7.4　转场效果精彩应用 24 例

本节介绍常用转场效果的应用实例，通过具体的操作练习，让用户对转场应用得更加得心应手。

7.4.1 挤压转场

“挤压转场”是将素材 A 向中间挤压与素材 B 融合的转场效果，下面具体介绍挤压转场的应用。

素材文件:	DVD\素材\第 7 章\瓶子 1、2.jpg
项目文件:	DVD\项目\第 7 章\挤压转场.VSP
视频文件:	DVD\视频\第 7 章\7.4.1 挤压转场.avi

STEP 01 进入会声会影 X3 高级编辑界面，添加素材图像到轨道上（DVD\素材\第 7 章\瓶子 1、2.jpg），如图 7-37 所示。

STEP 02 打开转场素材库，单击“画廊”命令，在弹出的菜单中选择“三维”选项，将“飞行方块”转场拖动到素材之间，如图 7-38 所示。

图 7-37　添加素材图像

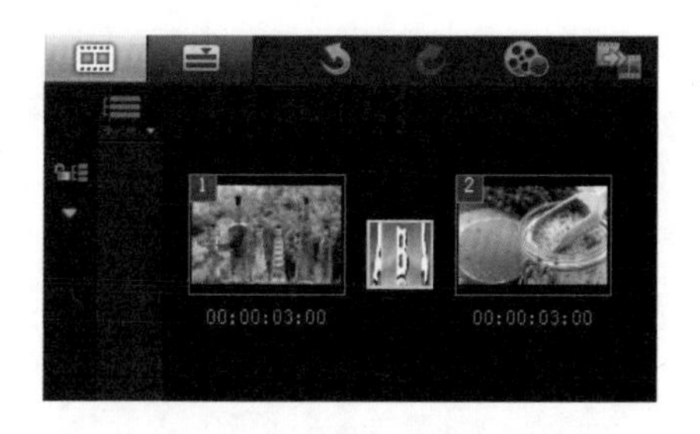

图 7-38　添加“飞行方块”转场

STEP 03 单击导览面板中的“播放”按钮，预览转场效果，如图 7-39 所示。

图 7-39　预览“挤压”转场效果

7.4.2 相册转场

“相册”转场可以用相册翻动的方式转场，下面具体介绍相册转场的应用。

素材文件：	DVD\素材\第 7 章\优雅 1、2.jpg
项目文件：	DVD\项目\第 7 章\相册转场.VSP
视频文件：	DVD\视频\第 7 章\7.4.2 相册转场.avi

STEP 01 进入会声会影 X3 高级编辑界面，添加素材图像到轨道上（DVD\素材\第 7 章\优雅 1、2.jpg），如图 7-40 所示。

STEP 02 打开转场素材库，单击“画廊”命令，在弹出的菜单中选择“相册”选项，如图 7-41 所示。

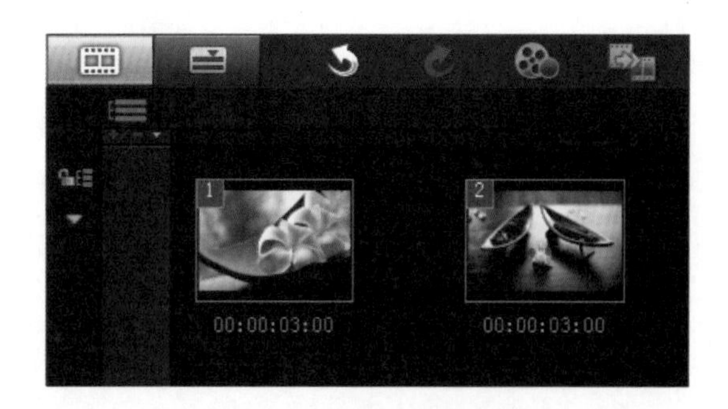

图 7-40　添加素材图像

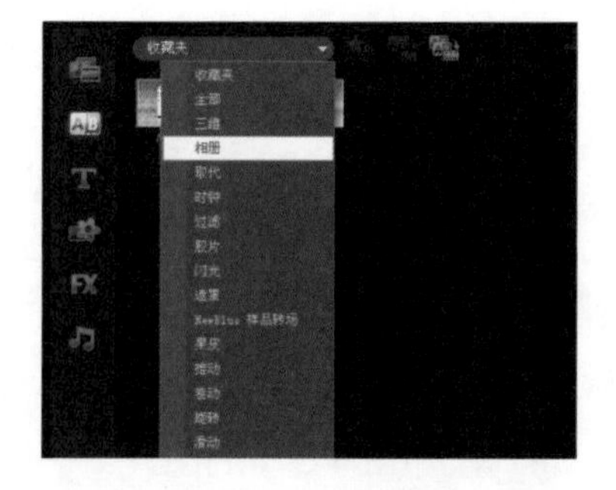

图 7-41　选择相册选项

STEP 03 切换至相册素材库，选择“相册”转场，将它拖动到素材之间，如图 7-42 所示。

STEP 04 单击导览面板中的“播放”按钮，预览转场效果，如图 7-43 所示。

图 7-42 添加“相册”转场

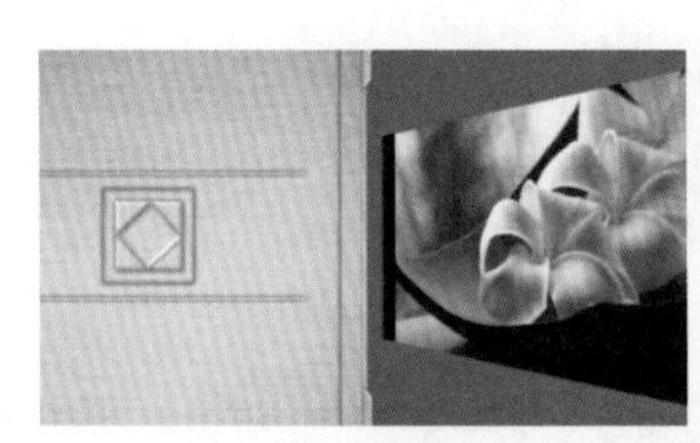
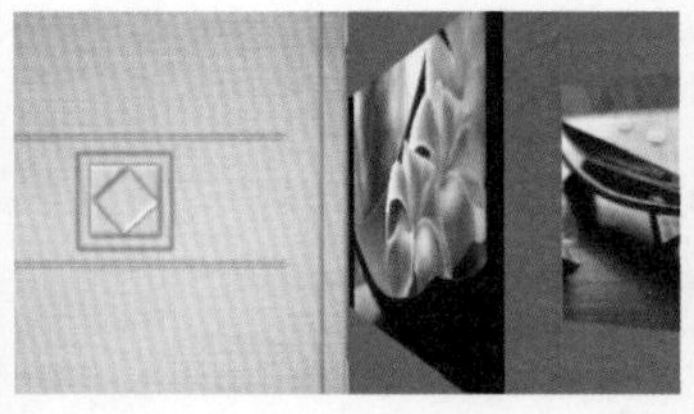

图 7-43 预览“相册”转场效果

7.4.3 棋盘转场

通过棋盘转场，可以对素材 A 用棋盘转场效果逐渐取代素材 B，下面具体介绍棋盘转场的应用。

素材文件：	DVD\素材\第 7 章\美食 1、2.jpg
项目文件：	DVD\项目\第 7 章\棋盘转场.VSP
视频文件：	DVD\视频\第 7 章\7.4.3 棋盘转场.avi

STEP 01 进入会声会影 X3 高级编辑界面，添加素材图像到轨道上（DVD\素材\第 7 章\美食 1、2.jpg），如图 7-44 所示。

STEP 02 打开转场素材库，单击“画廊”命令，在弹出的菜单中选择“取代”选项，如图 7-45 所示。

STEP 03 切换至取代素材库，选择“棋盘”转场，将它拖动到素材之间，如图 7-46 所示。

STEP 04 单击导览面板中的“播放”按钮，预览转场效果，如图 7-47 所示。

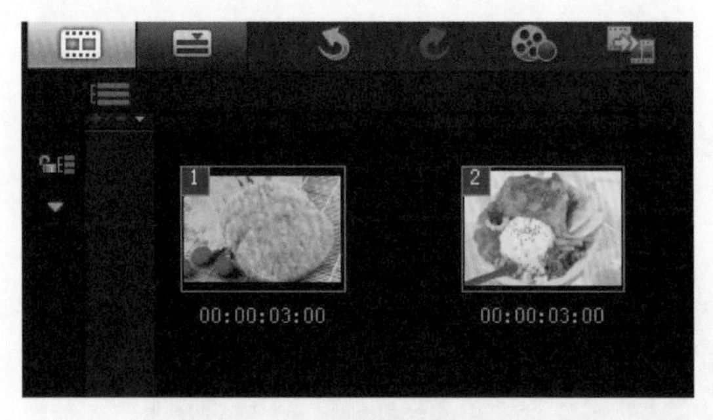

图 7-44 添加素材图像

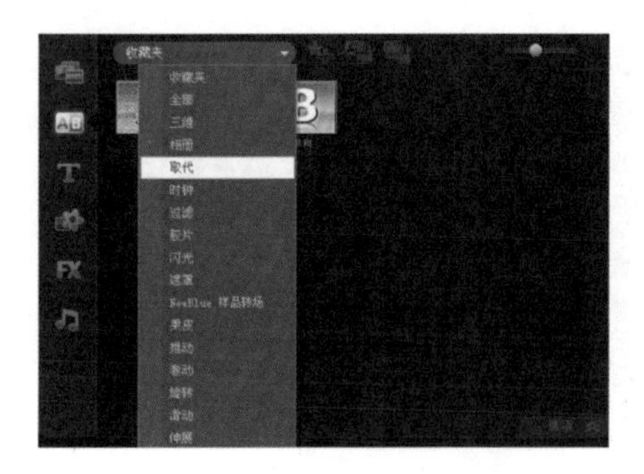

图 7-45　选择“取代”选项

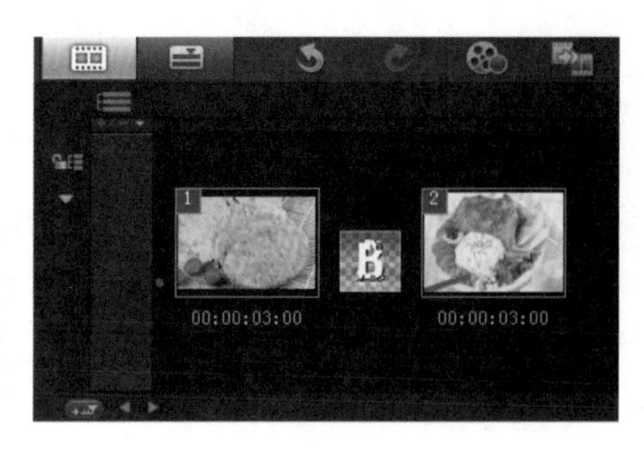

图 7-46　添加“棋盘”转场

图 7-47　预览“棋盘”转场效果

7.4.4 交错转场

通过棋盘转场，可以对素材 A 用棋盘转场效果逐渐取代素材 B，下面具体介绍交错转场的应用。

素材文件:	DVD\素材\第 7 章\小狗 1、2.jpg
项目文件:	DVD\项目\第 7 章\交错转场.VSP
视频文件:	DVD\视频\第 7 章\7.4.4 交错转场.avi

STEP 01 进入会声会影 X3 高级编辑界面，添加素材图像到轨道上（DVD\素材\第 7 章\小狗 1、2.jpg），如图 7-48 所示。

STEP 02 打开转场素材库，单击“画廊”命令，在弹出的菜单中选择“取代”选项，将“飞行方块”转场拖动到素材之间，如图 7-49 所示。

图 7-48　添加素材图像

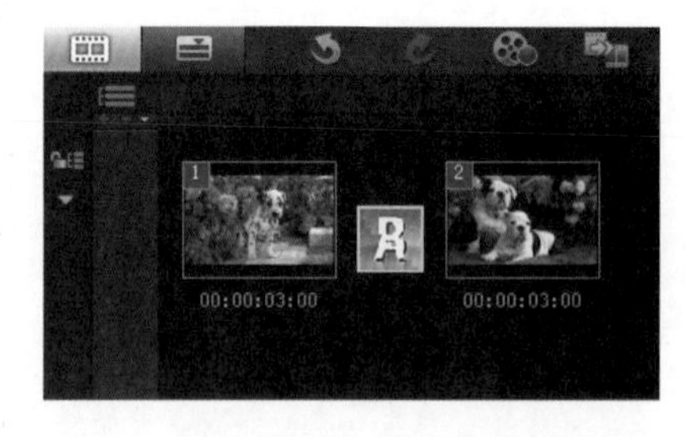

图 7-49　添加转场效果

STEP 03 单击导览面板中的“播放”按钮，预览转场效果，如图 7-50 所示。

图 7-50　预览“相册”转场效果

7.4.5 分割转场

分割转场是将素材 A 以从上到下转动的方式逐渐被素材 B 取代，下面具体介绍分割转场的应用。

素材文件：	DVD\素材\第 7 章\草地女孩 1、2.jpg
项目文件：	DVD\项目\第 7 章\分割转场.VSP
视频文件：	DVD\视频\第 7 章\7.4.5 分割转场.avi

STEP 01 进入会声会影 X3 高级编辑界面，添加素材图像到轨道上（DVD\素材\第 7 章\草地女孩 1、2.jpg），如图 7-51 所示。

STEP 02 打开转场素材库，单击“画廊”命令，在弹出的菜单中选择“时钟”选项，如图 7-52 所示。

图 7-51　添加素材图像

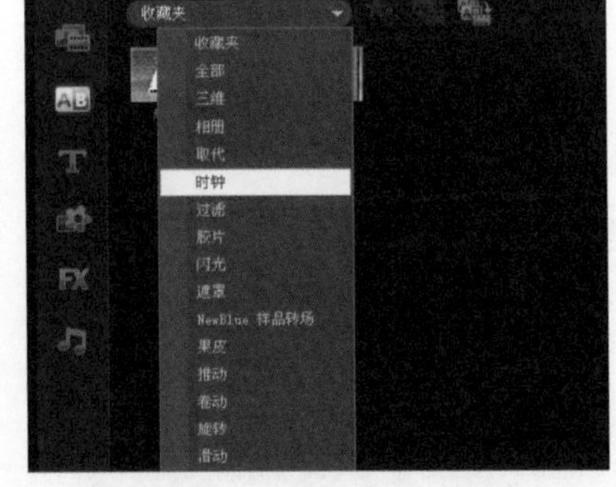

图 7-52　选择“时钟”选项

STEP 03 切换至时钟素材库，选择“分割”转场，将它拖动到素材之间，如图 7-53 所示。

STEP 04 单击导览面板中的“播放”按钮，预览转场效果，如图 7-54 所示。

图 7-53　添加分割转场

图 7-54　预览“分割”转场效果

7.4.6 清除转场

清除转场是将素材 A 以顺时针的方式逐渐被素材 B 取代，下面具体介绍清除转场的应用。

素材文件：	DVD\素材\第 7 章\名菜 1、2.jpg
项目文件：	DVD\项目\第 7 章\清除转场.VSP
视频文件：	DVD\视频\第 7 章\7.4.6 清除转场.avi

STEP 01 进入会声会影 X3 高级编辑界面，添加素材图像到轨道上（DVD\素材\第 7 章\名菜 1、2.jpg），如图 7-55 所示。

STEP 02 打开转场素材库，单击“画廊”命令，在弹出的菜单中选择“时钟”选项，将“清除”转场拖动到素材之间，如图 7-56 所示。

图 7-55　添加素材图像

图 7-56　添加“清除”转场

STEP 03 单击导览面板中的“播放”按钮，预览转场效果，如图 7-57 所示。

图 7-57　预览“清除”转场效果

7.4.7 溶解转场

溶解转场是将素材 A 以自然溶解的方式逐渐被素材 B 取代，下面具体介绍溶解转场的应用。

素材文件：	DVD\素材\第 7 章\月饼 1、2.jpg
项目文件：	DVD\项目\第 7 章\溶解转场.VSP
视频文件：	DVD\视频\第 7 章\7.4.7 溶解转场.avi

STEP 01 进入会声会影 X3 高级编辑界面，添加素材图像到轨道上（DVD\素材\第 7 章\月饼 1、2.jpg），如图 7-58 所示。

STEP 02 打开转场素材库，单击“画廊”命令，在弹出的菜单中选择“过滤”选项，如图 7-59 所示。

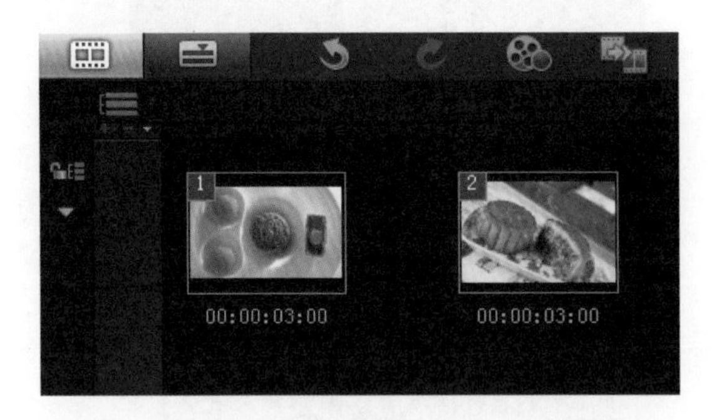

图 7-58　添加素材图像

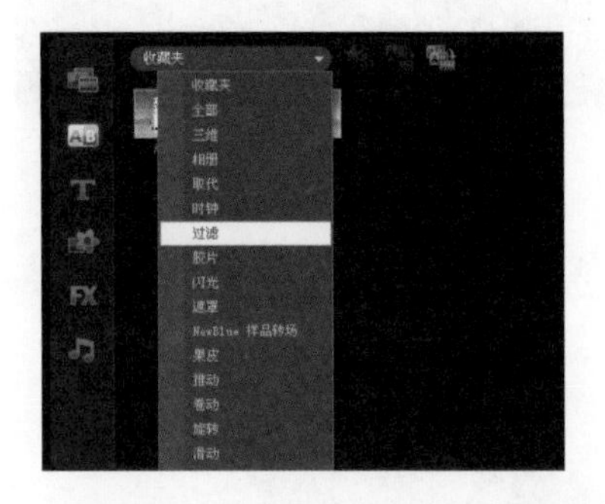

图 7-59　选择“过滤”选项

STEP 03 切换至过滤素材库，选择“溶解”转场，将它拖动到素材之间，如图 7-60 所示。

STEP 04 单击导览面板中的“播放”按钮，预览转场效果，如图 7-61 所示。

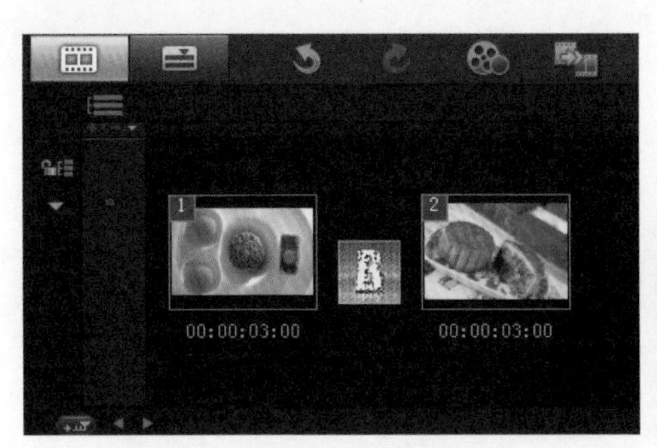

图 7-60　添加“溶解”转场

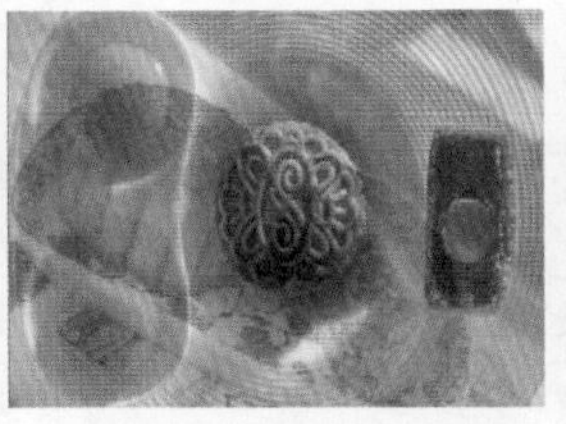

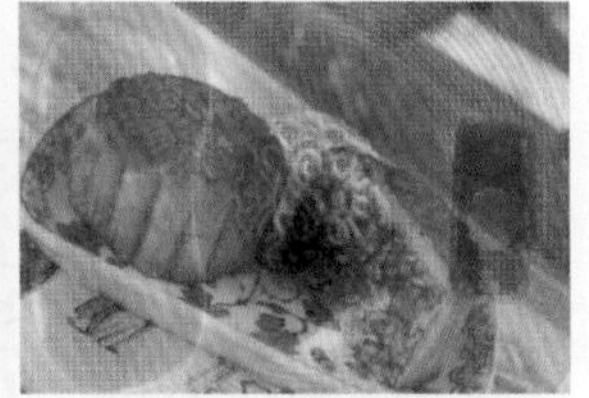

图 7-61　预览“溶解”转场效果

7.4.8 遮罩转场

遮罩转场是将素材 A 以不同图案作为透空的模板的方式被素材 B 取代，下面具体介绍遮罩转场的应用。

素材文件：	DVD\素材\第 7 章\小孩 1、2.jpg
项目文件：	DVD\项目\第 7 章\遮罩转场.VSP
视频文件：	DVD\视频\第 7 章\7.4.8 遮罩转场.avi

STEP 01 进入会声会影 X3 高级编辑界面，添加素材图像到轨道上（DVD\素材\第 7 章\小孩 1、2.jpg），如图 7-62 所示。

STEP 02 打开转场素材库，单击“画廊”命令，在弹出的菜单中选择“过滤”选项，将“遮罩”转场拖动到素材之间，如图 7-63 所示。

图 7-62 添加素材图像

图 7-63 添加“遮罩”转场

STEP 03 单击导览面板中的“播放”按钮，预览转场效果，如图 7-64 所示。

图 7-64 预览“遮罩”转场效果

7.4.9 打开转场

打开转场是将素材 A 以菱形像中间聚拢的方式被素材 B 取代，下面具体介绍打开转场的应用。

素材文件：	DVD\素材\第 7 章\武士 1、2.jpg
项目文件：	DVD\项目\第 7 章\打开转场.VSP
视频文件：	DVD\视频\第 7 章\7.4.9 打开转场.avi

STEP 01 进入会声会影 X3 高级编辑界面，添加素材图像到轨道上（DVD\素材\第 7 章\武士 1、2.jpg），如图 7-65 所示。

STEP 02 打开转场素材库，单击“画廊”命令，在弹出的菜单中选择“过滤”选项，将“打开”转场拖动到素材之间，如图 7-66 所示。

图 7-65　添加素材图像

图 7-66　添加打开转场

STEP 03 单击导览面板中的“播放”按钮，预览转场效果，如图 7-67 所示。

图 7-67　预览“打开”转场效果

7.4.10 单向转场

单向转场是将素材A以卷轴的方式逐渐被素材B取代，下面具体介绍单向转场的应用。

素材文件：	DVD\素材\第 7 章\冲浪 1、2.jpg
项目文件：	DVD\项目\第 7 章\单向转场.VSP
视频文件：	DVD\视频\第 7 章\7.4.10 单向转场.avi

STEP 01 进入会声会影 X3 高级编辑界面，添加素材图像到轨道上（DVD\素材\第 7 章\冲浪 1、2.jpg），如图 7-68 所示。

图 7-68　添加素材图像

STEP 02 打开转场素材库，单击“画廊”命令，在弹出的菜单中选择“胶片”选项，如图 7-69 所示。

STEP 03 切换至胶片素材库，选择“单向”转场，将它拖动到素材之间，如图 7-70 所示。

STEP 04 单击导览面板中的“播放”按钮，预览转场效果，如图 7-71 所示。

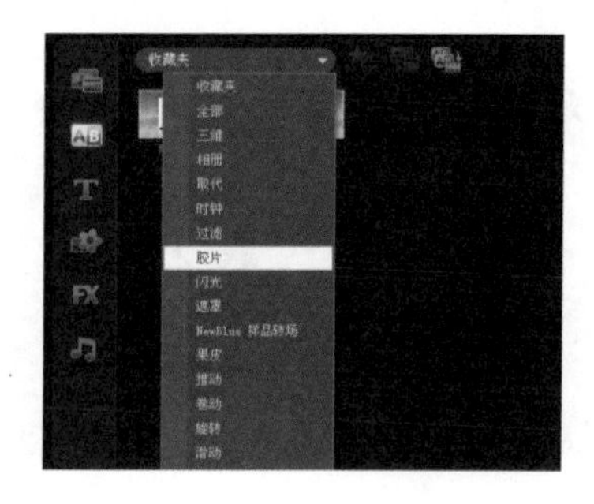

图 7-69　选择“胶片”选项

图 7-70　添加“单向”转场

图 7-71　预览“单向”转场效果

7.4.11 扭曲转场

扭曲转场是将素材 A 以菱形像中间聚拢的方式逐渐被素材 B 取代，下面具体介绍扭曲转场的应用。

素材文件：	DVD\素材\第 7 章\夫妻 1、2.jpg
项目文件：	DVD\项目\第 7 章\扭曲转场.VSP
视频文件：	DVD\视频\第 7 章\7.4.11 扭曲转场.avi

STEP 01 进入会声会影 X3 高级编辑界面，添加素材图像到轨道上（DVD\素材\第 7 章\夫妻 1、2.jpg），如图 7-72 所示。

STEP 02 打开转场素材库，单击“画廊”命令，在弹出的菜单中选择“过滤”选项，将“扭曲”转场拖动到素材之间，如图 7-73 所示。

图 7-72　添加素材图像

图 7-73　添加“扭曲”转场

STEP 03 单击导览面板中的“播放”按钮，预览转场效果，如图 7-74 所示。

图 7-74　预览“扭曲”转场效果

7.4.12 闪光转场

闪光转场是将素材 A 添加闪光的方式逐渐被素材 B 取代，下面具体介绍闪光转场的应用。

素材文件：	DVD\素材\第 7 章\比基尼美女 1、2.jpg
项目文件：	DVD\项目\第 7 章\闪光转场.VSP
视频文件：	DVD\视频\第 7 章\7.4.12 闪光转场.avi

STEP 01 进入会声会影 X3 高级编辑界面，添加素材图像到轨道上（DVD\素材\第 7 章\比基尼美女 1、2.jpg），如图 7-75 所示。

STEP 02 打开转场素材库，单击“画廊”命令，在弹出的菜单中选择“闪光”选项，如图 7-76 所示。

STEP 03 切换至闪光素材库，选择“闪光”转场，将它拖动到素材之间，如图 7-77 所示。

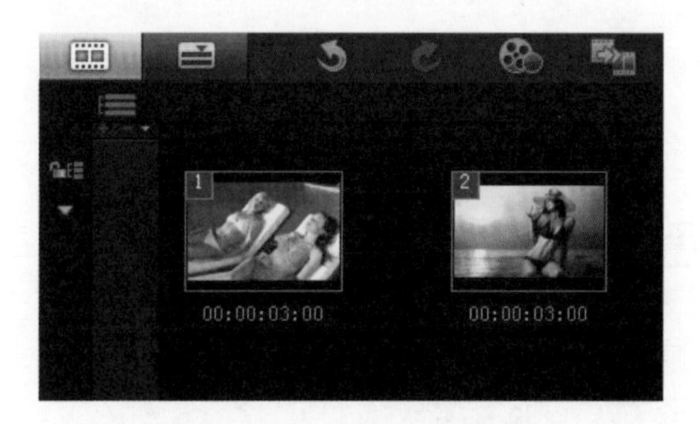

图 7-75　添加素材图像

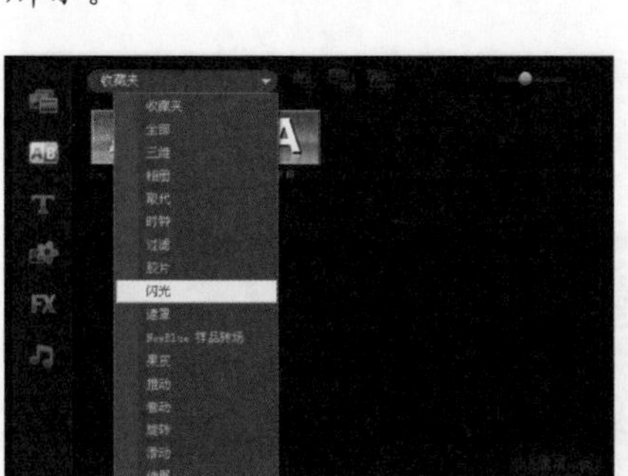

图 7-76　选择“闪光”选项

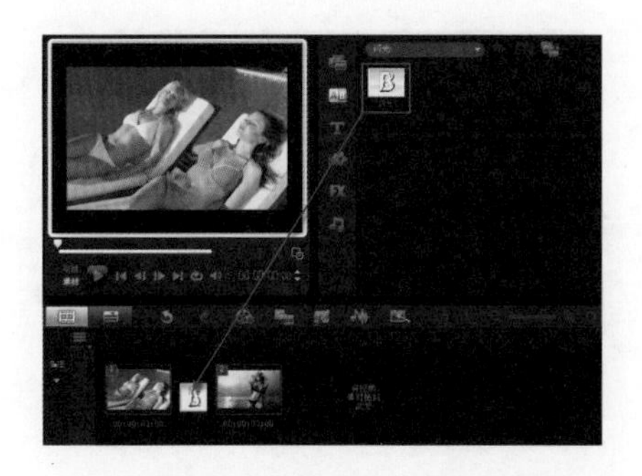

图 7-77　添加闪光转场

STEP 04 单击导览面板中的“播放”按钮，预览转场效果，如图 7-78 所示。

图 7-78　预览“闪光”转场效果

7.4.13 翻页转场

翻页转场是将素材 A 以翻页的方式被逐渐被素材 B 取代，下面具体介绍翻页转场的应用。

素材文件：	DVD\素材\第 7 章\休闲 1、2.jpg
项目文件：	DVD\项目\第 7 章\翻页转场.VSP
视频文件：	DVD\视频\第 7 章\7.4.13 翻页转场.avi

STEP 01 进入会声会影 X3 高级编辑界面，添加素材图像到轨道上（DVD\素材\第 7 章\休闲 1、2.jpg），如图 7-79 所示。

STEP 02 打开转场素材库，单击“画廊”命令，在弹出的菜单中选择“果皮”选项，如图 7-80 所示。

STEP 03 切换至果皮素材库，选择“翻页”转场，将它拖动到素材之间，如图 7-81 所示。

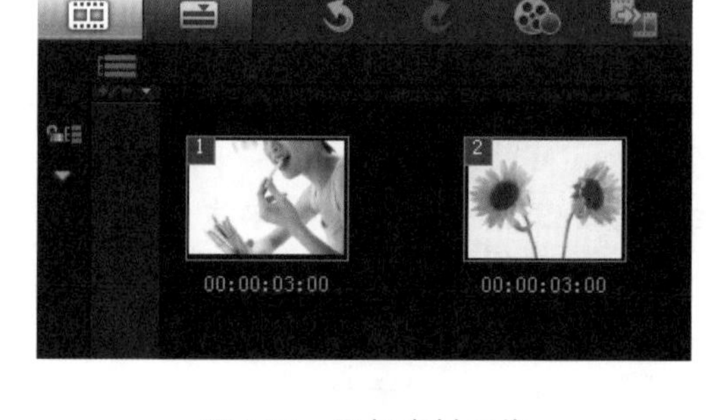

图 7-79　添加素材图像

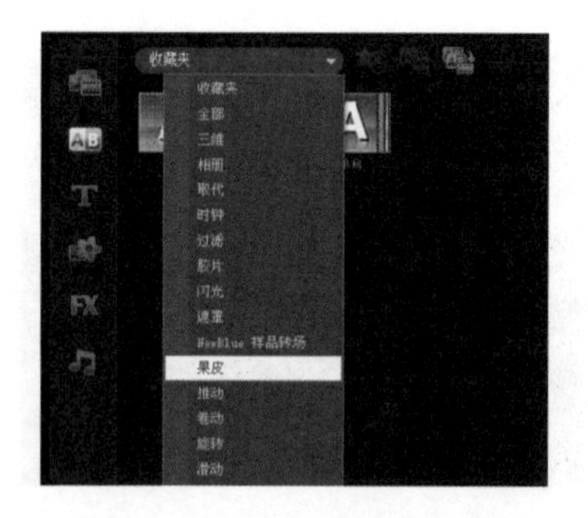

图 7-80　选择“果皮”选项

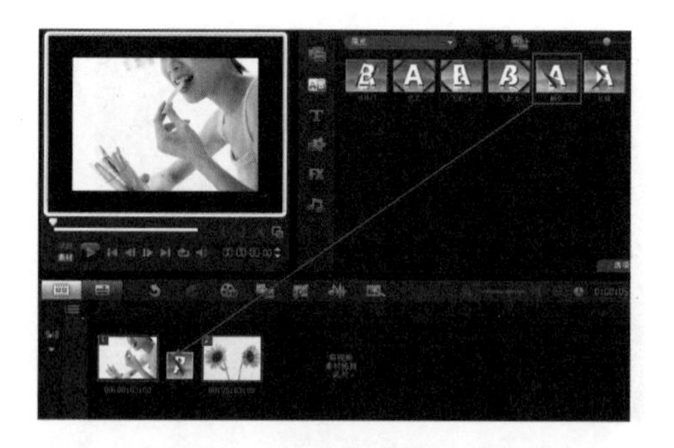

图 7-81　添加“翻页”转场

STEP 04 单击导览面板中的“播放”按钮，预览转场效果，如图 7-82 所示。

图 7-82　预览“翻页”转场效果

7.4.14 横条转场

横条转场是将素材 A 以上下滚动的方式逐渐被素材 B 取代，下面具体介绍横条转场的应用。

素材文件：	DVD\素材\第 7 章\运动 1、2.jpg
项目文件：	DVD\项目\第 7 章\横条转场.VSP
视频文件：	DVD\视频\第 7 章\7.4.14 横条转场.avi

STEP 01 进入会声会影 X3 高级编辑界面，添加素材图像到轨道上（DVD\素材\第 7 章\运动 1、2.jpg），如图 7-83 所示。

图 7-83　添加素材图像

STEP 02 打开转场素材库，单击“画廊”命令，在弹出的菜单中选择“卷动”选项，如图 7-84 所示。

STEP 03 切换至滚动素材库，选择“横条”转场，将它拖动到素材之间，如图 7-85 所示。

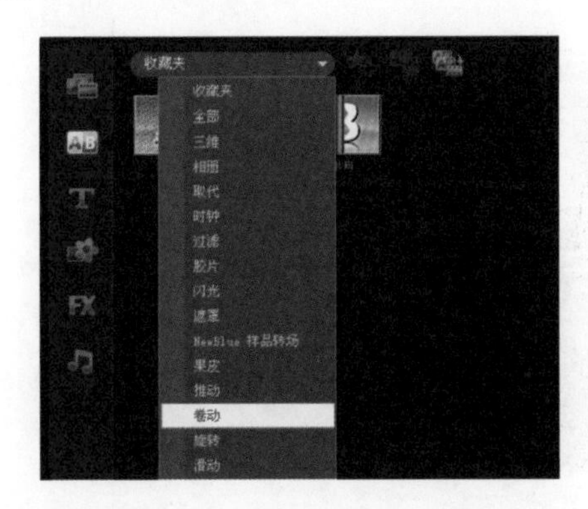

图 7-84　选择“卷动”选项

图 7-85　添加“横条”转场

STEP 04 单击导览面板中的“播放”按钮，预览转场效果，如图 7-86 所示。

图 7-86　预览“横条”转场效果

7.4.15 响板转场

响板转场是将素材 A 以中间向两边打开的方式逐渐被素材 B 取代，下面具体介绍响板转场的应用。

素材文件：	DVD\素材\第 7 章\婴儿 1、2.jpg
项目文件：	DVD\项目\第 7 章\响板转场.VSP
视频文件：	DVD\视频\第 7 章\7.4.15 响板转场.avi

STEP 01 进入会声会影 X3 高级编辑界面，添加素材图像到轨道上（DVD\素材\第 7 章\婴儿 1、2.jpg），如图 7-87 所示。

STEP 02 打开转场素材库，单击“画廊”命令，在弹出的菜单中选择“旋转”选项，如图 7-88 所示。

STEP 03 切换至旋转素材库，选择“响板”转场，将它拖动到素材之间，如图 7-89 所示。

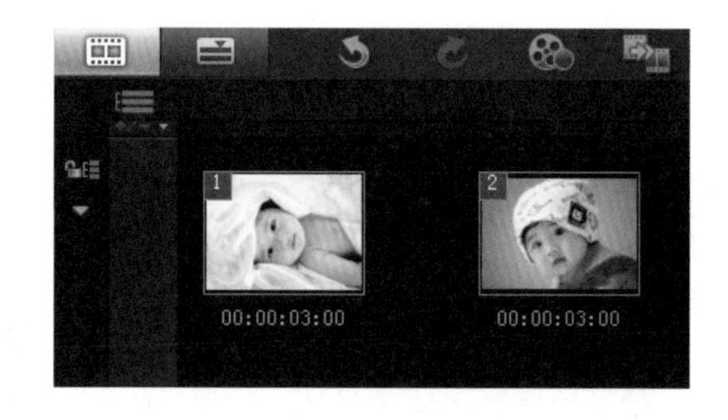

图 7-87　添加素材图像

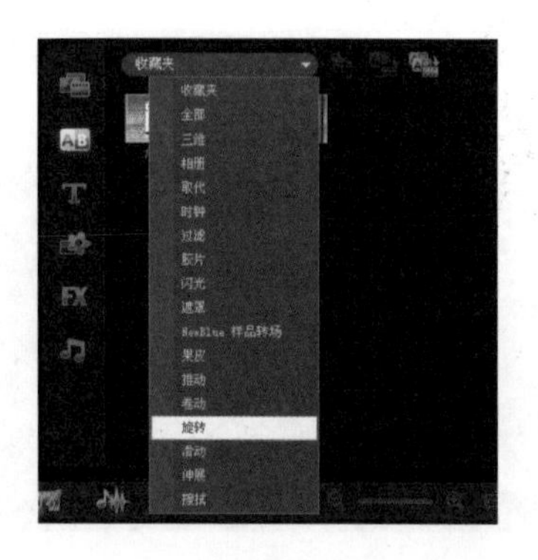

图 7-88　选择“旋转”选项

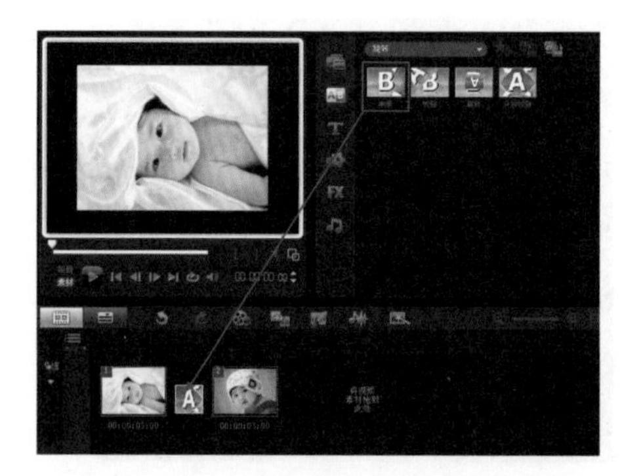

图 7-89　添加“响板”转场

STEP 04 单击导览面板中的“播放”按钮，预览转场效果，如图 7-90 所示。

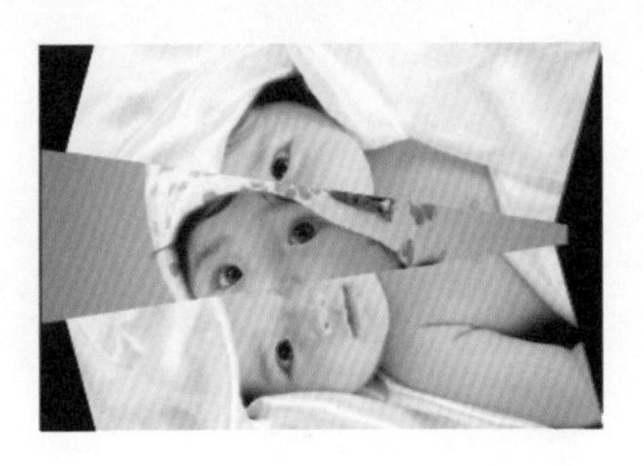

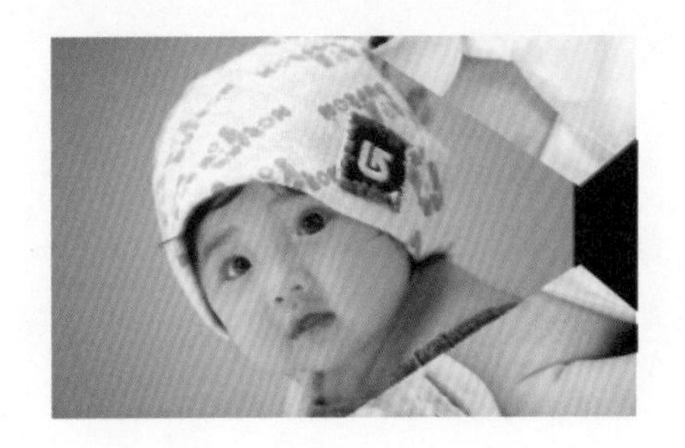

图 7-90　预览“响板”转场效果

7.4.16 条带转场

条带转场是将素材 A 以条纹形状的方式逐渐被素材 B 取代，下面具体介绍条带转场的应用。

素材文件:	DVD\素材\第 7 章\郊外 1、2.jpg
项目文件:	DVD\项目\第 7 章\条带转场.VSP
视频文件:	DVD\视频\第 7 章\7.4.16 条带转场.avi

STEP 01 进入会声会影 X3 高级编辑界面，添加素材图像到轨道上（DVD\素材\第 7 章\郊外 1、2.jpg），如图 7-91 所示。

STEP 02 打开转场素材库，单击“画廊”命令，在弹出的菜单中选择“滑动”选项，如图 7-92 所示。

STEP 03 切换至滑动素材库，选择“条带”转场，将它拖动到素材之间，如图 7-93 所示。

图 7-91　添加素材图像

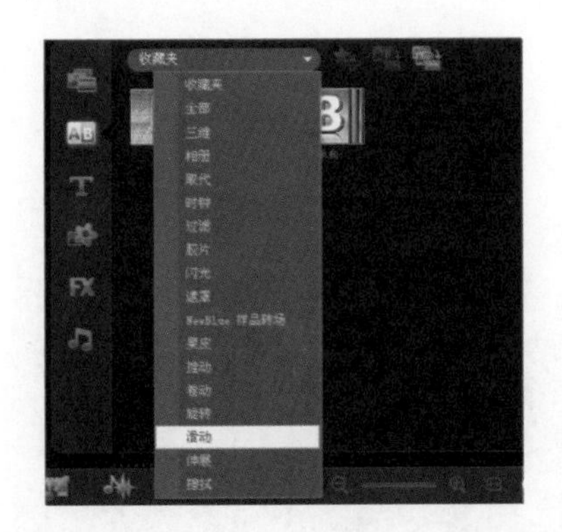

图 7-92　选择“滑动”选项

图 7-93　添加“条带”转场

STEP 04 单击导览面板中的“播放”按钮，预览转场效果，如图 7-94 所示。

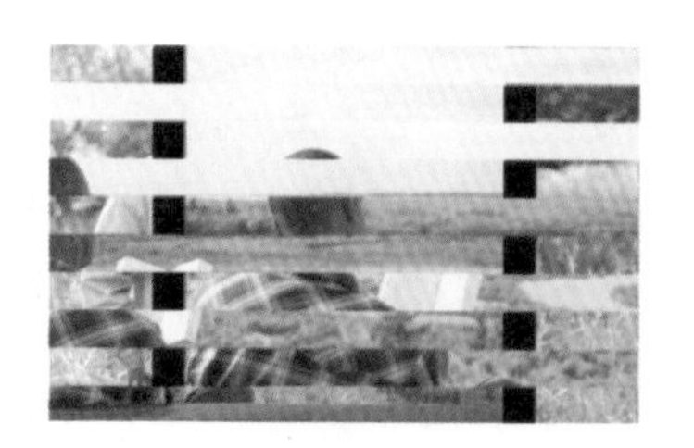

图 7-94　预览“条带”转场效果

7.4.17 圆形转场

圆形转场是将素材 A 以菱形像中间聚拢的方式被素材 B 取代，下面具体介绍圆形转场的应用。

素材文件：	DVD\素材\第 7 章\风光 1、2.jpg
项目文件：	DVD\项目\第 7 章\圆形转场 VSP
视频文件：	DVD\视频\第 7 章\7.4.17 圆形转场.avi

STEP 01 进入会声会影 X3 高级编辑界面，添加素材图像到轨道上（DVD\素材\第 7 章\风光 1、2.jpg），如图 7-95 所示。

STEP 02 打开转场素材库，单击“画廊”命令，在弹出的菜单中选择“擦拭”选项，将“圆形”转场拖动到素材之间，如图 7-96 所示。

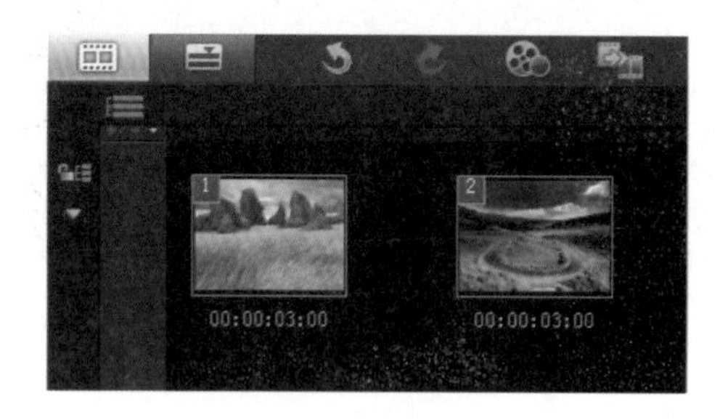

图 7-95　添加素材图像

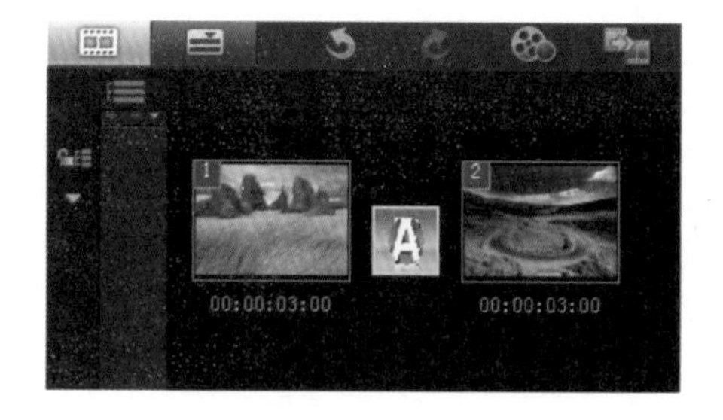

图 7-96　添加“圆形”转场

STEP 03 单击导览面板中的“播放”按钮，预览转场效果，如图 7-97 所示。

图 7-97　预览“圆形”转场效果

7.4.18 单向转场

单向转场是将素材A以推动的方式逐渐被素材B取代，下面具体介绍单向转场的应用。

素材文件：	DVD\素材\第 7 章\名车 1、2.jpg
项目文件：	DVD\项目\第 7 章\单向转场.VSP
视频文件：	DVD\视频\第 7 章\7.4.18 单向转场.avi

STEP 01 进入会声会影 X3 高级编辑界面，添加素材图像到轨道上（DVD\素材\第 7 章\名车 1、2.jpg），如图 7-98 所示。

STEP 02 打开转场素材库，单击“画廊”命令，在弹出的菜单中选择“推动”选项，如图 7-99 所示。

STEP 03 切换至推动素材库，选择“单向”转场，将它拖动到素材之间，如图 7-100 所示。

图 7-98　添加素材图像

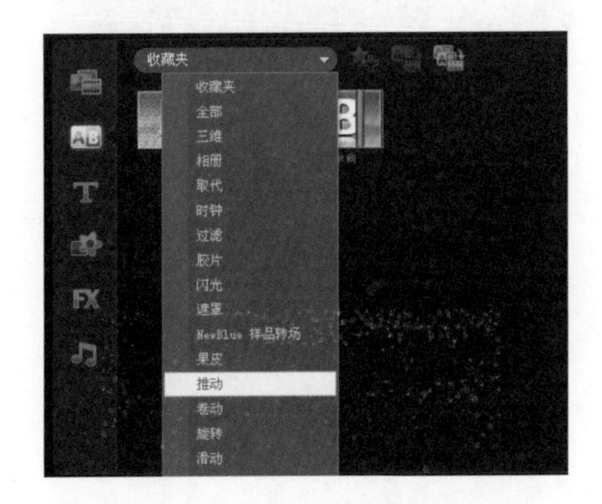

图 7-99　选择“推动”选项

图 7-100　添加“单向”转场

STEP 04 单击导览面板中的“播放”按钮，预览转场效果，如图 7-101 所示。

图 7-101　预览“单向”转场效果

7.4.19 飞行方块转场

飞行方块转场可以使素材 A 变成方块进行旋转与素材 B 融合。下面介绍飞行方块转场的应用。

素材文件:	DVD\素材\第 7 章\海滩美女 1、2.jpg
项目文件:	DVD\项目\第 7 章\飞行方块.VSP
视频文件:	DVD\视频\第 7 章\7.4.19 飞行方块.avi

STEP 01 进入会声会影 X3 高级编辑界面，添加素材图像到轨道上（DVD\素材\第 7 章\海滩美女 1、2.jpg），如图 7-102 所示。

STEP 02 单击素材库中的“转场”按钮，在画廊中选择“三维”选项，将“飞行方块”转场添加到素材之间，如图 7-103 所示。

图 7-102 添加素材图像

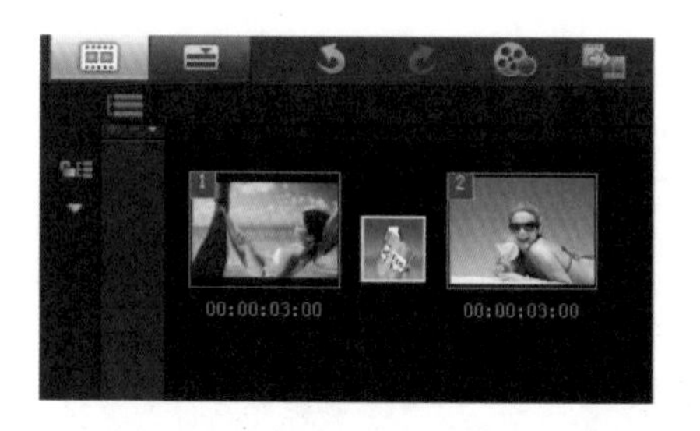

图 7-103 添加“飞行方块”转场

STEP 03 单击导览面板中的“播放”按钮，预览转场效果，如图 7-104 所示。

图 7-104 预览“飞行方块”转场效果

7.4.20 交叉缩放转场

交叉缩放转场是将素材 A 以条纹形状的方式逐渐被素材 B 取代，下面具体介绍交叉缩放转场的应用。

素材文件:	DVD\素材\第 7 章\食物 1、2.jpg
项目文件:	DVD\项目\第 7 章\交叉缩放.VSP
视频文件:	DVD\视频\第 7 章\7.4.20 交叉缩放.avi

STEP 01 进入会声会影 X3 高级编辑界面，添加素材图像到轨道上（DVD\素材\第 7 章\食物 1、2.jpg），如图 7-105 所示。

STEP 02 打开转场素材库，单击“画廊”命令，在弹出的菜单中选择“伸展”选项，如图 7-106 所示。

STEP 03 切换至“伸展”素材库，选择“交叉缩放”转场，将它拖动到素材之间，如图 7-107 所示。

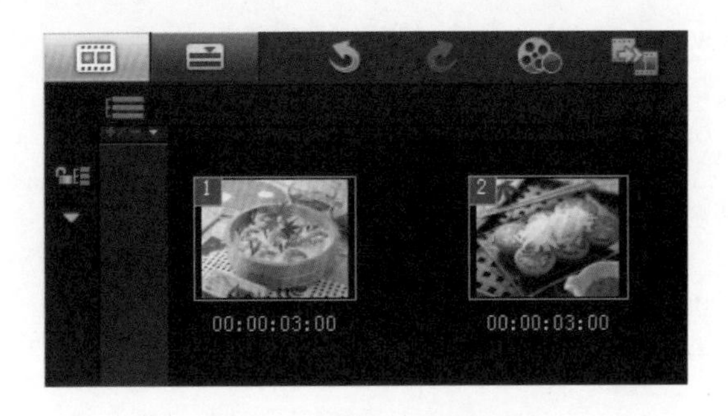

图 7-105　添加素材图像

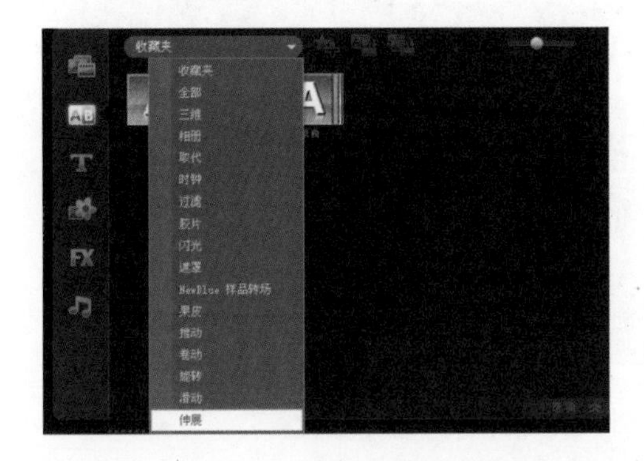

图 7-106　选择“伸展”选项

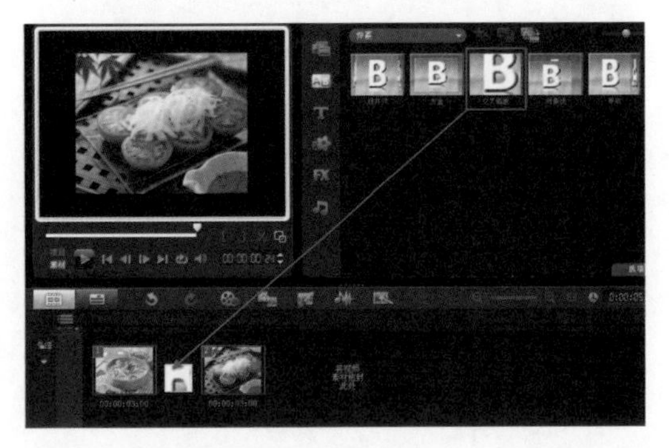

图 7-107　添加“交叉缩放”转场

STEP 04 单击导览面板中的“播放”按钮，预览转场效果，如图 7-108 所示。

图 7-108　预览“交叉缩放”转场

7.4.21 遮罩 A 转场

遮罩 A 转场是将素材 A 中间闪光加横条透空的模板的方式逐渐被素材 B 取代，下面具体介绍遮罩 A 转场的应用。

素材文件：	DVD\素材\第 7 章\石路 1、2.jpg
项目文件：	DVD\项目\第 7 章\遮罩 A.VSP
视频文件：	DVD\视频\第 7 章\7.4.21 遮罩 A.avi

STEP 01 进入会声会影 X3 高级编辑界面，添加素材图像到轨道上（DVD\素材\第 7 章\石路 1、2.jpg），如图 7-109 所示。

STEP 02 打开转场素材库，单击“画廊”命令，在弹出的菜单中选择“遮罩”选项，如图 7-110 所示。

STEP 03 切换至遮罩素材库，选择“遮罩 A”转场，将它拖动到素材之间，如图 7-111 所示。

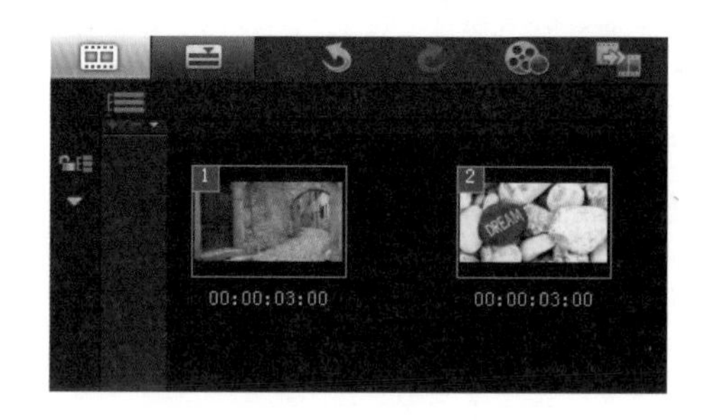

图 7-109　添加素材图像

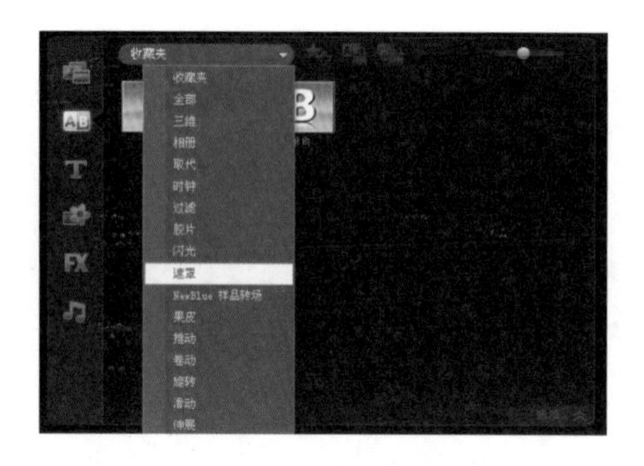

图 7-110　选择“遮罩”选项

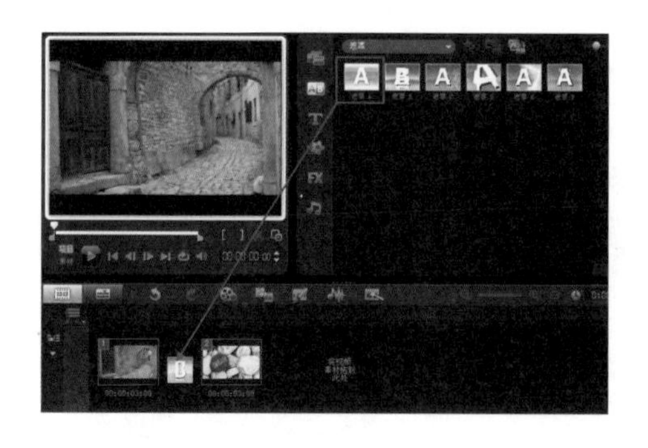

图 7-111　添加“遮罩 A”转场

STEP 04 单击导览面板中的“播放”按钮，预览转场效果，如图 7-112 所示。

图 7-112　预览“遮罩 A”转场效果

7.4.22 遮罩 E 转场

遮罩 E 转场是将素材 A 以菱形向中间聚拢的方式逐渐被素材 B 取代，下面具体介绍遮罩 E 转场的应用。

素材文件：	DVD\素材\第 7 章\亲近大自然 1、2.jpg
项目文件：	DVD\项目\第 7 章\遮罩 E.VSP
视频文件：	DVD\视频\第 7 章\7.4.22 遮罩 E.avi

STEP 01 进入会声会影 X3 高级编辑界面，添加素材图像到轨道上（DVD\素材\第 7 章\

亲近大自然 1、2.jpg），如图 7-113 所示。

STEP 02 打开转场素材库，单击“画廊”命令，在弹出的菜单中选择“遮罩”选项，将“遮罩 E”转场拖动到素材之间，如图 7-114 所示。

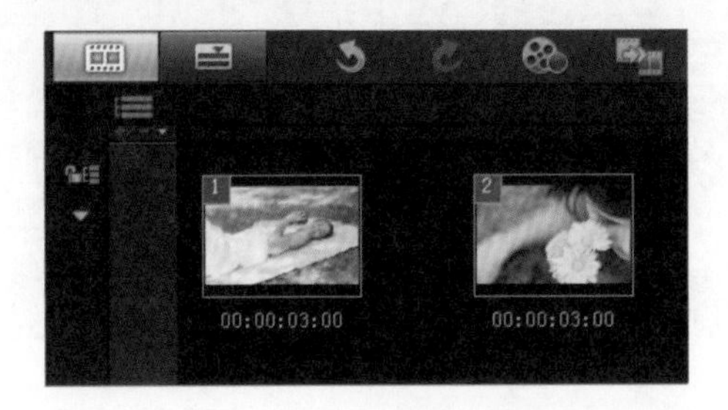

图 7-113　添加素材图像

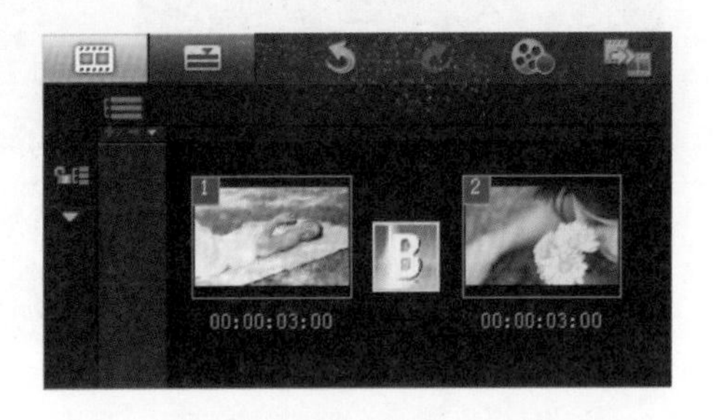

图 7-114　添加“遮罩 E”转场

STEP 03 单击导览面板中的“播放”按钮，预览转场效果，如图 7-115 所示。

图 7-115　预览“遮罩 E”转场效果

7.4.23 百叶窗转场

百叶窗转场是将素材 A 以条纹形状的方式逐渐被素材 B 取代，下面具体介绍百叶窗转场的应用。

素材文件:	DVD\素材\第 7 章\米饭 1、2.jpg
项目文件:	DVD\项目\第 7 章\百叶窗 VSP
视频文件:	DVD\视频\第 7 章\7.4.23 百叶窗.avi

STEP 01 进入会声会影 X3 高级编辑界面，添加素材图像到轨道上（DVD\素材\第 7 章\米饭 1、2.jpg），如图 7-116 所示。

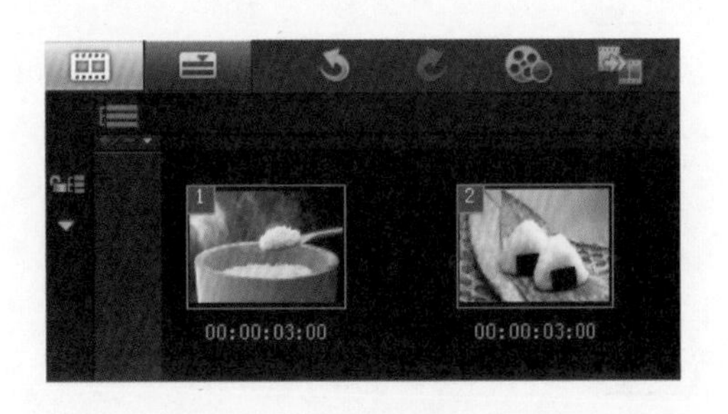

图 7-116　添加素材图像

STEP 02 打开转场素材库，单击“画廊”命令，在弹出的菜单中选择“滑动”选项，如图 7-117 所示。

STEP 03 切换至滑动素材库，选择“条带”转场，将它拖动到素材之间，如图 7-118 所示。

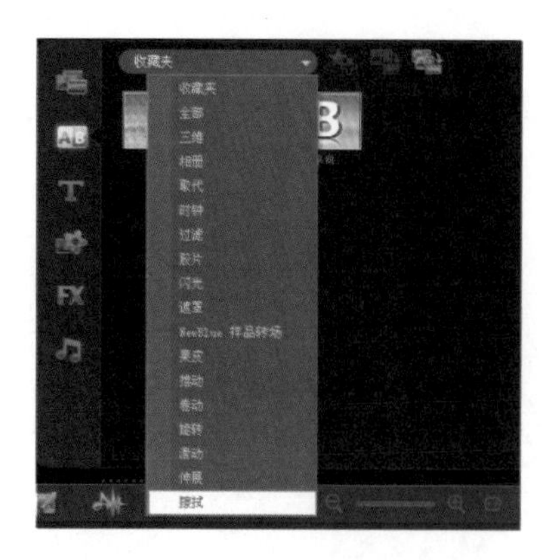

图 7-117　选择“擦拭”选项

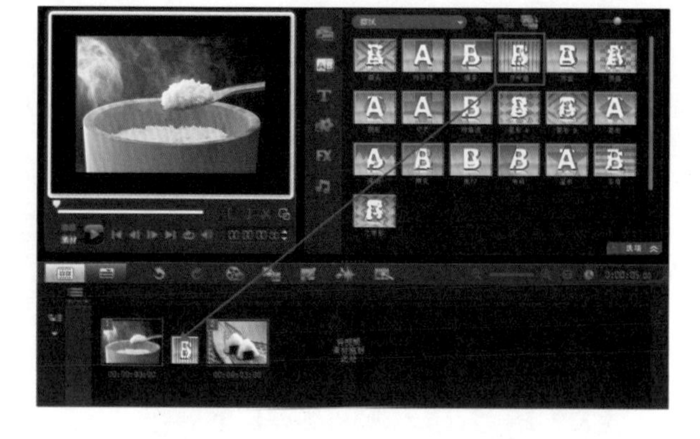

图 7-118　添加“条带”转场

STEP 04 单击导览面板中的“播放”按钮，预览转场效果，如图 7-119 所示。

图 7-119　预览“条带”转场效果

7.4.24 3D 比萨饼盒转场

3D 比萨饼盒转场是将素材 A 中间闪光加横条透空的模板的方式逐渐被素材 B 取代，下面具体介绍 3D 比萨饼盒转场的应用。

素材文件:	DVD\素材\第 7 章\自然风景 1、2.jpg
项目文件:	DVD\项目\第 7 章\3D 比萨饼盒.VSP
视频文件:	DVD\视频\第 7 章\7.4.24 3D 比萨饼盒.avi

STEP 01 进入会声会影 X3 高级编辑界面，添加素材图像到轨道上（DVD\素材\第 7 章\自然风景 1、2.jpg），如图 7-120 所示。

STEP 02 打开转场素材库，单击“画廊”命令，在弹出的菜单中选择“NewBlue 样品转场”选项，如图 7-121 所示。

STEP 03 切换至遮罩素材库，选择“3D 比萨饼盒”转场，将它拖动到素材之间，如图 7-122 所示。

图 7-120　添加素材图像

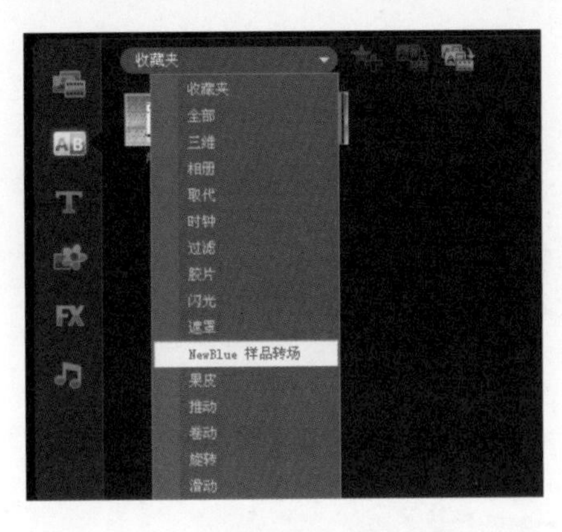

图 7-121　选择“NewBlue 样品”选项

图 7-122　添加“3D 比萨饼盒”转场

STEP 04 单击导览面板中的“播放”按钮，预览转场效果，如图 7-123 所示。

图 7-123　预览“3D 比萨饼盒”转场效果

覆叠效果制作

第 8 章

在影视作品中经常会看到一个画面中显现出另一个画面，有时是多个画面相叠加的效果，这就是画中画效果。会声会影 X3 通过覆叠功能，可以轻松地制作出画中画效果，让影片的画面内容更加丰富，更具观赏性。

本章重点：

★ 覆叠介绍

★ 覆叠基本功能

★ 覆叠效果应用

★ 设置覆叠素材

★ 覆叠素材添加滤镜效果

★ 覆叠应用实例

8.1 覆叠介绍

使用会声会影 X3 的覆叠功能，可以在覆叠轨道上插入图像或视频，使素材产生叠加的效果。根据素材的大小，还可以调整覆叠轨道素材的大小。一般常用的叠加有画面叠加、色度叠加、遮罩叠加等。

8.1.1 属性面板介绍

会声会影的覆叠效果都需要在属性面板上进行操作，如图 8-1 所示，用户可以通过“属性”面板来设置覆叠素材的应用效果。

属性面板中各选项的功能如下：

- 遮罩和色度键 遮罩和色度键：设置覆盖素材的透明度、遮罩样式等属性。
- 对齐选项 对齐选项：可以调整覆盖素材的位置和大小。
- 替换上一个滤镜：选中该复选框，可以将新添加的滤镜替换原先存在的滤镜。取消选中，则可以在覆叠素材上应用多个滤镜。
- 预设库：单击三角按钮，可以展开预设列表。
- 自定义滤镜 自定义滤镜：单击该按钮，用户可以为添加的滤镜进行自定义属性设置。
- 进入：可以设置素材进入的方向。
- 退出：可以设置素材退出的方向。
- 暂停区间前的旋转：在覆叠素材进入画面时应用旋转效果。
- 暂停区间后的旋转：在覆叠素材离开画面时应用旋转效果。
- 淡入：设置覆叠素材逐渐淡入整个画面。
- 淡出：设置覆叠素材逐渐淡出整个画面。
- 显示网格线：勾选该复选框，可以在预览窗口中显示网格线，方便控制变形素材的位置。

8.1.2 高级属性介绍

单击“遮罩和色度键”按钮，弹出选项面板，如图 8-2 所示。在选项面板中，用户可以进一步来设置覆叠素材的应用属性。例如：色度键、遮罩帧、素材透明度、边框等应用。

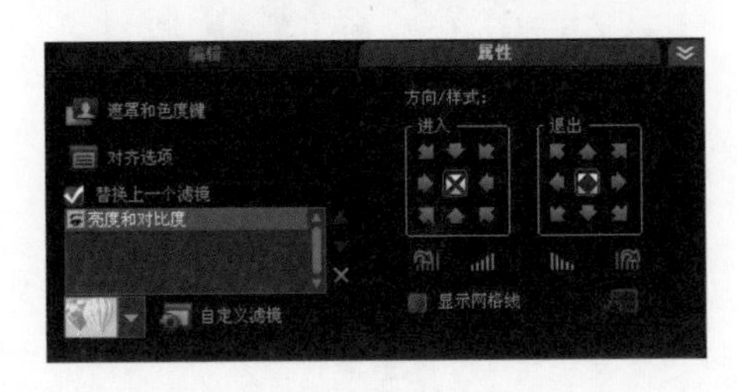

图 8-1　覆叠按钮面板

图 8-2　高级属性设置

- 透明度：用于设置覆叠素材的透明度。输入数字或拖动滑动条即可设置素材透明度。
- 边框：为覆叠素材添加边框，设置边框宽度。
- 边框色彩：用于设置边框的颜色。
- 应用覆叠选项：勾选该复选框，可以设置色度键覆叠或遮罩帧覆叠效果。
- 类型：单击右侧的三角按钮，选择素材透空应用，包括色度键和遮罩帧两个选项。
- 相似度：设置覆叠遮罩的色彩范围。单击色彩框，可以选择覆叠遮罩的颜色。单击按钮，可以在预览窗口中选择遮罩的颜色。
- 宽度和高度：调整数值，可以对覆叠素材进行裁剪。
- 覆叠预览：显示覆叠素材原貌，方便比较调整后的效果。
- 关闭：单击该按钮，返回到属性面板。

8.2 覆叠基本功能

使用会声会影 X3 中的覆叠功能，可以将硬盘上的视频素材、图像素材和 Flash 动画添加到覆叠轨上，使素材产生叠加效果。

8.2.1 添加覆叠素材

在“覆叠”操作中，添加素材到覆叠轨道上是最基本操作，具体操作方法如下：

素材文件：	DVD\素材\第 8 章\西红柿.jpg、草莓.png
项目文件：	DVD\项目\第 8 章\添加覆叠素材.VSP
视频文件：	DVD\视频\第 8 章\8.2.1 添加覆叠素材.avi

STEP 01 进入会声会影 X3 高级编辑界面，在视频轨道中单击鼠标右键，在弹出的菜单中选择“插入照片”选项，添加素材图像（DVD\素材\第 8 章\西红柿.jpg），如图 8-3 所示。

STEP 02 选择覆叠轨道，并在轨道中单击鼠标右键，弹出的快捷菜单中选择“插入照片”选项，添加素材图像（DVD\素材\第 8 章\草莓.png），如图 8-4 所示。

图 8-3 添加素材图像

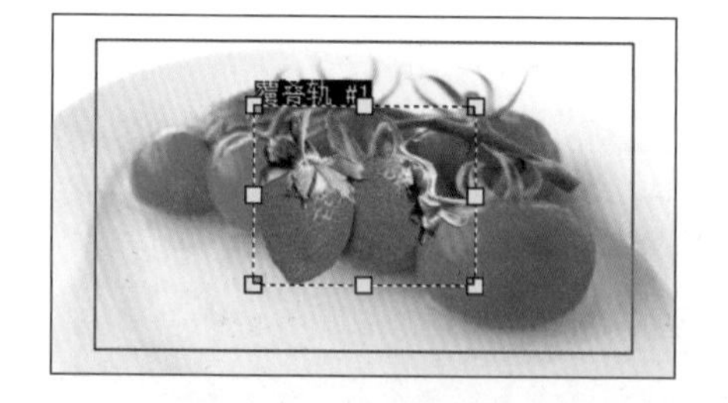

图 8-4 添加覆叠素材

STEP 03 时间轴中选中覆叠素材，在预览窗口中单击鼠标左键并拖动到合适位置后释放鼠标，如图 8-5 所示。

STEP 04 单击导览面板上的“播放”按钮，查看覆叠轨道应用效果，如图 8-6 所示。

图 8-5　调整覆叠素材位置

图 8-6　预览覆叠效果

8.2.2 删除覆叠素材

用户如果不需要使用覆叠轨中的素材，可以将素材删除，具体操作方法如下：

素材文件：	DVD\素材\第 8 章\西红柿.jpg、草莓.png
项目文件：	DVD\项目\第 8 章\.果盘 VSP
视频文件：	DVD\视频\第 8 章\8.2.2 删除覆叠素材.avi

STEP 01 打开项目文件（DVD\项目\第 8 章\.果盘 VSP），在覆叠轨道中选择需要删除的覆叠素材，单击鼠标右键，在弹出的快捷菜单中选择“删除”选项，如图 8-7 所示。

STEP 02 覆叠轨道上的素材删除后，在时间轴中显示效果，如图 8-8 所示。

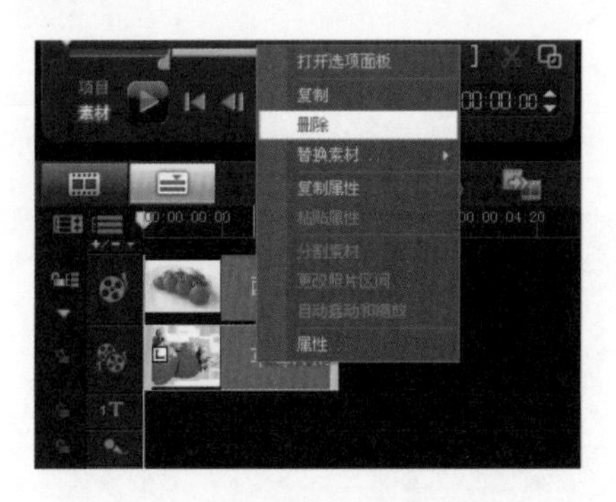

图 8-7　选择“删除”选项

图 8-8　删除素材后的覆叠轨道

STEP 03 单击导览面板上的“播放”按钮，预览窗口中删除覆叠素材后的效果，如图 8-9 所示。

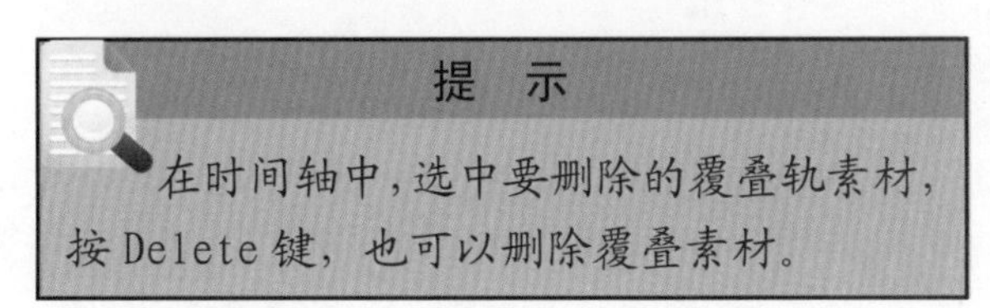

提　示

在时间轴中，选中要删除的覆叠轨素材，按 Delete 键，也可以删除覆叠素材。

图 8-9　删除覆叠素材后的画面效果

8.2.3 调整覆叠素材大小

在素材轨道上添加素材后，可以调整覆叠素材在画面上的大小，使编辑叠加画面更加方便，具体操作方法如下：

素材文件：	DVD\素材\第 8 章\草地.jpg、美女.png
项目文件：	DVD\项目\第 8 章\调整覆叠素材大小.VSP
视频文件：	DVD\视频\第 8 章\8.2.3 调整覆叠素材大小.avi

STEP 01 进入会声会影 X3 高级编辑界面，在视频轨道上添加图像（DVD\素材\第 8 章\草地.jpg，如图 8-10 所示。

STEP 02 在覆叠轨道上添加素材图像（DVD\素材\第 8 章\美女.png），如图 8-11 所示。

图 8-10　添加素材图像

图 8-11　添加覆叠素材图像

STEP 03 当鼠标放到覆叠轨上的黄色调节点时，鼠标变成箭头形状↖↘，向右下角拖动，如图 8-12 所示。

STEP 04 单击导览面板上的“播放”按钮，查看应用覆叠轨道的效果，如图 8-13 所示。

图 8-12　拖动黄色节点

图 8-13　预览覆叠效果

8.2.4 调整覆叠素材位置

在素材轨道上添加素材后，也可以调整覆叠素材在画面上的位置，有手动调整和自动调整两种方法，具体操作方法如下：

1. 手动调整素材位置

在预览窗口中选择需要调整的素材，鼠标变成四箭头形状，单击鼠标左键并拖动，即可调整覆叠素材到指定位置。

素材文件:	DVD\素材\第 8 章\草地.jpg、美女.png
项目文件:	DVD\项目\第 8 章\手动调整素材位置.VSP
视频文件:	DVD\视频\第 8 章\8.2.4.1 手动调整素材位置.avi

STEP 01 进入会声会影 X3 高级编辑界面，在视频轨道上添加图像（DVD\第 10 章\素材\），如图 8-14 所示。

STEP 02 在覆叠轨道上添加素材图像（DVD\第 10 章\素材\），如图 8-15 所示。

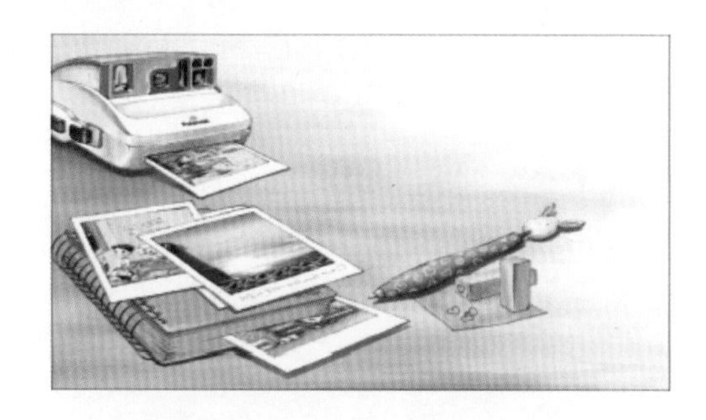

图 8-14 添加素材图像

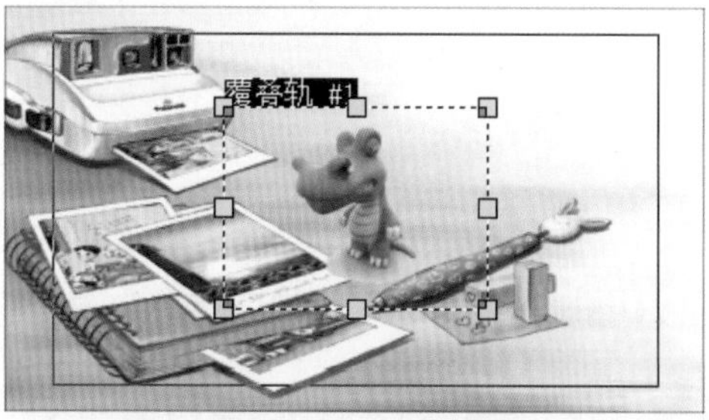

图 8-15 添加覆叠素材

STEP 03 在预览窗口中的图像上，在覆叠轨上单击鼠标左键并拖动到合适位置，如图 8-16 所示，释放鼠标即可。

STEP 04 单击导览面板上的“播放”按钮，查看应用覆叠轨道的效果，如图 8-17 所示。

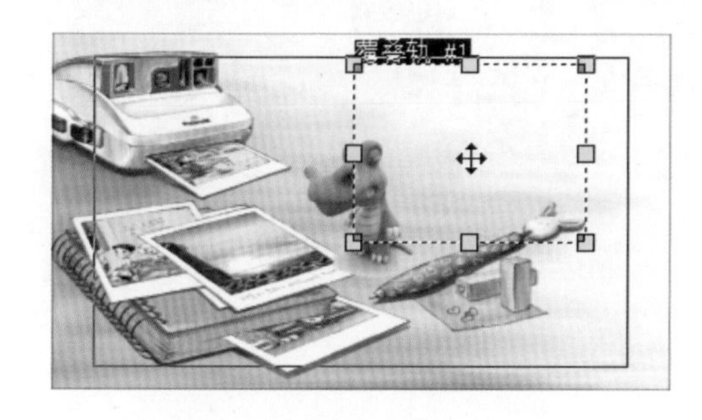

图 8-16 调整覆叠素材位置

图 8-17 预览覆叠效果

2. 自动调整素材位置

会声会影提供自动调整素材位置功能，有“停靠在顶部”、“停靠在中央”和“停靠在底部”3 种方式，用户可以根据不同需要来进行编辑。

素材文件:	DVD\素材\第 8 章\动画汽车.jpg、动画小猫.png
项目文件:	DVD\项目\第 8 章\自动调整素材位置.VSP
视频文件:	DVD\视频\第 8 章\8.2.4.2 自动调整素材位置.avi

STEP 01 进入会声会影 X3 高级编辑界面，在视频轨道上添加图像（DVD\素材\第 8 章\动画汽车.jpg），如图 8-18 所示。

STEP 02 在覆叠轨道上添加素材图像（DVD\素材\第 8 章\动画小猫.png），如图 8-19 所示。

图 8-18　添加素材图像

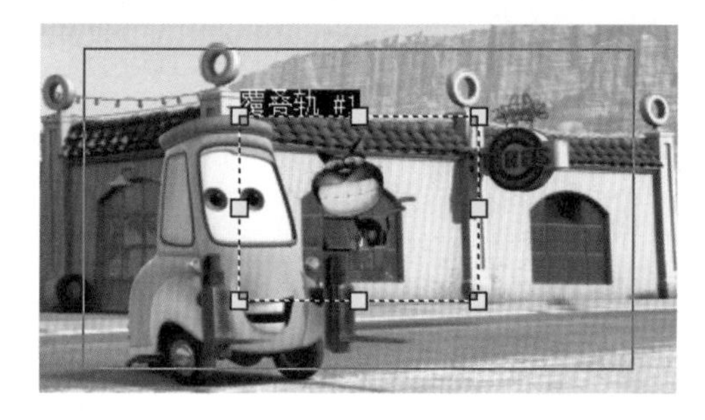

图 8-19　添加覆叠素材

STEP 03 在预览窗口中的图像上，在预览窗口中的覆叠素材上单击鼠标右键，在弹出的快捷菜单中选择“停靠在底部”|“居右”选项，如图 8-20 所示。

STEP 04 单击导览面板上的“播放”按钮，查看应用覆叠轨道的效果，如图 8-21 所示。

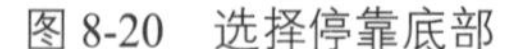

图 8-20　选择停靠底部

图 8-21　查看覆叠效果

8.2.5 复制覆叠属性

如果在添加多个覆叠素材后，都需要相同的效果，这时就可以选择复制覆叠属性，将一个覆叠素材应用的所有效果复制到另一个覆叠素材上，具体操作方法如下：

素材文件：	DVD\素材\第 8 章\动画汽车.jpg、动画小猫.png
项目文件：	DVD\项目\第 8 章\复制覆叠属性.VSP
视频文件：	DVD\视频\第 8 章\8.2.5 复制覆叠属性.avi

STEP 01 进入会声会影 X3 高级编辑界面，打开项目文件（DVD\项目\第 8 章\复制覆叠属性.VSP），如图 8-22 所示，单击导览面板上的“播放”按钮，查看项目文件效果。

STEP 02 单击导览面板中的“播放”按钮，查看项目文件，如图 8-23 所示。

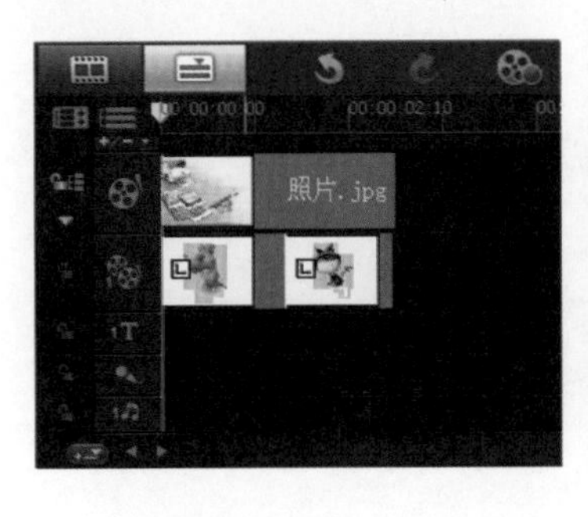

图 8-22　打开项目文件

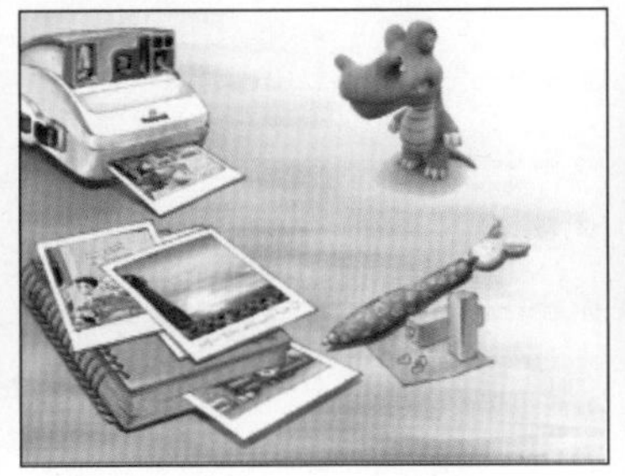

图 8-23　查看项目文件

STEP 03 选中第一个覆叠素材单击鼠标右键，在弹出的快捷菜单中选择“复制属性”选项，如图 8-24 所示。

STEP 04 选中第二个覆叠素材单击鼠标右键，在弹出的快捷菜单中选择“粘贴属性”选项，如图 8-25 所示。

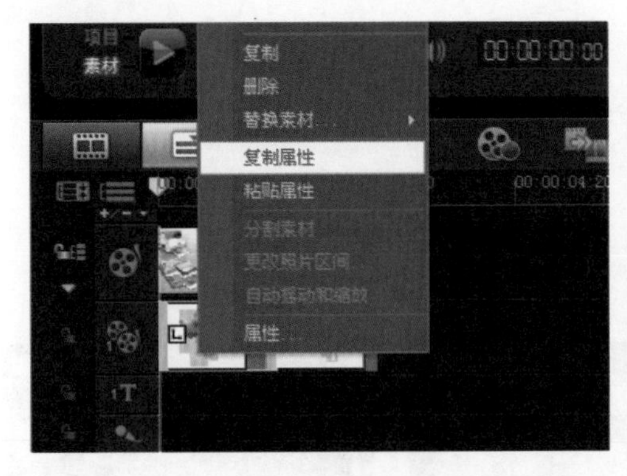

图 8-24　复制属性

图 8-25　粘贴属性

STEP 05 在导览面板中单击“播放”按钮，在预览窗口中预览效果，如图 8-26 所示，覆叠素材的位置和大小变得相同。

图 8-26　查看复制属性效果

8.3 覆叠效果应用

画面叠加是影视作品中常见的编辑手法，会声会影 X3 提供了多种叠加方式，例如对象叠加、边框叠加等，本节介绍覆叠效果在影片中的常用方法。

8.3.1 对象覆叠

会声会影 X3 可以添加一些预设对象，下面介绍添加对象覆叠的方法。

素材文件:	DVD\素材\第 8 章\婴儿.jpg
项目文件:	DVD\项目\第 8 章\对象覆叠.VSP
视频文件:	DVD\视频\第 8 章\8.3.1 对象覆叠.avi

STEP 01 进入会声会影 X3 高级编辑界面，在视频轨道上添加图像（DVD\素材\第 8 章\婴儿.jpg），如图 8-27 所示。

STEP 02 在素材库中单击“图形”|“画廊”命令，在弹出的菜单中选择“对象”选项，如图 8-28 所示。

STEP 03 切换到“对象”素材库，在“对象”素材库中选择一个素材并单击鼠标右键选择“插入到”|“覆叠轨”选项，如图 8-29 所示。

图 8-27 添加素材图像

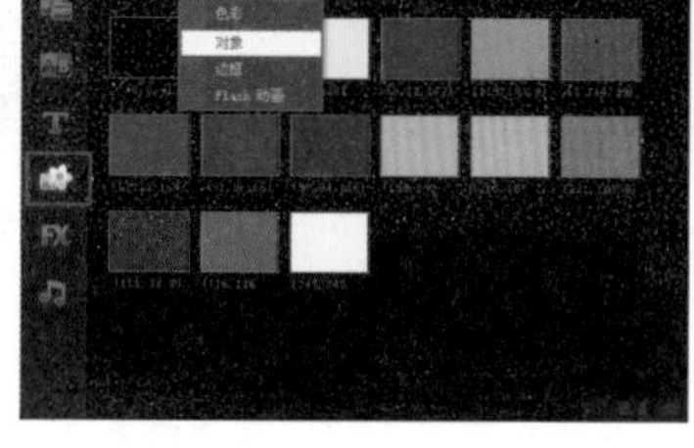

图 8-28 选择“对象”选项

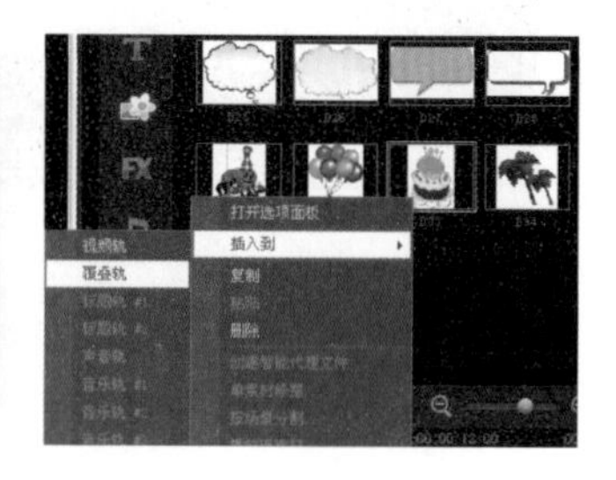

图 8-29 添加素材图像

STEP 04 素材成功添加到覆叠轨道后，调整覆叠轨道到合适的位置，如图 8-30 所示。

STEP 05 单击导览面板上的“播放”按钮，查看应用覆叠轨道的效果，如图 8-31 所示。

图 8-30 添加覆叠素材图像

图 8-31 预览应用效果

8.3.2 边框覆叠

为覆叠素材添加边框可以使素材更加突出，下面介绍添加边框覆叠的方法。

素材文件：	DVD\素材\第 8 章\婴儿.jpg
项目文件：	DVD\项目\第 8 章\边框覆叠.VSP
视频文件：	DVD\视频\第 8 章\8.3.2 边框覆叠.avi

STEP 01 进入会声会影 X3 高级编辑界面，在视频轨道上添加图像（DVD\素材\第 8 章\婴儿.jpg），如图 8-32 所示。

STEP 02 在素材库中单击“图形”按钮，单击“画廊”命令，在弹出的菜单中选择“边框”选项，如图 8-33 所示。

图 8-32　添加素材图像

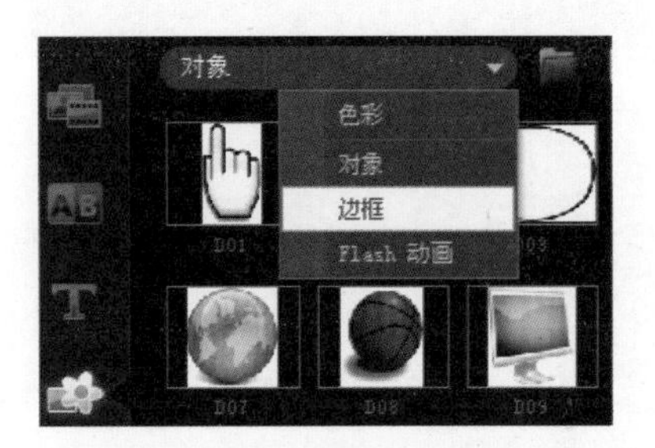

图 8-33　选择“边框”选项

STEP 03 切换到“边框”素材库，在“边框”素材库中选择一个素材，单击鼠标右键选择“插入到”|“覆叠轨”选项，如图 8-34 所示。

STEP 04 单击导览面板上的“播放”按钮，查看应用覆叠轨道的效果，如图 8-35 所示。

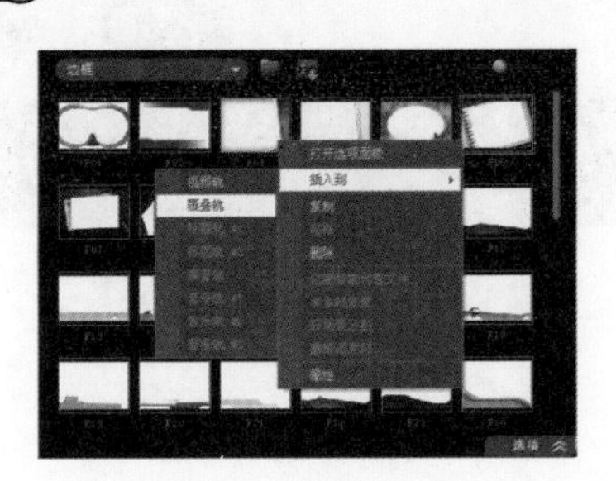

图 8-34　插入边框

图 8-35　预览应用效果

8.3.3 Flash 覆叠

会声会影 X3 不仅可以添加图片覆盖，还可以添加 Flash 覆盖，具体操作方法如下：

素材文件：	DVD\素材\第 8 章\弹吉他.jpg
项目文件：	DVD\项目\第 8 章\Flash 覆叠.VSP
视频文件：	DVD\视频\第 8 章\8.3.3 Flash 覆叠.avi

STEP 01 进入会声会影 X3 高级编辑界面，在视频轨道上添加图像（DVD\素材\第 8 章\弹吉他.jpg），如图 8-36 所示。

STEP 02 在素材库中单击“图形”|“画廊”命令，在弹出的菜单中选择“边框”选项，如图 8-37 所示。

图 8-36　添加素材图像

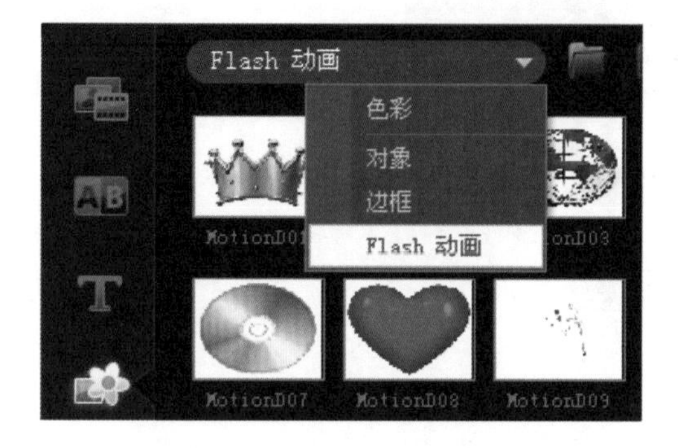

图 8-37　选择“Flash 动画”选项

STEP 03 切换到“边框”素材库，在“边框”素材库中选择一个素材，单击鼠标右键，选择“插入到”|“覆叠轨”选项，如图 8-38 所示。

STEP 04 单击导览面板上的“播放”按钮，查看应用覆叠轨道的效果，如图 8-39 所示。

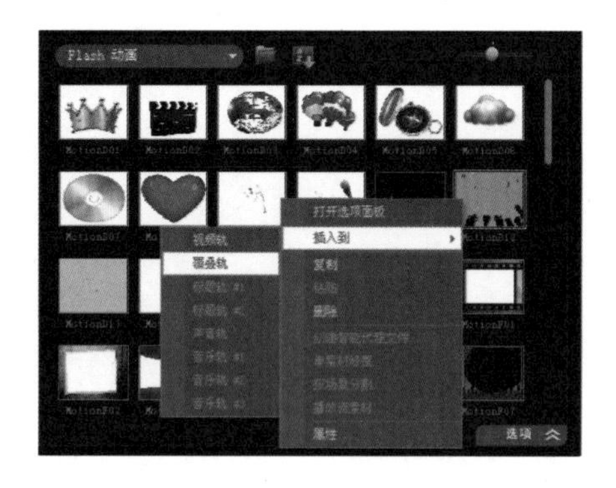

图 8-38　插入 Flash 动画

图 8-39　预览应用效果

8.3.4 画面叠加

画面叠加是将两幅图像叠加在一起的效果，具体操作方法如下：

素材文件：	DVD\素材\第 8 章\田野.jpg、向日葵.jpg
项目文件：	DVD\项目\第 8 章\画面叠加.VSP
视频文件：	DVD\视频\第 8 章\8.3.4 画面叠加.avi

STEP 01 进入会声会影 X3 高级编辑界面，在视频轨道上添加图像（DVD\素材\第 8 章\田野.jpg），如图 8-40 所示。

STEP 02 在覆叠轨道上添加素材图像（DVD\素材\第 8 章\向日葵.jpg），如图 8-41 所示。

图 8-40　添加素材图像

图 8-41　添加覆叠素材图像

STEP 03 预览窗口中的覆叠轨上调整覆叠轨素材大小和位置，如图 8-42 所示。

STEP 04 单击导览面板上的“播放”按钮，查看应用覆叠轨道的效果，如图 8-43 所示。

图 8-42　调整大小并移动素材位置

图 8-43　预览应用效果

8.3.5 覆叠素材变形

有时候添加的覆叠素材不能很好地与画面相结合，这时就要调整覆叠素材，进行变形处理，具体操作方法如下：

素材文件：	DVD\素材\第 8 章\公路.jpg、汽车.jpg
项目文件：	DVD\项目\第 8 章\覆叠素材变形.VSP
视频文件：	DVD\视频\第 8 章\8.3.5 覆叠素材变形 avi

STEP 01 进入会声会影 X3 高级编辑界面，在视频轨道上添加图像（DVD\素材\第 8 章\公路.jpg）如图 8-44 所示。

STEP 02 在覆叠轨道上添加素材图像（DVD\素材\第 8 章\汽车.jpg），如图 8-45 所示。

图 8-44　添加素材图像

图 8-45　添加覆叠素材图像

STEP 03 在预览窗口中拖动覆叠轨上的左上绿色调节点，向左上角拖动，如图 8-46 所示。

STEP 04 拖动覆叠轨上的右上绿色调节点，向右上角拖动，如图 8-47 所示。

图 8-46 拖动左上绿色节点

图 8-47 拖动右上绿色节点

STEP 05 拖动覆叠轨上的左下绿色调节点，向右上角拖动，如图 8-48 所示。

STEP 06 拖动覆叠轨上的右下绿色调节点，向右上角拖动，如图 8-49 所示。

图 8-48 拖动左下绿色节点

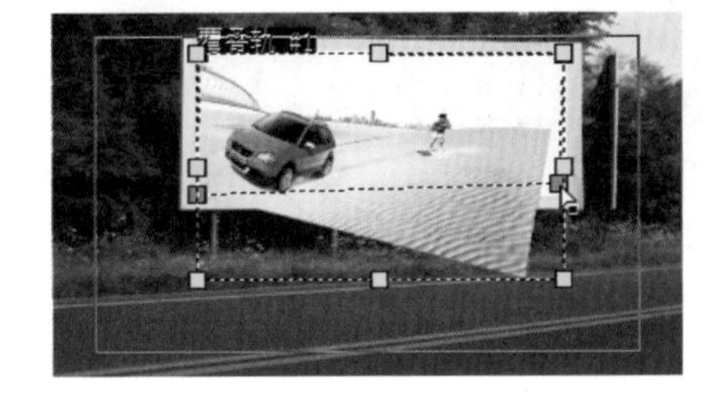

图 8-49 拖动右下绿色节点

STEP 07 单击导览面板上的“播放”按钮，查看应用覆叠轨道的效果，如图 8-50 所示。

图 8-50 预览应用效果

8.3.6 色度键覆叠

色度键也就是人们常说的抠像功能，可以使用蓝屏、绿屏或者其他颜色来进行抠像，可以制作出非常绚丽的影片效果。具体操作方法如下：

素材文件：	DVD\素材\第 8 章\人物.jpg、橙色背景.jpg
项目文件：	DVD\项目\第 8 章\色度键覆叠.VSP
视频文件：	DVD\视频\第 8 章\8.3.6 色度键覆叠.avi

STEP 01 进入会声会影 X3 高级编辑界面，在视频轨道上添加图像（DVD\素材\第 8 章\人物.jpg），如图 8-51 所示。

STEP 02 在覆叠轨道上添加素材图像（DVD\素材\第 8 章\橙色背景.jpg），如图 8-52 所示。

图 8-51　添加素材图像

图 8-52　添加覆叠素材图像

STEP 03 在时间轴中，选中覆叠轨素材，双击鼠标左键，如图 8-53 所示。

STEP 04 在属性面板上单击“遮罩和色度键”按钮，如图 8-54 所示。

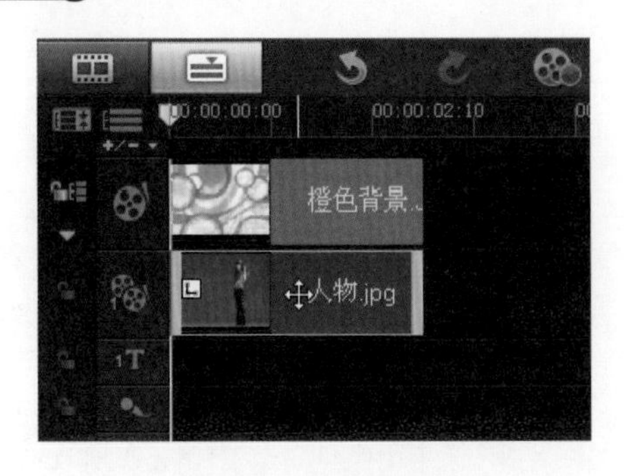

图 8-53　双击覆叠素材

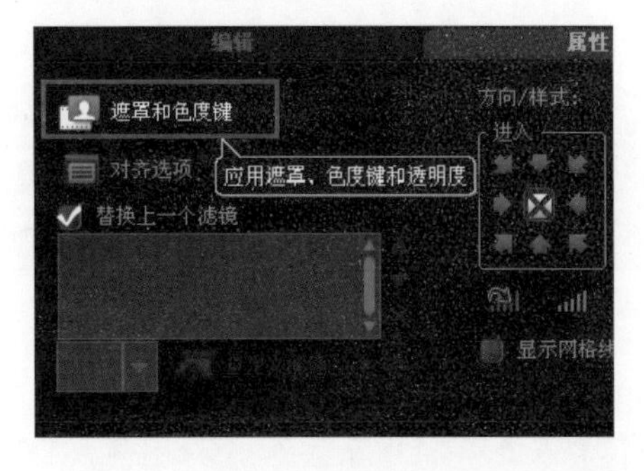

图 8-54　单击“遮罩和色度键”按钮

STEP 05 切换到“遮罩和色度键”属性面板，勾选“应用覆叠选项”复选框，设置“类型”为“色度键”、“相似度数值”为 50，如图 8-55 所示。

STEP 06 在预览窗口中显示被透空的覆叠素材，但覆叠图片下方还是有一点没有被透空，如图 8-56 所示。

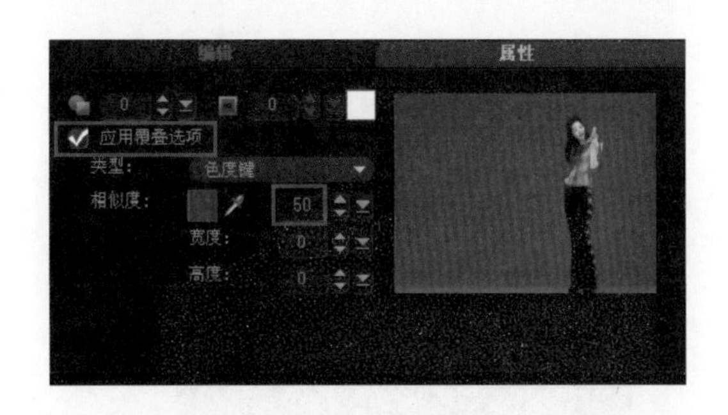

图 8-55　设置数值

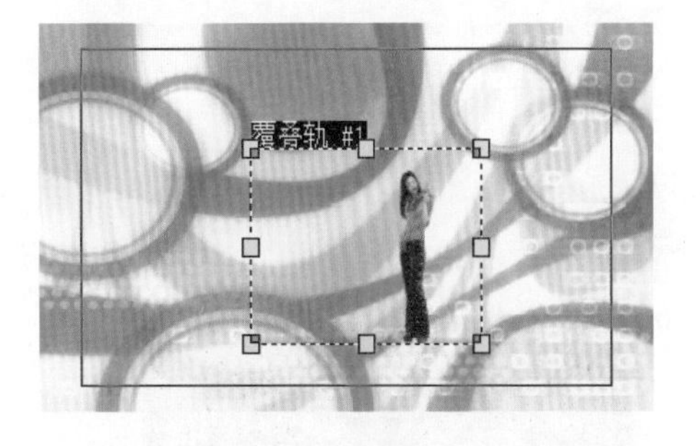

图 8-56　窗口预览

STEP 07 单击属性面板上的吸管工具，在右侧的图片下方单击鼠标左键，如图 8-57 所示，进行取色。

STEP 08 此时预览窗口中覆叠轨全部透空，调整覆叠轨大小和位置，单击导览面板上的“播放”按钮，查看应用覆叠轨道的效果，如图 8-58 所示。

图 8-57　取色

图 8-58　查看应用效果

8.3.7 遮罩叠加

遮罩可以使素材局部透空，下面介绍一下遮罩叠加方法。

素材文件:	DVD\素材\第 8 章\情侣.jpg、背景.jpg
项目文件:	DVD\项目\第 8 章\遮罩覆叠.VSP
视频文件:	DVD\视频\第 8 章\8.3.7 遮罩覆叠.avi

STEP 01 进入会声会影 X3 高级编辑界面，在视频轨道上添加图像（DVD\素材\第 8 章\背景.jpg），如图 8-59 所示。

STEP 02 在覆叠轨道上添加素材图像（DVD\素材\第 8 章\情侣.jpg），如图 8-60 所示。

图 8-59　添加素材图像

图 8-60　添加覆叠素材图像

STEP 03 在时间轴中，选中覆叠素材，双击鼠标左键，如图 8-61 所示。

STEP 04 在弹出的属性面板上单击“遮罩和色度键”按钮，如图 8-62 所示。

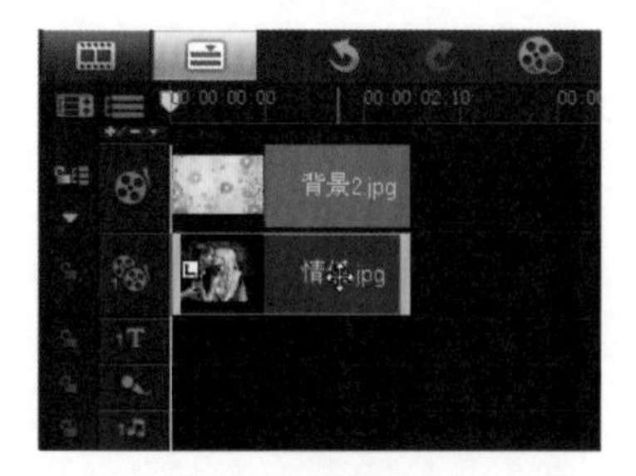

图 8-61　双击覆叠素材

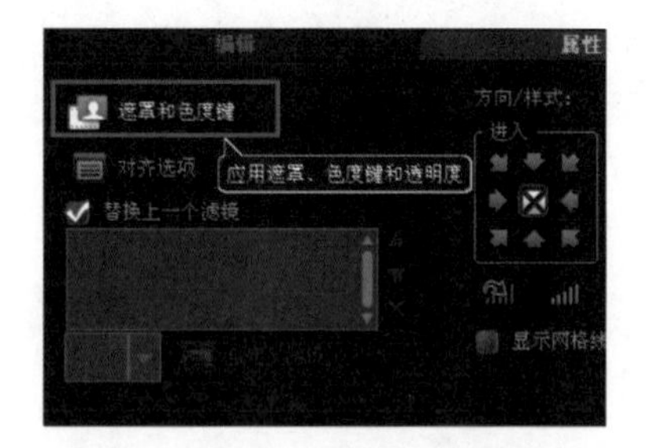

图 8-62　单击“遮罩和色度键”按钮

STEP 05 切换到“遮罩和色度键”属性面板，勾选“应用覆叠选项”复选框，“类型”为“遮罩帧”，设置“相似度数”值调为 50，如图 8-63 所示。

STEP 06 在弹出的遮罩选项中，选择双心图形，如图 8-64 所示。

图 8-63　选择“遮罩帧”选项

图 8-64　选择双心图形

STEP 07 在预览窗口中预览素材应用效果，如图 8-65 所示。

STEP 08 拖动黄色调节点，调整覆叠轨位置及大小，如图 8-66 所示。

图 8-65　预览效果

图 8-66　调整覆叠素材位置及大小

STEP 09 单击导览面板上的“播放”按钮，查看应用覆叠轨道的效果，如图 8-67 所示。

图 8-67　预览应用效果

8.3.8 多轨叠加

会声会影 X3 提供了 6 个覆叠轨道，增强了画面叠加效果，使用覆叠管理器可以创建和管理多个轨道，制作出多轨道重叠效果，具体操作方法如下：

素材文件：	DVD\素材\第 8 章\手绘.jpg、音乐符号 1、2.png、音乐标题.png
项目文件：	DVD\项目\第 8 章\多轨叠加.VSP
视频文件：	DVD\视频\第 8 章\8.3.8 多轨叠加.avi

STEP 01 进入会声会影 X3 高级编辑界面，在视频轨道上添加图像（DVD\素材\第 8 章\手绘.jpg），如图 8-68 所示。

STEP 02 在覆叠轨图标上单击鼠标右键，选择“轨道管理器”选项，如图 8-69 所示。

图 8-68　添加素材图像

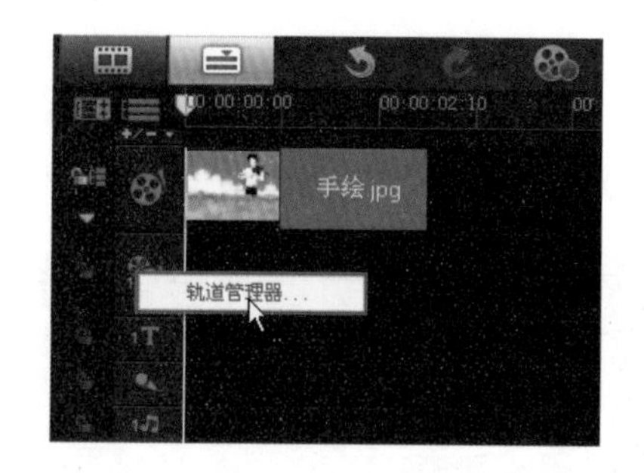

图 8-69　选择“轨道管理器”选项

STEP 03 弹出轨道管理器对话框，勾选覆叠轨#2 和覆叠轨#3 选项，如图 8-70 所示。

STEP 04 单击“确定”按钮，时间轴中新添加 2 个覆叠轨道，如图 8-71 所示。

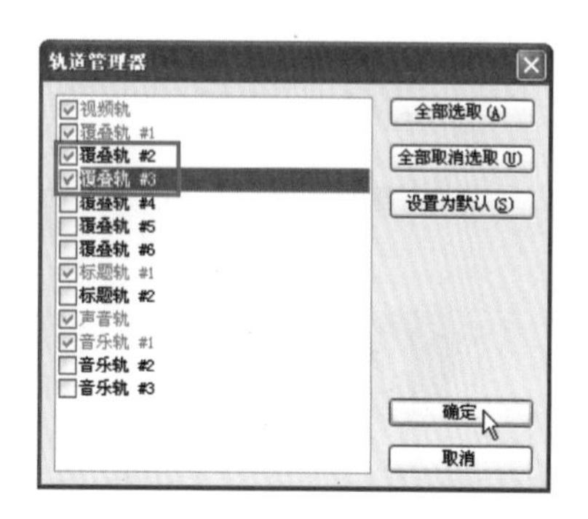

图 8-70　添加覆叠轨道

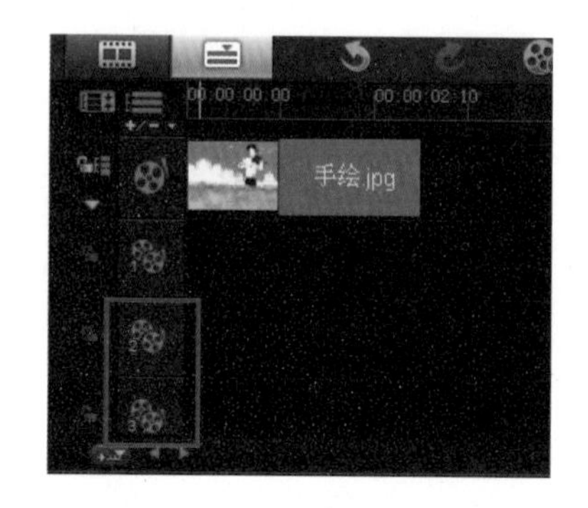

图 8-71　显示添加轨道效果

STEP 05 在覆叠#1 轨上添加素材图像（DVD\素材\第 8 章\音乐符号 1.png），并调整大小和位置，如图 8-72 所示。

STEP 06 在覆叠#2 轨上添加素材图像（DVD\素材\第 8 章\音乐符号 2.png），并调整大小和位置，如图 8-73 所示。

图 8-72　添加覆叠素材

图 8-73　添加覆叠素材

STEP 07 在覆叠#3 轨上添加素材图像（DVD\素材\第 8 章\音标题.png），并调整大小和位置，如图 8-74 所示。

STEP 08 单击导览面板上的“播放”按钮查看应用覆叠轨道的效果，如图 8-75 所示。

图 8-74　添加覆叠素材

图 8-75　预览应用效果

8.4 设置覆叠素材

添加覆叠文件后，可以对覆叠轨上文件进行动画设置，例如进入、退出、淡入、淡出、区间旋转动画效果。

8.4.1 设置进入退出方向

设置覆叠素材的进入与退出动画是最常见的应用，具体操作方法如下：

素材文件：	DVD\素材\第 8 章\学习用品.jpg、苹果.png
项目文件：	DVD\项目\第 8 章\设置进入退出方向.VSP
视频文件：	DVD\视频\第 8 章\8.4.1 设置进入退出方向.avi

STEP 01 进入会声会影 X3 高级编辑界面，在视频轨道上添加图像（DVD\素材\第 8 章\学习用品.jpg），如图 8-76 所示。

STEP 02 在覆叠轨道上添加素材图像（DVD\素材\第 8 章\苹果.png），如图 8-77 所示。

图 8-76　添加素材图像

图 8-77　添加覆叠素材图像

STEP 03 在时间轴中，选中覆叠素材，双击鼠标左键，如图 8-78 所示。

STEP 04 在弹出的属性面板上设置从右上方进入，从左边退出，如图 8-79 所示。

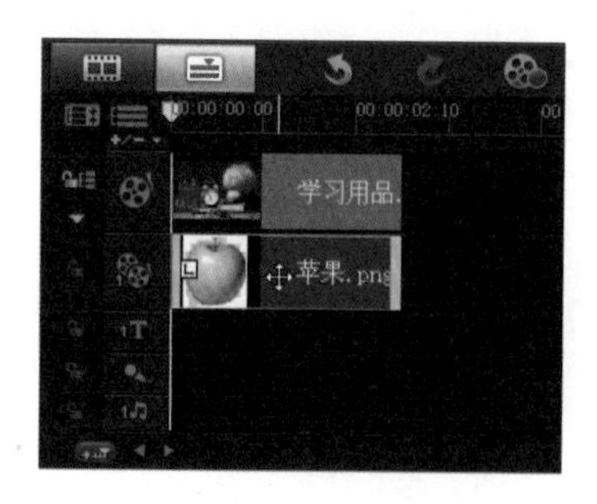

图 8-78　双击覆叠素材

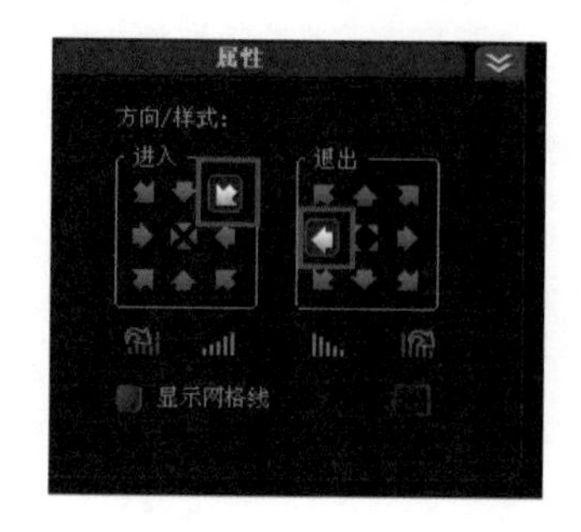

图 8-79　选择进入和退出方向

STEP 05 单击导览面板上的“播放”按钮，查看应用覆叠轨道的效果，如图 8-80 所示。

图 8-80　预览应用效果

8.4.2 淡入淡出动画效果

为覆盖轨道上的素材应用淡入、淡出动画效果后，可以使素材效果更自然。

素材文件:	DVD\素材\第 8 章\甜点.jpg、热狗.png
项目文件:	DVD\项目\第 8 章\淡入淡出动画效果.VSP
视频文件:	DVD\视频\第 8 章\8.4.2 淡入淡出动画效果.avi

STEP 01 进入会声会影 X3 高级编辑界面，在视频轨道上添加图像（DVD\素材\第 8 章\甜点.jpg），如图 8-81 所示。

STEP 02 在覆叠轨道上添加素材图像（DVD\素材\第 8 章\热狗.png），并调整覆盖轨道的位置，如图 8-82 所示。

图 8-81　添加素材图像

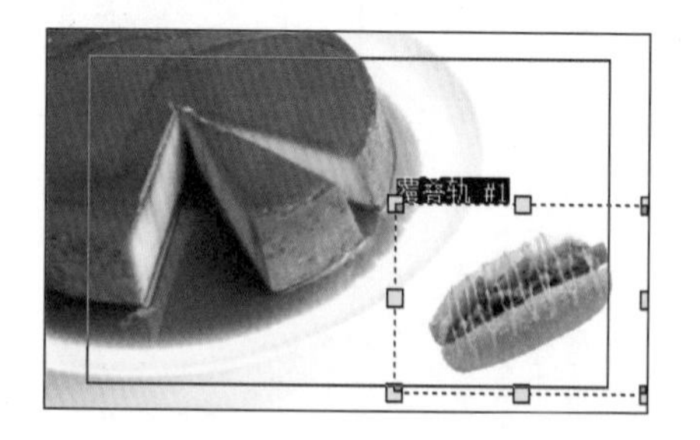

图 8-82　添加覆叠素材图像

STEP 03 在时间轴中，选中覆叠素材，双击鼠标左键，如图 8-83 所示。

STEP 04 在弹出的属性面板上单击“淡入动画效果”按钮，如图 8-84 所示。

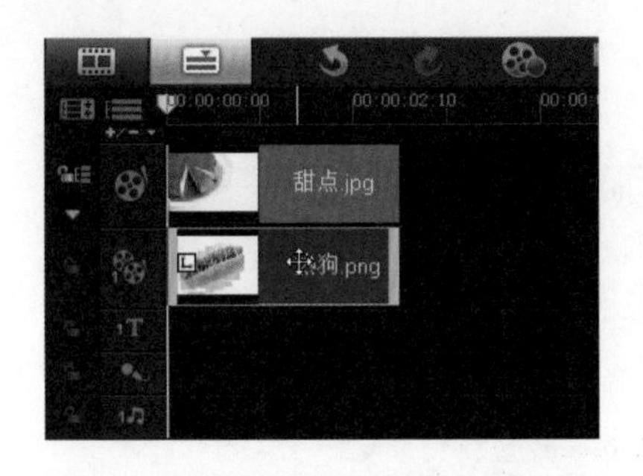

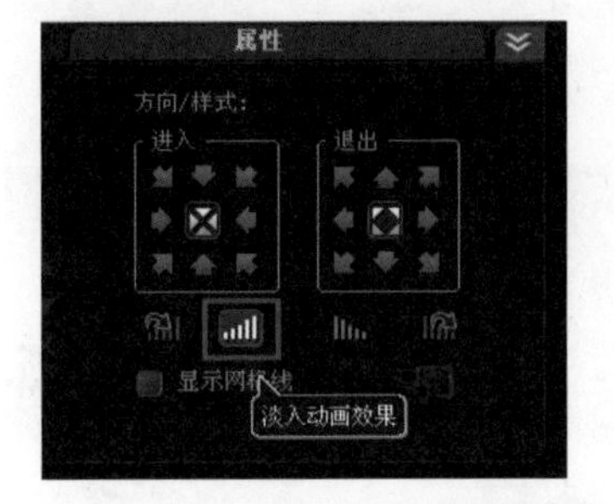

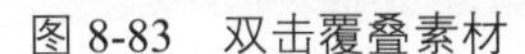

图 8-83　双击覆叠素材　　图 8-84　单击“淡入动画效果”按钮

STEP 05 单击导览面板上的“播放”按钮，查看应用覆叠轨道的效果，如图 8-85 所示。

STEP 06 使用同样的方法单击“淡出动画效果”按钮，如图 8-86 所示。

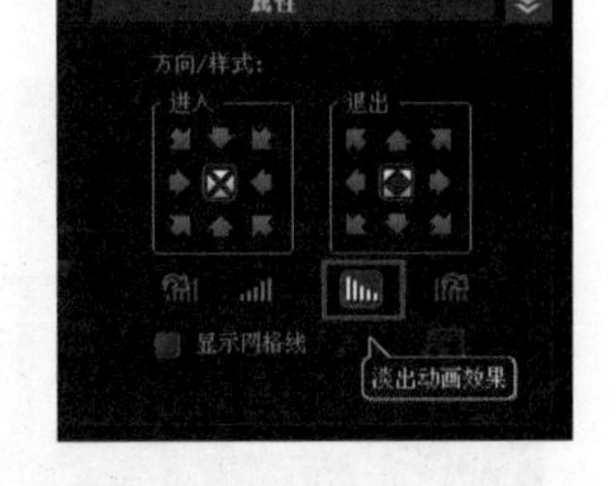

图 8-85　预览淡入效果　　图 8-86　单击“淡出动画效果”按钮

STEP 07 在导览面板上的单击“播放”按钮，查看应用覆叠轨道的效果，如图 8-87 所示。

图 8-87　预览应用效果

8.4.3 区间旋转动画效果

区间旋转动画效果包括“暂停区间前旋转”和“暂停区间后旋转”。

素材文件:	DVD\素材\第 8 章\本子.jpg、怪兽.png
项目文件:	DVD\项目\第 8 章\区间旋转动画效果.VSP
视频文件:	DVD\视频\第 8 章\8.4.3 区间旋转动画效果.avi

STEP 01 进入会声会影 X3 高级编辑界面，在视频轨道上添加图像（DVD\素材\第 8 章\本子.jpg），如图 8-88 所示。

STEP 02 在覆叠轨道上添加素材图像（DVD\素材\第 8 章\怪兽.png），并调整覆盖轨道的位置，如图 8-89 所示。

图 8-88　添加素材图像

图 8-89　添加覆叠素材图像

STEP 03 在时间轴中，选中覆叠素材，双击鼠标左键，如图 8-90 所示。

STEP 04 在弹出的属性面板上单击“暂停区间后旋转”按钮，如图 8-91 所示。

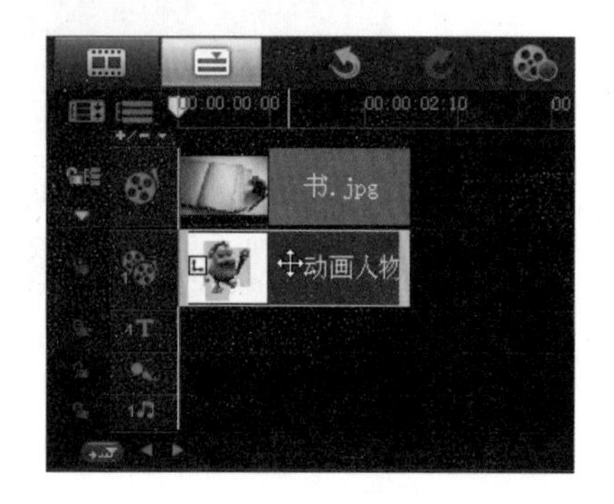

图 8-90　双击覆叠素材

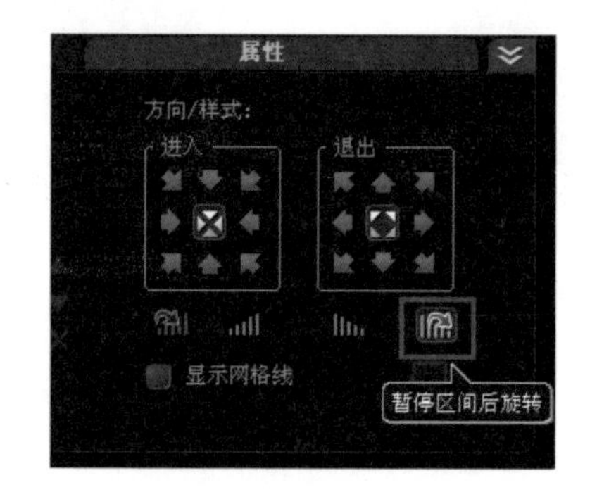

图 8-91　单击“暂停区间后旋转”按钮

STEP 05 单击导览面板上的“播放”按钮，查看应用覆叠轨道的效果，如图 8-92 所示。

STEP 06 在弹出的属性面板上单击“暂停区间前旋转”按钮，如图 8-93 所示。

图 8-92　预览暂停区间后旋转效果

图 8-93　单击“暂停区间前旋转”按钮

STEP 07 单击导览面板上的“播放”按钮，查看应用效果，如图 8-94 所示。

图 8-94　预览应用效果

8.5　覆叠素材添加滤镜效果

项目添加覆叠素材后，还可以为覆叠素材添加滤镜效果，下面介绍一下为覆叠轨上添加滤镜效果。

素材文件:	DVD\素材\第 8 章\动画背景.jpg、动画美女.png
项目文件:	DVD\项目\第 8 章\覆盖轨上添加滤镜效果.VSP
视频文件:	DVD\视频\第 8 章\8.5 覆盖轨上添加滤镜效果.avi

STEP 01 进入会声会影 X3 高级编辑界面，在视频轨道上添加图像（DVD\素材\第 8 章\动画背景.jpg），如图 8-95 所示。

STEP 02 在覆叠轨道上添加素材图像（DVD\素材\第 8 章\动画美女.png），并调整覆盖轨道的位置，如图 8-96 所示。

图 8-95　添加素材图像

图 8-96　添加覆叠素材图像

STEP 03 单击素材库上的“滤镜”按钮，添加“视频摇动与缩放”滤镜到覆叠轨素材上，如图 8-97 所示。

STEP 04 单击“选项”按钮，打开属性面板，在属性面板上单击“自定义滤镜”按钮，如图 8-98 所示。

STEP 05 弹出“视频摇动和缩放”对话框，当光标呈十字指针形状时，单击鼠标并拖动到左上位置，如图 8-99 所示，调整中心点。

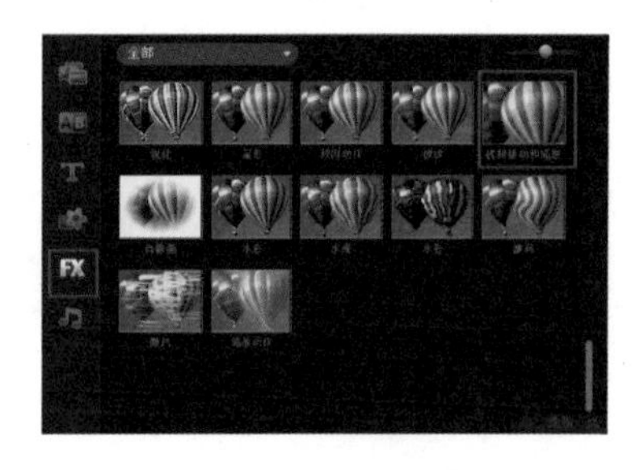

图 8-97　添加“视频摇动与缩放”滤镜

图 8-98　单击“自定义滤镜”按钮

STEP 06 调节原图上的左上黄色控制点，向左上拖动框选选区，如图 8-100 所示。

图 8-99　调整中心点

图 8-100　框选选区

STEP 07 单击导览面板上的“播放”按钮，查看应用覆叠轨道的效果，如图 8-101 所示。

图 8-101　预览应用效果

8.6　覆叠效果精彩应用 7 例

本节介绍覆叠应用效果实例，通过具体实例的操作练习，让用户对覆叠应用更加得心应手。

8.6.1 闪亮登场

素材文件:	DVD\素材\第 8 章\街道.jpg、时尚美女.png
项目文件:	DVD\项目\第 8 章\闪亮登场.VSP
视频文件:	DVD\视频\第 8 章\8.6.1 闪亮登场.avi

STEP 01 进入会声会影 X3 高级编辑界面，在视频轨道上添加图像（DVD\素材\第 8 章\街道.jpg），如图 8-102 所示。

STEP 02 在覆叠轨道添加素材图像（DVD\素材\第 8 章\时尚美女.png），如图 8-103 所示。

图 8-102　添加素材图像

图 8-103　添加覆叠素材图像

STEP 03 在预览窗口中调整覆盖轨大小和位置，如图 8-104 所示。

STEP 04 单击素材库上的“滤镜”按钮，添加“镜头闪光”滤镜到视频轨道素材上，如图 8-105 所示。

STEP 05 单击“选项”按钮，打开属性面板，单击滤镜预设样式按钮，在预设滤镜中选择最后一个闪光效果，如图 8-106 所示。

图 8-104　添加素材图像

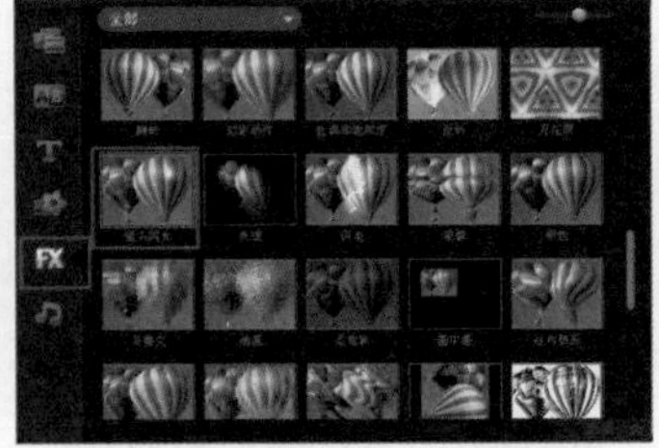

图 8-105　添加覆叠素材图像

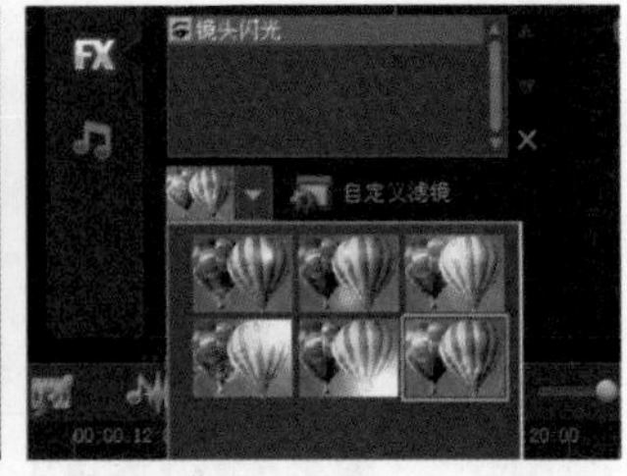

图 8-106　选择预设滤镜

STEP 06 单击导览面板上的“播放”按钮，查看应用覆叠轨道的效果，如图 8-107 所示。

图 8-107　预览应用效果

8.6.2 性感美女

静态的图像可以添加动态的 Flash 动画效果，增加画面的动感。

素材文件:	DVD\素材\第 8 章\模特.jpg
项目文件:	DVD\项目\第 8 章\性感美女.VSP
视频文件:	DVD\视频\第 8 章\8.6.2 性感美女.avi

STEP 01 进入会声会影 X3 高级编辑界面，在视频轨道上添加图像（DVD\素材\第 8 章\模特.jpg），如图 8-108 所示。

STEP 02 在素材库中单击“图形”按钮，单击“画廊”命令，在弹出的菜单中选择“Flash 动画”选项，如图 8-109 所示。

图 8-108　添加素材图像

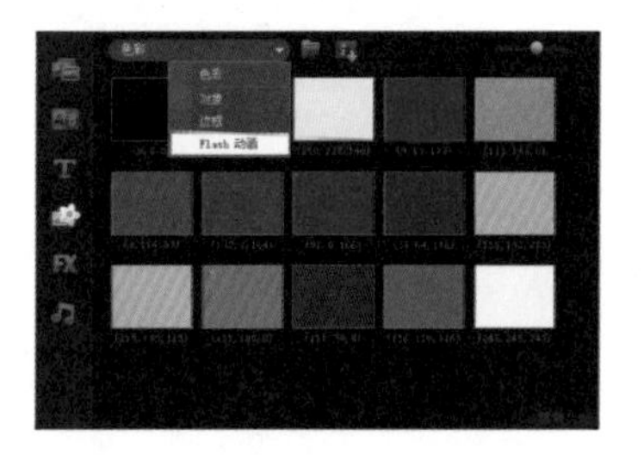

图 8-109　选择“Flash 动画”选项

STEP 03 在 Flash 素材库中添加 MotionD14 动画效果到覆叠轨道上，如图 8-110 所示。

STEP 04 将视频轨道的播放时间调整为与 Flash 动画时间一样，如图 8-111 所示。

STEP 05 单击导览面板上的“播放”按钮，查看应用覆叠轨道的效果，如图 8-112 所示。

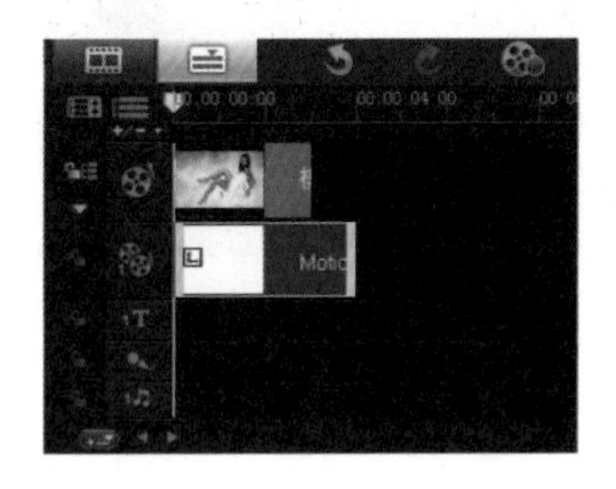

图 8-110　添加“Flash 动画”

图 8-111　调整视频轨素材长度

图 8-112　预览应用效果

8.6.3 可爱婴儿

静态的图像可以添加边框效果，使单调的图像变得更加有趣。

素材文件:	DVD\素材\第 8 章\可爱婴儿.jpg
项目文件:	DVD\项目\第 8 章\可爱婴儿.VSP
视频文件:	DVD\视频\第 8 章\8.6.3 可爱婴儿.avi

STEP 01 进入会声会影 X3 高级编辑界面，在视频轨道上添加图像（DVD\素材\第 8 章\可爱婴儿.jpg），如图 8-113 所示。

STEP 02 在素材库中单击“图形”|“画廊”命令，在弹出的菜单中选择“边框”选项，

如图 8-114 所示。

图 8-113 添加素材图像

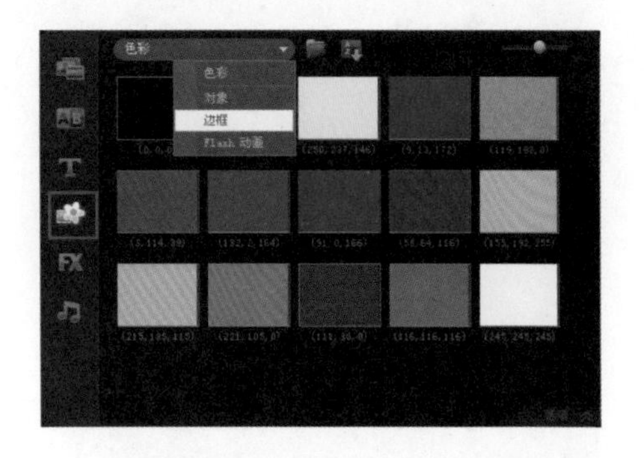

图 8-114 选择“边框”选项

STEP 03 在 Flash 素材库中添加 F05 动画效果到覆叠轨道上，如图 8-115 所示。

STEP 04 单击导览面板上的“播放”按钮，查看应用覆叠轨道的效果，如图 8-116 所示。

图 8-115 添加边框素材

图 8-116 预览应用效果

8.6.4 圣诞之夜

为覆叠轨素材添加旋转效果，可以使画面更加生动。

素材文件:	DVD\素材\第 8 章\圣诞.jpg
项目文件:	DVD\项目\第 8 章\圣诞之夜.VSP
视频文件:	DVD\视频\第 8 章\8.6.4 圣诞之夜.avi

STEP 01 进入会声会影 X3 高级编辑界面，在轨道上添加图像（DVD\第 10 章\素材\），如图 8-117 所示。

STEP 02 在素材库中单击“图形” | “画廊”命令，在弹出的菜单中选择“对象”选项，如图 8-118 所示。

STEP 03 在“对象”中添加“D30.png”到覆叠轨道上，如图 8-119 所示。

STEP 04 在预览窗口中调整覆叠轨大小及位置，如图 8-120 所示。

图 8-117　添加素材图像

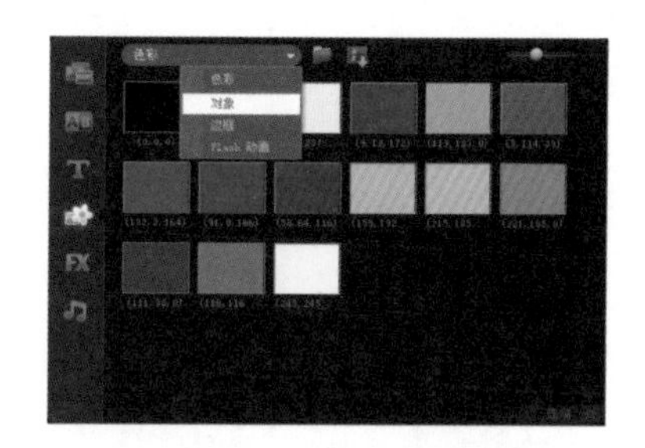

图 8-118　选择“对象”选项

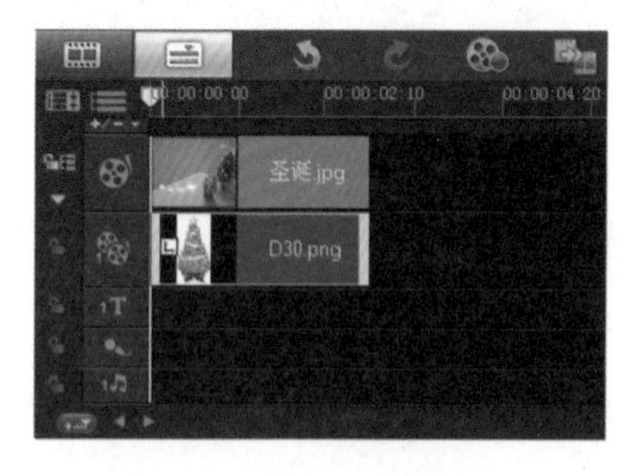

图 8-119　添加覆叠素材

图 8-120　调整覆叠素材大小及位置

STEP 05 单击“选项”按钮，在弹出的属性面板上，设置进入方向为左上方，退出方向为右下方，如图 8-121 所示。

STEP 06 在属性面板上单击“暂停区间前旋转”和“暂停区间后旋转”，如图 8-122 所示。

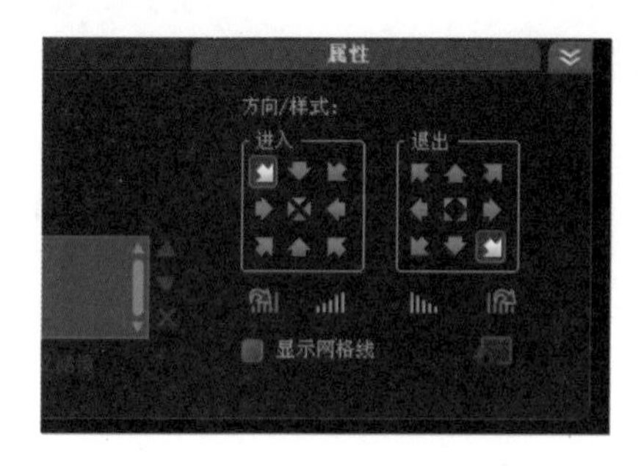

图 8-121　设置进入退出方向

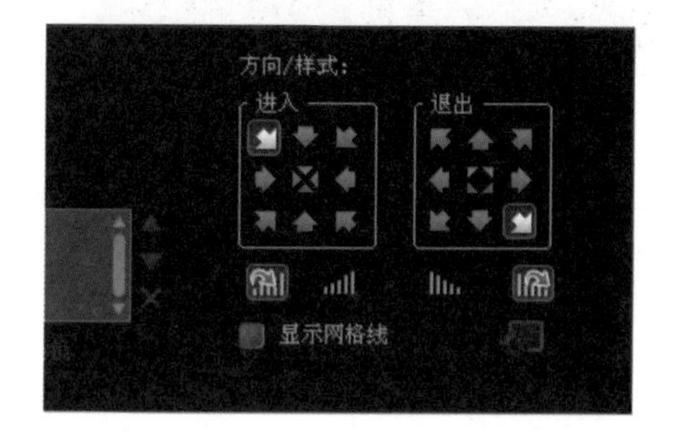

图 8-122　设置旋转效果

STEP 07 单击导览面板上的“播放”按钮，查看应用覆叠轨道的效果，如图 8-123 所示。

图 8-123　预览应用效果

8.6.5 精美菜品

素材文件:	DVD\素材\第 8 章\喜宴.jpg、食谱 1、2.png
项目文件:	DVD\项目\第 8 章\精美菜品.VSP
视频文件:	DVD\视频\第 8 章\8.6.5 精美菜品.avi

STEP 01 进入会声会影 X3 高级编辑界面，在轨道上添加图像（DVD\素材\第 8 章\喜宴.jpg），如图 8-124 所示。

STEP 02 在在时间轴覆叠轨图标上单击鼠标右键，选择“轨道管理器”选项，如图 8-125 所示。

图 8-124　添加素材图像

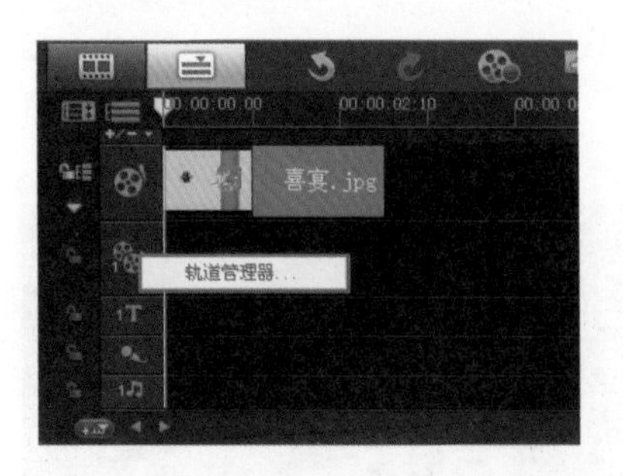

图 8-125　单击“轨道管理器”选项

STEP 03 弹出轨道管理器对话框，勾选“覆叠轨#2”复选框，如图 8-126 所示。

STEP 04 单击“确定”按钮，添加覆叠素材（DVD\素材\第 8 章\食谱 1、2.png）到覆叠轨#1 和覆叠轨#2 上，调整位置及大小，如图 8-127 所示。

图 8-126　勾选覆叠轨#2

图 8-127　调整覆叠素材位置及大小

STEP 05 选中覆叠轨#2 素材（食谱 2），单击“选项”按钮，弹出属性面板，单击“遮罩和色度键”按钮，如图 8-128 所示。

STEP 06 在遮罩和色度键面板中，勾选“应用覆叠选项”复选框，类型选择“遮罩帧”选项，在右边的预设遮罩中选择第一个遮罩效果，如图 8-129 所示。

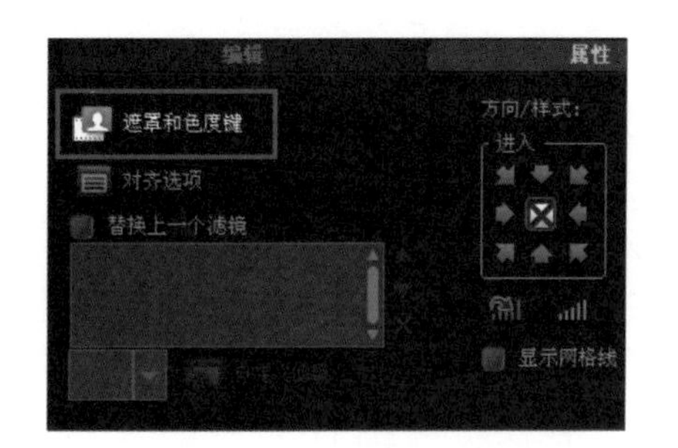

图 8-128　单击“遮罩和色度键”按钮

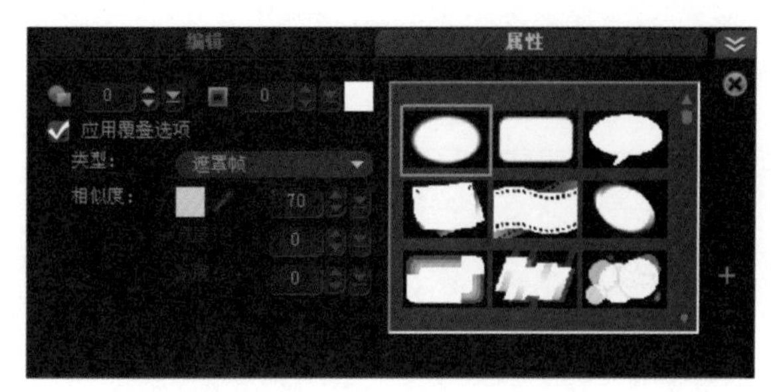

图 8-129　设置遮罩模式

STEP 07 在时间轴视图中，选中覆叠轨#2 素材，单击鼠标右键，在弹出的快捷菜单中选择“复制属性”选项，如图 8-130 所示。

STEP 08 选中覆叠轨#1 素材，单击鼠标右键，弹出的快捷菜单中选择“粘贴属性”选项，如图 8-131 所示。

图 8-130　复制属性

图 8-131　粘贴属性

STEP 09 在预览窗口中调整覆叠素材位置，如图 8-132 所示。

STEP 10 在时间轴中选中食谱 1，单击“选项”按钮，打开属性面板，设置进入方向为上方进入，退出方向为下方退出，如图 8-133 所示。

STEP 11 在时间轴中选中食谱 2，单击“选项”按钮，打开属性面板，设置进入方向为下方进入，退出方向为上方退出，如图 8-134 所示。

图 8-132　调整位置

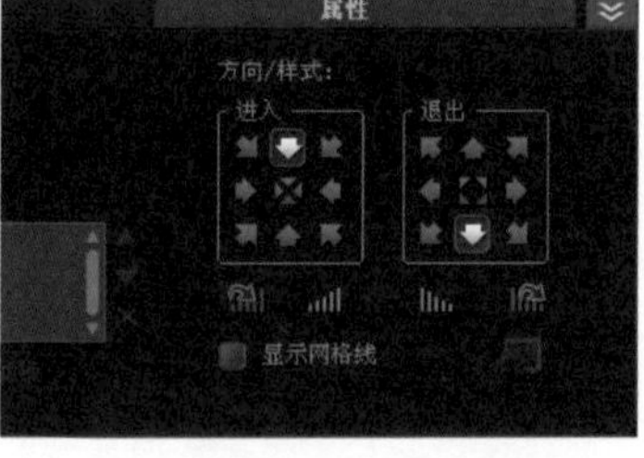

图 8-133　设置进入退出方向

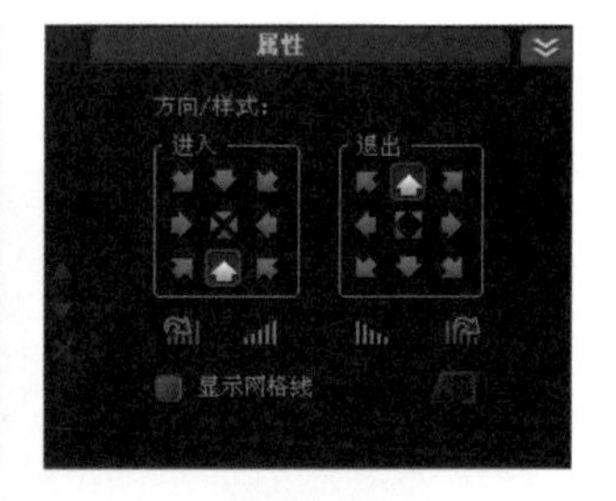

图 8-134　设置进入退出方向

STEP 12 单击导览面板上的“播放”按钮，查看应用覆叠轨道的效果，如图 8-135 所示。

图 8-135　预览应用效果

8.6.6 明月相思

素材文件:	DVD\素材\第 8 章\明月寄相思.jpg、相思女.png
项目文件:	DVD\项目\第 8 章\明月相思.VSP
视频文件:	DVD\视频\第 8 章\8.6.6 明月相思.avi

STEP 01 进入会声会影 X3 高级编辑界面，在轨道上添加图像（DVD\素材\第 8 章\明月寄相思.jpg），如图 8-136 所示。

STEP 02 在覆叠轨道上添加素材图像（DVD\素材\第 8 章\相思女.png），并调整覆叠素材大小及位置，如图 8-137 所示。

图 8-136　添加素材图像

图 8-137　整覆叠素材大小及位置

STEP 03 单击素材库上的“滤镜”按钮，单击“画廊”|“特殊”选项，添加“云彩”滤镜到视频轨素材上，如图 8-138 所示。

STEP 04 滤镜添加完成，在预览窗口就可以看到添加“云彩”滤镜效果，如图 8-139 所示。

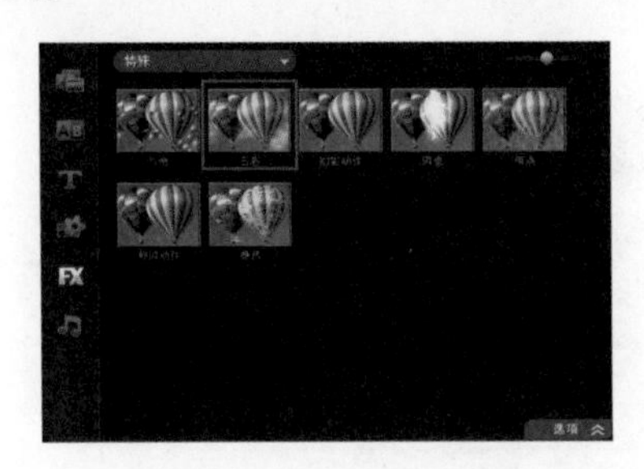

图 8-138　添加素材图像

图 8-139　预览添加的“云彩”滤镜

STEP 05 单击导览面板上的“播放”按钮，查看应用覆叠轨道的效果，如图 8-140 所示。

图 8-140　预览应用效果

8.6.7 合成照片

素材文件:	DVD\素材\第 8 章\背景图片.jpg、欣赏音乐.png
项目文件:	DVD\项目\第 8 章\合成效果.VSP
视频文件:	DVD\视频\第 8 章\8.6.7 合成效果.avi

STEP 01 进入会声会影 X3 高级编辑界面，在轨道上添加图像（DVD\素材\第 8 章\背景图片.jpg、），如图 8-141 所示。

STEP 02 在覆叠轨道上添加素材图像（DVD\素材\第 8 章\欣赏音乐.png），如图 8-142 所示。

图 8-141　添加素材图像

图 8-142　添加覆叠素材

STEP 03 单击鼠标左键，拖动覆叠素材左上角的绿色节点，如图 8-143 所示。

STEP 04 单击鼠标左键，拖动覆叠素材右上角的绿色节点，如图 8-144 所示。

图 8-143　拖动覆叠素材左上角的绿色节点

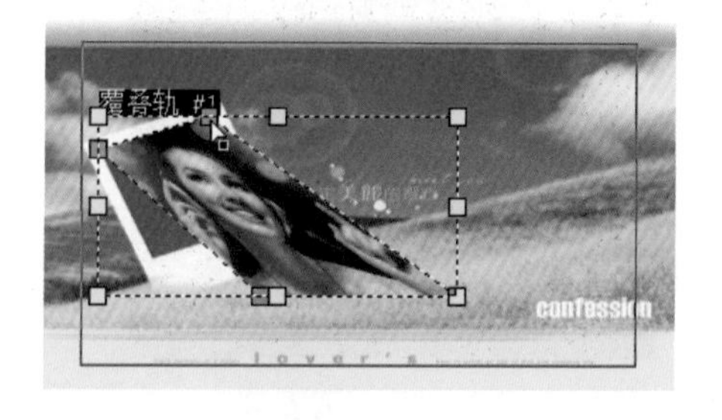

图 8-144　拖动覆叠素材右上角的绿色节点

STEP 05 单击鼠标左键，拖动覆叠素材左下角的绿色节点，如图 8-145 所示。

STEP 06 单击鼠标左键，拖动覆叠素材右下角的绿色节点，如图 8-146 所示。

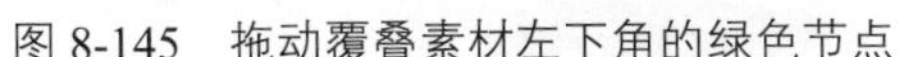
图 8-145　拖动覆叠素材左下角的绿色节点

图 8-146　拖动覆叠素材右下角的绿色节点

STEP 07 单击导览面板上的“播放”按钮，查看应用覆叠轨道的效果，如图 8-147 所示。

图 8-147　预览应用效果

添加标题和字幕

第 9 章

影片编辑完成后，还需要为影片制作标题、字幕等，这些文字可以有效地帮助观众理解影片。在会声会影 X3 中，用户可以自己编辑标题，也可以使用预设的标题。本章将学习如何为影片制作标题，让剪辑的影片更具有视觉元素。

本章重点：

★ 创建标题文件

★ 设置标题样式

★ 设置标题属性

★ 应用动画效果

9.1 创建标题文件

为影片添加标题时，可以根据影片的需要添加单个标题或者多个标题，也可以使用预设标题。

9.1.1 介绍编辑面板

标题的编辑面板是用来设置标题的基本属性。单击素材库中的“标题”按钮，在预览窗口输入文本即可添加标题，用户还可以根据需要来进行相应的属性设置。下面就来介绍具体标题编辑面板，如图 9-1 所示。

图 9-1　标题选项面板

- 区间 0:00:03:00：显示播放时间，通过修改时间码的值来调整标题在影片中的播放时间。
- 字体样式：设置文字的粗体、斜体、添加下划线。
- 文字对齐方式：设置文字的左对齐、居中、右对齐。
- 垂直文字：可以是水平的文字变为垂直的文字，如图 9-2 所示。

图 9-2　垂直文字改为垂直文字效果

- 字体：设置字体样式，如图 9-3 所示。

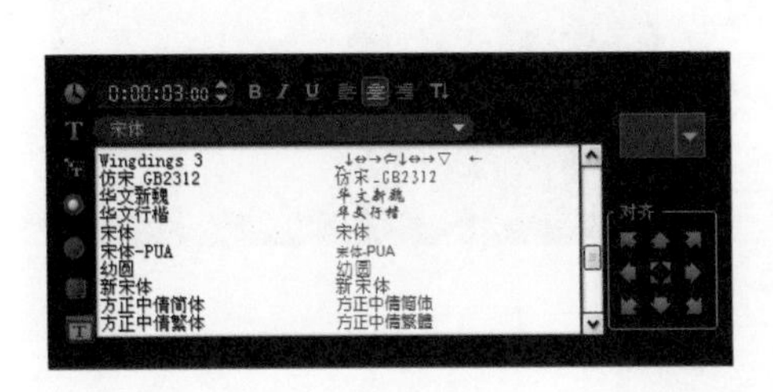

图 9-3　字体样式

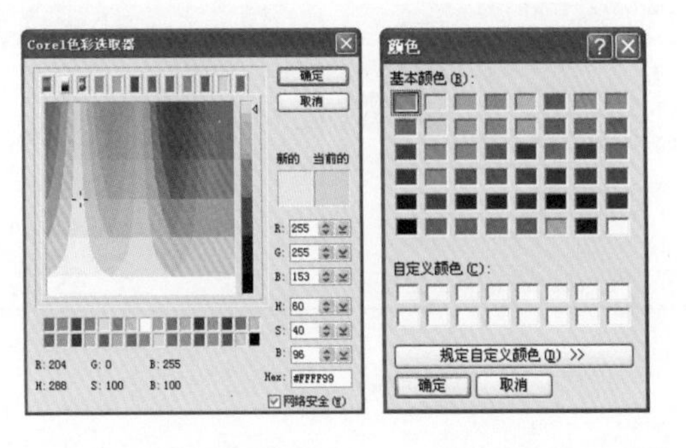

图 9-4　“Corel 色彩选取器”和“Windows 色彩选取器”

- 字体大小：调整文字的大小。
- 色彩：调整位文字色彩，可以从“Corel 色彩选取器”对话框中选取，或者从“Windows 色彩选取器”中选取，如图 9-4 所示。
- 行间距：调整两行文本之间的距离，如图 9-5 所示。

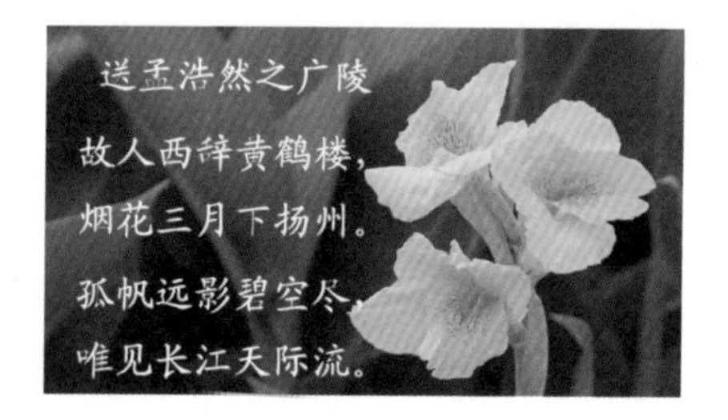

图 9-5　调整行间距

- 角度：调整文字的旋转角度，如图 9-6 所示。
- 多个标题：为文字添加多个文字框，让文字可以放到不同的位置，更便于用户的编辑使用。
- 单个标题：可以为文字添加单个文字框。
- 打开字幕文件：可以导入已经存储在硬盘中的字幕文件，字幕文件包括 stt、sim、ruf 等多种格式。

图 9-6　调整文字角度

- 保存字幕文件：单击保存字幕文件按钮，可以将字幕保存为 utf 格式的字幕文件，以备以后使用。
- 显示网格：可以显示网格线，用做参考。
- 边框/阴影/透明度：为文字添加边框、阴影，并调整透明度，如图 9-7 所示。
- 文字背景：为文字添加一个背景栏，让文字看起来更加丰富，如图 9-8 所示。
- 对齐：设置文字在画面上的对齐方式。

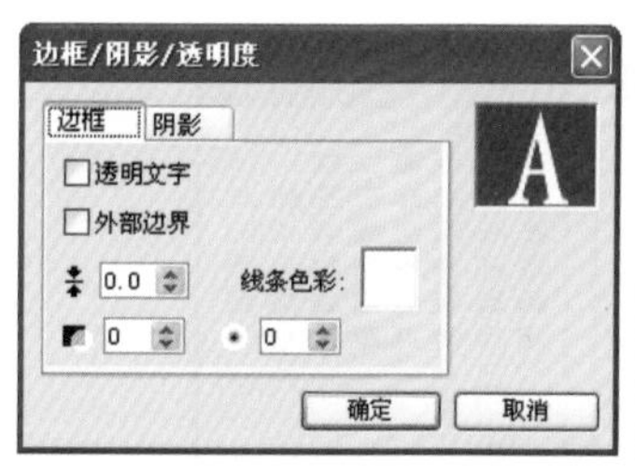

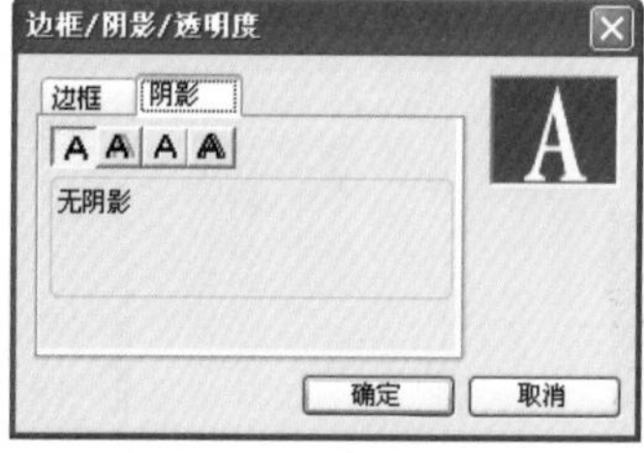

图 9-7　“边框/阴影/透明度”对话框

图 9-8　添加文字背景

9.1.2 添加预设标题

会声会影 X3 素材库中提供了丰富的预设标题，可以直接添加到标题轨道上，然后修改标题文本内容即可。

素材文件：	DVD\素材\第 9 章\.篮球.jpg
项目文件：	DVD\项目\第 9 章\添加预设标题.VSP
视频文件：	DVD\视频\第 9 章\9.1.2 添加预设标题.avi

STEP 01 进入会声会影 X3 高级编辑界面，添加素材图像到轨道上（DVD\素材\第 9 章\.篮球.jpg），如图 9-9 所示。

STEP 02 单击素材库上“标题”按钮，切换至“标题”素材库，如图 9-10 所示。

图 9-9　添加图像

图 9-10　单击“标题”按钮

STEP 03 选择所需要的标题样式，单击鼠标右键，在弹出的快捷菜单中选择“插入到”|“标题轨#1”选项，如图 9-11 所示。

STEP 04 标题插入到标题轨道后，双击轨道上的标题，就可以在预览窗口看到标题样式，如图 9-12 所示。

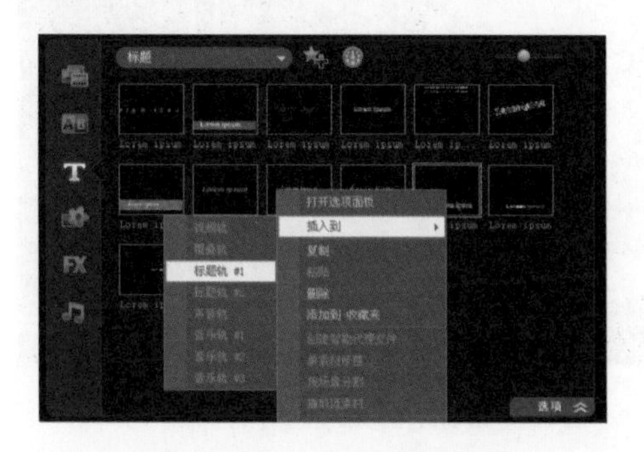

图 9-11　添加到标题轨道

图 9-12　预览标题样式

STEP 05 在预览窗口双击标题字幕，删除原有文字，输入文本“街头篮球”，如图 9-13 所示。

STEP 06 标题内容修改完成后，按住鼠标左键拖动标题到合适位置，如图 9-14 所示。

图 9-13　输入文字

图 9-14　调整文字位置

提　示

在素材库中选中标题，按住鼠标左键，将其拖动到标题轨道上也可以添加标题。

9.1.3 添加单个标题

为影片添加单个标题，是制作影片一个重要的流程，下面具体介绍添加单个标题的操作方法。

素材文件:	DVD\素材\第 9 章\.音乐.jpg
项目文件:	DVD\项目\第 9 章\添加单个标题.VSP
视频文件:	DVD\视频\第 9 章\9.1.3 添加单个标题.avi

STEP 01 进入会声会影 X3 高级编辑界面，添加图像素材到视频轨道上（DVD\素材\第 9 章\音乐.jpg），如图 9-15 所示。

STEP 02 单击“标题”按钮，切换至标题选项，预览窗口中显示“双击这里添加标题”提示字样，如图 9-16 所示。

图 9-15　添加图像

图 9-16　提示添加标题

STEP 03 在预览窗口中双击鼠标左键，打开编辑面板，在编辑面板中选中“单个标题”单选按钮，如图 9-17 所示。

STEP 04 在预览窗口中双击鼠标输入文字“音乐任我行”，并设置“字体大小”为 70、字体为“方正艺黑简体”，颜色为白色，并调整文字到适当的位置，如图 9-18 所示。

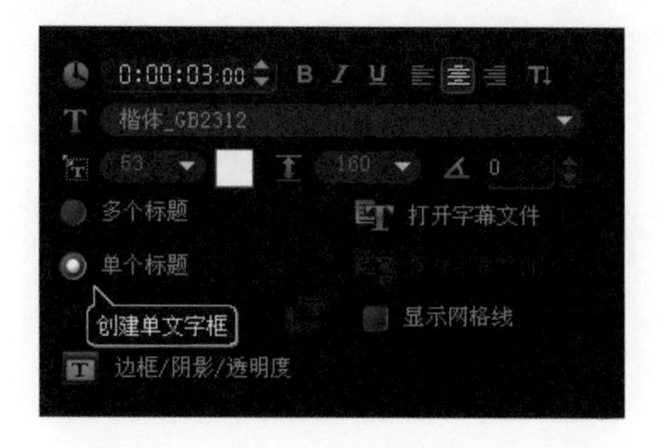

图 9-17 选中"单个标题"单选按钮

图 9-18 预览标题样式

STEP 05 操作完成后，在导览面板中单击"播放"按钮，预览标题效果，如图 9-19 所示。

图 9-19 预览添加标题效果

9.1.4 添加多个标题

为影片添加多个标题，可以将不同的单词或文字放置到画面的任何位置，进行排列组合。

素材文件：	DVD\素材\第 9 章\海滩.jpg
项目文件：	DVD\项目\第 9 章\添加多个标题.VSP
视频文件：	DVD\视频\第 9 章\9.1.4 添加多个标题.avi

STEP 01 入会声会影 X3 高级编辑界面，添加图像到图像轨道上（DVD\素材\第 9 章\海滩.jpg），如图 9-20 所示。

STEP 02 单击"标题"按钮，预览窗口中显示"双击这里添加标题"提示字样，如图 9-21 所示。

图 9-20 添加图像

图 9-21 提示添加标题

STEP 03 在预览窗口中双击鼠标左键，打开编辑面板，选中"多个标题"单选按钮，如图 9-22 所示。

STEP 04 在预览窗口中双击鼠标输入文字"夏日海滩"，并设置"字体大小"为 75、"字体"为"宋体"、颜色为橘色，调整文字到适当的位置，如图 9-23 所示。

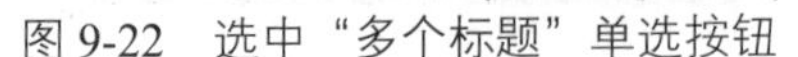
图 9-22　选中“多个标题”单选按钮

图 9-23　输入文本

STEP 05 文字输入完成后，双击预览窗口空白处，继续添加文字“浪漫回忆”，并修改“字体大小”为 55、“字体”为“宋体”、颜色为绿色，并调整文字到适当的位置，如图 9-24 所示。

STEP 06 操作完成后，单击导览面板中的“播放”按钮，即可预览文字，如图 9-25 所示。

图 9-24　添加第 2 个标题

图 9-25　预览标题

9.1.5 添加动画效果

动画属性可以为标题添加动画效果，可以根据需要来设置标题动画，具体操作如下：

素材文件：	DVD\素材\第 9 章\绿色原野.jpg
项目文件：	DVD\项目\第 9 章\绿色原野.VSP
视频文件：	DVD\视频\第 9 章\9.1.5 添加动画效果.avi

STEP 01 进入会声会影 X3 高级编辑界面，添加项目文件（DVD\素材\第 9 章\清凉.jpg），如图 9-26 所示。

STEP 02 在时间轴中选中标题，双击鼠标左键，如图 9-27 所示。

STEP 03 选择属性面板，勾选“应用”复选框，选择第 1 个动画效果，如图 9-28 所示。

图 9-26　添加项目文件

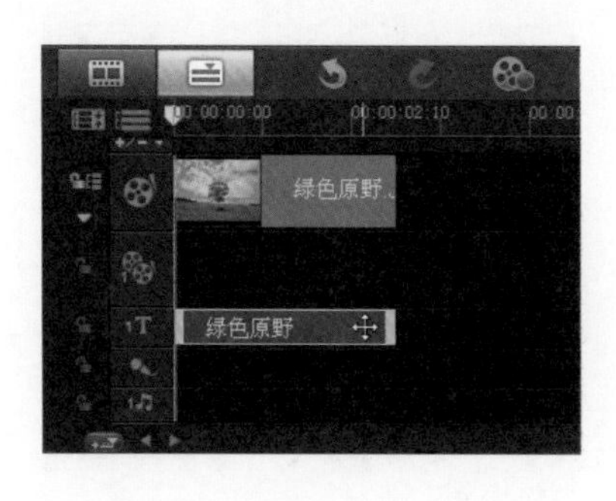

图 9-27　双击标题

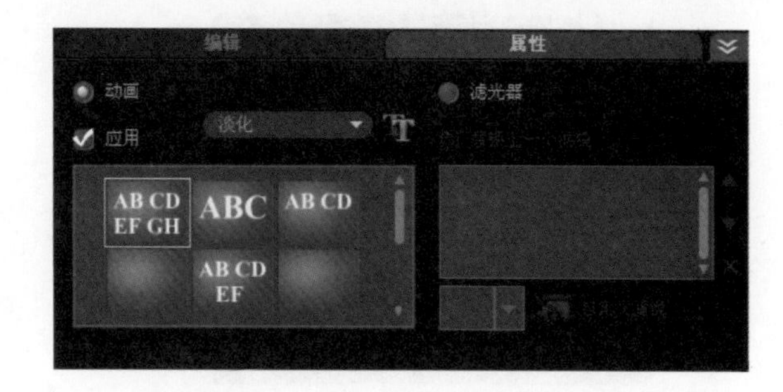

图 9-28　设置动画

STEP 04 单击导览面板中的“播放”按钮，预览标题动画效果，如图 9-29 所示。

图 9-29　预览标题动画效果

9.2 设置标题样式

为影片添加标题内容后，程序会使用默认的格式，但是不同的影片对标题格式有所不同，所以添加标题后，还需要对标题的字体、字体大小、颜色、对齐方式等进行设置。

9.2.1 设置文本格式

文本格式包括“粗体”、“倾斜”、“下划线”3 个选项，下面介绍具体设置文本格式、对齐方式、方向的操作方法。

素材文件:	DVD\素材\第 9 章\清凉.jpg
项目文件:	DVD\项目\第 9 章\设置文本格式.VSP
视频文件:	DVD\视频\第 9 章\9.2.1 设置文本格式.avi

STEP 01 进入会声会影 X3 高级编辑界面，添加图像到视频轨道上（DVD\素材\第 9 章\清凉.jpg），如图 9-30 所示。

STEP 02 单击素材库上的“标题”按钮，预览窗口出现“双击这里可以添加标题”提示字样，如图 9-31 所示。

图 9-30　添加图像素材

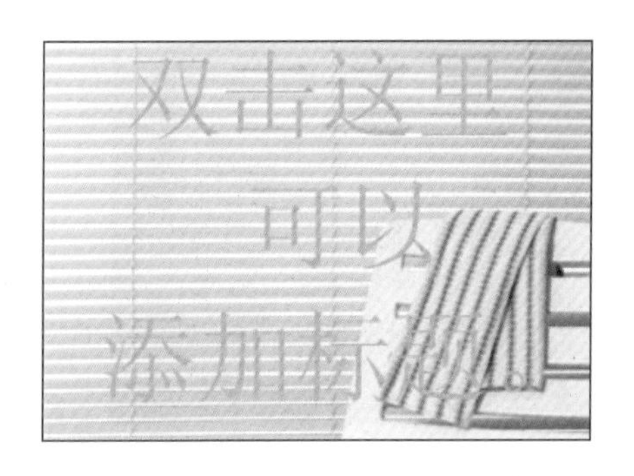

图 9-31　标题处于编辑状态

STEP 03 双击预览窗口，输入文本为“清凉一夏”，设置“字体”为“宋体”，“字体大小”为 80，颜色为黑色，如图 9-32 所示。

STEP 04 设置完成后，在预览窗口中显示设置文本效果，如图 9-33 所示。

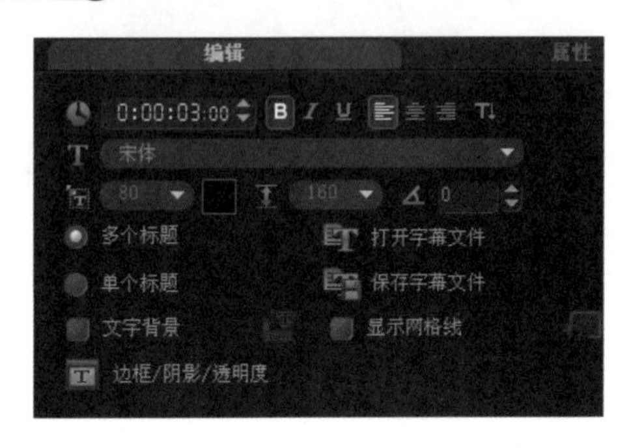

图 9-32　设置字体属性

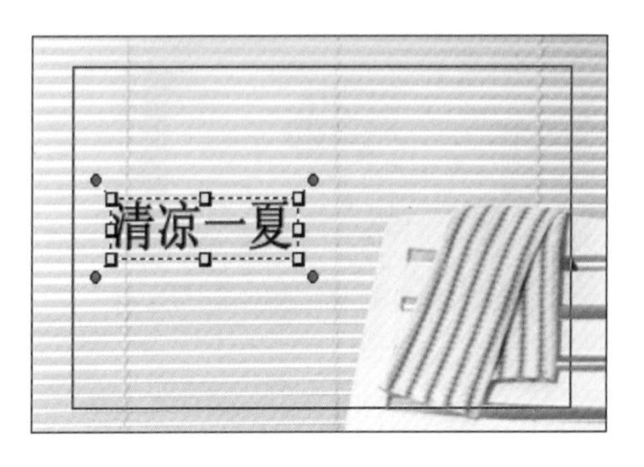

图 9-33　查看标题效果

9.2.2 设置对齐方式

输入完标题后，还可以设置对齐方式、方向，下面介绍其操作方法。

素材文件:	DVD\素材\第 9 章\天空.jpg
项目文件:	DVD\项目\第 9 章\设置对齐方式.VSP
视频文件:	DVD\视频\第 9 章\9.2.2 设置对齐方式.avi

STEP 01 进入会声会影 X3 高级编辑界面，添加图像到视频轨道上（DVD\素材\第 9 章\天空.jpg），如图 9-34 所示。

STEP 02 单击素材库上的“标题”按钮，预览窗口出现“双击这里可以添加标题”提示字样，如图 9-35 所示。

STEP 03 双击预览窗口，输入文字，此时文字默认为“左对齐”，如图 9-36 所示。

图 9-34　添加图像素材

图 9-35　标题处于编辑状态

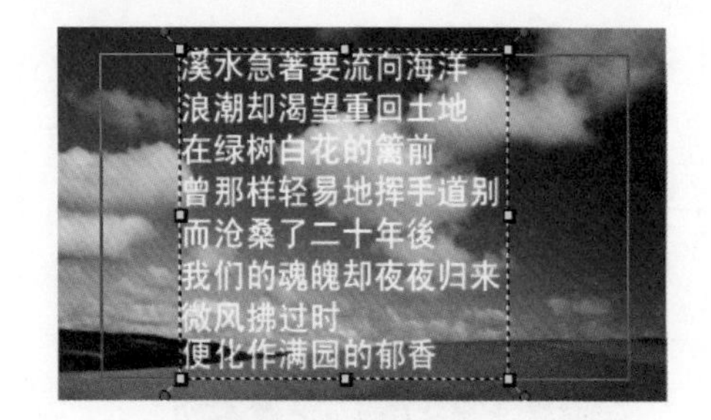

图 9-36　“左对齐”效果

STEP 04 选中文字并在选项面板上单击“居中”按钮，如图 9-37 所示。

STEP 05 在预览窗口中就可以看到设置后的“居中”效果，如图 9-38 所示。

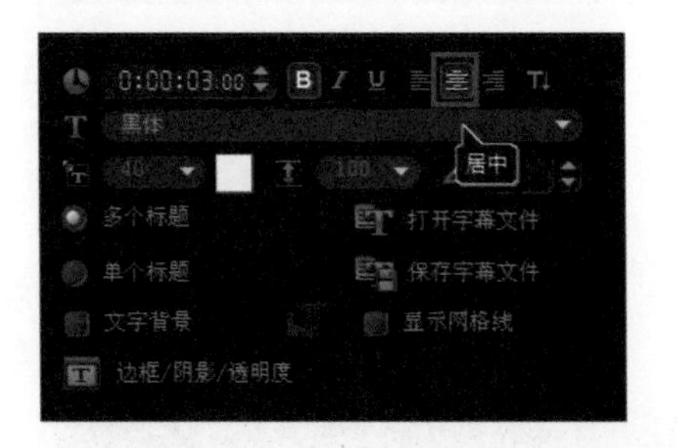

图 9-37　选择“居中”按钮

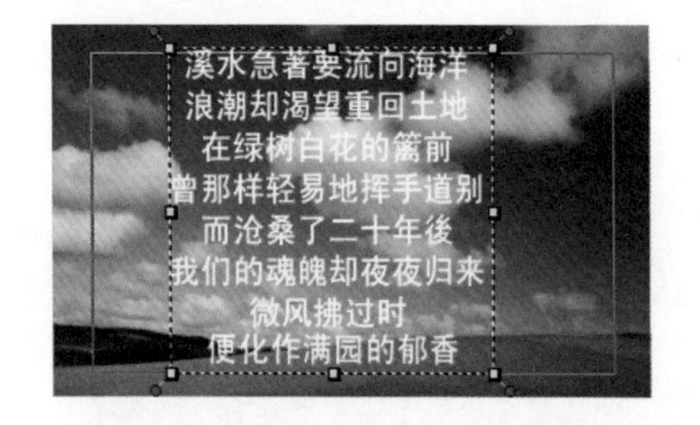

图 9-38　“居中”后效果

STEP 06 选中文字，在编辑面板上单击“右对齐”按钮，如图 9-39 所示。

STEP 07 在预览窗口中就可以看到设置后的“右对齐”效果，如图 9-40 所示。

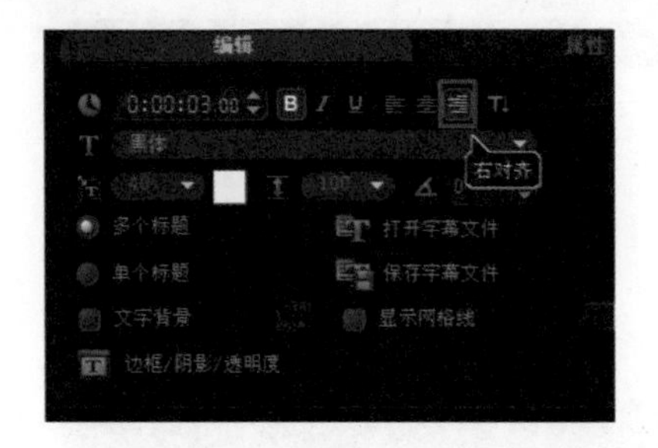

图 9-39　选择“右对齐”命令

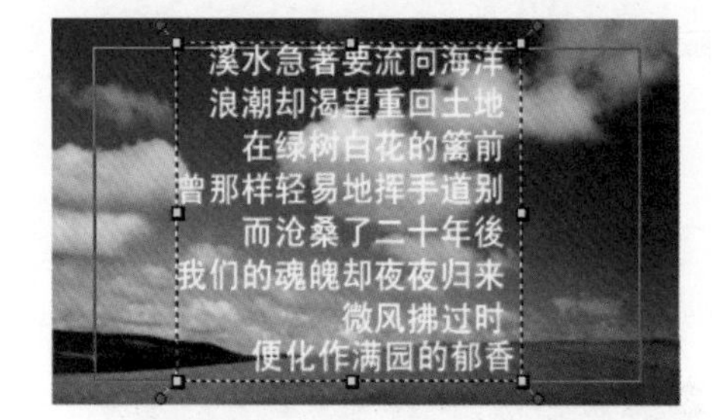

图 9-40　“右对齐”效果

9.2.3 设置字体属性

添加标题后，标题的字体、字体大小、颜色是根据用户需要来进行设置，下面介绍其操作方法。

素材文件：	DVD\素材\第 9 章\桥.jpg
项目文件：	DVD\项目\第 9 章\设置字体属性.VSP
视频文件：	DVD\视频\第 9 章\9.2.3 设置字体属性.avi

STEP 01 进入会声会影 X3 高级编辑界面，添加图像到视频轨道上（DVD\素材\第 9 章\桥.jpg），如图 9-41 所示。

STEP 02 单击素材库上的“标题”按钮，预览窗口出现“双击这里可以添加标题”提示字样，如图 9-42 所示。

图 9-41 添加图像素材

图 9-42 让标题处于编辑状态

STEP 03 双击预览窗口，输入文本“同建绿色温馨家园 共享清澈碧水蓝天”，如图 9-43 所示。

STEP 04 单击编辑面板上字体右侧的三角按钮，选择“华文行楷”字体，如图 9-44 所示。

图 9-43 添加图像素材

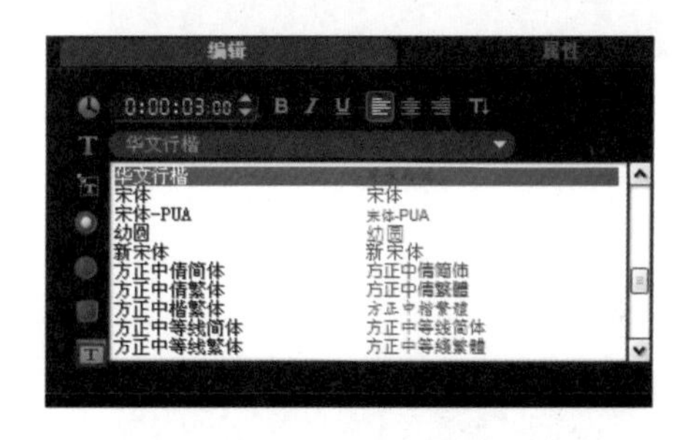

图 9-44 选择字体

STEP 05 单击“字体大小”右侧的三角按钮，选择“字体”为 60，如图 9-45 所示。

STEP 06 单击色彩框按钮，选择“Corel 色彩选取器”选项，如图 9-46 所示。

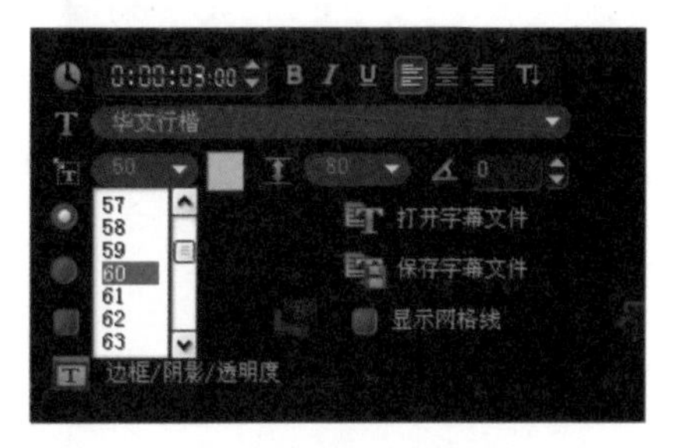

图 9-45 选择字体大小

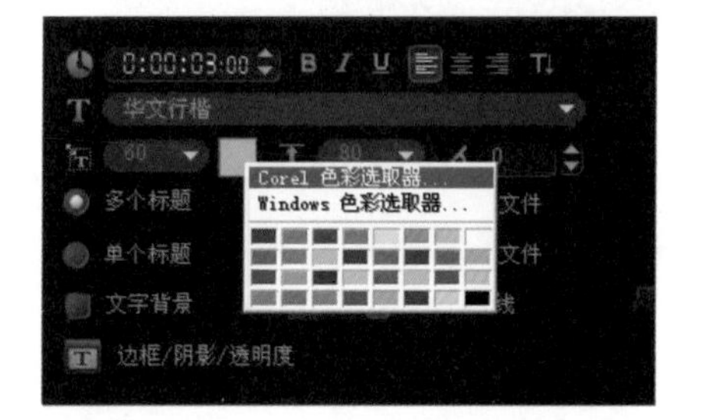

图 9-46 单击“Corel 色彩选取器”选项

STEP 07 在弹出的“Corel 色彩选取器”对话框中，设置 R：102、G204、B、255，如图 9-47 所示。

STEP 08 单击“确定”按钮，返回编辑面板，设置“行间距”为 100，如图 9-48 所示。

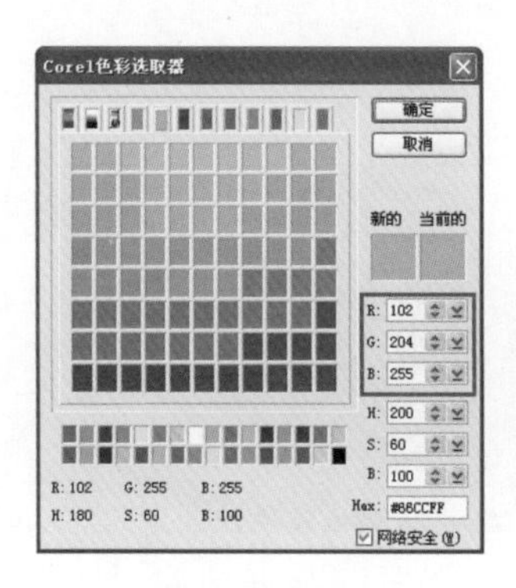

图 9-47　设置颜色

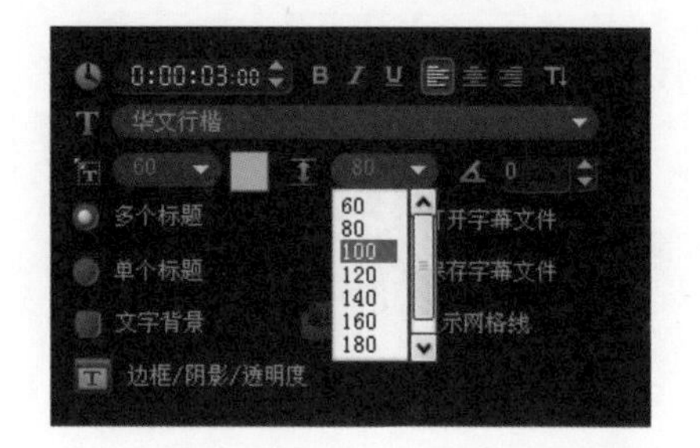

图 9-48　设置“行间距”为 100

STEP 09 设置“按角度旋转”为-6，如图 9-49 所示，标题设置完成。

STEP 10 单击导览面板上的“播放”按钮，预览标题设置效果，如图 9-50 所示。

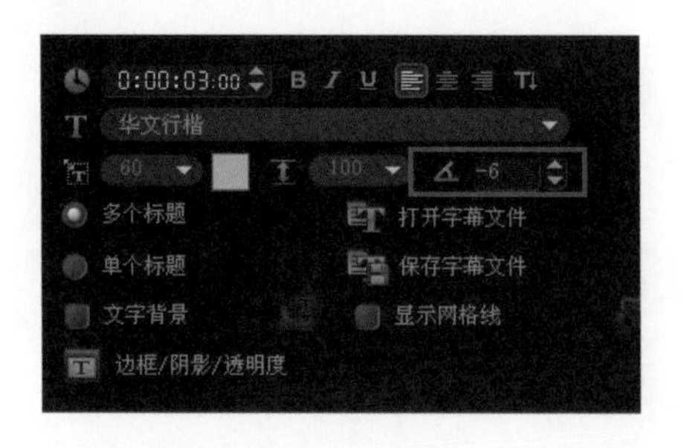

图 9-49　设置角度

图 9-50　预览标题效果

9.2.4 使用预设标题格式

会声会影 X3 中还为用户预设了标题格式，直接套用即可，下面介绍其操作方法。

素材文件：	DVD\素材\第 9 章\蛋糕.jpg
项目文件：	DVD\项目\第 9 章\使用预设标题格式.VSP
视频文件：	DVD\视频\第 9 章\9.2.4 使用预设标题格式.avi

STEP 01 进入会声会影 X3 高级编辑界面，添加图像到视频轨道上（DVD\素材\第 9 章\蛋糕.jpg），如图 9-51 所示。

STEP 02 单击素材库上的“标题”按钮，预览窗口出现“双击这里可以添加标题”提示字样，如图 9-52 所示。

STEP 03 双击预览窗口，输入文本为“蛋糕”，如图 9-53 所示。

图 9-51　添加图像素材

图 9-52　让标题处于编辑状态

图 9-53　输入文字

STEP 04 在选项面板上单击"选取标题样式预设值"按钮，选择第 4 个预设格式，如图 9-54 所示。

STEP 05 单击导览面板上的"播放"按钮，预览标题设置效果，如图 9-55 所示。

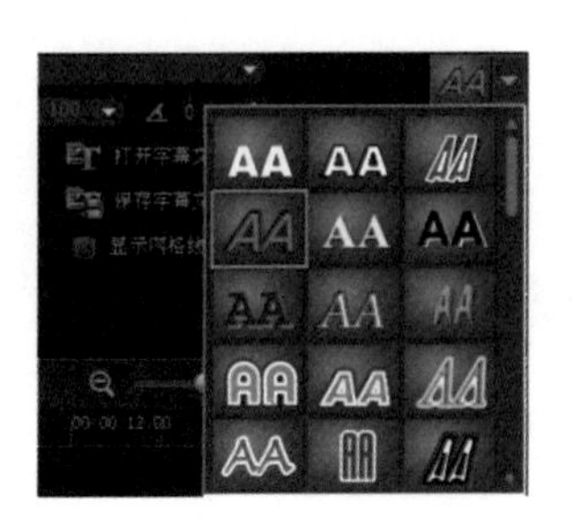

图 9-54　选择预设格式

图 9-55　预览应用标题效果

9.3 设置标题属性

标题添加到影片里后，还可以设置标题的属性，让标题的风格与影片的风格相一致。

9.3.1 设置标题播放时间

在轨道中添加标题后，标题的播放时间和视频轨道上的素材时间是相对应的，如果需要调整标题的播放时间，可以用以下两种方法：

素材文件:	DVD\素材\第 9 章\茶.jpg
项目文件:	DVD\项目\第 9 章\设置标题播放时间方法 1.VSP
视频文件:	DVD\视频\第 9 章\9.3.1.1 设置标题播放时间方法 1.avi

STEP 01 进入会声会影 X3 高级编辑界面，添加项目文件到视频轨道上（DVD\素材\第 9 章\茶.jpg），如图 9-56 所示。

STEP 02 在时间轴中，选中标题，双击鼠标左键，打开编辑面板，设置区间为 0: 00: 05: 00，如图 9-57 所示。

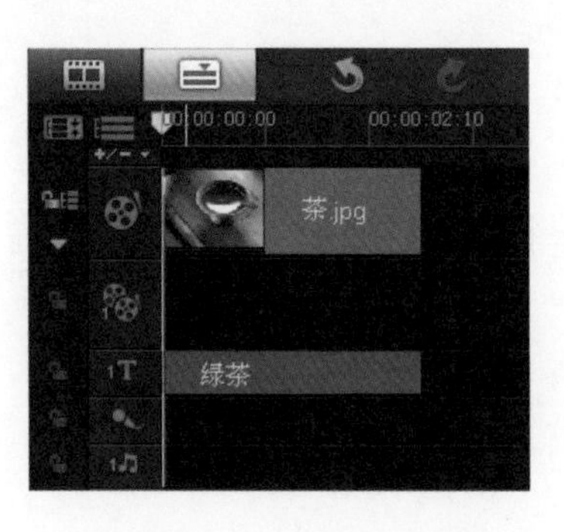

图 9-56　添加项目文件

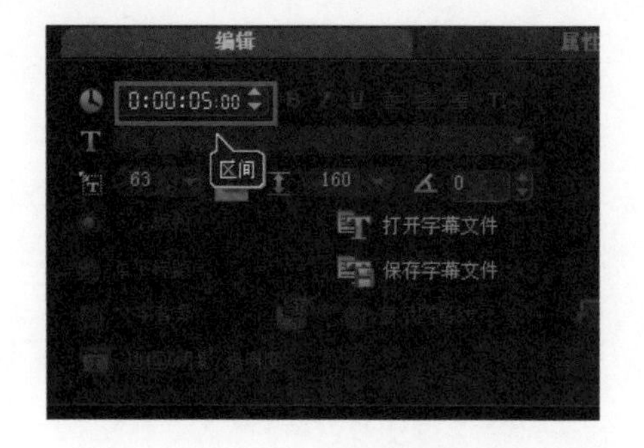

图 9-57　设置播放区间

STEP 03 在时间轴中预览标题播放时间效果，如图 9-58 所示。

图 9-58　预览标题播放时间效果

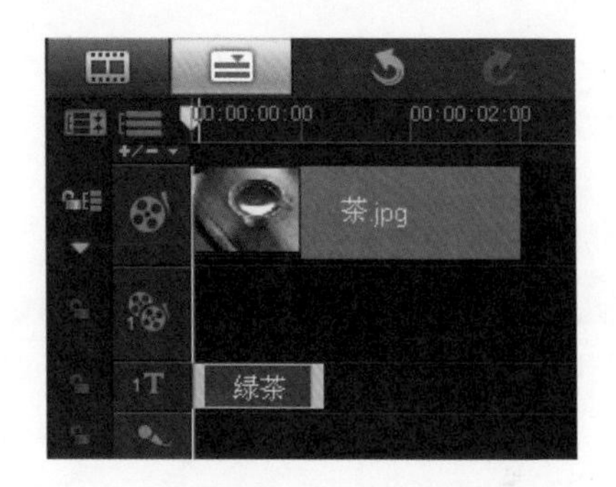

图 9-59　添加项目文件

直接拖拽时间轴中的标题，也可以调整标题播放时间，具体操作方法如下：

素材文件：	DVD\素材\第 9 章\茶.jpg
项目文件：	DVD\项目\第 9 章\设置标题播放时间方法 2.VSP
视频文件：	DVD\视频\第 9 章\9.3.1.2 设置标题播放时间方法 2.avi

STEP 01 进入会声会影 X3 高级编辑界面，添加项目文件到视频轨道上（DVD\素材\第 9 章\茶.jpg），如图 9-59 所示。

STEP 02 选中时间轴中的标题，把鼠标放到标题的边缘，当鼠标变成指针时，单击鼠标左键进行拖动，如图 9-60 所示。

STEP 03 拖动到合适位置后，释放鼠标左键，如图 9-61 所示，即可调整标题播放时间。

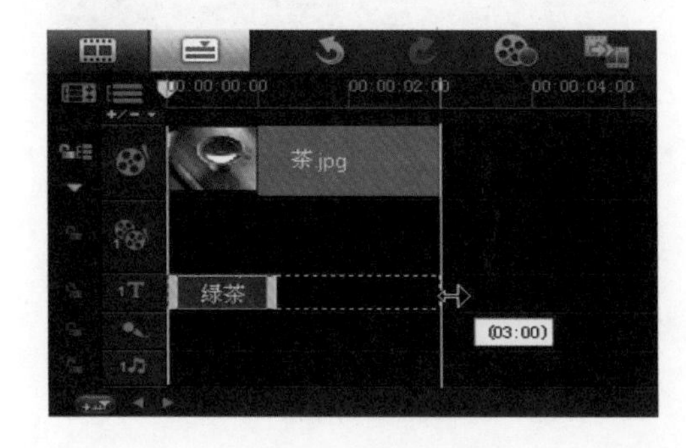

图 9-60　拖动标题

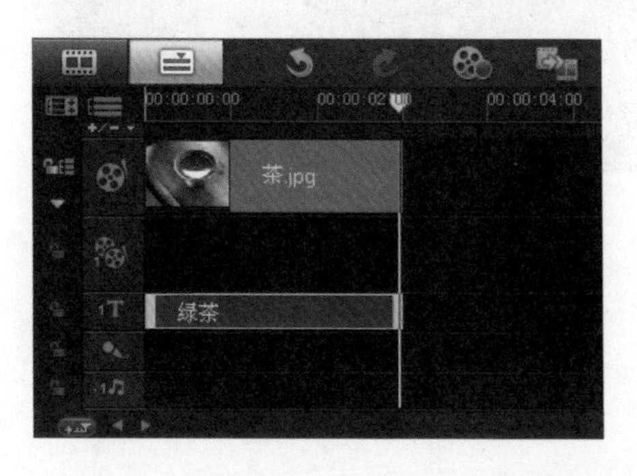

图 9-61　预览标题播放时间效果

9.3.2 调整标题位置

添加字幕后，有时需要调整到视频相对应的位置，这时就需要调整标题的位置，具体操作方法如下：

素材文件：	DVD\素材\第 9 章\秋 1、2、3.jpg
项目文件：	DVD\项目\第 9 章\调整标题位置.VSP
视频文件：	DVD\视频\第 9 章\9.3.2 调整标题位置.avi

STEP 01 进入会声会影 X3 高级编辑界面，打开项目文件（DVD\项目\第 9 章\秋天.VSP），如图 9-62 所示。

STEP 02 单击要移动的标题，当鼠标变成十字形状后，单击鼠标左键并拖动到要放置的位置，如图 9-63 所示。

STEP 03 操作完成后，单击导览面板中的“播放”按钮即可预览文字，如图 9-64 所示。

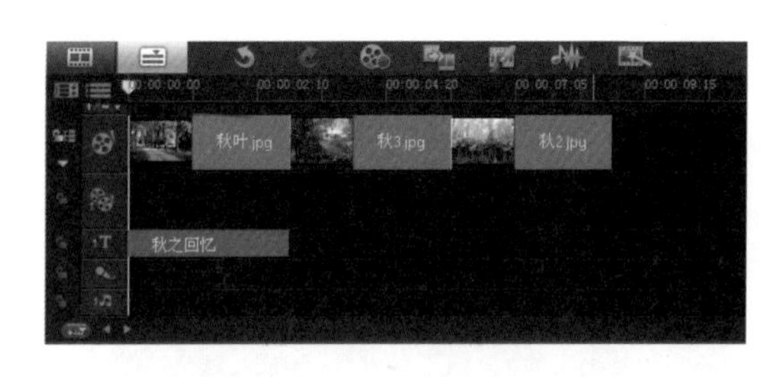

图 9-62　打开项目文件

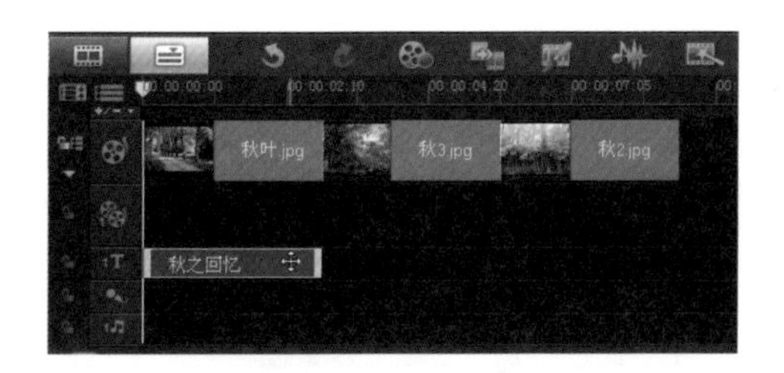

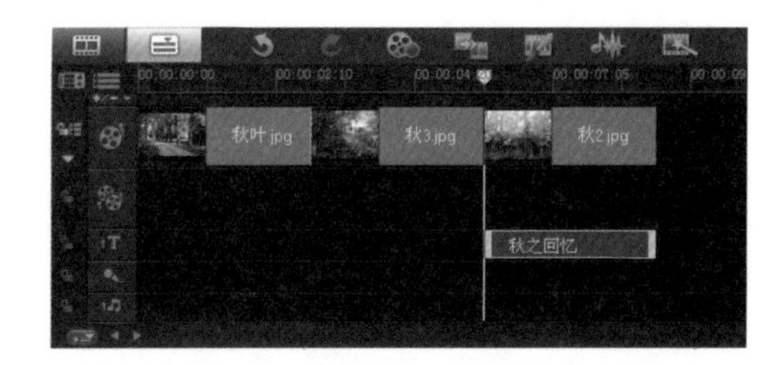

图 9-63　移动标题

图 9-64　预览标题移动效果

9.3.3 旋转标题位置

会声会影 X3 提供了文字旋转功能，可以调整文字的角度。

素材文件：	DVD\素材\第 9 章\粥.jpg
项目文件：	DVD\项目\第 9 章\旋转标题位置.VSP
视频文件：	DVD\视频\第 9 章\9.3.3 旋转标题位置.avi

STEP 01 进入会声会影 X3 高级编辑界面，打开项目文件（DVD\项目\第 9 章\谷物.VSP），如图 9-65 所示。

STEP 02 在时间轴中，选中标题，双击鼠标左键，打开编辑面板，让它处于编辑状态，如图 9-66 所示。

图 9-65　添加项目文件到轨道上

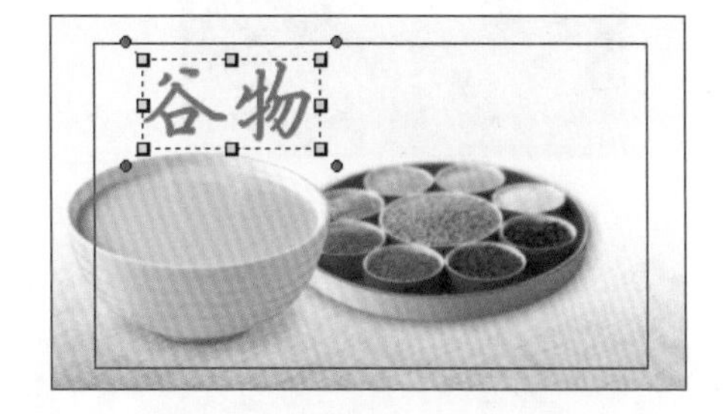

图 9-66　标题处于编辑状态

STEP 03 在编辑面板上，设置“字体大小”100、“字体”为“方正硬笔楷书简体”、“按角度旋转”为 15，如图 9-67 所示。

STEP 04 在预览窗口中，文本就会进行旋转，如图 9-68 所示。

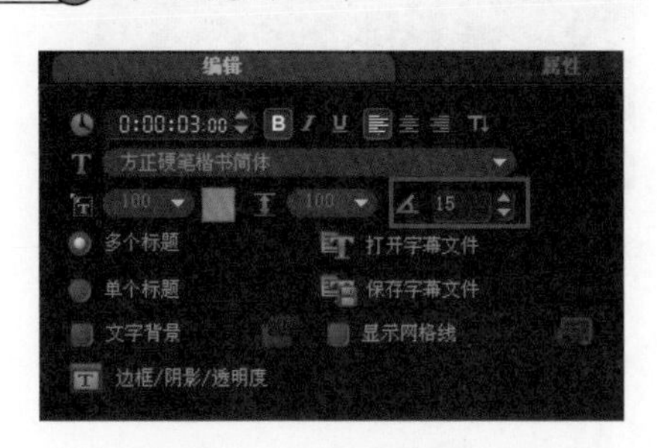

图 9-67　设置旋转角度

图 9-68　预览标题效果

技　巧

文字处于编辑状态时，把鼠标放到文字四周的紫色控制点，当鼠标变成 形状时，按住拖动鼠标即可旋转标题。

9.3.4 添加标题边框

会声会影 X3 可以为标题添加边框，让标题更加醒目。

素材文件：	DVD\素材\第 9 章\双喜.jpg
项目文件：	DVD\项目\第 9 章\添加标题边框.VSP
视频文件：	DVD\视频\第 9 章\9.3.4 添加标题边框.avi

STEP 01 进入会声会影 X3 高级编辑界面，添加图像素材（DVD\素材\第 9 章\双喜.jpg），如图 9-69 所示。

STEP 02 单击素材库中的“标题”按钮，预览窗口中显示“双击这里添加标题”提示字样，如图 9-70 所示。

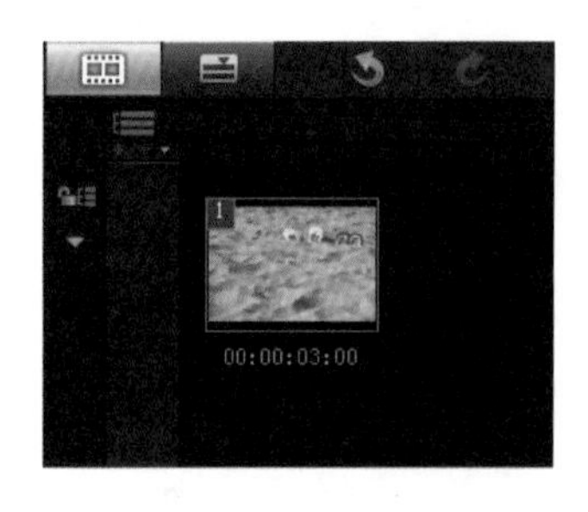

图 9-69　添加图像素材

图 9-70　标题处于编辑状态

STEP 03 双击预览窗口，输入文本“浪漫海滩”，设置“字体”为“方正硬笔楷书简体”、“字体大小”为 111、颜色为白色，如图 9-71 所示。

STEP 04 在编辑面板中，单击“边框/阴影/透明度”按钮，如图 9-72 所示。

图 9-71　输入文本

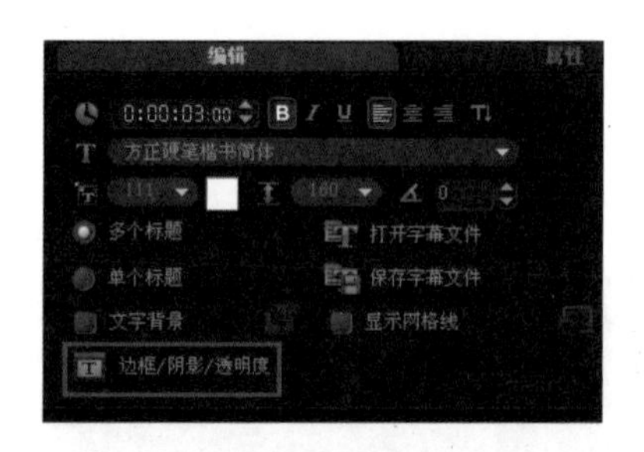

图 9-72　单击“边框/阴影/透明度”按钮

STEP 05 在弹出的“边框/阴影/透明度”对话框中，勾选“外部边界”复选框，设置“边框宽度”为 8、“线条色彩”为蓝色，如图 9-73 所示。

STEP 06 在预览窗口即可查看标题设置效果，如图 9-74 所示。

图 9-73　设置标题边框

图 9-74　查看标题效果

提　示

用户根据自己的需要还可以使标题设置为透空文字，如图 9-75 所示。

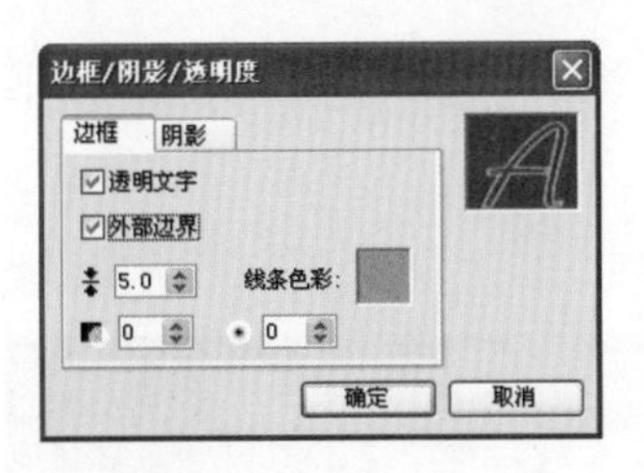

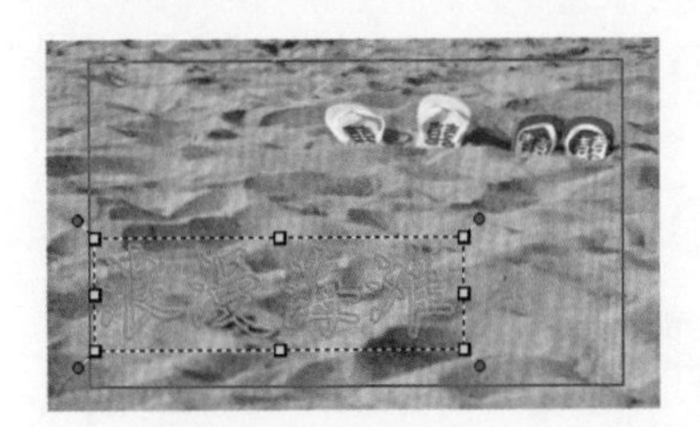

图 9-75 设置透空文字

9.3.5 添加标题阴影

会声会影 X3 可以为标题添加阴影，使文字更加独具个性，下面介绍具体操作方法。

素材文件:	DVD\素材\第 9 章\啤酒.jpg
项目文件:	DVD\项目\第 9 章\添加标题阴影.VSP
视频文件:	DVD\视频\第 9 章\9.3.5 添加标题阴影.avi

STEP 01 进入会声会影 X3 高级编辑界面，添加图像素材（DVD\素材\第 9 章\啤酒.jpg），如图 9-76 所示。

STEP 02 单击素材库上的“标题”按钮，预览窗口出现“双击这里可以添加标题”提示字样，如图 9-77 所示。

图 9-76 添加图像素材

图 9-77 提示添加标题

STEP 03 在预览窗口中双击鼠标左键，输入文本为“啤酒”，如图 9-78 所示。

STEP 04 在编辑面板上，设置字体为“方正黑体简体”、“字体大小”为 120、颜色为绿色，单击“边框/阴影/透明度”按钮，如图 9-79 所示。

图 9-78 输入文本

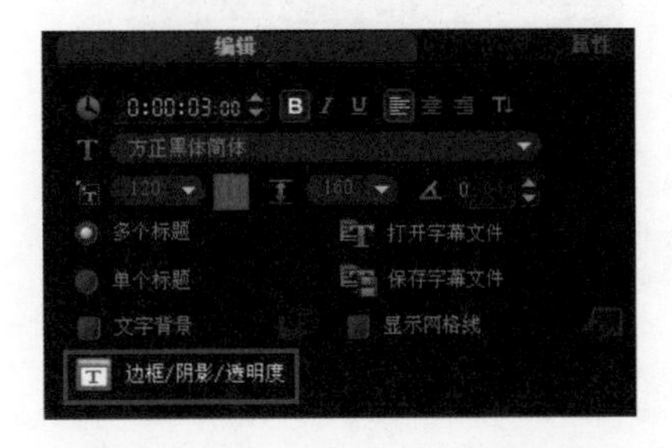

图 9-79 设置标题属性

STEP 05 弹出“边框/阴影/透明度”对话框，单击“阴影”选项卡，选择“突起阴影”，颜色为“白色”，如图 9-80 所示，单击“确定”按钮。

STEP 06 单击导览面板中的“播放”按钮，预览标题效果，如图 9-81 所示。

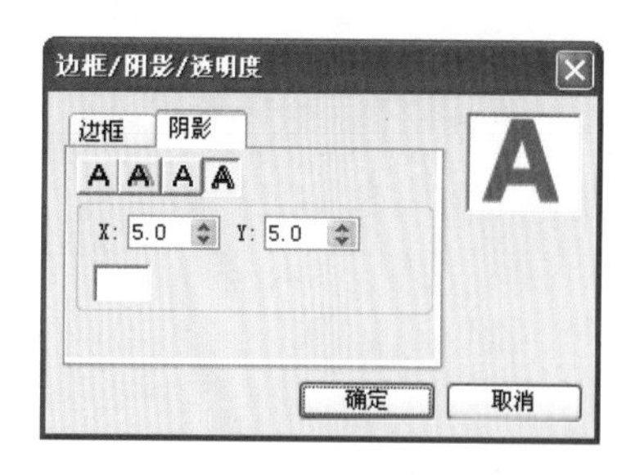

图 9-80 选择阴影效果

图 9-81 预览标题效果

9.3.6 添加背景形状

会声会影 X3 可以为标题添加背景形状，用户可以添加椭圆、矩形、曲边矩形、圆角矩形等背景应用到标题中。

素材文件:	DVD\素材\第 9 章\向日葵.jpg
项目文件:	DVD\项目\第 9 章\添加背景形状.VSP
视频文件:	DVD\视频\第 9 章\9.3.6 添加背景形状.avi

STEP 01 进入会声会影 X3 高级编辑界面，添加图像素材（DVD\项目\第 9 章\向日葵.VSP），如图 9-82 所示。

STEP 02 单击素材库上的“标题”按钮，预览窗口出现“双击这里可以添加标题”提示字样，如图 9-83 所示。

图 9-82 添加图像素材

图 9-83 让标题处于编辑状态

STEP 03 双击预览窗口，输入文字“向日葵”，设置“字体”为“方正黑体简体”、“字体大小”为 82、颜色为黄色，如图 9-84 所示。

STEP 04 打开选项面板，选中“文字背景”并单击“自定义文字背景属性”按钮，如图 9-85 所示

STEP 05 弹出“文字背景”对话框，设置“与文件相符”为“椭圆”选项，色彩为“粉

色”，如图 9-86 所示。

图 9-84　输入文本

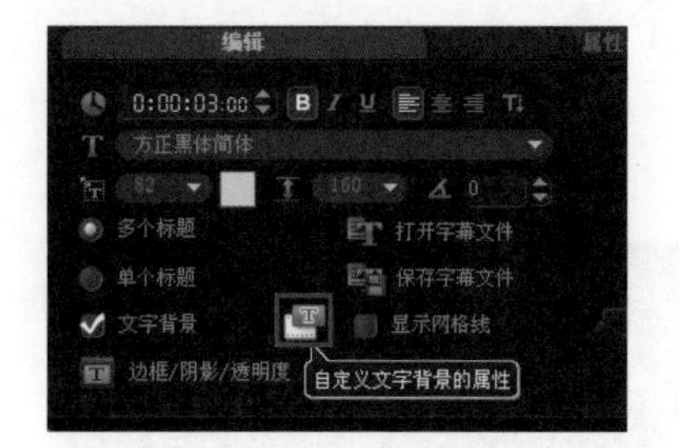

图 9-85　单击“自定义文字背景的属性”按钮

STEP 06 在导览面板中，单击“播放”按钮，查看添加背景效果，如图 9-87 所示。

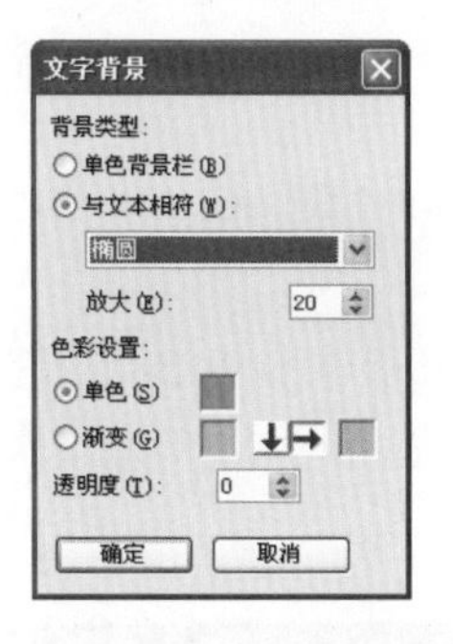

图 9-86　设置属性

图 9-87　预览标题应用效果

9.3.7 添加渐变背景栏

素材文件:	DVD\素材\第 9 章\越野.jpg
项目文件:	DVD\项目\第 9 章\添加渐变背景栏.VSP
视频文件:	DVD\视频\第 9 章\9.3.7 添加渐变背景栏.avi

STEP 01 进入会声会影 X3 高级编辑界面，添加项目文件（DVD\素材\第 9 章\越野.VSP），如图 9-88 所示。

STEP 02 在时间轴中，选中标题，双击鼠标左键，打开编辑面板，如图 9-89 所示。

图 9-88　添加项目文件

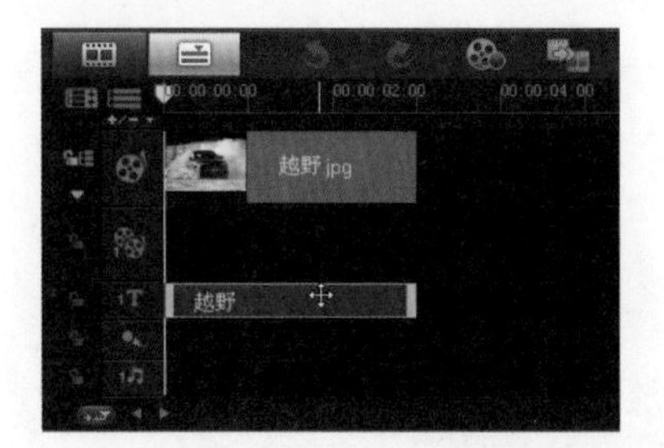

图 9-89　双击标题

STEP 03 在编辑面板面板，选中“文字背景”并单击“自定义文字背景属性”按钮，

如图 9-90 所示

STEP 04 弹出“文字背景”对话框，设置“背景类型”为“单色背景栏”、色彩为“渐变”，然后单击旁边的色块，如图 9-91 所示。

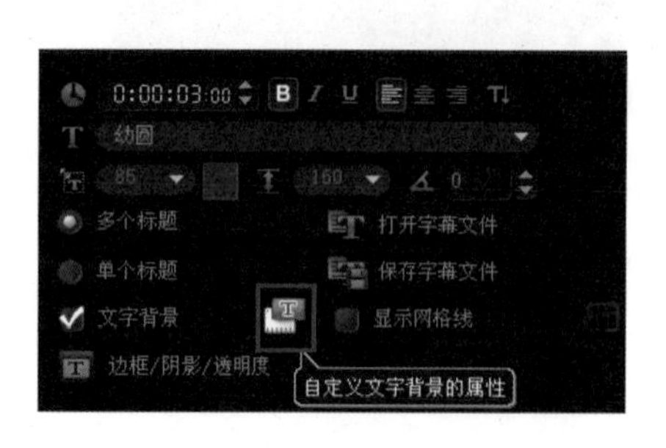

图 9-90 单击“自定义文字背景属性”按钮

图 9-91 单击色彩框

STEP 05 弹出“Corel 色彩选取器”对话框，设置 R：0、G：153、B、153，然后单击“确定”按钮，如图 9-92 所示。

STEP 06 返回“文字背景”对话框，设置“透明度”为 60，如图 9-93 所示。

STEP 07 单击“确定”按钮，在预览窗口查看应用效果，如图 9-94 所示。

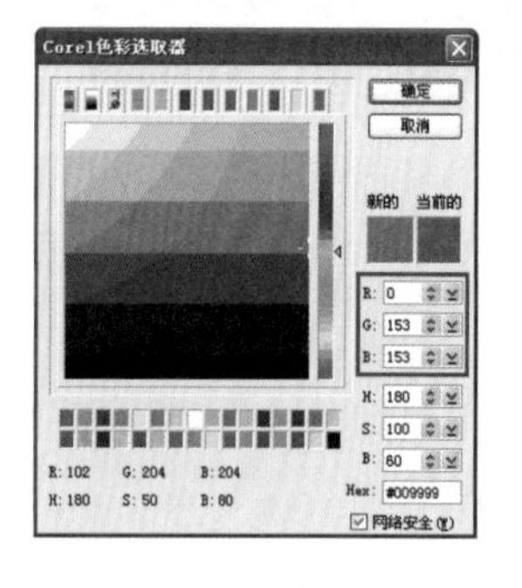

图 9-92 设置色值

图 9-93 设置透明度

图 9-94 预览应用效果

9.4 标题动画精彩应用 8 例

标题格式设置完成后，还可以为标题应用动画效果。标题动画包括“淡化”、“弹出”、“翻转”、“飞行”、“缩放”、“下降”和“摇摆”8 种类型。

9.4.1 淡化

“淡化”动画效果可以设置标题的淡入淡出效果，下面介绍具体操作方法。

素材文件:	DVD\素材\第 9 章\创意 jpg
项目文件:	DVD\项目\第 9 章\淡化.VSP
视频文件:	DVD\视频\第 9 章\9.4.1 淡化.avi

STEP 01 进入会声会影 X3 高级编辑界面，打开项目文件（DVD\项目\第 9 章\淡化.VSP），如图 9-95 所示。

STEP 02 在时间轴中，选中标题，双击鼠标左键，如图 9-96 所示，打开属性面板。

STEP 03 在属性面板中，勾选“应用”复选框，程序默认是“淡化”动画效果，只需要选择动画效果即可，在这里我们选择第 2 个预设动画，如图 9-97 所示，

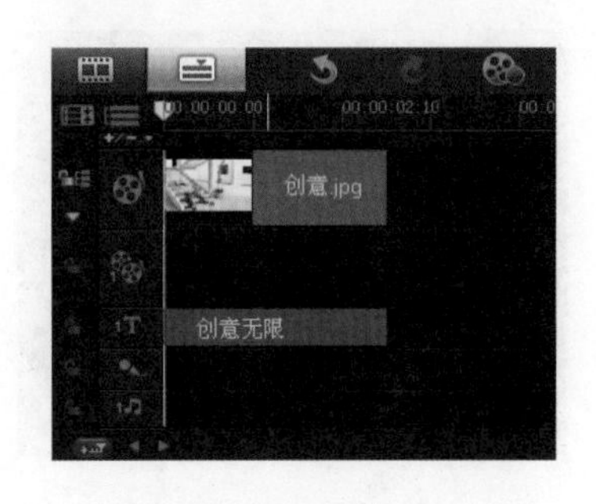

图 9-95　添加项目文件

图 9-96　双击标题

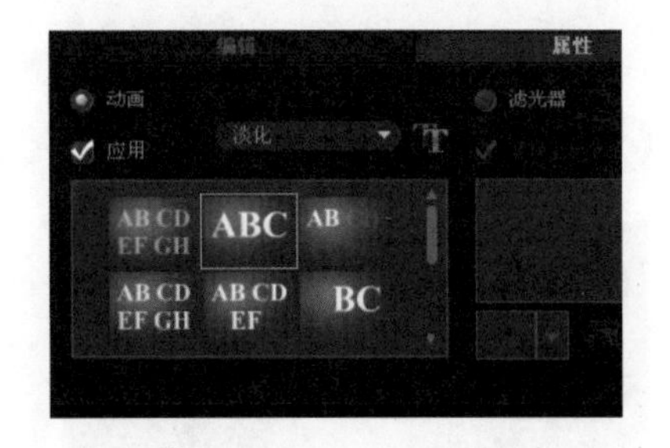

图 9-97　选择“淡化”动画

STEP 04 单击导览面板上的“播放”按钮，查看标题动画效果的应用，如图 9-98 所示。

图 9-98　预览应用标题动画效果

9.4.2 弹出

“弹出”效果可以让标题从预览窗口的上、下、左、右、左上、左下、右上、右下 8 个方向进入。下面介绍具体操作方法。

素材文件：	DVD\素材\第 9 章\林荫小路.jpg
项目文件：	DVD\项目\第 9 章\弹出.VSP
视频文件：	DVD\视频\第 9 章\9.4.2 弹出.avi

STEP 01 进入会声会影 X3 高级编辑界面，打开项目文件（DVD\项目\第 9 章\弹出.VSP），如图 9-99 所示。

STEP 02 在时间轴中，选中标题，双击鼠标左键，如图 9-100 所示，选择属性面板。

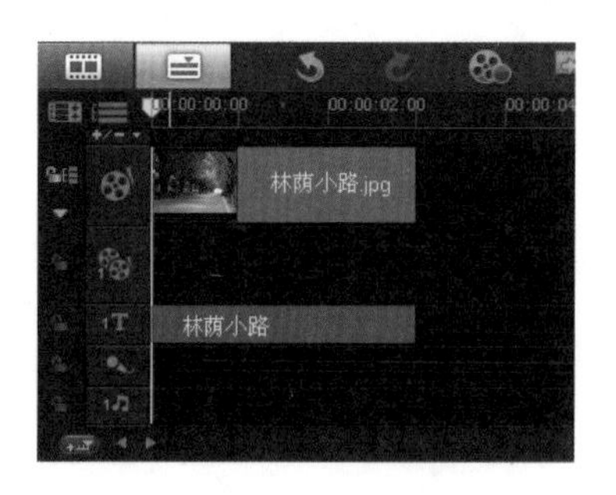

图 9-99　打开项目文件

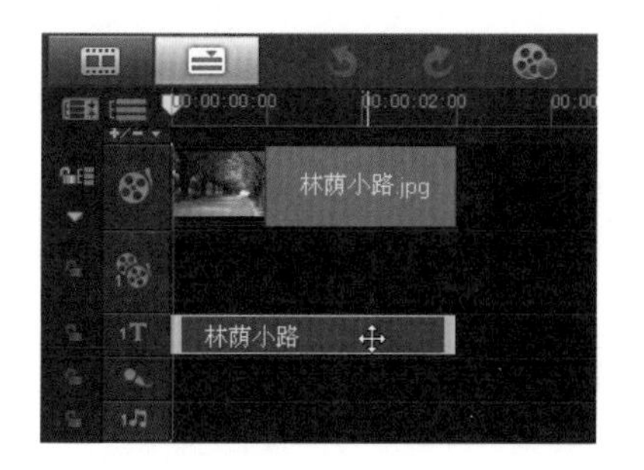

图 9-100　双击标题

STEP 03 在属性面板上，选择“动画”并勾选“应用”复选框，单击右侧三角按钮，在弹出的下拉菜单中选择“弹出”命令，如图 9-101 所示。

STEP 04 在预设动画框中选择第二个预设动画，如图 9-102 所示。

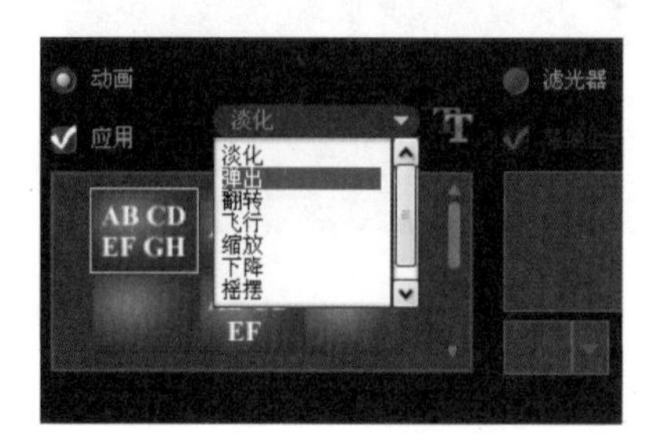

图 9-101　选择“弹出”动画

图 9-102　选择第 2 个预设动画

STEP 05 单击导览面板上的“播放”按钮，查看标题动画效果，如图 9-103 所示。

图 9-103　预览应用标题动画效果

9.4.3 翻转

“翻转”效果可以让标题产生翻转回旋的效果，下面介绍具体操作方法。

素材文件：	DVD\素材\第 9 章\书.jpg
项目文件：	DVD\项目\第 9 章\翻转.VSP
视频文件：	DVD\视频\第 9 章\9.4.3 翻转.avi

STEP 01 进入会声会影 X3 高级编辑界面，打开项目文件（DVD\项目\第 9 章\翻转.VSP），如图 9-104 所示。

STEP 02 在时间轴中，选中标题，双击鼠标左键，如图 9-105 所示，打开属性面板。

图 9-104　添加项目文件

图 9-105　双击标题

STEP 03 在属性面板上，勾选“应用”复选框，单击应用右侧三角按钮，在弹出的下拉菜单中选择“翻转”命令，如图 9-106 所示。

STEP 04 在预设动画框中选择第一个预设动画，并单击 “自定义动画属性”按钮，如图 9-107 所示。

STEP 05 弹出“翻转动画”对话框，设置进入为上、离开为中间、无暂停，如图 9-108 所示，单击“确定”按钮。

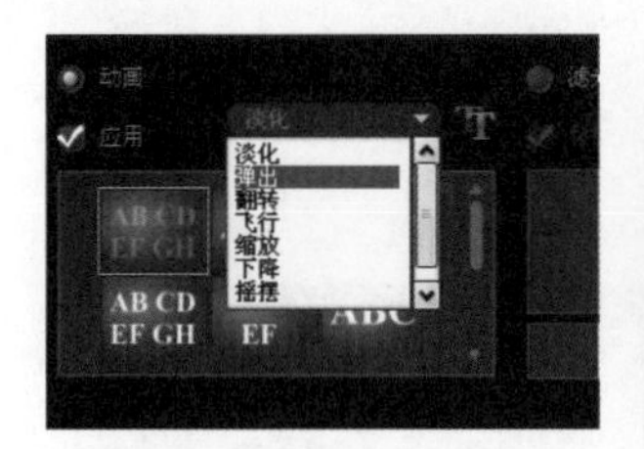

图 9-106　选择动画

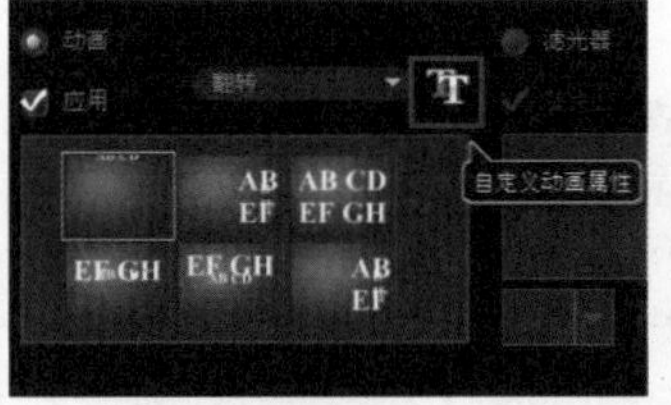

图 9-107　单击“自定义动画属性”按钮

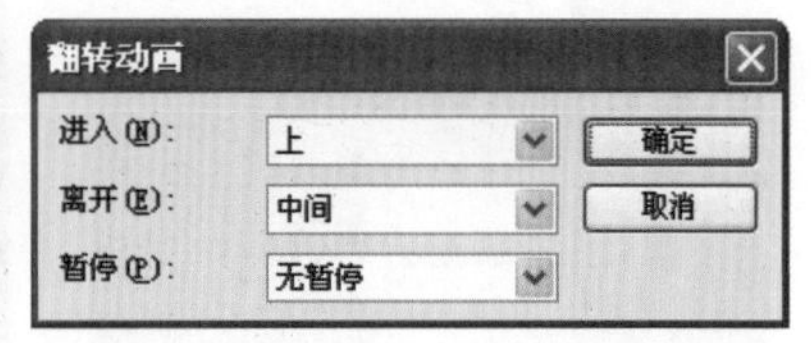

图 9-108　翻转动画对话框

STEP 06 单击导览面板上的“播放”按钮查看标题动画效果的应用，如图 9-109 所示。

图 9-109　预览应用标题动画效果

9.4.4 飞行

“飞行”可以使标题沿着一定的路径进行飞行，下面介绍具体操作方法。

素材文件：	DVD\素材\第 9 章\毛笔.jpg
项目文件：	DVD\项目\第 9 章\飞行.VSP
视频文件：	DVD\视频\第 9 章\9.4.4 飞行.avi

STEP 01 进入会声会影 X3 高级编辑界面，打开项目文件（DVD\项目\第 9 章\飞行.VSP），如图 9-110 所示。

STEP 02 在时间轴中，选中标题，双击鼠标左键，如图 9-111 所示，选择属性面板。

图 9-110 添加项目文件

图 9-111 双击标题

STEP 03 在属性面板上，勾选“应用”复选框，单击应用右侧三角按钮，在弹出的下拉菜单中选择“飞行”命令，如图 9-112 所示。

STEP 04 在预设动画框中选择第 4 个预设动画，单击“自定义动画属性”按钮，如图 9-113 所示。

STEP 05 弹出“飞行动画”对话框，设置“进入”和“离开”方向，如图 9-114 所示。

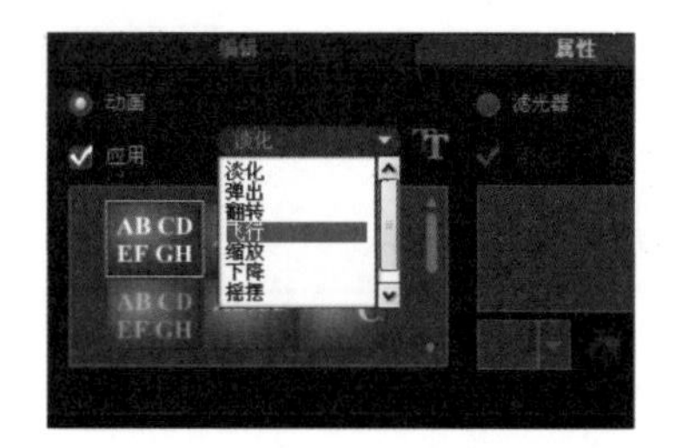

图 9-112 选择动画

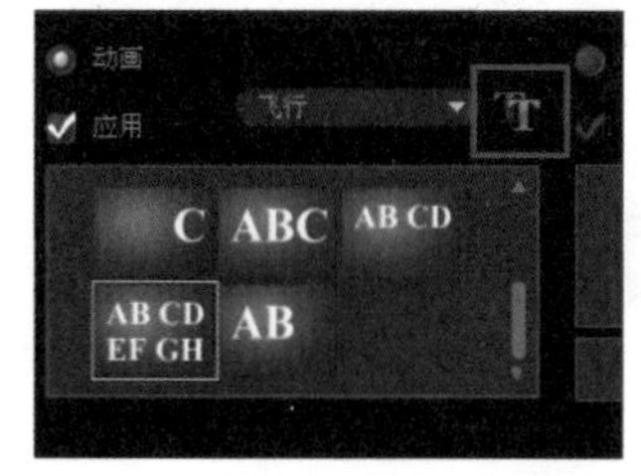

图 9-113 单击“自定义动画属性”按钮

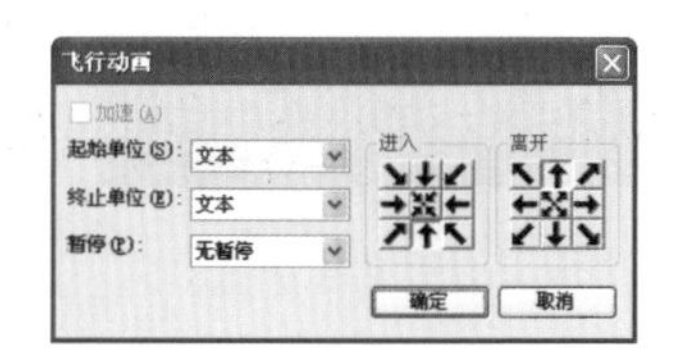

图 9-114 “飞行动画”对话框

STEP 06 单击导览面板上的“播放”按钮查看标题动画效果的应用，如图 9-115 所示。

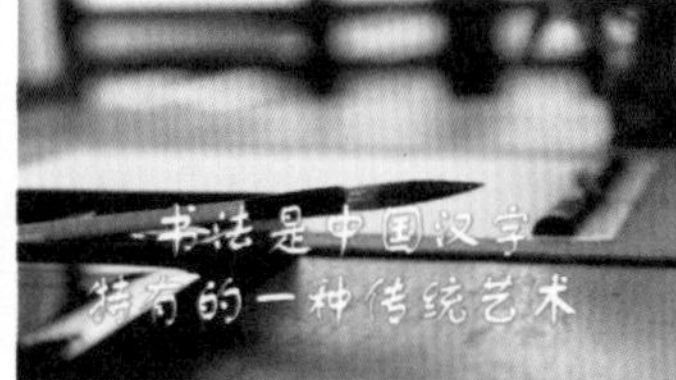

图 9-115 预览应用标题效果

9.4.5 缩放

“缩放”可以使标题在运动的过程中产生从大到小或者从小到大的缩放效果，下面介绍具体操作方法。

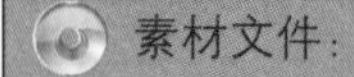 素材文件:	DVD\素材\第 9 章\毛笔.jpg

项目文件:	DVD\项目\第 9 章\缩放.VSP
视频文件:	DVD\视频\第 9 章\9.4.5 缩放.avi

STEP 01 进入会声会影 X3 高级编辑界面，打开项目文件（DVD\项目\第 9 章\缩放.VSP），如图 9-116 所示。

STEP 02 在时间轴中，选中标题，双击鼠标左键，如图 9-117 所示，选择属性面板。

图 9-116 添加项目文件

图 9-117 双击标题

STEP 03 在属性面板上，勾选“应用”复选框，单击应用右侧三角按钮，在弹出的下拉菜单中选择“缩放”命令，如图 9-118 所示。

STEP 04 在预设动画框中选择倒数第 2 个预设动画，如图 9-119 所示。

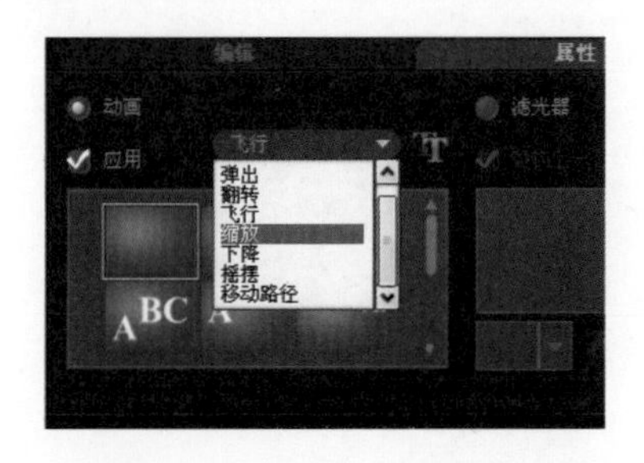

图 9-118 选择“缩放”动画

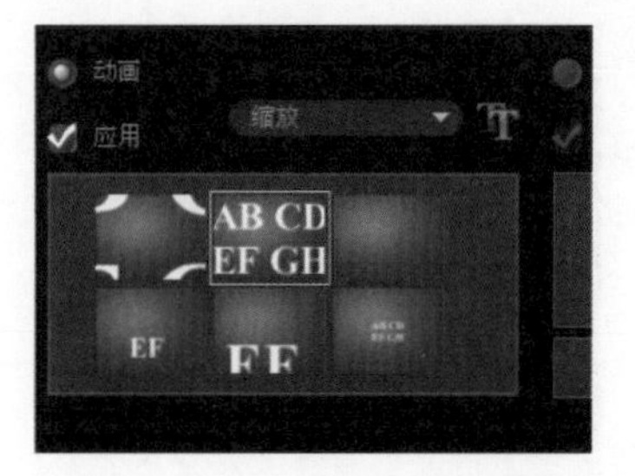

图 9-119 选择第 2 个预设标题

STEP 05 单击导览面板上的“播放”按钮查看标题动画效果的应用，如图 9-120 所示。

图 9-120 预览应用标题动画效果

9.4.6 下降

“下降”效果可以制作标题在运动的过程中由小到大逐渐回到原来的位置中的效果，下面介绍具体操作方法。

素材文件:	DVD\素材\第 9 章\茶道.jpg

项目文件:	DVD\项目\第 9 章\下降.VSP
视频文件:	DVD\视频\第 9 章\9.4.6 下降.avi

STEP 01 进入会声会影 X3 高级编辑界面，打开项目文件（DVD\项目\第 9 章\下降.VSP），如图 9-121 所示。

STEP 02 在时间轴中，选中标题，双击鼠标左键，如图 9-122 所示，选择属性面板。

图 9-121　添加项目文件

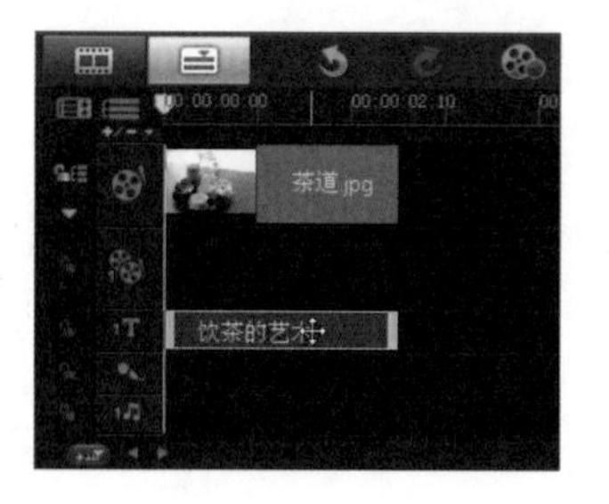

图 9-122　双击标题

STEP 03 在属性面板上，勾选“应用”复选框，单击应用右侧三角按钮，在弹出的下拉菜单中选择“下降”命令，如图 9-123 所示。

STEP 04 在预设动画框中选择倒数第 2 个预设动画，如图 9-124 所示。

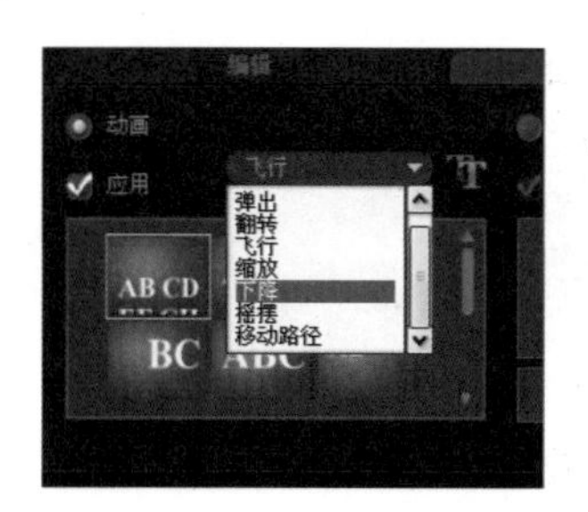

图 9-123　选择“下降”动画

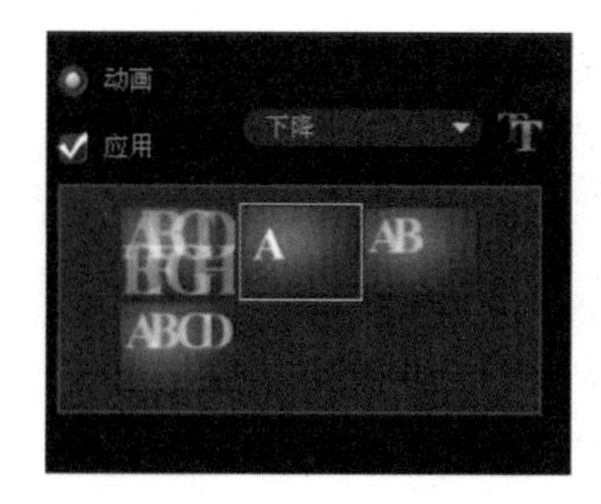

图 9-124　选择第 2 个预设动画

STEP 05 单击导览面板上的“播放”按钮查看标题动画效果的应用，如图 9-125 所示。

图 9-125　预览应用动画效果

9.4.7 摇摆

“摇摆”可以使标题产生左右摇动的效果，下面介绍具体操作方法。

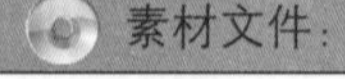

素材文件:	DVD\素材\第 9 章\戒指.jpg

项目文件：	DVD\项目\第 9 章\摇摆.VSP
视频文件：	DVD\视频\第 9 章\9.4.7 摇摆.avi

STEP 01 进入会声会影 X3 高级编辑界面，打开项目文件（DVD\项目\第 9 章\摇摆.VSP），如图 9-126 所示。

STEP 02 在时间轴中，选中标题，双击鼠标左键，如图 9-127 所示，选择属性面板。

图 9-126　添加项目文件

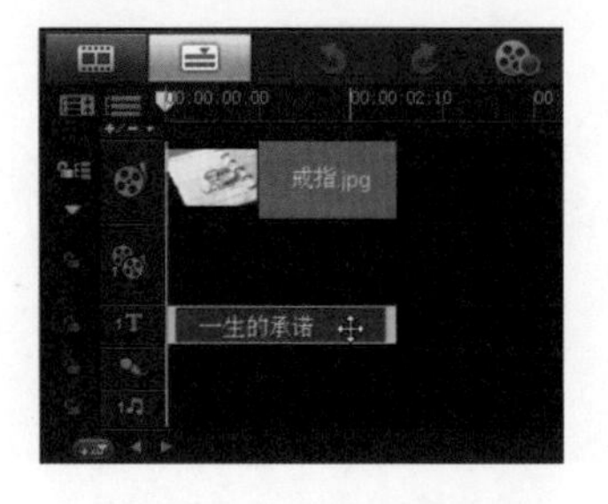

图 9-127　双击标题

STEP 03 在属性面板上，勾选“应用”复选框，单击应用右侧三角按钮，在弹出的下拉菜单中选择“缩放”命令，如图 9-128 所示。

STEP 04 在预设动画框中选择第 1 个预设动画，如图 9-129 所示。

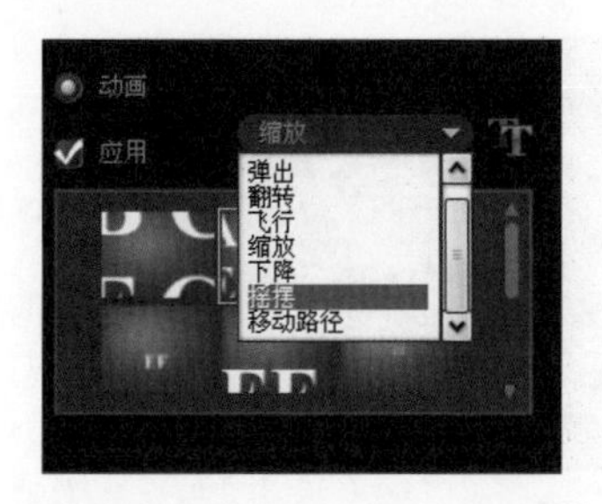

图 9-128　选择“摇摆”动画

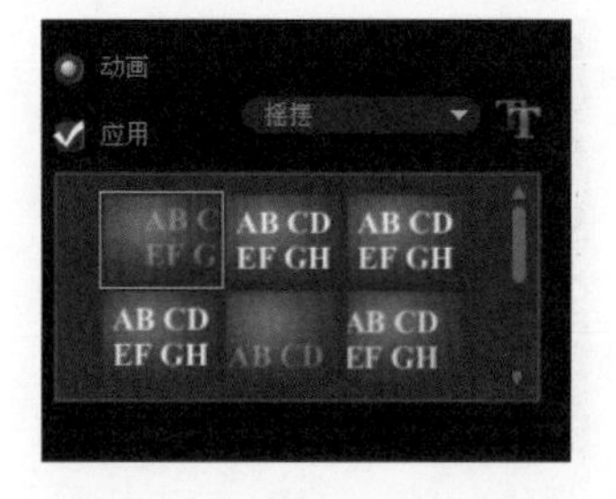

图 9-129　选择第 1 个预设动画

STEP 05 单击导览面板上的“播放”按钮查看标题动画效果的应用，如图 9-130 所示。

图 9-130　预览应用标题动画效果

9.4.8 移动路径

“移动路径”可以使标题沿着指定的路径运动的效果，下面介绍其操作方法。

素材文件：	DVD\素材\第 9 章\批萨.jpg

项目文件:	DVD\项目\第 9 章\移动路径.VSP
视频文件:	DVD\视频\第 9 章\9.4.8 移动路径.avi

STEP 01 进入会声会影 X3 高级编辑界面，打开项目文件（DVD\项目\第 9 章\移动路径.VSP），如图 9-131 所示。

STEP 02 在时间轴中，选中标题，双击鼠标左键，如图 9-132 所示，选择属性面板。

图 9-131 添加项目文件到轨道上

图 9-132 双击标题

STEP 03 在属性面板上，勾选“应用”复选框，单击应用右侧三角按钮，在弹出的下拉菜单中选择“缩放”命令，如图 9-133 所示。

STEP 04 在预设动画框中选择倒数第 3 个预设动画，如图 9-134 所示。

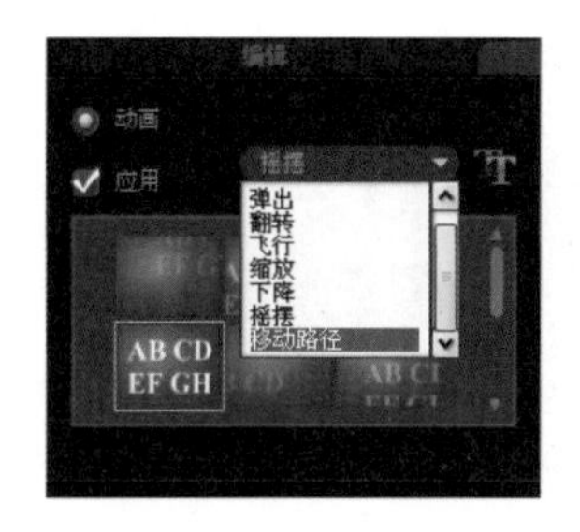

图 9-133 选择“移动路径”动画

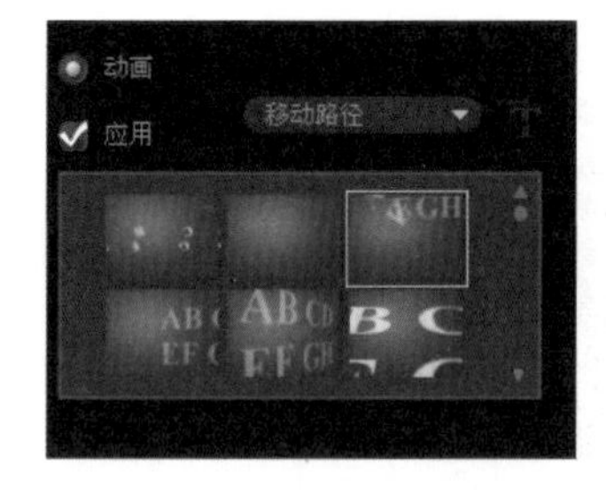

图 9-134 选择第 3 个预设动画

STEP 05 单击导览面板上的“播放”按钮查看标题动画效果的应用，如图 9-135 所示。

图 9-135 预览应用标题动画效果

在视频编辑中，声音是影片不可缺少的元素，它可以对画面起到画龙点睛的作用，也可以增加画面的可视听性。本章将详细讲解音频文件的编辑及使用方法。

本章重点：

★ 认识音频选项面板

★ 添加音频文件

★ 删除音频文件

★ 分割音频文件

★ 调整音频文件

★ 使用音频滤镜

★ 音频特效实例

10.1 认识音频选项面板

“音频”选项面板包括两个选项卡，“音乐和声音”选项卡和“自动音乐”选项卡。本节先介绍这两个选项卡的功能。

10.1.1 “音乐和声音”选项卡

“音乐和声音”选项卡可以录制声音、应用滤镜、调整播放速度等，如图 10-1 所示。

- 区间 0:00:50:01：用来调整音乐素材的播放时间，可输入数字来调整音乐的长度。
- 音量：单击三角按钮，在弹出的音量控制窗口中，拖动滑块来进行音量的增大和减小控制，或者直接输入数值也可以增大或减小音量。
- 淡入淡出：单击淡入或淡出按钮，可以调整音频文件的淡入淡出效果。
- 录制画外音 录制画外音：可以为影片录制旁白，也就是录制音频文件，单击“录制画外音”按钮，即可录制画外音，单击“停止”按钮，停止录制画外音。
- 从音频 CD 导入 从音频 CD 导入：可以将 CD 上的音乐文件转换成 wav 格式文件，并保存到计算机中。
- 回放速度 回放速度：单击该按钮，在弹出的对话框中，可以调整音频文件的播放速度。
- 音频滤镜 音频滤镜：单击该按钮，在弹出的对话框中，可以选择音频滤镜并添加到音频素材上。

10.1.2 “自动音乐”选项卡

在“自动音乐”选项卡中，可以从音频库中，选择自己需要的音乐风格，并自动添加到音频轨道上，如图 10-2 所示。

图 10-1 “音乐和声音”选项卡

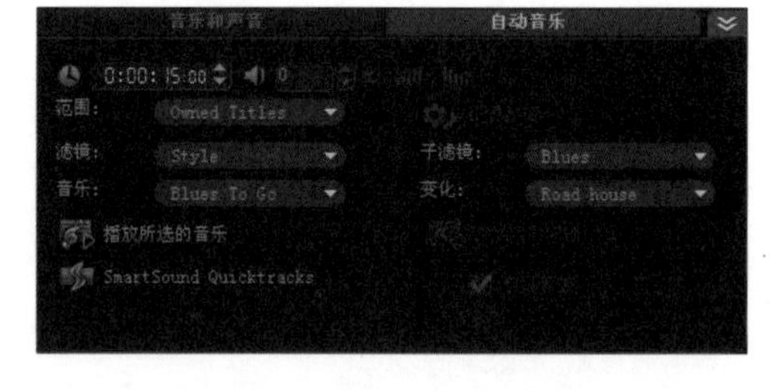

图 10-2 “自动音乐”选项卡

“自动音乐”选项卡中各个选项的主要功能如下：

- 区间 0:00:15:00：显示时间轴中所选音乐的长度。
- 素材音量：调整所选音乐的音量大小。

- 淡入：单击该按钮，可以使音频文件的开始部分音量逐渐增大。
- 淡出：单击该按钮，可以使音频文件的结尾部分音量逐渐减小。
- 范围：可以为用户指定 Smart Sound 文件的范围。
- 音乐：单击三角按钮，可以选择需要使用的音乐。
- 变化：可以选择不同乐器和节奏的音频文件，将其应用到所选择的音频文件中。
- 播放所选音乐：单击该按钮，可以试听应用了效果后的音频文件。
- SmartSound Quiktracks：单击该按钮，在弹出的对话框中，可以查看和管理 SmartSound Quiktracks 素材库。
- 添加到时间轴：单击该按钮，将所选的音乐添加到时间轴。
- 自动修整：勾选该复选框，可以自动修正音频文件，使它与视频长度相配合。

10.2 添加音频文件

为影片添加音频是制作影片的必要步骤，一部好的影片音乐也是非常重要的，以烘托氛围。

10.2.1 添加素材库中音频

从素材库中添加音频文件是最常用添加音频的方法，会声会影 X3 音频库中预设了多种音频素材。用户也可以将自己常用的音频素材添加到素材库中再进行添加，方便以后快速使用。

视频文件:	DVD\视频\第 10 章\10.2.1 添加素材库中音频.avi

进入会声会影 X3 高级编辑界面，单击“音频”按钮，如图 10-3 所示。在音频素材库中选择要添加的音频文件，将其拖拽到音乐轨上即可完成音频添加，如图 10-4 所示。

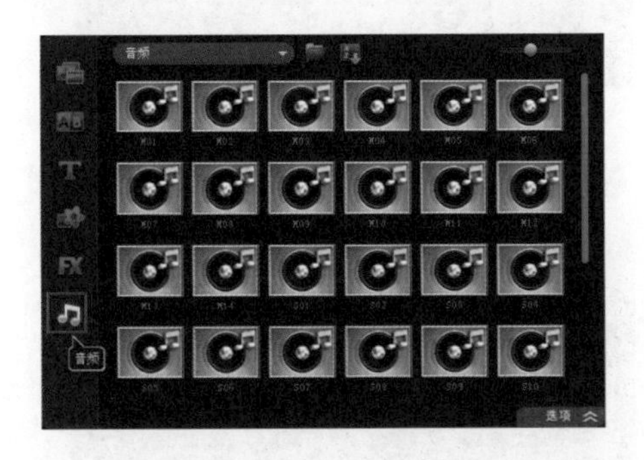

图 10-3　单击“音频”按钮

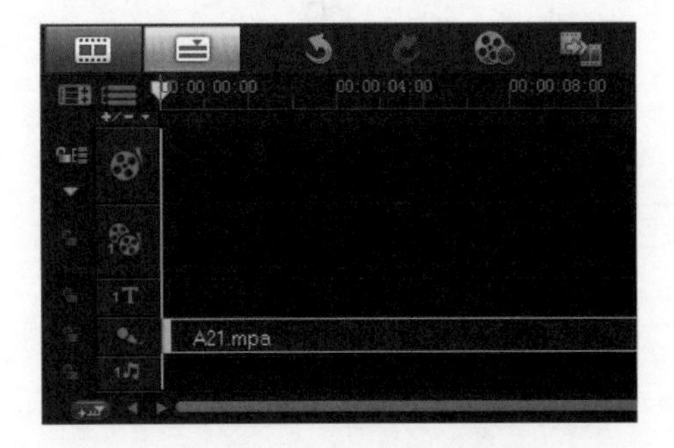

图 10-4　添加音频文件

10.2.2 添加电脑中音乐

会声会影 X3 中提供的音乐素材有限，用户如果想添加自己喜欢的音乐用作编辑使用，可以按照以下步骤操作。

素材文件:	DVD\素材\第 10 章\音乐.mp3
项目文件:	DVD\项目\第 10 章\10.2.2 添加电脑中音乐.VSP

STEP 01 进入会声会影 X3 高级编辑界面，单击“音频”按钮，切换至音频素材库，如图 10-5 所示

STEP 02 单击素材库中“音频”按钮，在音频素材库中单击“添加”按钮，如图 10-6 所示。

图 10-5　单击“音频”按钮

图 10-6　单击“添加”按钮

STEP 03 弹出“浏览音频”对话框，选择要添加的音乐文件，如图 10-7 所示。

STEP 04 单击“打开”按钮，音频文件即可添加到素材库中，如图 10-8 所示。

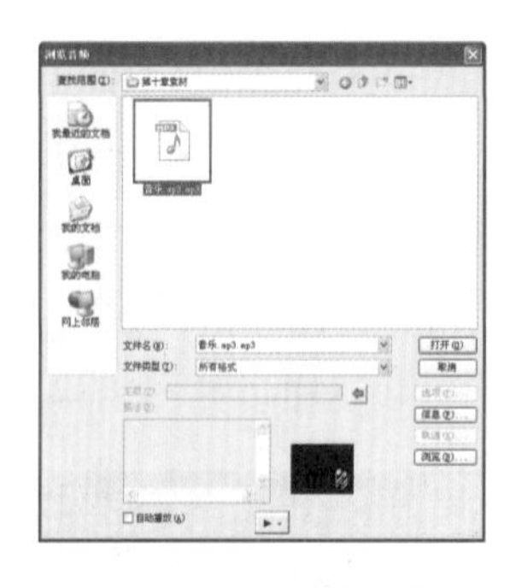

图 10-7　选择音乐文件

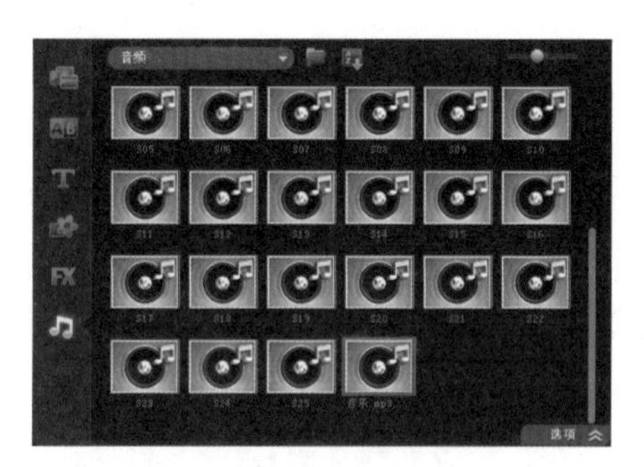

图 10-8　添加到素材库

STEP 05 选择素材库中已添加的音频文件，将其拖拽到时间轴的声音轨道上，即可完成电脑中音乐的添加，如图 10-9 所示。

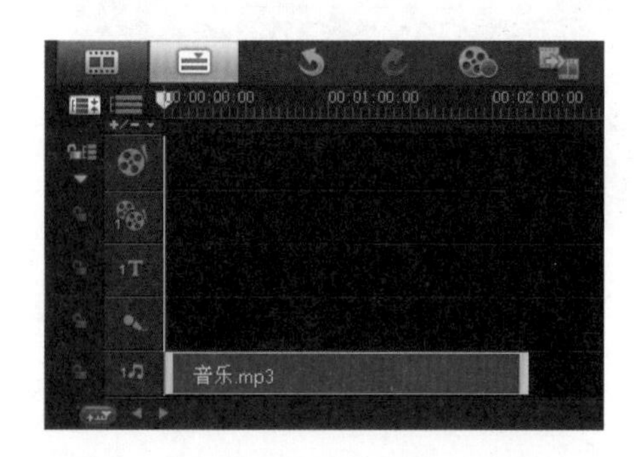

图 10-9　显示添加的音乐文件

10.2.3 添加自动音频文件

会声会影 X3 中的“自动音乐”是程序当中自带的一个音频库，同一种音乐可以变换多种风格供用户进行选择，

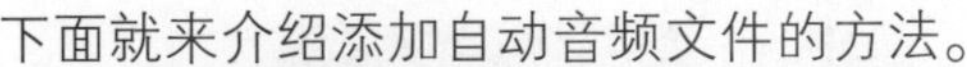

下面就来介绍添加自动音频文件的方法。

项目文件：	DVD\项目\第 10 章\添自动音乐.VSP
视频文件：	DVD\视频\第 10 章\10.2.3 添自动音乐.avi

STEP 01 进入会声会影 X3 高级编辑界面，单击“音频”|“选项”按钮，如图 10-10 所示。

STEP 02 弹出“音乐和声音”选项卡，如图 10-11 所示。

图 10-10　添加素材图像

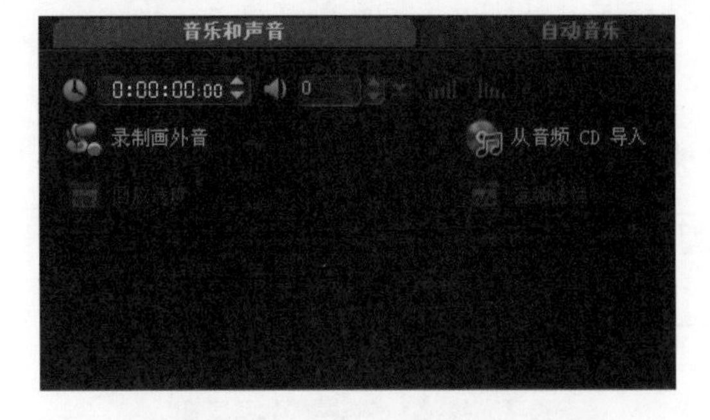

图 10-11　“音乐和声音”选项卡

STEP 03 选择“自动音乐”选项卡，如图 10-12 所示。

STEP 04 在“音乐”选项中选择一种音乐，在“变化”选项中选择一种变换风格，如图 10-13 所示。

图 10-12　选择“自动音乐”选项卡

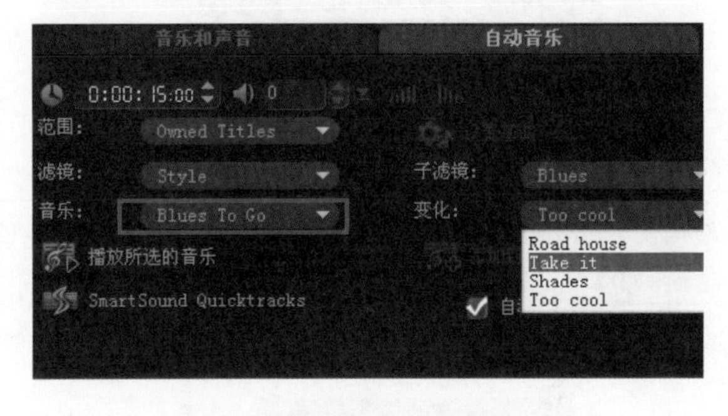

图 10-13　选择一种变换风格

STEP 05 单击“播放所选的音乐”按钮，试听音乐，如图 10-14 所示。

STEP 06 取消“自动修整”勾选，单击“添加到时间轴”按钮，如图 10-15 所示。

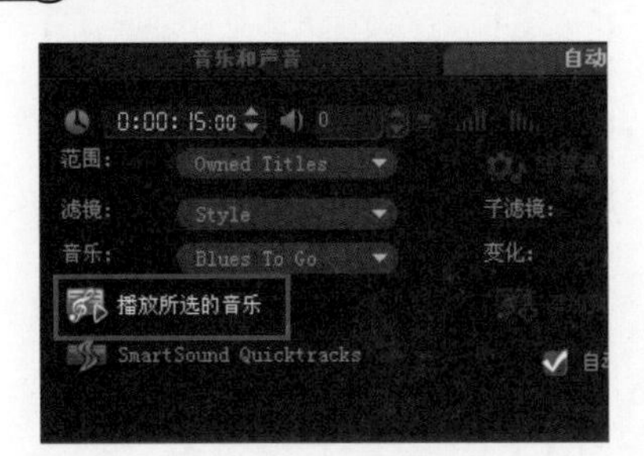

图 10-14　单击“播放所选的音乐”按钮

图 10-15　单击“添加到时间轴”按钮

STEP 07 音乐自动添加到音乐轨上，如图 10-16 所示。

图 10-16　显示添加自动音乐

10.2.4 录制音频文件

影片制作完成后，有时需要解说词，这时候就需要录制音频文件，下面就来介绍录制音频文件的步骤。

视频文件:	DVD\视频\第 10 章\10.2.4 录制音频文件.avi

STEP 01 将录音用的话筒与电脑进行连接，在桌面右下角，单击鼠标右键的喇叭图标，在弹出的菜单中选择“打开音量控制”选项，如图 10-17 所示。

STEP 02 弹出“主音量”对话框，单击“选项”|“属性”命令。如图 10-18 所示

图 10-17　单击选择“打开音量控制”选项

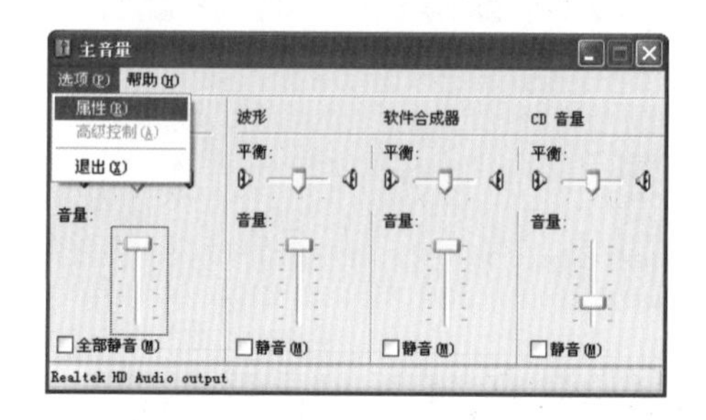

图 10-18　单击“属性”命令

STEP 03 弹出“属性”对话框，单击“混音器”右侧的三角按钮，在弹出的下拉列表中选择“Realtek HD Audio Input”选项，如图 10-19 所示。

STEP 04 单击“确定”按钮，弹出“录音控制”对话框，根据录音设备所选择的对话方式在对话框中选中相应的音量控制，如图 10-20 所示。

图 10-19　设置录音设备

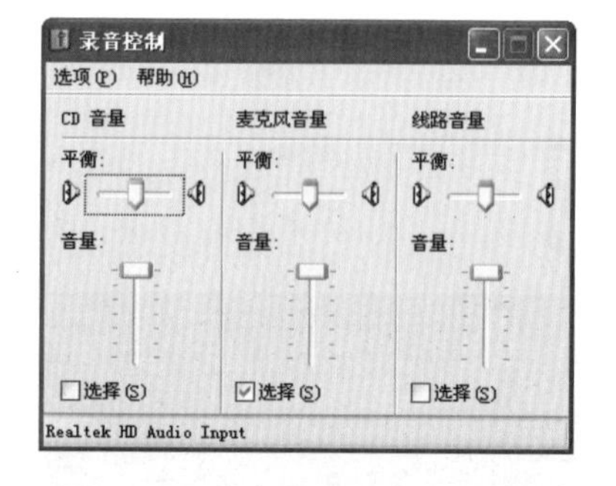

图 10-20　“录音控制”对话框

STEP 05 关闭对话框返回到“音乐和声音”选项卡中，单击“录制画外音”按钮，如图 10-21 所示。

STEP 06 弹出“调整音量”对话框，单击“开始”按钮，如图 10-22 所示，即可进行录音。

图 10-21　单击“录制画外音”按钮

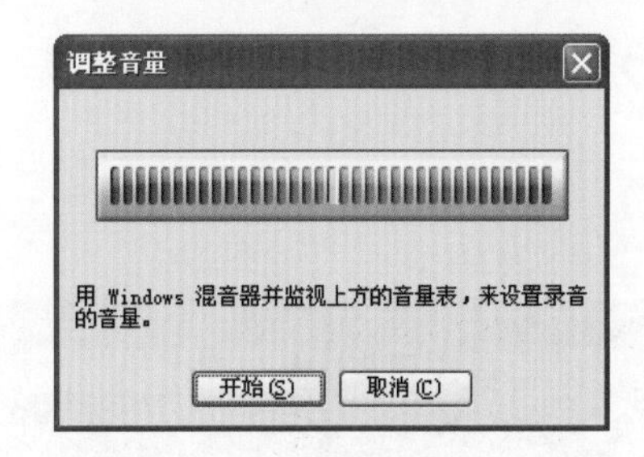

图 10-22　单击“开始”按钮

STEP 07 录音完成后单击“音乐和声音”选项卡中“停止”按钮，如图 10-23 所示。

STEP 08 在声音轨上即可显示刚刚录制的音频，如图 10-24 所示。

图 10-23　单击“停止”按钮

图 10-24　显示录制音频

10.3　删除音频文件

添加的音频文件不是所需的时，还可以对音频素材进行删除。

素材文件：	DVD\素材\第 10 章\夏天.jpg、夏天.mp3
项目文件：	DVD\项目\第 10 章\删除音频文件.VSP
视频文件：	DVD\视频\第 10 章\10.3 删除音频文件.avi

STEP 01 进入会声会影 X3 高级编辑界面，添加项目文件（DVD\第 10 章\项目\删除音频文件.VSP），如图 10-25 所示。

STEP 02 在音乐轨道上选中音乐素材，如图 10-26 所示。

图 10-25　添加项目文件

图 10-26　选中音频文件

STEP 03 选中音乐素材后，单击鼠标右键，在弹出的菜单中选择“删除”选项，如图 10-27 所示。

STEP 04 在时间轴视图中，显示删除音频后的效果，如图 10-28 所示。

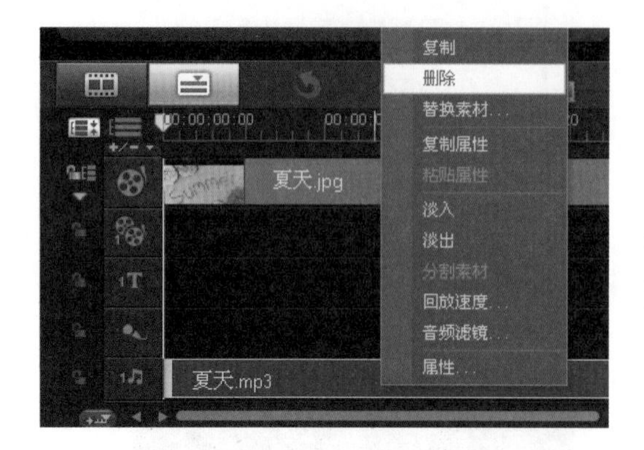

图 10-27 单击“删除”选项

图 10-28 显示删除后效果

提 示

选中音频文件，点击键盘上的 Delete 键也可以对音频文件进行删除。

10.4 分割音频文件

在编辑影片时，有时需要将视频中的音频文件进行分离，然后再进行下一步编辑。本节即介绍分割音频文件的方法。

10.4.1 从视频中分离音频素材

编辑影片时，有时需要将音频文件从视频当中分离出来，然后对音频文件进行调整或替换，这时就需要从视频当中分离音频。

素材文件：	DVD\素材\第 10 章\美食篇.mpg
项目文件：	DVD\项目\第 10 章\从视频中分离音频素材.VSP
视频文件：	DVD\视频\第 10 章\10.4.1 从视频中分离音频素材.avi

STEP 01 进入会声会影 X3 高级编辑界面，添加视频文件素材（DVD\第 10 章\素材\美食篇.mpg），如图 10-29 所示。

STEP 02 在时间轴中，选中视频文件，双击鼠标左键，如图 10-30 所示。

STEP 03 在属性面板上单击“分割音频”按钮，如图 10-31 所示。

STEP 04 在时间轴视图中，音频就会从视频中分离到音频轨道，如图 10-32 所示。

图 10-29 添加视频素材

图 10-30 双击视频素材

图 10-31 单击“分割音频”按钮

图 10-32 分离音频文件

10.4.2 分割音频文件

导入的音频文件有时太长或者某些音频部分不需要用到，这时就需要分割音频文件来达到想要的音频效果。

素材文件:	DVD\素材\第 10 章\分割音频文件.mp3
项目文件:	DVD\项目\第 10 章\分割音频文件.VSP
视频文件:	DVD\视频\第 10 章\10.4.2 分割音频文件.avi

STEP 01 进入会声会影 X3 高级编辑界面，在音频轨道上添加音频素材（DVD\第 10 章\素材\分割音频文件.mp3），如图 10-33 所示。

STEP 02 拖动滑块到需要分割音频的地方，如图 10-34 所示。

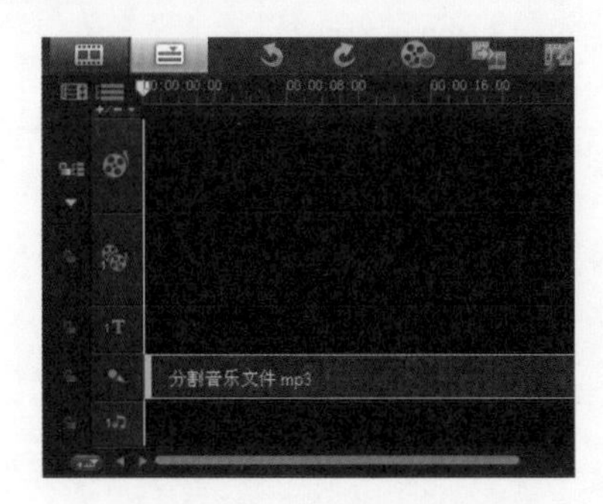

图 10-33 添加音频素材

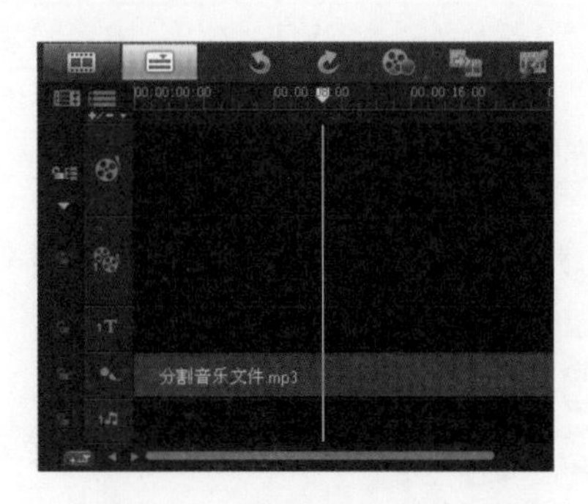

图 10-34 拖动滑块到分割位置

STEP 03 单击导览面板上的“按照飞梭栏的位置分割素材”按钮，如图 10-35 所示

STEP 04 在音频轨道上，音频素材被分割成两段，如图 10-36 所示。

图 10-35 单击“按照飞梭栏的位置分割素材”按钮

图 10-36 音频素材被分割成两段

> **提 示**
>
> 双击音频轨道音乐，单击鼠标右键，在弹出的菜单中选择“分割素材”选项，也可以分割音频素材。

10.5 调整音频文件

为影片添加音乐文件时，有时根据不同的需要来对音频文件进行相应的调整，本节介绍调整音频文件的方法。

10.5.1 音频淡入淡出

添加音频素材后，可以对音频素材设置淡入、淡出的效果，可以将音频文件的过渡效果设置得更为自然。

素材文件：	DVD\素材\第 10 章\金色美人.jpg、金色美人.mp3
项目文件：	DVD\项目\第 10 章\调整音频文件.VSP
视频文件：	DVD\视频\第 10 章\10.5.1 调整音频文件.avi

STEP 01 进入会声会影 X3 高级编辑界面，添加项目文件（DVD\第 10 章\项目\调整音频文件.VSP），如图 10-37 所示。

STEP 02 在时间轴中，选中音频文件，双击鼠标左键，如图 10-38 所示。

STEP 03 在弹出的属性面板上分别单击“淡入”和“淡出”按钮，如图 10-39 所示。

图 10-37　添加项目文件

图 10-38　双击音频文件

STEP 04 在音乐和声音选项卡中，单击“淡入”、“淡出”按钮，如图 10-40 所示。

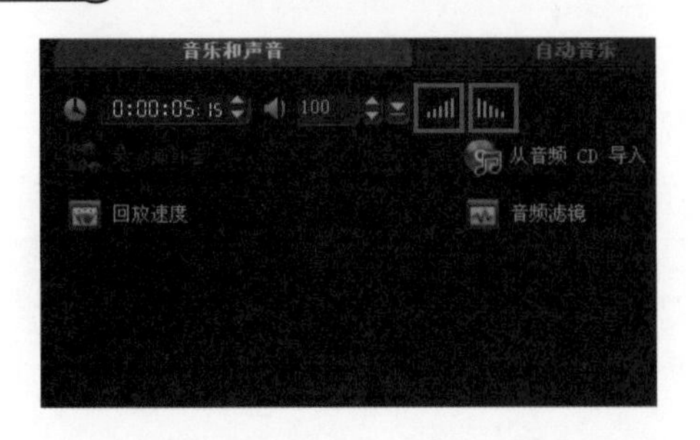

图 10-39　单击“淡入”和“淡出”按钮

图 10-40　显示添加效果

10.5.2 调节整个音频音量

为影片添加音频后，有时用作背景音乐使用，就需要对整个音频的音量进行调节。

素材文件：	DVD\素材\第 10 章\听音乐.jpg、听音乐.wav
项目文件：	DVD\项目\第 10 章\听音乐.VSP
视频文件：	DVD\视频\第 10 章\10.5.2 调整整个音频音量.avi

STEP 01 进入会声会影 X3 高级编辑界面，添加项目文件（DVD\第 10 章\项目\听音乐.VSP），如图 10-41 所示。

STEP 02 在时间轴中，选中音频文件，双击鼠标左键，如图 10-42 所示。

图 10-41　添加项目文件

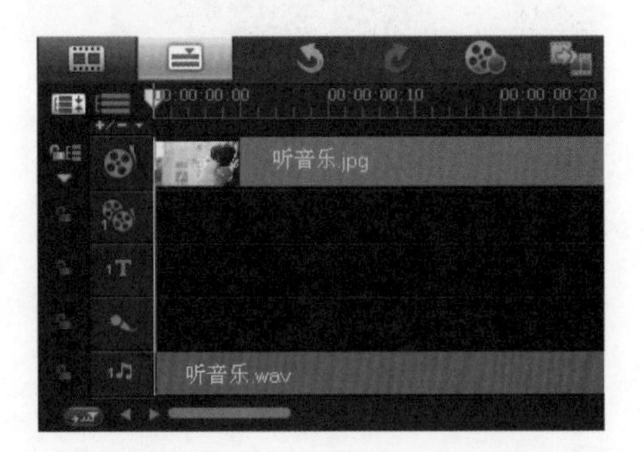

图 10-42　双击音频文件

STEP 03 在“音乐和声音”选项卡中，调节素材音量为 50，如图 10-43 所示，即可降低音频文件音量，可用作背景音乐使用。

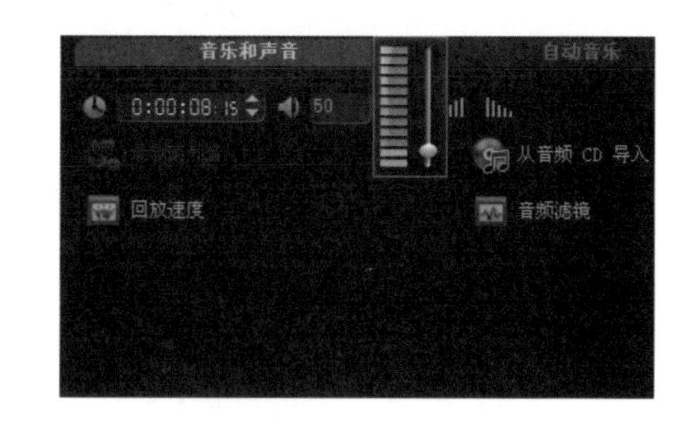

图 10-43 调节素材音量

10.5.3 调节线调节音量

音量调节线是轨中央的水平线条，在音频视图中可以看到，使用调节线可以添加关键帧，关键帧的高低决定该处音频文件的音量，这样更便于用户编辑制作音乐效果。

素材文件:	DVD\素材\第 10 章\美好生活.jpg、美好生活.wav
项目文件:	DVD\项目\第 10 章\美好生活.VSP
视频文件:	DVD\视频\第 10 章\10.5.3 调节线调节音量.avi

STEP 01 进入会声会影 X3 高级编辑界面，添加项目文件（DVD\第 10 章\项目\美好生活.VSP），如图 10-44 所示。

STEP 02 选择音乐素材，在工具栏上单击“混音器”按钮，如图 10-45 所示。

图 10-44 添加项目文件

图 10-45 单击“混音器”按钮

STEP 03 将鼠标放到音量调节线上，鼠标变成箭头形状，如图 10-46 所示。

STEP 04 单击音量调节线并向上拖动，如图 10-47 所示。

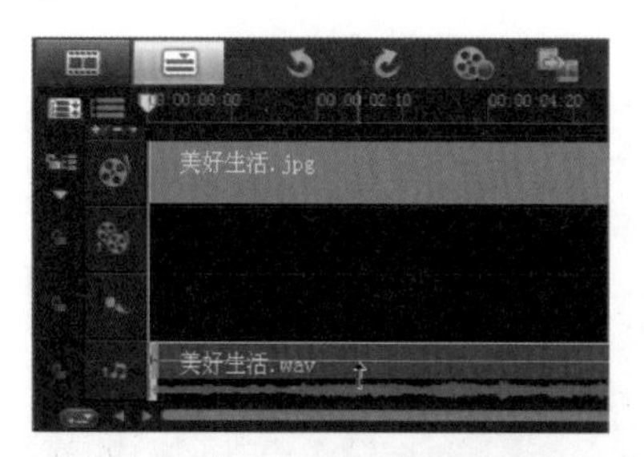

图 10-46 鼠标变成箭头形状

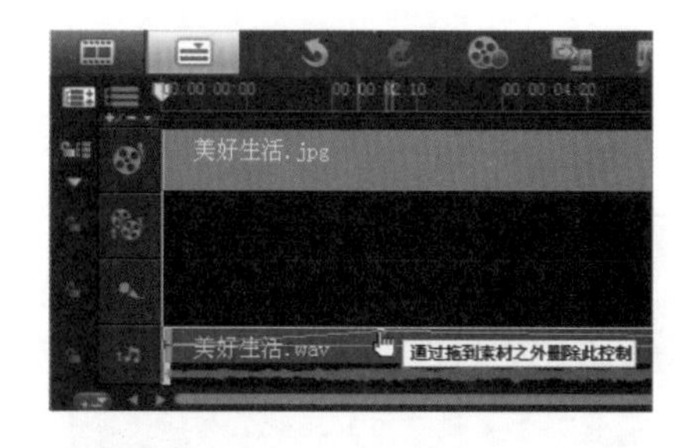

图 10-47 向上拖动音量调节线

STEP 05 释放鼠标，再次向下拖动调节线，如图 10-48 所示。

STEP 06 释放鼠标，再次进行向上拖动调节线，如图 10-49 所示，即可完成用音量调节线调节音量的高低。

图 10-48　向下拖动音量调节线

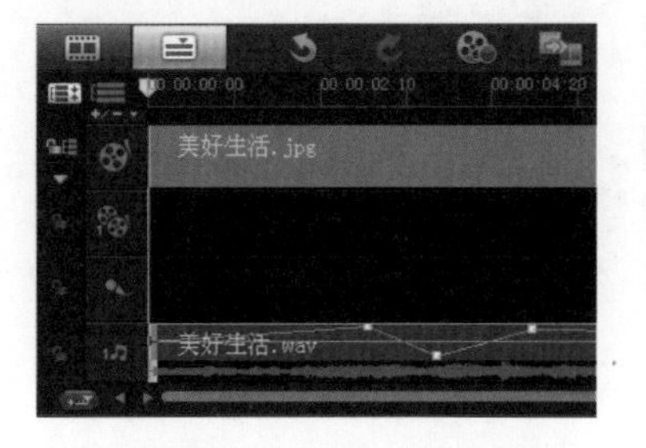

图 10-49　向上拖动音量调节线

10.5.4 调整音频回放速度

在会声会影 X3 中，添加一段音频后，还可以调整音频的回放速度。使音频速度变快或音频速度变慢效果，使它与影片更好的相配合。

素材文件:	DVD\素材\第 10 章\礼物.jpg、礼物.mp3
项目文件:	DVD\项目\第 10 章\礼物.VSP
视频文件:	DVD\视频\第 10 章\10.5.4 调整音频回放速度.avi

STEP 01 进入会声会影 X3 高级编辑界面，添加项目文件（DVD\第 10 章\项目\礼物.VSP），如图 10-50 所示。

STEP 02 在时间轴中，选中音频文件，双击鼠标左键，如图 10-51 所示。

STEP 03 在“音乐和声音”选项卡中，单击“回放速度”按钮，如图 10-52 所示。

图 10-50　添加项目文件

图 10-51　双击音频文件

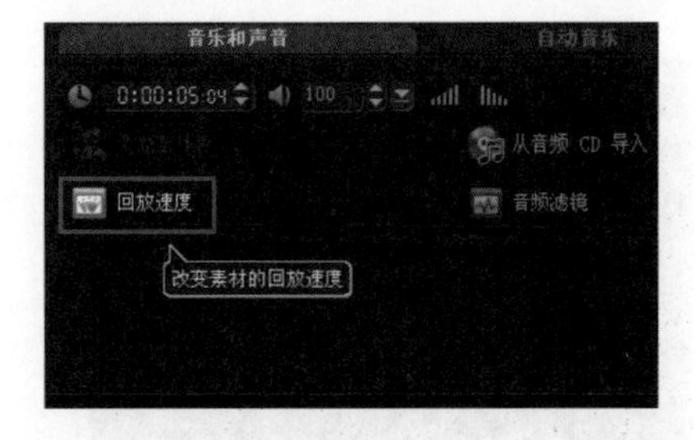

图 10-52　单击“回放速度”按钮

STEP 04 弹出“回放速度”对话框，调整速度为 180，如图 10-53 所示。

STEP 05 单击“确定”按钮，在时间轴中显示修改回放速度后的效果，如图 10-54 所示，即可加快音乐播放速度。

图 10-53 调整音频速度

图 10-54 显示修改回放速度效果

10.6 使用音频滤镜

会声会影 X3 添加音频文件后，还可以将音频滤镜应用到音频素材上，包括放大、长回音等效果，让您制作的音乐更独具个性。

10.6.1 添加单个音频滤镜

添加单个音频滤镜可以让音频文件达到用户想要的效果，下面介绍添加单个音频滤镜的方法。

素材文件:	DVD\素材\第 10 章\调整单个音频滤镜.mp3
项目文件:	DVD\项目\第 10 章\调整单个音频滤镜.VSP
视频文件:	DVD\视频\第 10 章\10.6.1 调整单个音频滤镜.avi

STEP 01 进入会声会影 X3 高级编辑界面，添加音乐素材（DVD\第 10 章\素材\调整单个音频滤镜.mp3），如图 10-55 所示。

STEP 02 在时间轴中，选中音频文件，双击鼠标左键，如图 10-56 所示。

图 10-55 添加音频文件

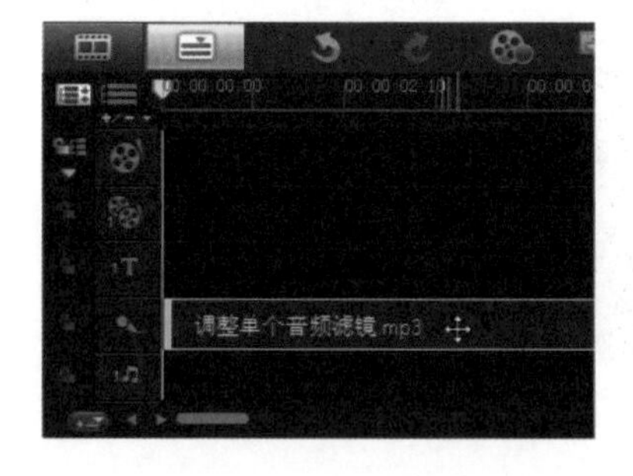

图 10-56 双击音频文件

STEP 03 在“音乐和声音”选项卡中单击“音频滤镜”按钮，如图 10-57 所示。

STEP 04 弹出“音频滤镜”对话框，在“可用滤镜”中选择“NewBlue 自动音乐”，单击“添加”按钮，如图 10-58 所示。

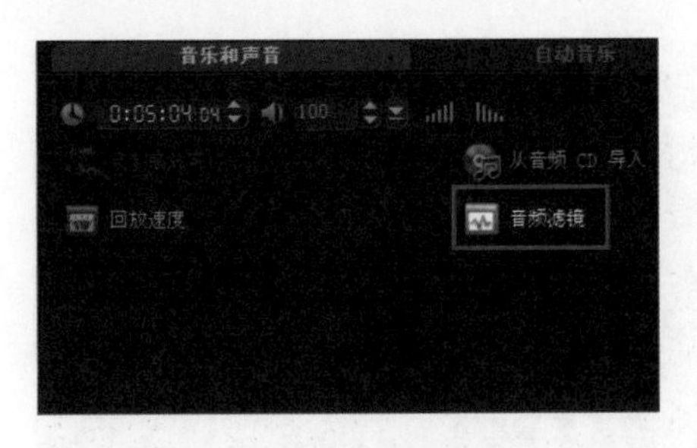

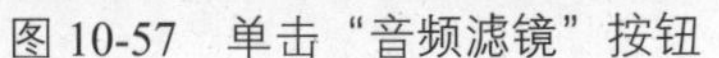
图 10-57　单击“音频滤镜”按钮

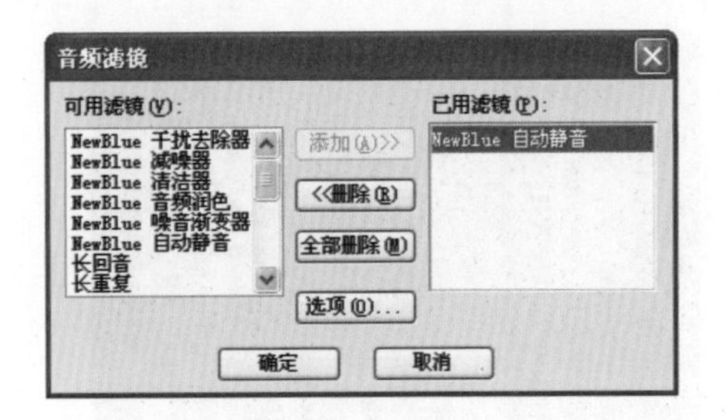

图 10-58　添加音频滤镜

STEP 05 在“已用滤镜”列表中就会显示添加的“NewBlue 自动音乐”滤镜，单击“确定”按钮即可，如图 10-59 所示。

STEP 06 在时间轴视图中就会显示应用音频滤镜效果，如图 10-60 所示。单击导览面板中的“播放”按钮，试听应用音频滤镜效果。

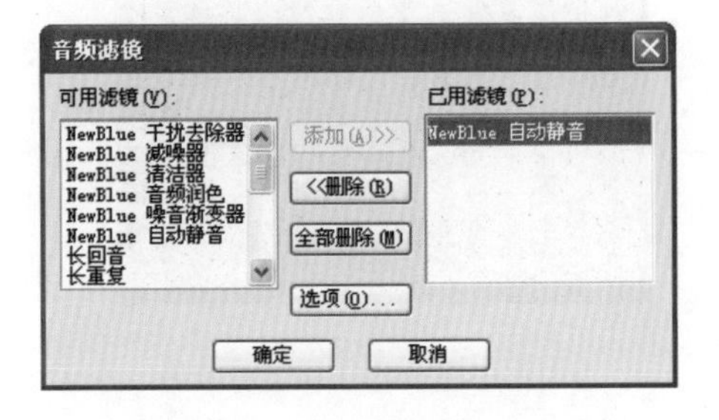

图 10-59　显示添加音频滤镜

图 10-60　显示应用滤镜效果

10.6.2 添加多个音频滤镜

有时添加一个音频滤镜满足不了用户对音频效果的要求，这时候就应添加多个音频滤镜效果来调整音频文件。

素材文件：	DVD\素材\第 10 章\调整多个音频滤镜.mp3
项目文件：	DVD\项目\第 10 章\调整多个音频滤镜.VSP
视频文件：	DVD\视频\第 10 章\10.6.2 调整多个音频滤镜.avi

STEP 01 进入会声会影 X3 高级编辑界面，添加音乐素材（DVD\第 10 章\素材\调整多个音频滤镜.mp3），如图 10-61 所示。

STEP 02 在时间轴中，选中音频文件，双击鼠标左键，如图 10-62 所示。

STEP 03 在在“音乐和声音”选项卡中单击“音频滤镜”按钮，弹出的“音频滤镜”对话框，添加“长回音”、“混响”和“放大”音频滤镜，单击“确定”按钮，如图 10-63 所示。

STEP 04 在时间轴视图中就会显示应用音频滤镜效果，如图 10-64 所示。单击导览面板中的“播放”按钮，试听应用音频滤镜效果。

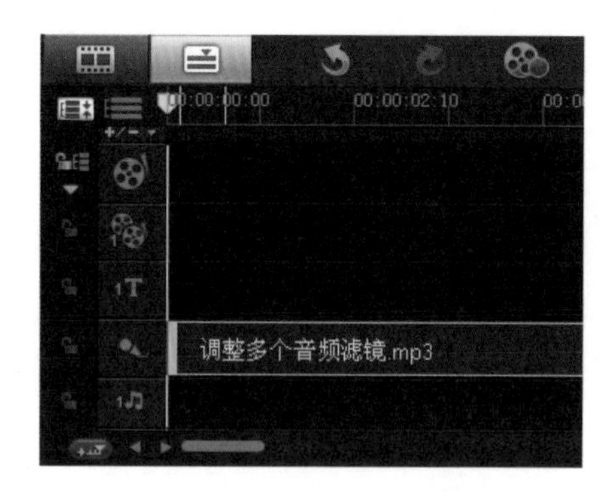

图 10-61　添加音乐素材

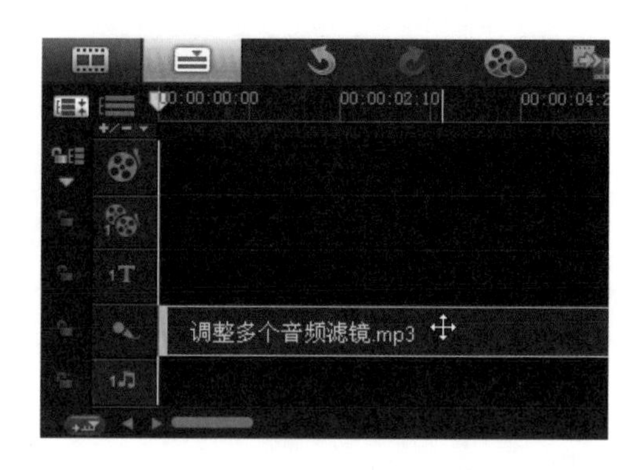

图 10-62　双击音频文件

图 10-63　添加音频滤镜

图 10-64　显示应用滤镜效果

10.7 音频特效精彩应用 8 例

本节通过音频制作实例，介绍常用音频滤镜的使用方法和应用效果，让用户更快地掌握音频滤镜的使用。

10.7.1 放大

在会声会影 X3 中，“放大”音频滤镜是对音频文件添加放大音频效果。

素材文件:	DVD\素材\第 10 章\闪电.jpg、闪电.mp3
项目文件:	DVD\项目\第 10 章\放大.VSP
视频文件:	DVD\视频\第 10 章\10.7.1 放大.avi

STEP 01 在会声会影 X3 高级编辑器中，添加项目文件（DVD\第 10 章\项目\闪电.VSP），如图 10-65 所示。

STEP 02 选中音频文件，单击“选项”按钮，如图 10-66 所示。

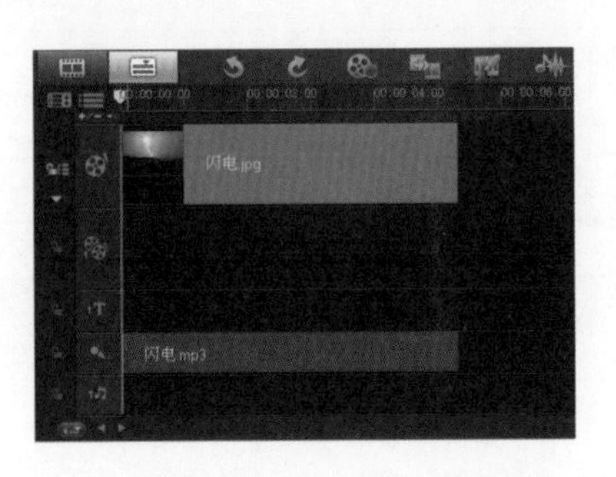

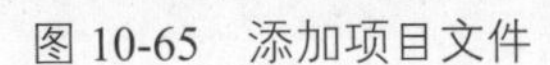

图 10-65　添加项目文件

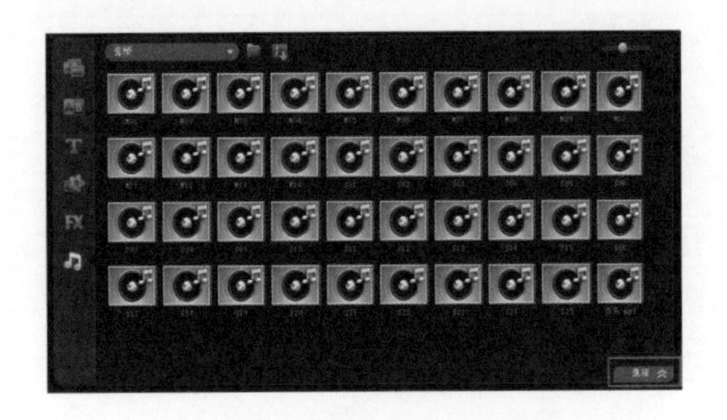

图 10-66　单击“选项”按钮

STEP 03 在弹出的音乐和声音面板中，单击“音频滤镜”按钮，如图 10-67 所示。

STEP 04 在弹出的“音频滤镜”对话框中，选择“放大”滤镜，单击“添加”按钮，如图 10-68 所示。

图 10-67　单击“音频滤镜”按钮

图 10-68　添加“放大”滤镜

STEP 05 单击“确定”按钮，即可添加所选择的滤镜效果到音频文件上，如图 10-69 所示。

STEP 06 单击导览面板中的“播放”按钮，即可试听“放大”滤镜效果，如图 10-70 所示。

图 10-69　音频滤镜添加到音频中

图 10-70　试听“放大”滤镜效果

10.7.2 混响

在会声会影 X3 中，“混响”音频滤镜，是指对音频文件添加混响效果，产生类似回音的音频效果。下面就来介绍一下为音频文件添加“混响”的方法。

素材文件:	DVD\素材\第 10 章\电话.jpg、电话铃.mp3
项目文件:	DVD\项目\第 10 章\混响.VSP
视频文件:	DVD\视频\第 10 章\10.7.2 混响.avi

STEP 01 在会声会影 X3 高级编辑器中，添加项目文件（DVD\第 10 章\项目\电话.VSP），如图 10-71 所示。

STEP 02 选中音频文件，单击“选项”按钮，如图 10-72 所示。

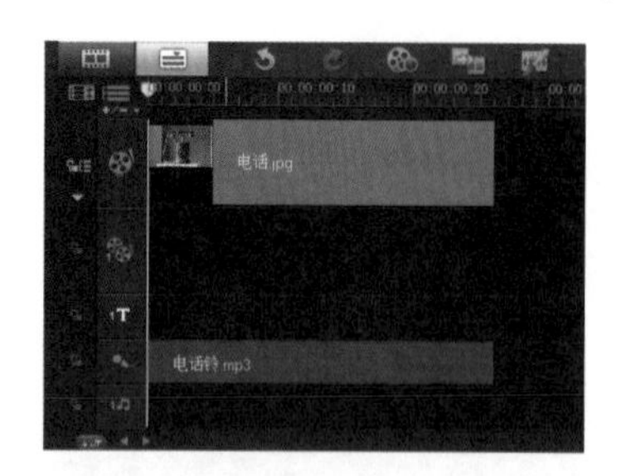

图 10-71 添加项目文件

图 10-72 单击“选项”按钮

STEP 03 在弹出的音乐和声音面板中，单击“音频滤镜”按钮，如图 10-73 所示。

STEP 04 在弹出的“音频滤镜”对话框中，选择“混响”滤镜，单击“添加”按钮，如图 10-74 所示。

图 10-73 单击“音频滤镜”按钮

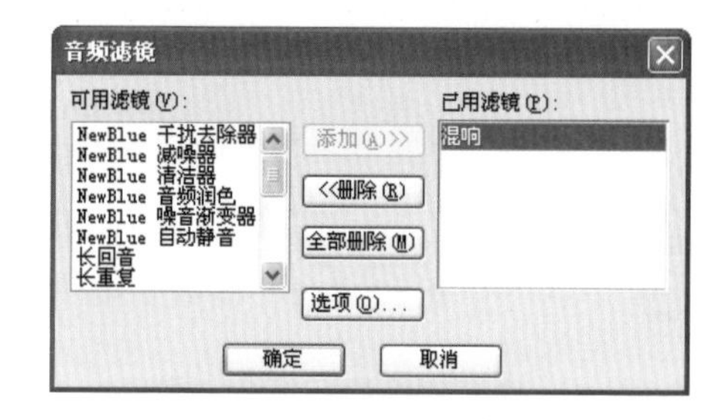

图 10-74 添加“混响”滤镜

STEP 05 单击“确定”按钮，即可添加所选择的滤镜效果到音频文件上，如图 10-75 所示。

STEP 06 单击导览面板中的“播放”按钮，即可试听“混响”滤镜效果，如图 10-76 所示。

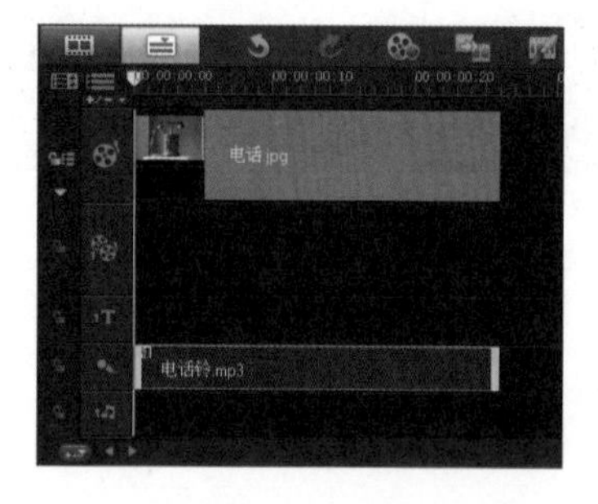

图 10-75 音频滤镜添加到音频中

图 10-76 试听“混响”滤镜效果

10.7.3 长回音

在会声会影 X3 中，“长回音”音频滤镜，是指对音频文件添加音频长回音效果，下面就来介绍一下为音频文件添加“长回音”的方法。

素材文件：	DVD\素材\第 10 章\奶牛.jpg、牛.mp3
项目文件：	DVD\项目\第 10 章\长回音.VSP
视频文件：	DVD\视频\第 10 章\10.7.3 长回音.avi

STEP 01 在会声会影 X3 高级编辑器中，添加项目文件（DVD\第 10 章\项目\奶牛.VSP），如图 10-77 所示。

STEP 02 选中音频文件，单击“选项”按钮，如图 10-78 所示。

图 10-77　添加项目文件

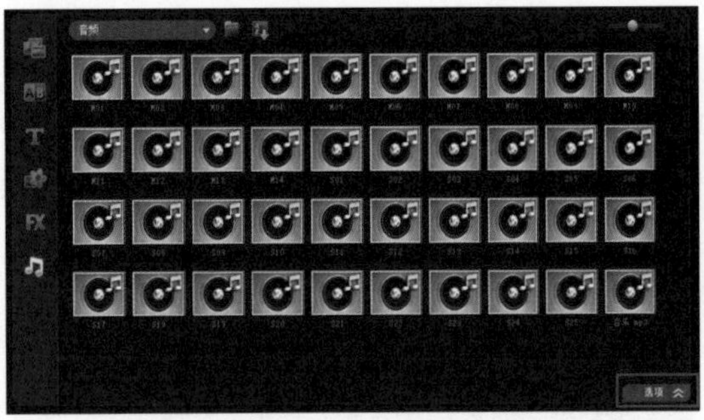

图 10-78　单击“选项”按钮

STEP 03 在弹出的音乐和声音面板中，单击“音频滤镜”按钮，如图 10-79 所示。

STEP 04 在弹出的“音频滤镜”对话框中，选择“长回音”滤镜，单击“添加”按钮，如图 10-80 所示。

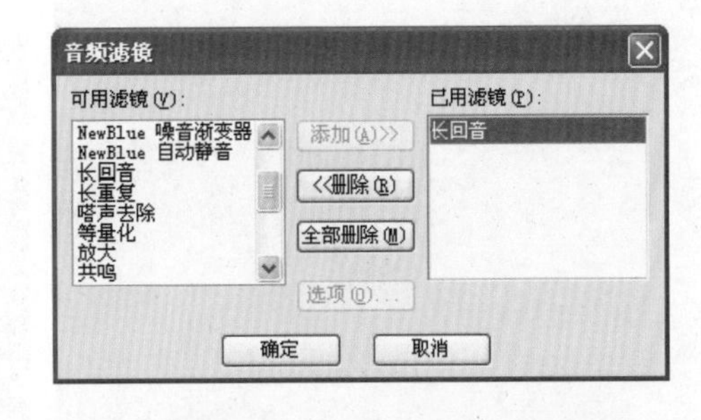

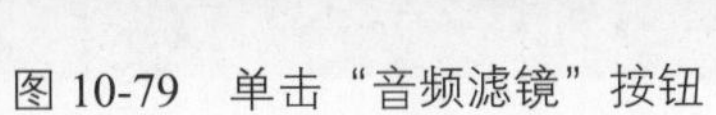

图 10-79　单击“音频滤镜”按钮

图 10-80　添加“长回音”滤镜

STEP 05 单击“确定”按钮，即可添加所选择的滤镜效果到音频文件上，如图 10-81 所示。

STEP 06 单击导览面板中的“播放”按钮，即可试听“长回音”滤镜效果，如图 10-82 所示。

图 10-81　音频滤镜添加到音频中

图 10-82　试听“长回音”滤镜效果

10.7.4 长重复

在会声会影 X3 中，“长重复”音频滤镜，是指对音频文件添加长重复音频效果，下面就来介绍一下为音频文件添加“放大”的方法。

素材文件：	DVD\素材\第 10 章\公鸡.jpg、鸡叫电.mp3
项目文件：	DVD\项目\第 10 章\长重复.VSP
视频文件：	DVD\视频\第 10 章\10.7.4 长重复.avi

STEP 01 在会声会影 X3 高级编辑器中，添加项目文件（DVD\第 10 章\项目\鸡叫.VSP），如图 10-83 所示。

STEP 02 选中音频文件，单击“选项”按钮，如图 10-84 所示。

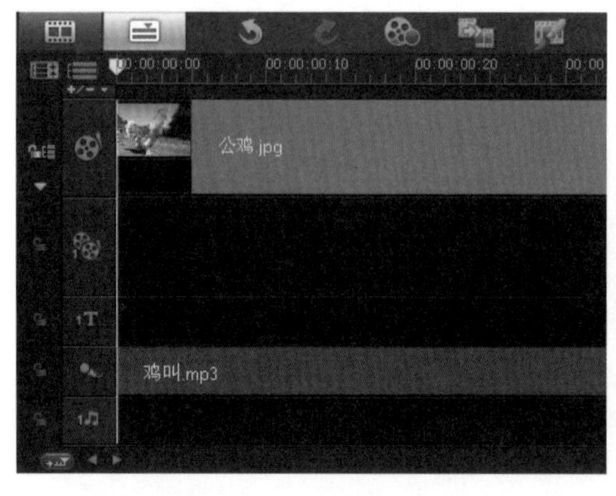

图 10-83　添加项目文件

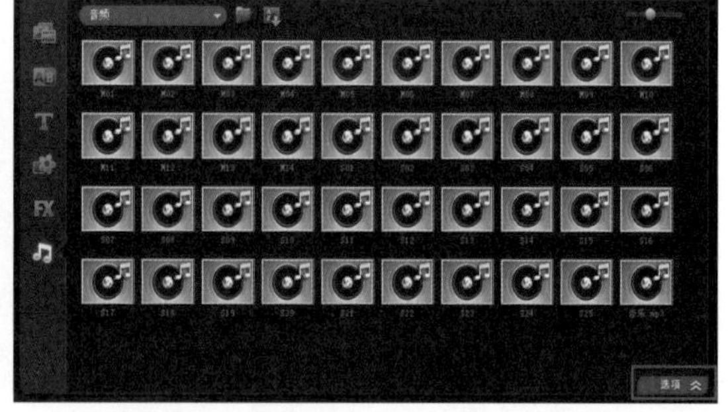

图 10-84　单击“选项”按钮

STEP 03 在弹出的音乐和声音面板中，单击“音频滤镜”按钮，如图 10-85 所示。

STEP 04 在弹出的“音频滤镜”对话框中，选择“长重复”滤镜，单击“添加”按钮，如图 10-86 所示。

图 10-85　单击"音频滤镜"按钮

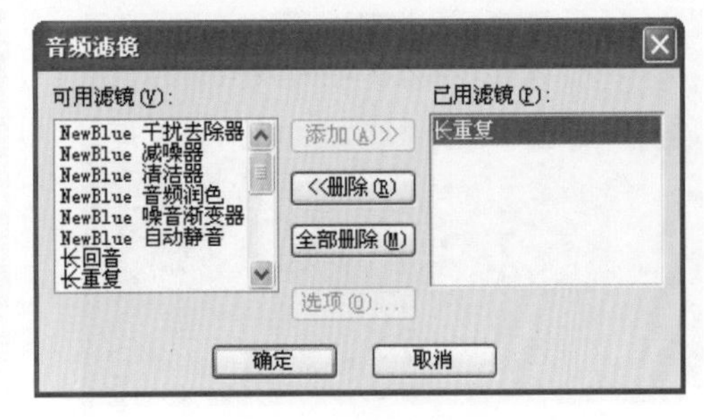

图 10-86　添加"长重复"滤镜

STEP 05 单击"确定"按钮，即可添加所选择的滤镜效果到音频文件上，如图 10-87 所示。

STEP 06 单击导览面板中的"播放"按钮，即可试听"长重复"滤镜效果，如图 10-88 所示。

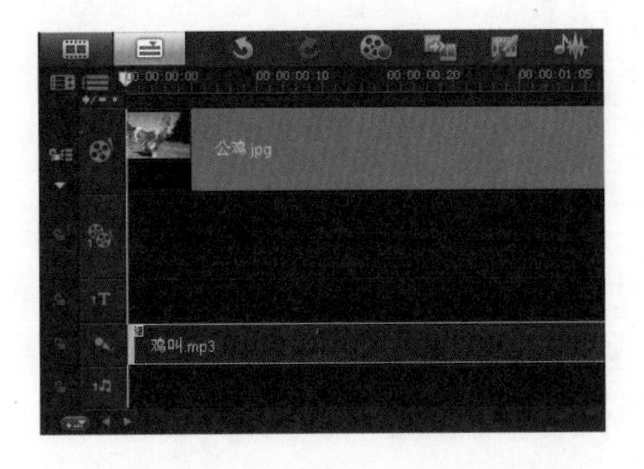

图 10-87　音频滤镜添加到音频中

图 10-88　试听"长重复"滤镜效果

10.7.5 音频润色

在会声会影 X3 中，"Newblue 音频润色"音频滤镜，是指对音频文件添加音频润色效果，下面就来介绍一下为音频文件添加"Newblue 音频润色"的方法。

素材文件:	DVD\素材\第 10 章\弹钢琴.jpg、钢琴.mp3
项目文件:	DVD\项目\第 10 章\音频润色.VSP
视频文件:	DVD\视频\第 10 章\10.7.5 音频润色.avi

STEP 01 在会声会影 X3 高级编辑器中，添加项目文件（DVD\第 10 章\项目\弹钢琴.VSP），如图 10-89 所示。

STEP 02 选中音频文件，单击"选项"按钮，如图 10-90 所示。

STEP 03 在弹出的音乐和声音面板中，单击"音频滤镜"按钮，如图 10-91 所示。

STEP 04 在弹出的"音频滤镜"对话框中，选择"Newblue 音频润色"滤镜，单击"添加"按钮，如图 10-92 所示。

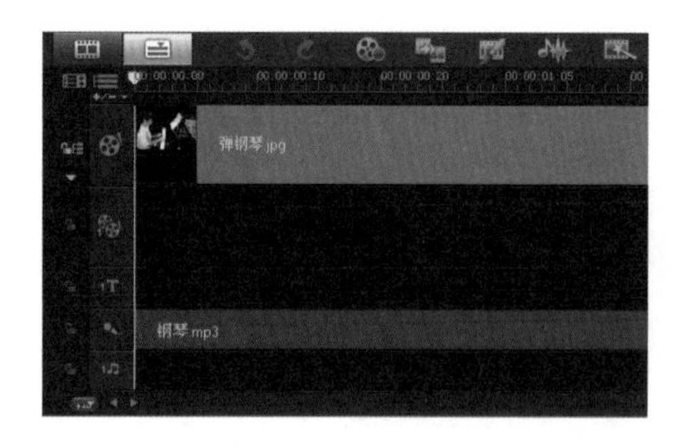

图 10-89　添加项目文件

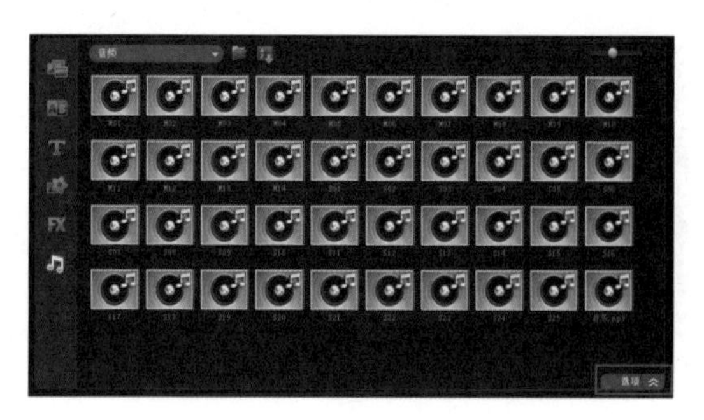

图 10-90　单击“选项”按钮

图 10-91　单击“音频滤镜”按钮

图 10-92　添加“Newblue 音频润色”滤镜

STEP 05 单击“确定”按钮，即可添加所选择的滤镜效果到音频文件上，如图 10-93 所示。

STEP 06 单击导览面板中的“播放”按钮，即可试听“Newblue 音频润色”滤镜效果，如图 10-94 所示。

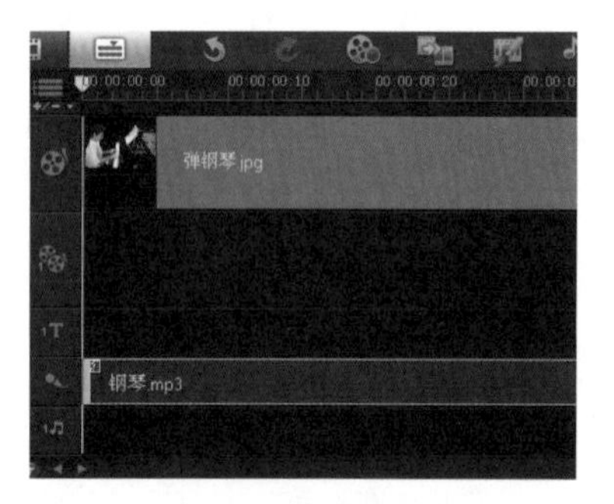

图 10-93　音频滤镜添加到音频中

图 10-94　试听“Newblue 音频润色”滤镜效果

10.7.6 删除噪音

在会声会影 X3 中，“删除噪音”音频滤镜，是指对音频文件添加删除噪音效果，下面就来介绍一下为音频文件添加“删除噪音”的方法。

素材文件：	DVD\素材\第 10 章\瀑布.jpg、流水.mp3
项目文件：	DVD\项目\第 10 章\删除噪音.VSP
视频文件：	DVD\视频\第 10 章\10.7.6 删除噪音.avi

STEP 01 在会声会影 X3 高级编辑器中，添加项目文件（DVD\第 10 章\项目\瀑布.VSP），如图 10-95 所示。

STEP 02 选中音频文件，单击“选项”按钮，如图 10-96 所示。

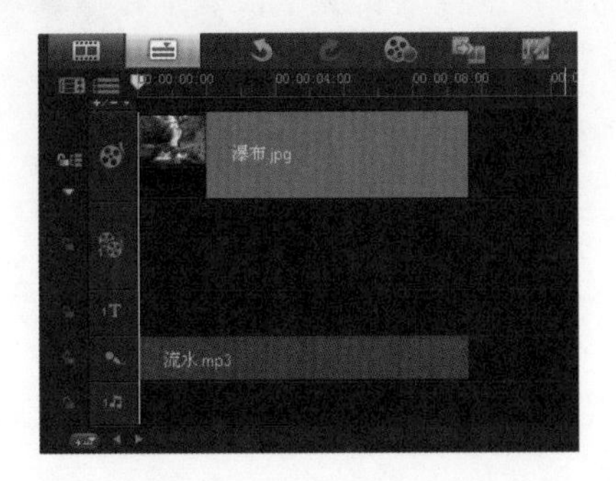

图 10-95　添加项目文件

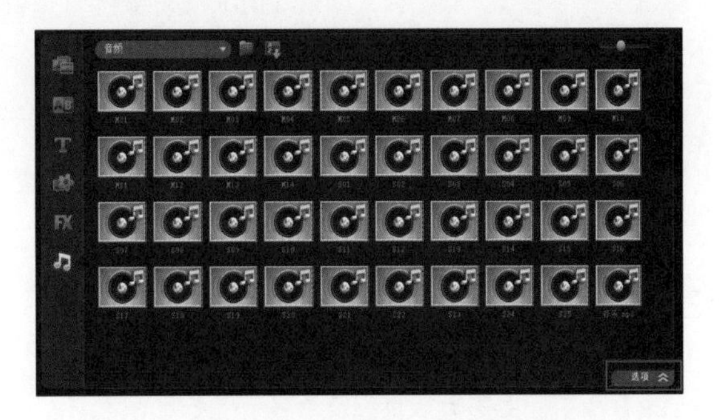

图 10-96　单击“选项”按钮

STEP 03 在弹出的音乐和声音面板中，单击“音频滤镜”按钮，如图 10-97 所示。

STEP 04 在弹出的“音频滤镜”对话框中，选择“删除噪音”滤镜，单击“添加”按钮，如图 10-98 所示。

图 10-97　单击“音频滤镜”按钮

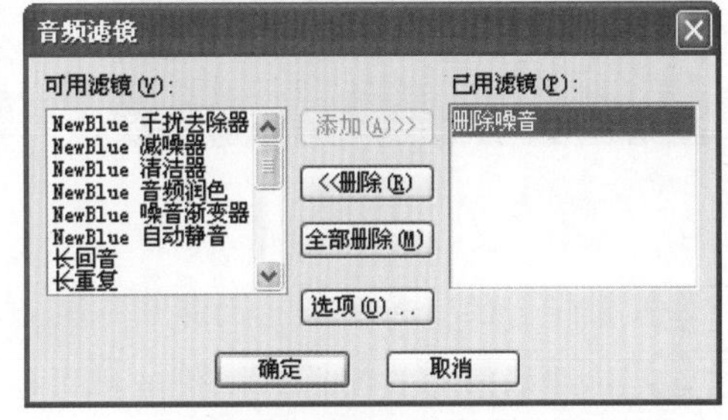

图 10-98　添加“删除噪音”滤镜

STEP 05 单击“确定”按钮，即可添加所选择的滤镜效果到音频文件上，如图 10-99 所示。

STEP 06 单击导览面板中的“播放”按钮，即可试听“删除噪音”滤镜效果，如图 10-100 所示。

图 10-99　音频滤镜添加到音频中

图 10-100　试听“删除噪音”滤镜效果

10.7.7 Newblue 减噪器

在会声会影 X3 中，“Newblue 减噪器”音频滤镜，是指对音频文件添加减噪器效果，下面就来介绍一下为音频文件添加“Newblue 减噪器”的方法。

素材文件：	DVD\素材\第 10 章\打字.jpg、键盘.mp3
项目文件：	DVD\项目\第 10 章\Newblue 减噪器.VSP
视频文件：	DVD\视频\第 10 章\10.7.7Newblue 减噪器.avi

STEP 01 在会声会影 X3 高级编辑器中，添加项目文件（DVD\第 10 章\项目\打字.VSP），如图 10-101 所示。

STEP 02 选中音频文件，单击“选项”按钮，如图 10-102 所示。

图 10-101　添加项目文件

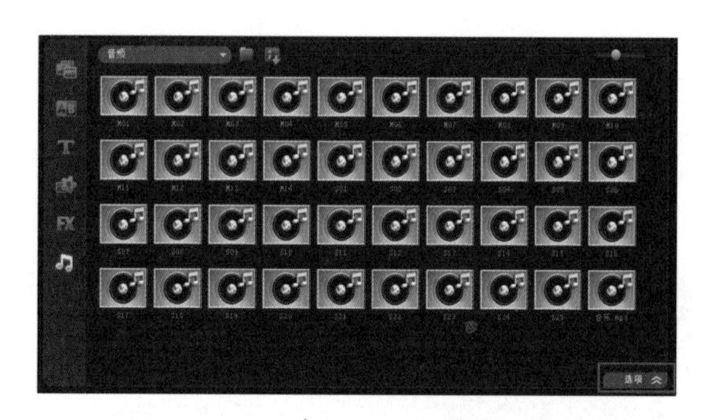

图 10-102　单击“选项”按钮

STEP 03 在弹出的音乐和声音面板中，单击“音频滤镜”按钮，如图 10-103 所示。

STEP 04 在弹出的“音频滤镜”对话框中，选择“Newblue 减噪器”滤镜，单击“添加”按钮，如图 10-104 所示。

图 10-103　单击“音频滤镜”按钮

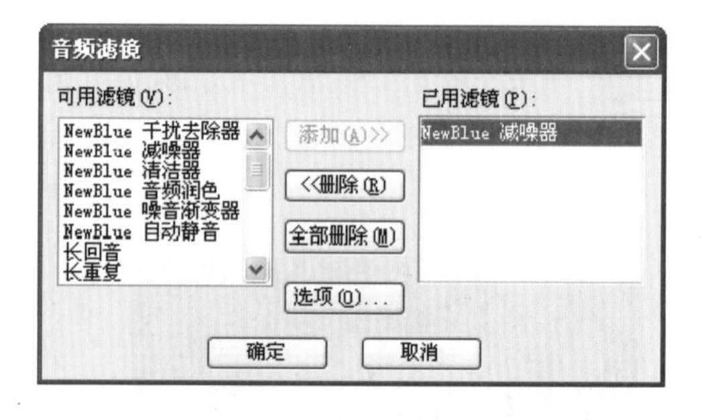

图 10-104　添加“Newblue 减噪器”滤镜

STEP 05 单击“确定”按钮，即可添加所选择的滤镜效果到音频文件上，如图 10-105 所示。

STEP 06 单击导览面板中的“播放”按钮，即可试听“Newblue 减噪器”滤镜效果，如图 10-106 所示。

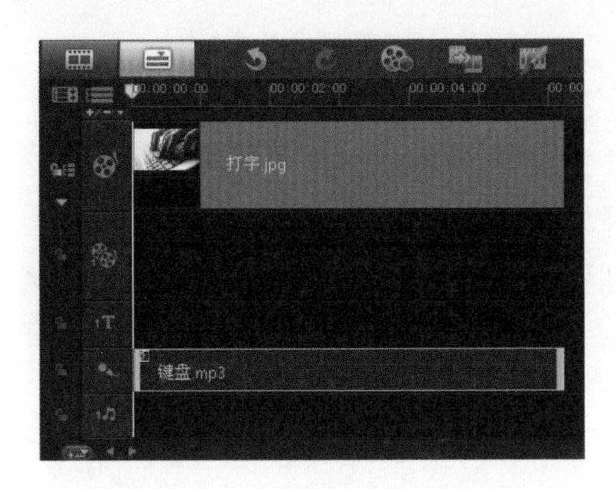

图 10-105　音频滤镜添加到音频中

图 10-106　试听“Newblue 减噪器”滤镜效果

10.7.8 Newblue 清洁器

在会声会影 X3 中，“Newblue 清洁器”音频滤镜，是指对音频文件添加清洁器效果，下面就来介绍一下为音频文件添加“Newblue 减噪器”的方法。

素材文件:	DVD\素材\第 10 章\煮咖啡.jpg、煮咖啡.mp3
项目文件:	DVD\项目\第 10 章\ Newblue 清洁器.VSP
视频文件:	DVD\视频\第 10 章\ Newblue 清洁器.avi

STEP 01 在会声会影 X3 高级编辑器中，添加项目文件（DVD\第 10 章\项目\煮咖啡.VSP），如图 10-107 所示。

STEP 02 选中音频文件，单击“选项”按钮，如图 10-108 所示。

图 10-107　添加项目文件

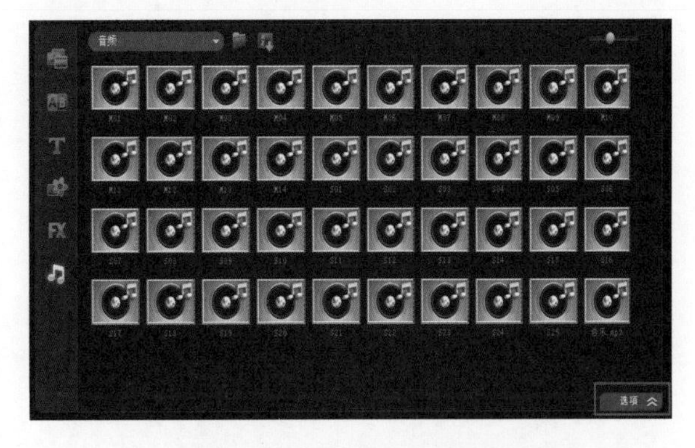

图 10-108　单击“选项”按钮

STEP 03 在弹出的音乐和声音面板中，单击“音频滤镜”按钮，如图 10-109 所示。

STEP 04 在弹出的“音频滤镜”对话框中，选择“Newblue 清洁器”滤镜，单击“添加”按钮，如图 10-110 所示。

图 10-109　单击“音频滤镜”按钮

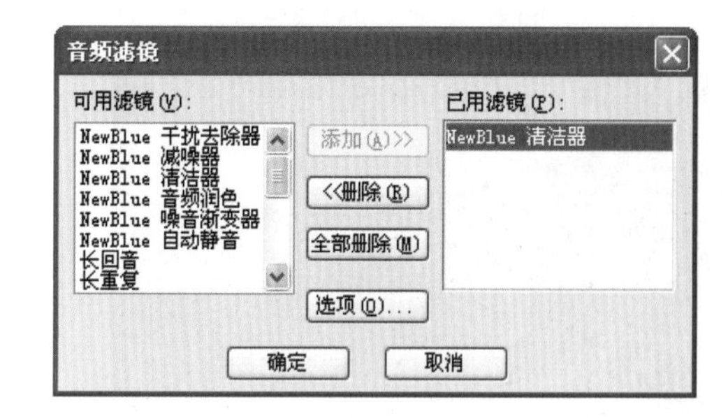

图 10-110　添加“Newblue 清洁器”滤镜

STEP 05 单击“确定”按钮，即可添加所选择的滤镜效果到音频文件上，如图 10-111 所示。

STEP 06 单击导览面板中的“播放”按钮，即可试听“Newblue 清洁器”滤镜效果，如图 10-112 所示。

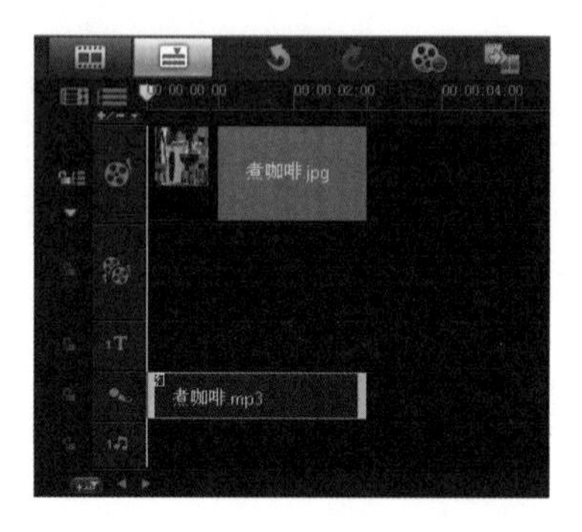

图 10-111　音频滤镜添加到音频中

图 10-112　试听“Newblue 清洁器”滤镜效果

第 11 章 文件分享输出

影片制作完成后，为了能与更多人进行分享，需要将影片创建成视频文件，然后发布到网站共享，或者用电子邮件发送给亲朋好友，刻录成光盘等。会声会影 X3 中提供了多种导出方式，用户可以根据自己的需要来创建影片格式。

本章重点：

★ 分享介绍
★ 创建视频文件
★ 创建独立文件
★ 项目回放
★ 在线共享
★ 输出智能包
★ 创建光盘
★ 导出到移动设备

11.1 分享介绍

制作完成的影片需要通过“分享”步骤来创建视频文件。在分享面板上，用户不仅可以创建视频文件、和创建声音文件，还可以创建成光盘，上传到视频分享网站等。首先先来认识一下该选项面板上的按钮和功能，如图 11-1 所示。

图 11-1　分享选项面板

- 创建视频文件：可以将项目文件创建成影片。
- 创建声音文件：可以将项目中的音频部分单独创建成声音文件。
- 创建光盘：可以将制作完成的项目创建成光盘。
- 上传到 YouTube：制作成 FLV 文件直接上传到 YouTube 网站进行共享。
- 上传到 Vimeo：制作成影片直接上传到 Vimeo 网站进行共享。
- 项目回放：可以将文件在外部设备或全屏幕回放项目。
- DV 录制：可以将视频文件输出到 DV 摄像机上。
- HDV 录制：与 DV 录制功能相同，可以将视频文件输出成 DV 摄像机上。
- 导出到移动设备：可以将视频文件导出到移动电话、PSP 等移动设备上。

11.2 创建视频文件

编辑完成的影片需要创建成视频文件，然后用于分享。单击分享面板中的“创建视频文件”按钮，可以把编辑完成的项目文件创建成视频格式文件。

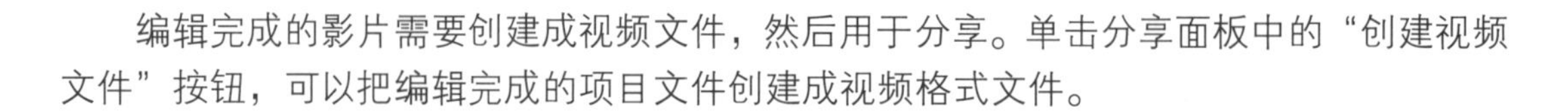

11.2.1 输出整部影片

输出整部影片是将编辑完成的影片，输出成视频文件，便于观赏。

素材文件：	DVD\素材\第 11 章\向日葵 1、2、3、4.jpg
项目文件：	DVD\项目\第 11 章\向日葵.VSP
视频文件：	DVD\视频\第 11 章\11.2.1 输出整部影片.avi

STEP 01 进入会声会影 X3 高级编辑界面，打开项目文件（DVD\项目\第 11 章\向日葵.VSP），如图 11-2 所示。

STEP 02 单击“分享”按钮，切换到分享步骤选项面板，如图 11-3 所示。

图 11-2　添加项目文件

图 11-3　分享面板

STEP 03 单击“创建视频文件”按钮，在弹出的快捷菜单中选择“自定义”选项，如图 11-4 所示。

STEP 04 弹出“创建视频文件”对话框，选择需要保存的位置，并修改文件名称，如图 11-5 所示。

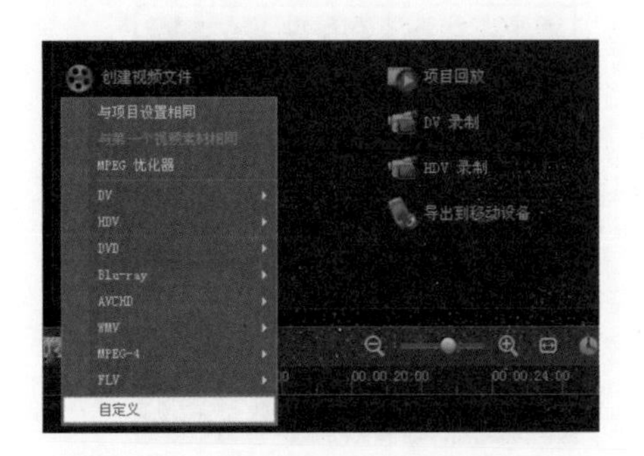

图 11-4　选择“MPEG 优化器”选项

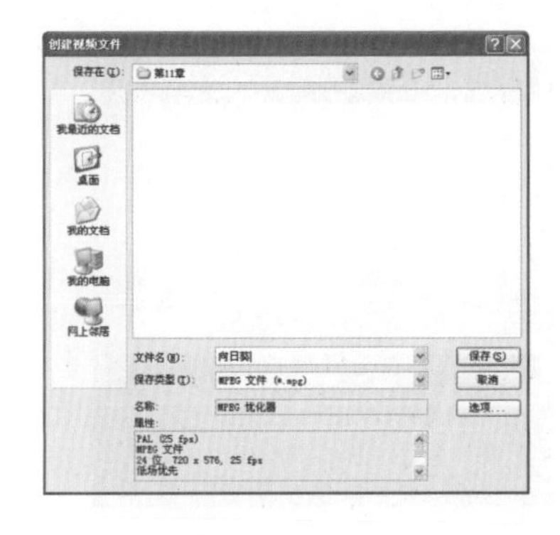

图 11-5　设置文件名称和位置

STEP 05 单击“保存”按钮，显示渲染文件进度，如图 11-6 所示。

STEP 06 输出完成的影片自动保存到素材库中，如图 11-7 所示。

图 11-6　渲染文件

图 11-7　保存到素材库

提　示

输出的文件可用于分享给亲朋好友。

11.2.2 输出部分影片

用户编辑好影片后，若只需要其中的一部分影片，可以先指定影片的输出范围，然后输出指定部分视频即可。

素材文件:	DVD\素材\第 11 章\酒的造型 1、2、3、4.jpg
项目文件:	DVD\项目\第 11 章\酒的造型.VSP
视频文件:	DVD\视频\第 11 章\11.2.2 输出部分影片.avi

STEP 01 进入会声会影 X3 高级编辑界面，打开视频文件素材（DVD\项目\第 11 章\酒的造型.VSP），在导览面板中拖动滑块到指定开始位置，并单击“开始标记”按钮，如图 11-8 所示。

STEP 02 在导览面板上继续拖动滑块到指定结束位置，并单击“开始结束”按钮，如图 11-9 所示。

图 11-8 单击“开始标记”按钮

图 11-9 单击“开始结束”按钮

STEP 03 单击“分享”按钮，切换至分享面板，单击“创建视频文件”|“自定义”选项，如图 11-10 所示。

STEP 04 弹出“创建视频文件”对话框，单击“选项”按钮，如图 11-11 所示。

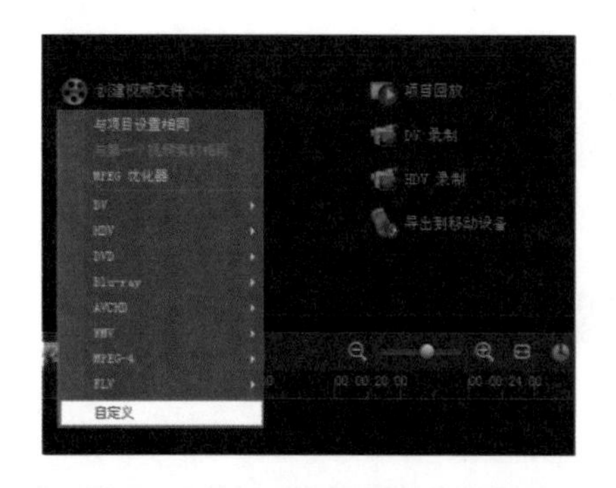

图 11-10 单击“自定义”选项

图 11-11 单击“选项”按钮

STEP 05 弹出“视频保存选项”对话框，选择“预览范围”选项，如图 11-12 所示。

STEP 06 单击“确定”按钮，返回“创建视频文件”对话框，选择文件要保存的位置，并输入文件名称和位置，如图 11-13 所示。

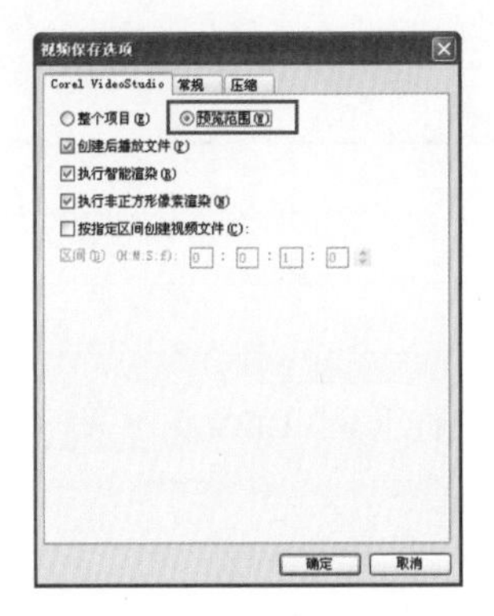

图 11-12　单击“预览范围”

图 11-13　输入文件名称

STEP 07 单击“保存”按钮，显示渲染文件进度，如图 11-14 所示。

STEP 08 渲染完成的影片会自动保存到素材库中，如图 11-15 所示。

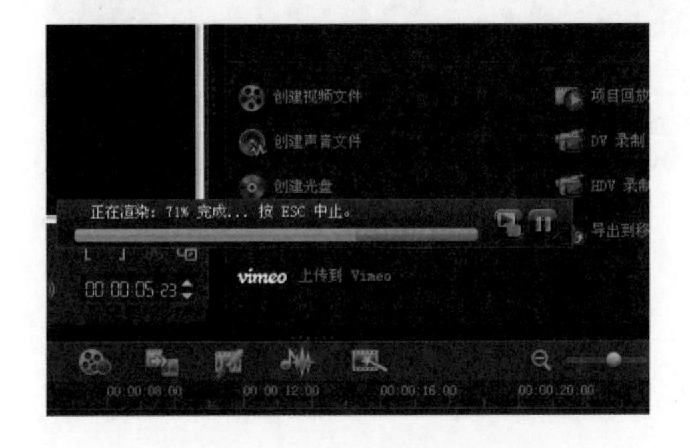

图 11-14　显示渲染进度

图 11-15　保存到素材库中

STEP 09 在文件夹中找到输出的影片，单击“播放”按钮，预览输出影片，如图 11-16 所示。

图 11-16　预览输出影片

提　示

除了用滑块标记指定预览范围外，还可直接拖动“修整标记”来指定预览范围。

11.2.3 创建宽屏视频

屏幕的高宽比分为 4:3 和 16:9 两种，会声会影默认的是 4:3，所以需要创建宽屏幕格式的文件时，用户需要自己进行选择。

素材文件:	DVD\素材\第 11 章\面食 1、2、3、4.jpg
项目文件:	DVD\项目\第 11 章\面食.VSP
视频文件:	DVD\视频\第 11 章\11.2.3 创建宽频视频.avi

STEP 01 进入会声会影 X3 高级编辑界面，添加视频文件素材（DVD\项目\第 11 章\面食.VSP），如图 11-17 所示。

STEP 02 单击“分享”按钮，切换到分享步骤选项面板，如图 11-18 所示。

图 11-17　添加项目文件

图 11-18　分享面板

STEP 03 单击“创建视频文件”按钮，在弹出的快捷菜单中选择 DV | PAL DV (16:9)选项，如图 11-19 所示。

STEP 04 弹出“创建视频文件”对话框，选择需要保存的位置，输入文件名称，如图 11-20 所示。

图 11-19　选择“DV” | “PAL　DV (16:9)”选项

图 11-20　输入文件名称

STEP 05 单击“保存”按钮，显示渲染文件进度，如图 11-21 所示。

STEP 06 渲染完成后，在保存的文件夹中播放文件，显示 16:9 效果如图 11-22 所示。

图 11-21　显示渲染进度

图 11-22　预览 16:9 效果

11.3 创建独立文件

会声会影可以将编辑完成的影片输出为单独的视频（无音频）或独立的音频，方便再次编辑影片时，添加配音或背景音乐用。

11.3.1 创建声音文件

在会声会影 X3 中，可以将影片中的音频文件创建为独立的音频文件。

素材文件：	DVD\素材\第 11 章\快餐 1、2、3、4.jpg
项目文件：	DVD\项目\第 11 章快餐.VSP
视频文件：	DVD\视频\第 11 章\11.3.1 创建声音文件.avi

STEP 01 进入会声会影 X3 高级编辑界面，添加视频文件素材（DVD\项目\第 11 章快餐.VSP），如图 11-23 所示。

STEP 02 单击“分享”按钮，切换到分享步骤选项面板，单击“创建声音文件”按钮，如图 11-24 所示。

图 11-23　添加项目文件

图 11-24　单击“创建声音文件”按钮

STEP 03 弹出“创建声音文件”对话框，选择需要保存的位置，并修改文件名称，如图 11-25 所示。

STEP 04 输出完成的音频文件自动保存到素材库中，如图 11-26 所示，即可输出音频文件。

图 11-25　输入文件名称

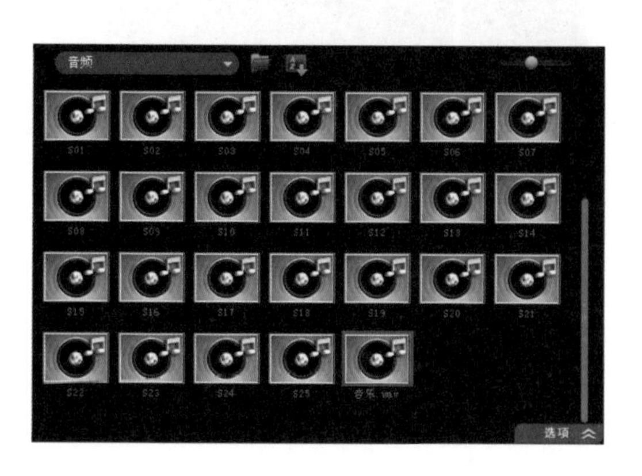

图 11-26　保存到素材库

11.3.2 创建独立视频

有时需要去除影片中的声音，单独保存视频部分，以便添加背景音乐或配音。

素材文件:	DVD\素材\第 11 章\树叶 1、2、3、4.jpg
项目文件:	DVD\项目\第 11 章\树叶.VSP
视频文件:	DVD\视频\第 11 章\11.3.2 创建独立视频.avi

STEP 01 进入会声会影 X3 高级编辑界面，添加项目文件素材（DVD\项目\第 11 章\树叶.VSP），如图 11-27 所示。

STEP 02 单击“分享”按钮，切换到分享步骤选项面板，单击“创建视频文件”|“自定义”选项，如图 11-28 所示。

图 11-27　添加项目文件

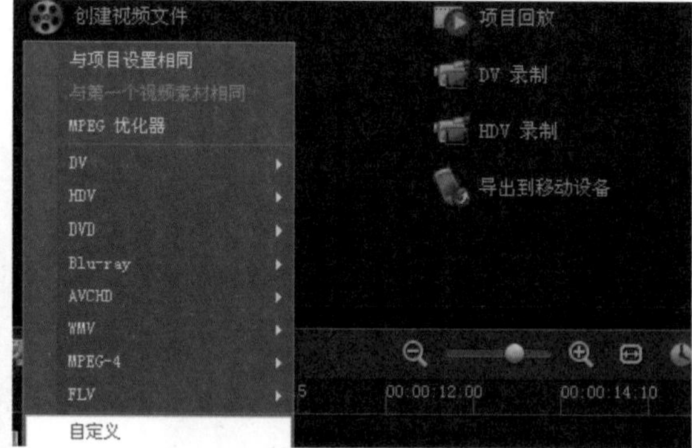

图 11-28　单击“自定义”选项

STEP 03 弹出“创建视频文件”对话框，单击“选项”按钮，如图 11-29 所示。

STEP 04 弹出“视频保存选项”对话框，选择常规选项卡，打开“数据轨”下拉列表，选择“仅视频”选项，如图 11-30 所示。

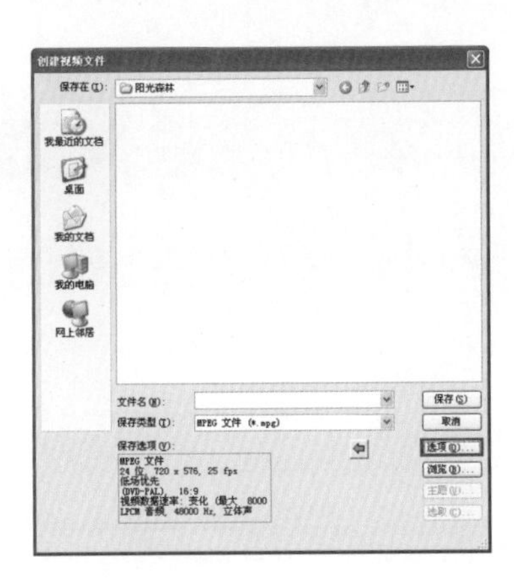

图 11-29　单击“选项”按钮

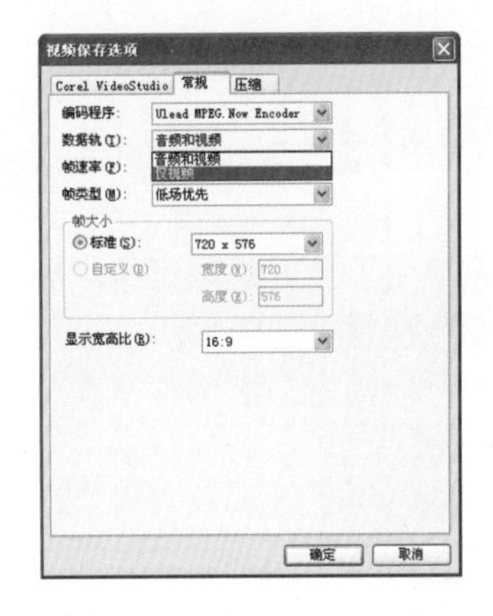

图 11-30　单击“仅视频”选项

STEP 05 单击“确定”按钮，返回“创建视频文件”对话框，选择文件要保存的位置，输入文件名称，如图 11-31 所示。

STEP 06 单击“保存”按钮，显示渲染文件进度，如图 11-32 所示。

图 11-31　输入名称

图 11-32　显示渲染进度

STEP 07 渲染完成后，在保存的文件夹中选择播放文件，如图 11-33 所示，只有画面没有音频。

图 11-33　预览视频文件

11.4 项目回放

项目回放用于全屏幕预览实际影片大小。回放视频文件时，可以对整个视频进行回放，也可以对部分视频进行回放。

回放整个视频时，是将整个视频以全屏幕形式进行播放。

素材文件:	DVD\素材\第 11 章\简单家具 1、2、3、4.jpg
项目文件:	DVD\项目\第 11 章\简单家具.VSP
视频文件:	DVD\视频\第 11 章\11.4 回放整个视频.avi

STEP 01 进入会声会影 X3 高级编辑界面，添加项目文件素材（DVD\项目\第 11 章\简单家具.VSP），如图 11-34 所示。

STEP 02 单击“分享”按钮，切换到分享步骤选项面板，单击“项目回放”按钮，如图 11-35 所示。

图 11-34 添加项目文件

图 11-35 单击“项目回放”按钮

STEP 03 弹出“项目回放—选项”对话框，选取范围单击“整个项目”单选按钮，如图 11-36 所示

STEP 04 单击“完成”按钮，程序将自动全屏回放整个项目文件，如图 11-37 所示。

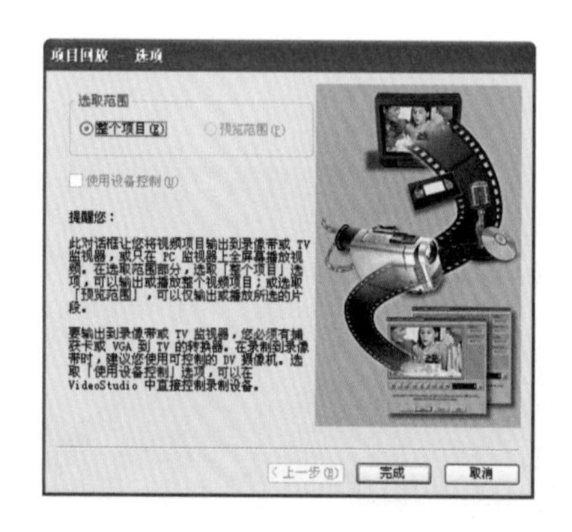

图 11-36 单击“整个项目”单选按钮

图 11-37 回放整个项目

11.5 在线共享

会声会影 X3 程序中，提供了多种导出方式，用户可以根据需要来进行操作。

11.5.1 DV 录制

会声会影可以把编辑完成的影片直接回录到 DV 机上，下面介绍其操作步骤。

STEP 01 将 DV 与计算机相连接，进入会声会影高级编辑器。

STEP 02 单击“分享”按钮，在分享面板上，单击“创建视频文件”| DV | PAL DV（4:3）选项，如图 11-38 所示。

STEP 03 在弹出的“创建视频文件”对话框中，选择保存位置并输入文件名称，如图 11-39 所示，单击“保存”按钮即可。

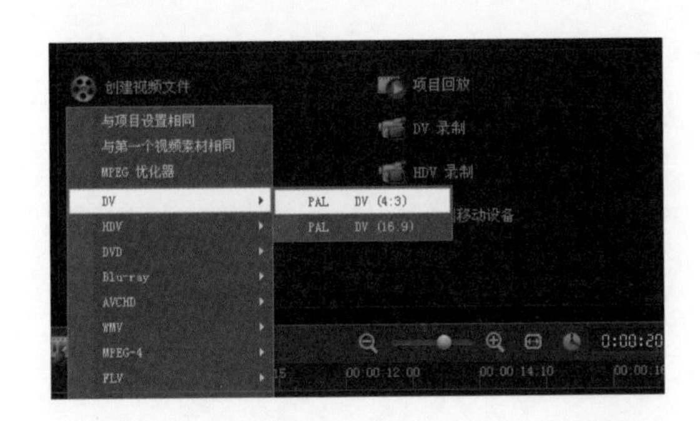

图 11-38　单击 DV | PAL DV（4：3）选项

图 11-39　选择保存位置及输入文件名称

STEP 04 影片进行渲染，渲染完成后，打开 DV 机并将其设置到播放模式，然后单击“DV 录制”按钮，如图 11-40 所示。

图 11-40　单击“DV 录制”按钮

STEP 05 在弹出的“DV 录制-预览窗口”中，单击“播放”按钮，如图 11-41 所示。

STEP 06 单击“下一步”按钮，在对话框中使用播放控制按钮来控制 DV 机，设置起始位置，如图 11-42 所示。

STEP 07 单击◉，将影片录制到 DV 机上，录制完成后，单击“完成”按钮，结束 DV 录制。

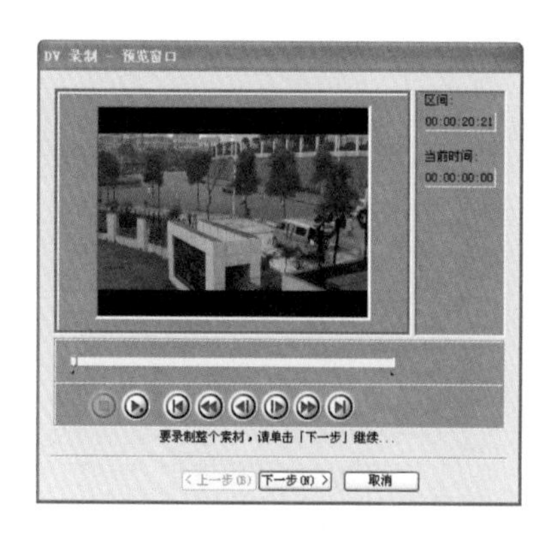

图 11-41　单击“播放”按钮

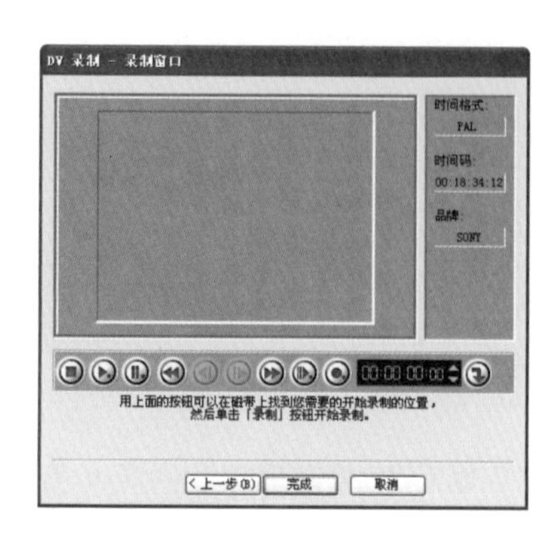

图 11-42　设置起始位置

11.5.2 导出为网页

利用网络来分享视频文件已经是很普遍的方式，会声会影可以将制作好的视频文件保存为网页，下面介绍制作网页的方法。

素材文件:	DVD\素材\第 11 章\珠宝 1、2、3、4.jpg
项目文件:	DVD\项目\第 11 章\珠宝.VSP
视频文件:	DVD\视频\第 11 章\11.5.2 导出为网页.avi

STEP 01 进入会声会影 X3 高级编辑界面，添加项目文件(DVD\第 11 章\素材\)，如图 11-43 所示。

STEP 02 单击“分享”按钮，切换到分享步骤选项面板，单击“创建声音文件” | WMV | Smartphone WMV (220 × 176,15fps)选项，如图 11-44 所示。

图 11-43　添加素材图像

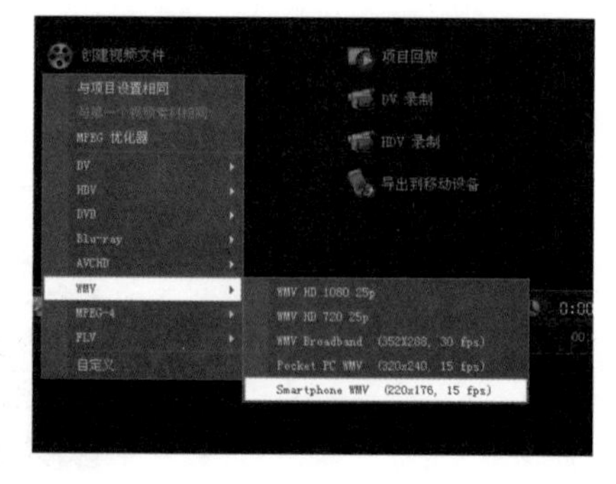

图 11-44　单击 Smartphone WMV (220 × 176,15fps)选项

STEP 03 弹出“创建视频文件”对话框，选择文件要保存的位置，并输入文件名称，如图 11-45 所示

STEP 04 单击“保存”按钮，显示渲染文件进度，如图 11-46 所示。

图 11-45　输入文件名称及保存位置

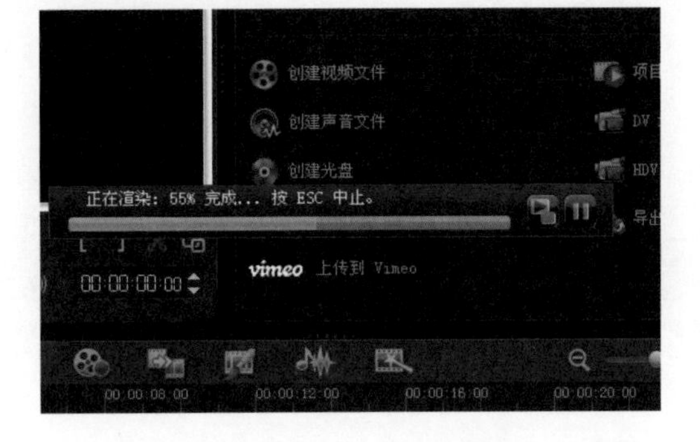

图 11-46　显示渲染进度

STEP 05 单击菜单栏上的“文件”|“导出”|“网页”命令，如图 11-47 所示。

STEP 06 弹出“网页”提示对话框，单击“确定”按钮，如图 11-48 所示。

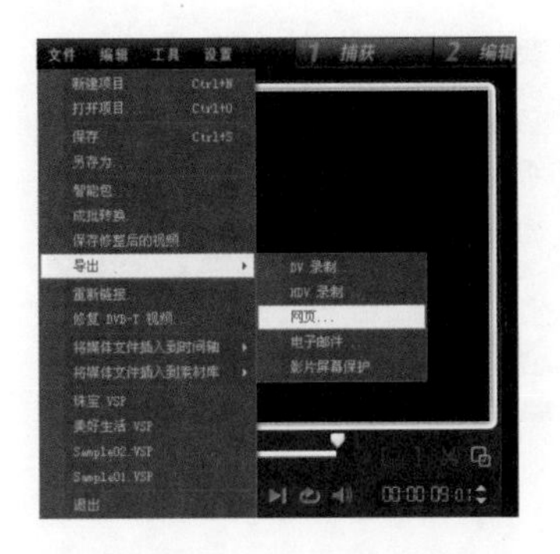

图 11-47　单击“网页”命令

图 11-48　提示对话框

STEP 07 弹出“浏览”对话框，输入文件名称，如图 11-49 所示。

STEP 08 单击“确定”按钮，程序将视频以网页的形式呈现出来，如图 11-50 所示，单击“播放”按钮即可预览网页效果。

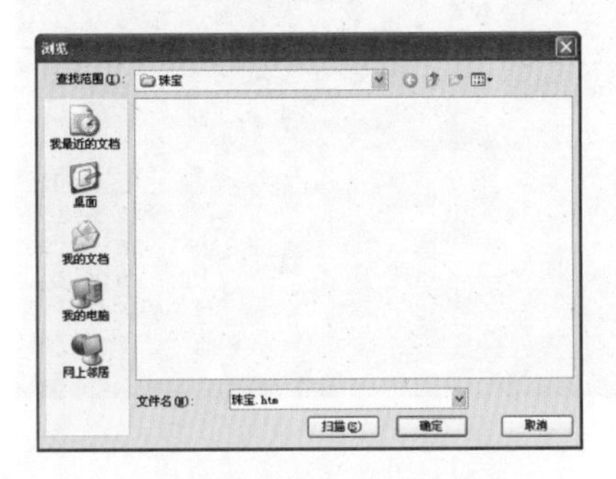

图 11-49　输入文件名称

图 11-50　查看网页效果

提　示

制作网页的视频格式可以是 MPG、WMV、AVI 等多种格式。

11.5.3 导出为电子邮件

将视频导出来，通过电子邮件寄给在远方的亲朋好友，是一件非常幸福的事情，可以让远方的亲朋好友一起来分享您的幸福时刻。

素材文件:	DVD\素材\第 11 章\北海道 1、2、3、4.jpg
项目文件:	DVD\项目\第 11 章\北海道.VSP
视频文件:	DVD\视频\第 11 章\11.5.3 导出为电子邮件.avi

STEP 01 进入会声会影 X3 高级编辑界面，添加项目文件（DVD\项目\第 11 章\北海道.VSP），如图 11-51 所示。

STEP 02 单击“分享”按钮，切换到分享步骤选项面板，单击“创建视频文件”|“自定义”选项，如图 11-52 所示。

图 11-51　添加项目文件

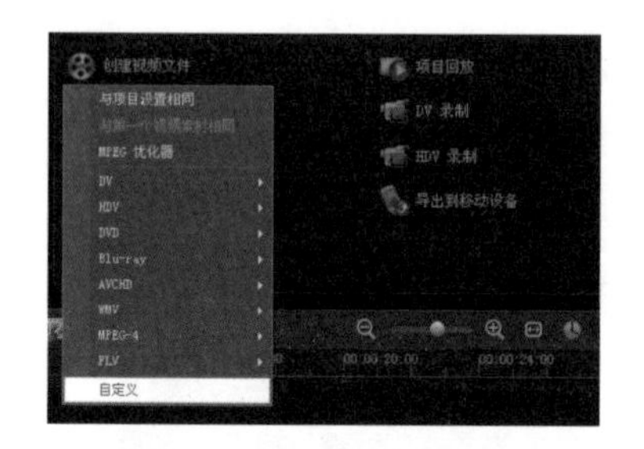

图 11-52　单击“自定义”选项

STEP 03 弹出“创建视频文件”对话框，选择文件要保存的位置，并输入文件名称，如图 11-53 所示。

STEP 04 单击“保存”按钮，显示渲染文件进度，如图 11-54 所示。

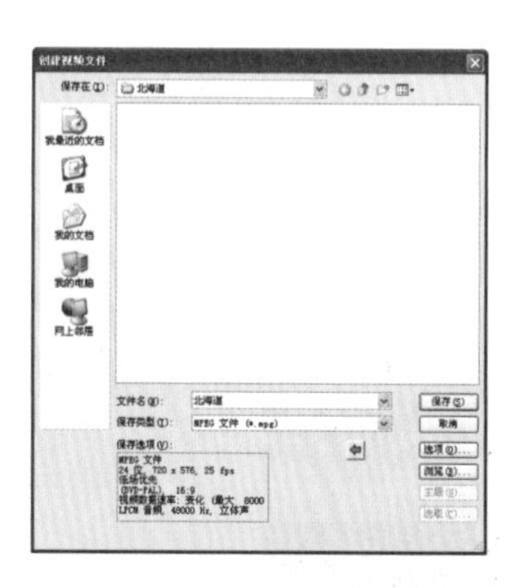

图 11-53　输入文件名称及保存位置

图 11-54　显示渲染进度

STEP 05 文件渲染完成后，单击菜单栏上的“文件”|“导出”|“电子邮件”命令，如图 11-55 所示。

STEP 06 程序将自动打开“新邮件”窗口，如图 11-56 所示。

STEP 07 输入收件人、主题等内容，如图 11-57 所示，单击“发送”按钮，即可将制作的影片发送到指定邮箱。收件人将与您一起分享您所编辑的影片。

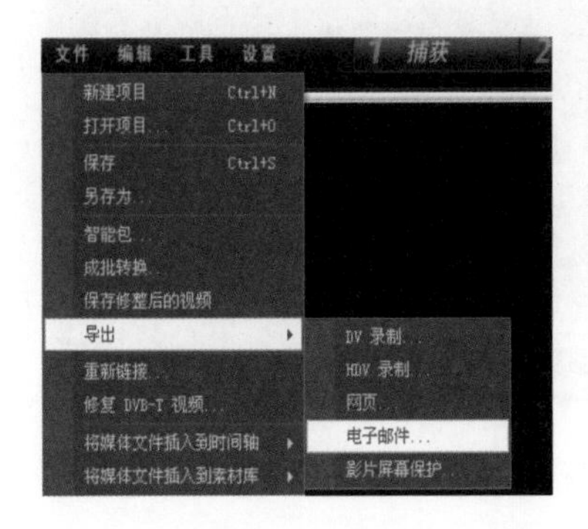

图 11-55　单击"电子邮件"命令

图 11-56　弹出"新邮件"窗口

图 11-57　输入内容

11.5.4 导出为屏幕保护

会声会影 X3 可以将编辑完成的影片设置为屏保，让您的桌面更加个性化。

素材文件:	DVD\素材\第 11 章\贝壳 1、2、3、4.jpg
项目文件:	DVD\项目\第 11 章\贝壳.VSP
视频文件:	DVD\视频\第 11 章\11.5.4 导出为影片屏幕保护.avi

STEP 01 进入会声会影 X3 高级编辑界面，添加项目文件(DVD\第 11 章\素材\)，如图 11-58 所示。

STEP 02 单击"分享"按钮，切换到分享步骤选项面板，单击"创建视频文件" | WMV | WMV HD 1080 25 p 选项，如图 11-59 所示。

图 11-58　添加素材图像

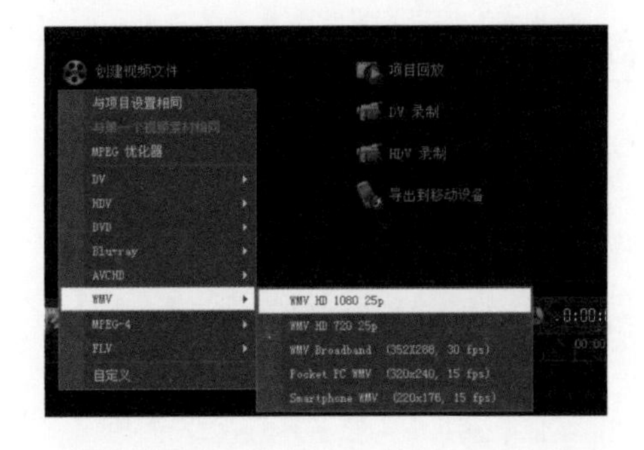

图 11-59　单击 WMV HD 1080 25 p 选项

STEP 03 弹出"创建视频文件"对话框，选择文件要保存的位置，并输入文件名称，如图 11-60 所示。

STEP 04 单击"保存"按钮，显示渲染文件进度，如图 11-61 所示。

STEP 05 渲染完成后，单击菜单栏上的"文件" | "导出" | "影片屏幕保护"命令，如图 11-62 所示。

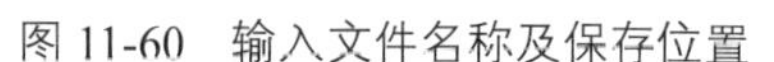

图 11-60 输入文件名称及保存位置

图 11-61 显示渲染进度

STEP 06 弹出“显示 属性”对话框，如图 11-63 所示，单击“确定”按钮即可设置为屏幕保护。

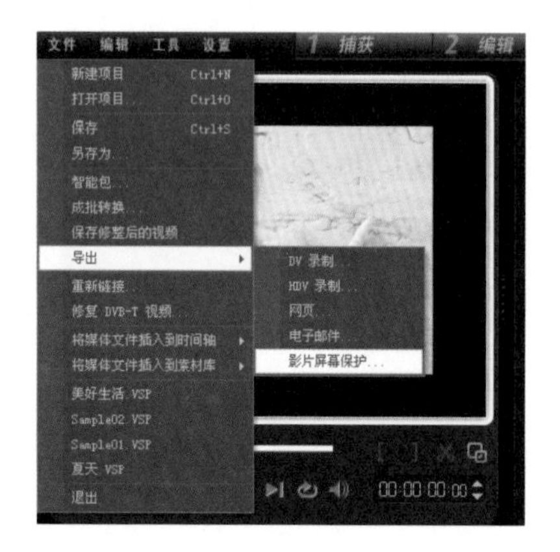

图 11-62 单击“影片屏幕保护”命令

图 11-63 设置为屏保

STEP 07 还可以预览屏幕保护程序，单击“预览”按钮，即可预览效果，如图 11-64 所示。

图 11-64 预览屏幕保护效果

11.6 输出智能包

在编辑影片时，有时候是从不同的文件夹中添加视频素材或图片素材，一旦这些文件夹移动了位置，程序就可能找不到素材文件，就需要重新进行素材链接。智能包的用处就是可以将项目文件中使用的所有素材，整理到指定文件夹中。即使是在另外一台计算机上编辑此项目，只要打开这个文件夹中的项目文件，素材就会自动链接，您就可以不必再为丢失素材而苦恼了。

素材文件:	DVD\素材\第 11 章\.春 1、2、3、4.jpg
项目文件:	DVD\项目\第 11 章\春.VSP
视频文件:	DVD\视频\第 11 章\11.6 输出智能包.avi

STEP 01 进入会声会影 X3 高级编辑界面，添加项目文件（DVD\项目\第 11 章\春.VSP），如图 11-65 所示。

STEP 02 单击菜单栏上的“文件”|“智能包”命令，如图 11-66 所示。

图 11-65　添加项目文件

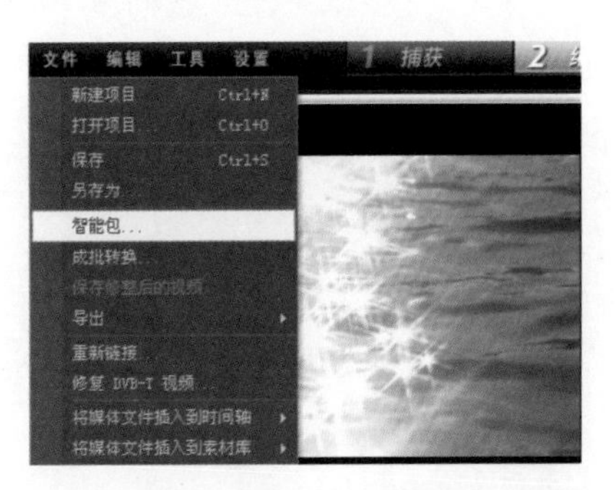

图 11-66　单击“智能包”命令

STEP 03 弹出保存当前项目提示对话框，单击“是”按钮，如图 11-67 所示。

STEP 04 弹出“另存为”对话框，选择文件要保存的位置，并输入文件名称，如图 11-68 所示。

STEP 05 单击“保存”按钮，弹出“智能包”对话框，选择文件夹路径，输入项目文件夹名，如图 11-69 所示。

图 11-67　提示对话框

图 11-68　输入文件名称及保存位置

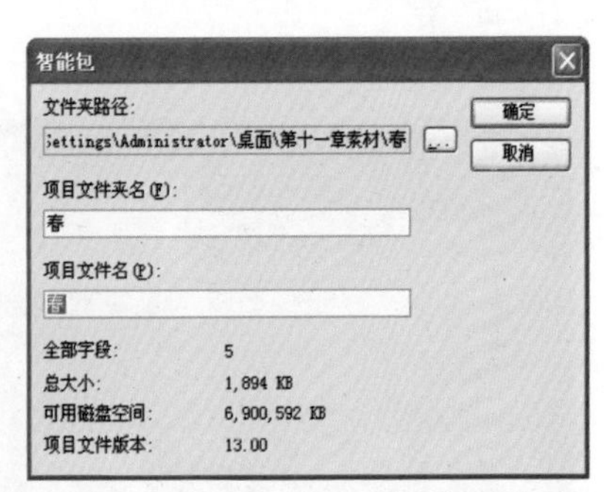

图 11-69　输入项目文件名

STEP 06 单击“确定”按钮，显示包装进度，如图 11-70 所示。

STEP 07 包装完成后，去指定文件夹中查看智能包，如图 11-71 所示。

图 11-70　显示渲染进度

图 11-71　查看智能包

11.7 创建光盘

影片制作输出后，在会声会影 X3 中就可以直接刻录成光盘，便于永久保存或邮寄给远方的亲朋好友，让他们一起来分享您所制作的影片。

11.7.1 选择光盘样式

在制作光盘前，首先要选择光盘样式，让您的光盘更加独具个性。

图 11-72　单击“创建光盘”按钮

STEP 01 影片编辑完成后，单击分享面板上“创建光盘”按钮，如图 11-72 所示。

STEP 02 弹出“创建视频光盘”界面，修改项目名称，选择样式，如图 11-73 所示。

图 11-73　修改项目名称

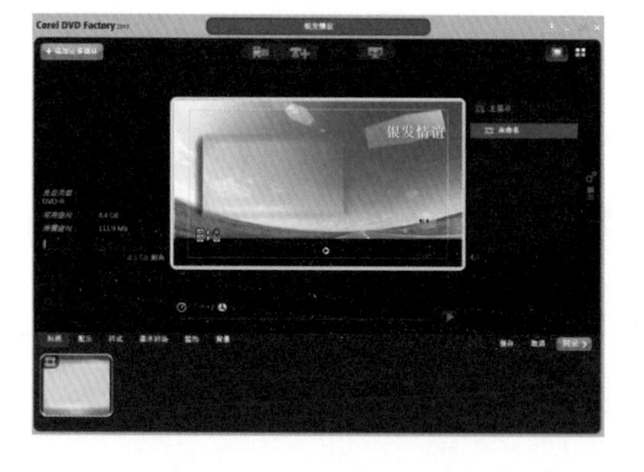

图 11-74　编辑菜单界面

STEP 03 单击“转到菜单编辑”按钮，进入菜单编辑，如图 11-74 所示。

11.7.2 编辑预设菜单

编辑预设菜单可以让界面更加丰富，让欣赏者一目了然。

STEP 01 在编辑菜单中，单击文本“银发情谊”，在弹出的控制点中旋转右上角的粉色图标，可以使文本产生旋转效果，如图 11-75 所示。

STEP 02 单击左下角文本“未命名”，修改成“晚年的幸福生活”，“字体”为“方正卡通体”、“字体大小”为 26，如图 11-76 所示。

图 11-75　旋转文本

图 11-76　输入文本并调整

11.7.3 添加音乐文件

添加开始菜单背景音乐，可以使刻录的光盘更加生动。

STEP 01 在编辑菜单界面的左下方单击“配乐” | “更多音乐”按钮，如图 11-77 所示。

STEP 02 在添加音乐界面，在指定的文件夹中选择所需要的音乐，如图 11-78 所示。

图 11-77　单击“更多音乐”按钮

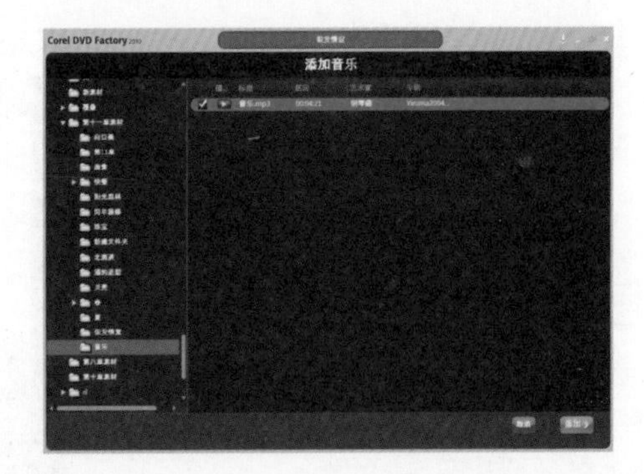

图 11-78　选择音乐

STEP 03 单击“添加”按钮，音乐添加到配乐菜单中，单击“添加”按钮，应用添加的音乐，如图 11-79 所示。

STEP 04 单击上方的“在家庭播放器中预览光盘”按钮，如图 11-80 所示。

图 11-79　添加音乐

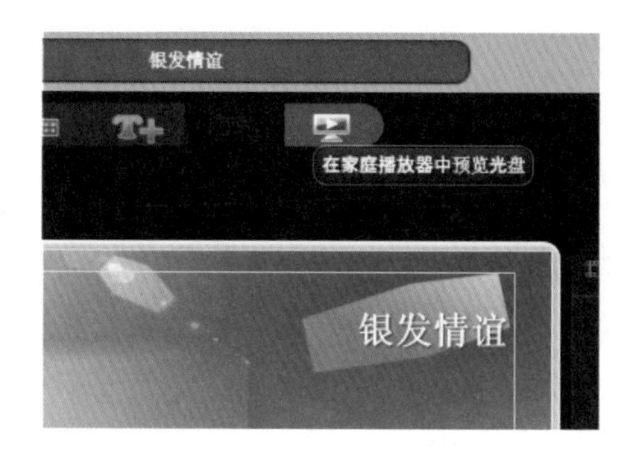

图 11-80　单击“预览”按钮

STEP 05 在预览界面，单击“确定”按钮，如图 11-81 所示。

STEP 06 可以在预览窗口中预览光盘视频效果，如图 11-82 所示。

图 11-81　单击“确定”按钮

图 11-82　预览光盘视频

11.7.4 刻录光盘

编辑完光盘之后，就需要刻录成光盘进行永久保存。

STEP 01 在预览界面中单击“刻录”按钮，如图 11-83 所示。

STEP 02 显示正在刻录视频光盘进度，如图 11-84 所示。

STEP 03 当刻录完成后，弹出“光盘刻录成功”提示，单击“确定”按钮即可刻录完成，如图 11-85 所示。

图 11-83　单击“刻录”按钮

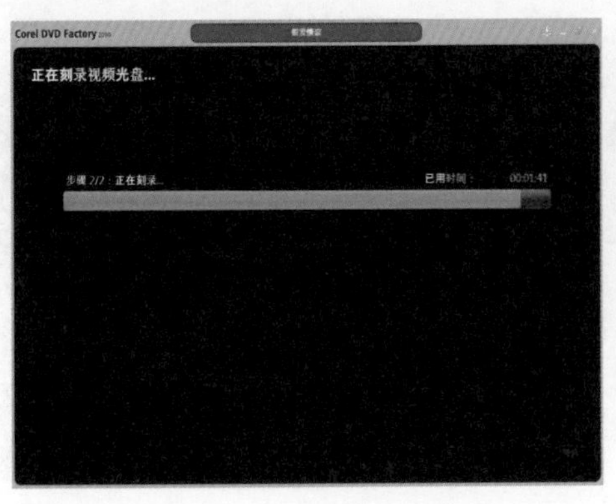

图 11-84　显示刻录进度

图 11-85　刻录完成

11.8　导出到移动设备

会声会影可以将制作完成的影片导出到 iPod、iPhone、PSP、移动电话等移动设备中，更方便您以这些方式来进行欣赏。

素材文件:	DVD\素材\第 11 章\.夏 1、2、3、4.jpg
项目文件:	DVD\项目\第 11 章\夏.VSP
视频文件:	DVD\视频\第 11 章\11.8 导出到移动设备.avi

STEP 01 将移动设备与计算机进行连接，使计算机正确识别移动设备。

STEP 02 进入会声会影 X3 高级编辑界面，添加项目文件（DVD\项目\第 11 章\夏.VSP），如图 11-86 所示。

图 11-86　添加项目文件

STEP 03 单击“分享”按钮，切换到分享步骤选项面板，单击“导出到移动设备”按钮，在弹出的菜单中，选择“移动电话 MPEG-4 (640*460,30fps)”选项，如图 11-87 所示。

STEP 04 弹出“将媒体文件保存至硬盘中/外部设备”对话框，选择输出的移动设备，如图 11-88 所示。

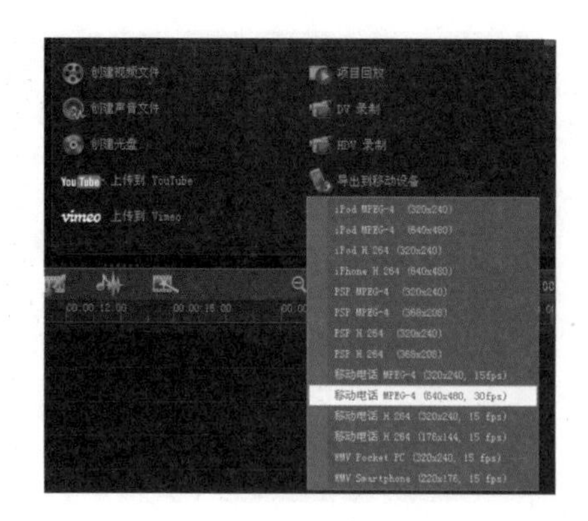

图 11-87 单击移动电话 MPEG-4 (640*460,30fps) 选项

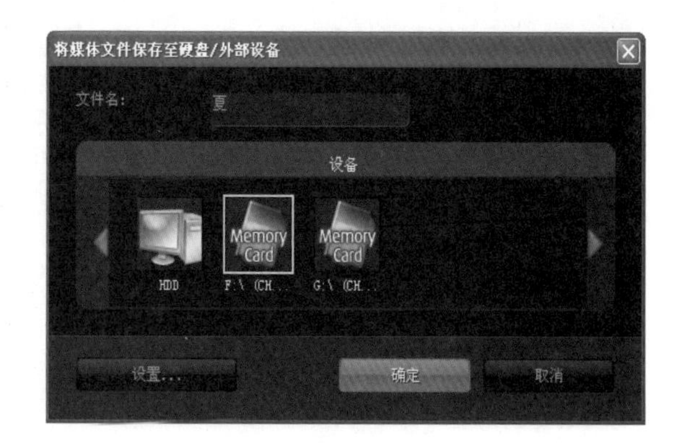

图 11-88 选择输出的移动设备

STEP 05 单击“确定”按钮，显示渲染进度，如图 11-89 所示。

STEP 06 渲染完成后，完成的影片会自动保存到素材库中，如图 11-90 所示。

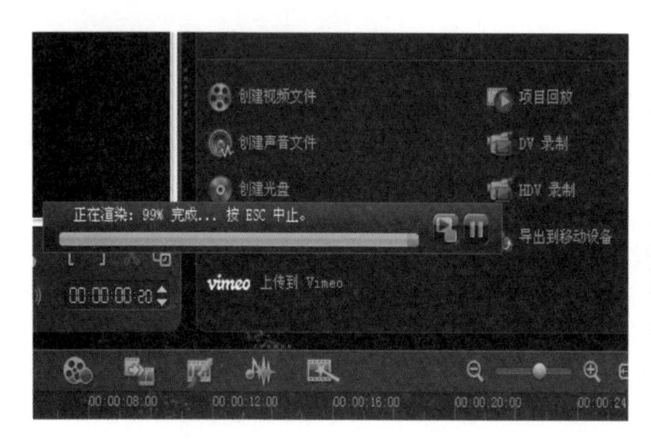

图 11-89 显示渲染进度

图 11-90 保存到素材库中

个人写真
——魅力无限

第 12 章

个人写真是记录成长的一种方式，将人生中最值得纪念的拍摄下来，然后运用会声会影将照片制作成影片，并添加转场、标题等效果，输出成视频文件，是一件很有意义的事情。

本章以一个写真实例，介绍个人写真视频相册的制作方法。

本章重点：

★ 项目分析

★ 项目制作

12.1 项目分析

制作个人写真相册之前，先来欣赏一下制作效果，并掌握技术核心。

12.1.1 相册效果欣赏

实例效果图如图 12-1 所示。

图 12-1　《个人写真》效果欣赏

12.1.2 技术核心知识

知识点一：制作影片片头，为片头制作标题，并添加标题动画效果。
知识点二：为素材调整区间，让用户更好地进行编辑。
知识点三：为素材之间添加淡化效果，可以让素材与素材之间的过渡显得更自然。
知识点四：制作标题，并添加动画效果，可以让制作的影片更加生动。
知识点五：制作片尾，并添加动画效果，让整个影片看起来更完整。
知识点六：添加音频文件，并制作淡入/淡出音频效果，让视觉与听觉完美地进行结合。

12.2 项目制作

12.2.1 修改照片区间

制作个人写真集前，首先需要制作写真集影片的片头，下面就来介绍修改照片区间操作方法。

素材文件:	DVD\素材\第 12 章\1—12.jpg
项目文件:	DVD\项目\第 12 章\修改照片区间.VSP
视频文件:	DVD\视频\第 12 章\12.2.1 修改照片区间.avi

STEP 01 进入会声会影 X3 高级编辑界面，单击素材库中“图形”按钮，切换至色彩素材库，如图 12-2 所示。

STEP 02 将黑色色彩素材，添加到视频轨道上，如图 12-3 所示。

图 12-2　色彩素材库

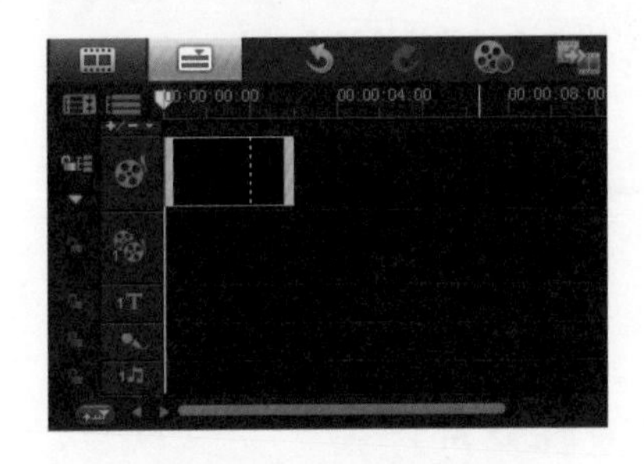

图 12-3　添加色彩素材

STEP 03 单击鼠标右键，弹出的快捷菜单中选择“更改色彩区间”选项，如图 12-4 所示。

STEP 04 在弹出的“区间”对话框中，调整时间为 0：0：2：0，如图 12-5 所示。

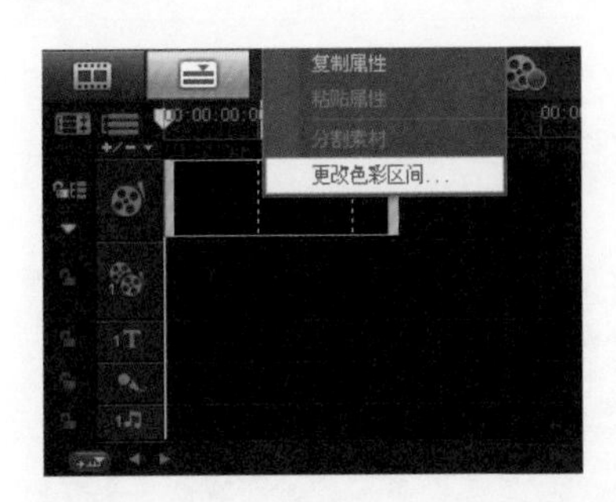

图 12-4　单击“更改色彩区间”选项

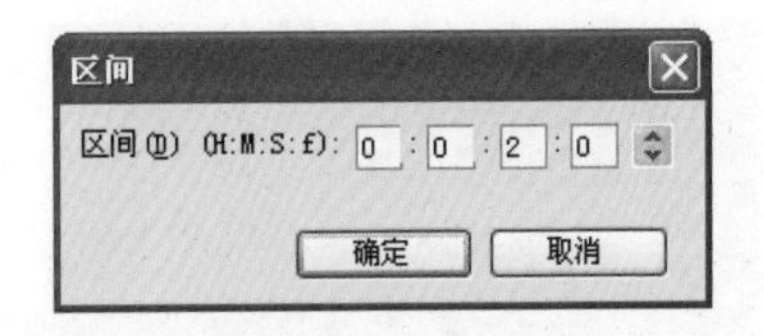

图 12-5　修改区间

STEP 05 添加素材图像（DVD\第 12 章\素材\1—12.jpg），到视频轨道上，如图 12-6 所示。

STEP 06 按住 Shift 键单击图片 1，再单击最后一张图片进行全选，并单击鼠标右键，在弹出的快捷菜单中选择“更改照片区间”选项，如图 12-7 所示。

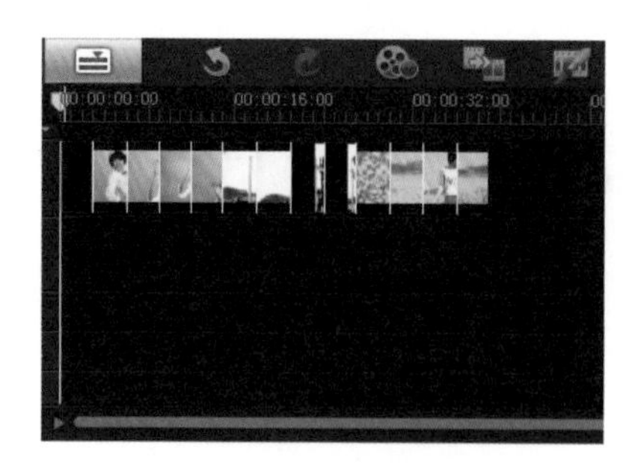

图 12-6　添加图像素材

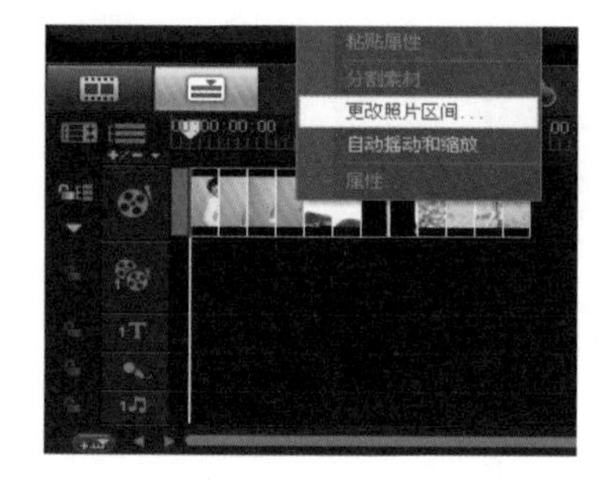

图 12-7　单击“更改照片区间”选项

STEP 07 在弹出的“区间”选项中，调整时间为 0:0:5:0，如图 12-8 所示。

STEP 08 切换到故事板视图，查看区间，如图 12-9 所示。

图 12-8　修改区间

图 12-9　查看修改区间效果

12.2.2 制作影片片头

制作影片前，首先需要制作影片片头，下面就来介绍制作影片片头制作方法。

项目文件:	DVD\项目\第 12 章\制作影片片头.VSP
视频文件:	DVD\视频\第 12 章\12.2.2 制作影片片头.avi

STEP 01 单击素材库中的“标题”按钮，切换至标题素材库，如图 12-10 所示。

STEP 02 在预览窗口输入文本为“时尚写真”，如图 12-11 所示。

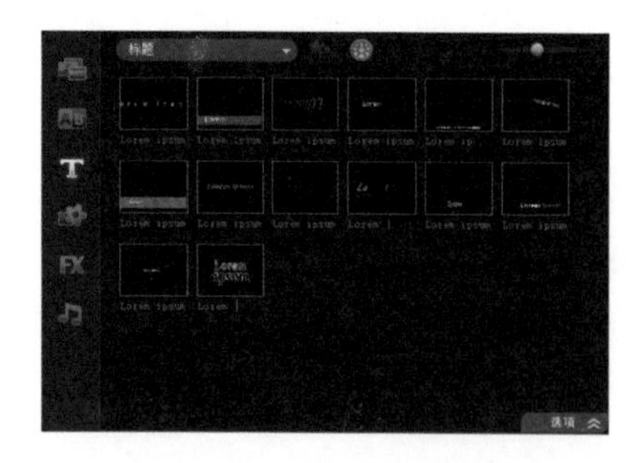

图 12-10　标题素材库

图 12-11　输入文本

STEP 03 在编辑面板中调整字体为“方正姚体”字号为 70，并单击“色彩”按钮，选择“Corel 色彩选取器”选项，如图 12-12 所示。

STEP 04 弹出“Corel 色彩选取器”对话框，输入 R：为 51，G：51，B：51，如图 12-13 所示。

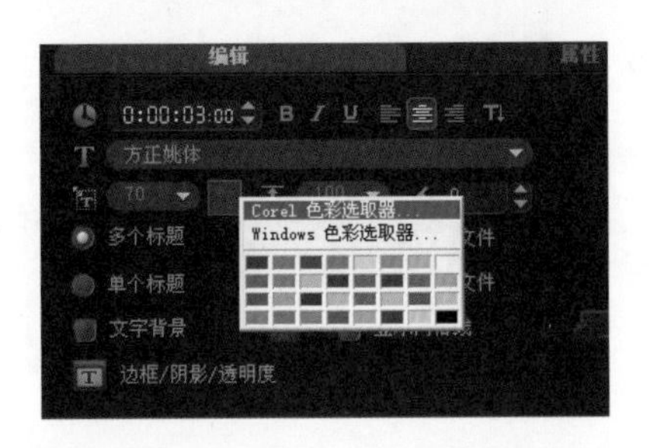

图 12-12　单击“Corel 色彩选取器”选项

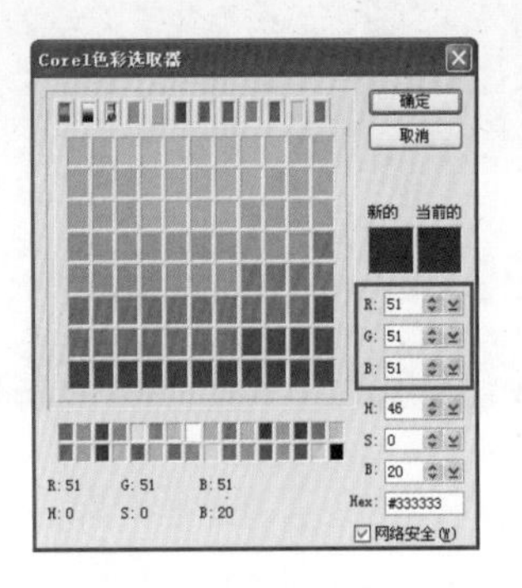

图 12-13　设置色彩数值

STEP 05 单击“确定”按钮，返回编辑选项卡，单击“边框/阴影/透明度”按钮，如图 12-14 所示。

STEP 06 弹出“边框/阴影/透明度”对话框，在边框选项卡中，调整边框宽度为 1，颜色为黑色，如图 12-15 所示。

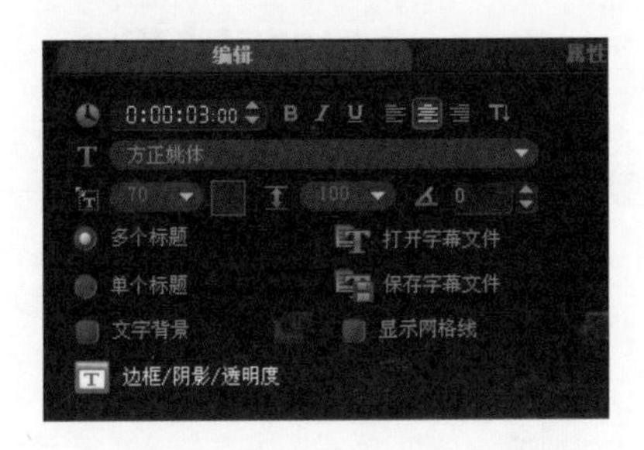

图 12-14　设置字体属性

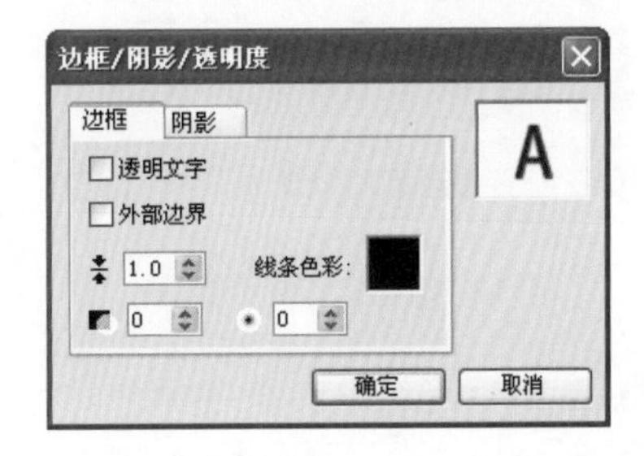

图 12-15　设置调整边框宽度及颜色

STEP 07 单击“阴影”选项卡，选择第 2 个阴影，并调整 X：1.8，Y：1.8，下垂阴影透明度为 10，下垂阴影柔化边缘为 8，如图 12-16 所示。

STEP 08 单击“确定”按钮，在预览窗口显示标题效果，如图 12-17 所示。

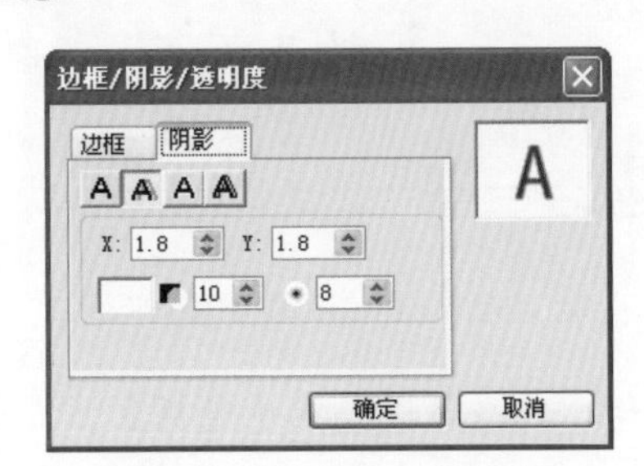

图 12-16　设置阴影效果

图 12-17　查看标题设置效果

STEP 09 单击“属性”面板，勾选应用，选择“飞行”动画，在预设动画中选择第三个预设动画，如图 12-18 所示。

STEP 10 在导览面板中调整“暂停区间”，如图 12-19 所示。

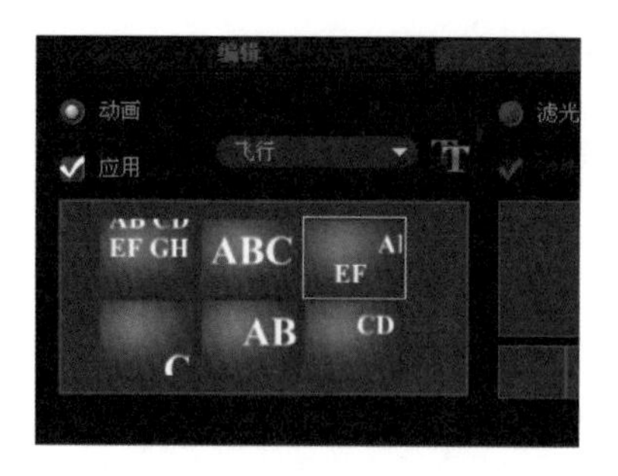

图 12-18　选择动画效果

图 12-19　调整暂停区间

STEP 11 在预览窗口中双击空白处，出现光标，如图 12-20 所示。

STEP 12 在文字下方输入文本“魅力无限”，如图 12-21 所示。

图 12-20　双击预览窗口

图 12-21　输入文本

STEP 13 在编辑面板中调整字体为“方正姚体”字号为 40，如图 12-22 所示。

STEP 14 在预览窗口，查看标题调整效果，如图 12-23 所示。

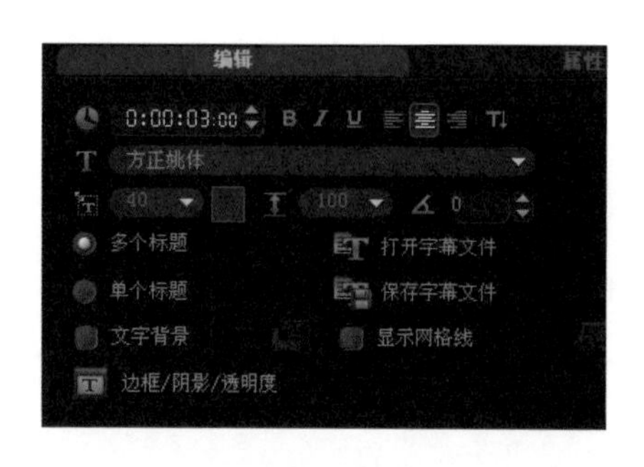

图 12-22　设置文字属性

图 12-23　查看标题调整效果

STEP 15 选择属性面板，勾选应用，选择“飞行”动画，在预设动画中选择第 6 个动画，如图 12-24 所示。

STEP 16 在导览面板中调整“暂停区间”，如图 12-25 所示。

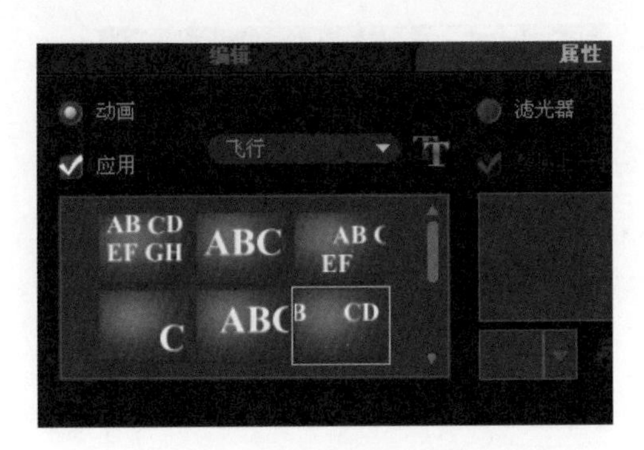

图 12-24　选择动画效果

图 12-25　调整暂停区间

STEP 17 单击导览面板中的“播放”按钮，预览标题应用效果，如图 12-26 所示。

图 12-26　预览标题效果

12.2.3 添加转场效果

添加转场效果可以让素材与素材之间的衔接更加自然。

项目文件:	DVD\项目\第 12 章\添加转场效果.VSP
视频文件:	DVD\视频\第 12 章\12.2.3 添加转场效果.avi

STEP 01 按住 Shift 键单击图片 1，再单击最后一张图片进行全选，并单击鼠标右键，在弹出的快捷菜单中，选择“自动摇动和缩放”选项，如图 12-27 所示。

STEP 02 单击素材库中的“转场”按钮，在画廊中选择“闪光”选项，切换至闪光素材库，如图 12-28 所示。

STEP 03 添加“闪光”转场到色彩与图片 1 之间，如图 12-29 所示。

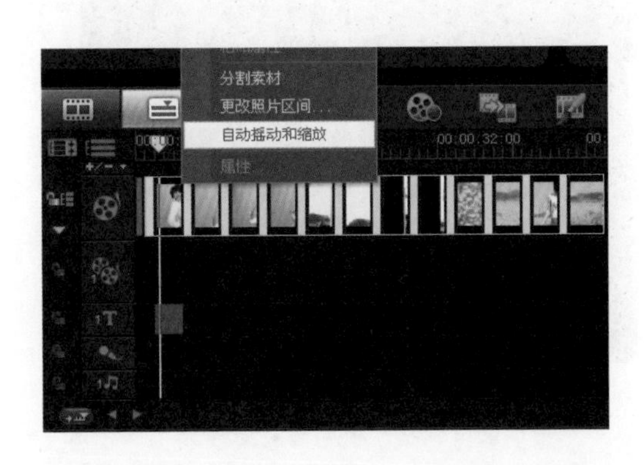

图 12-27　单击“自动摇动和缩放”选项

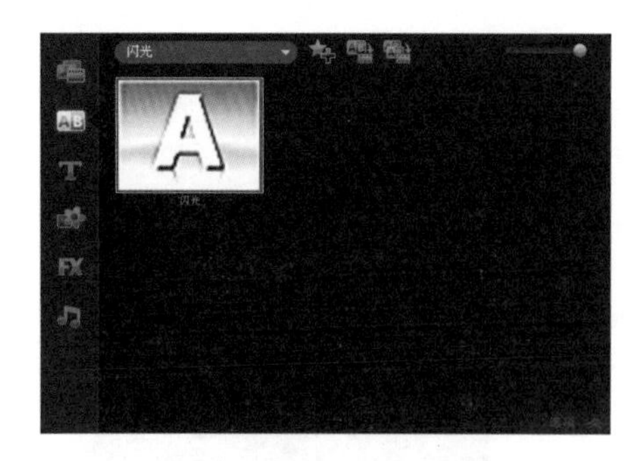

图 12-28　闪光素材库

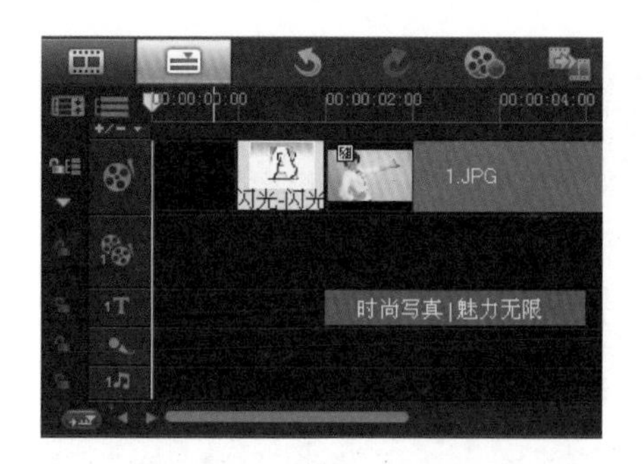

图 12-29 添加“闪光”转场

STEP 04 在图像 1～4 之间添加“遮罩 D-遮罩”、“遮罩 C-遮罩”、“居中-时钟”转场，如图 12-30 所示。

STEP 05 在图像 4～6 之间添加“交叉淡化-过滤”、“横条-卷动”转场，如图 12-31 所示。

图 12-30　添加转场效果

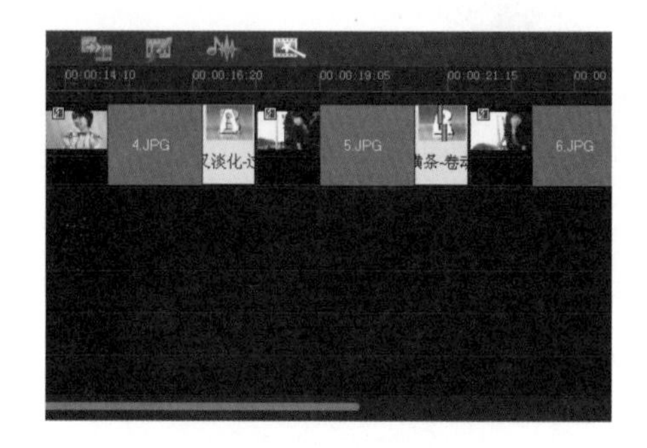

图 12-31　添加转场效果

STEP 06 在图像 6～9 之间添加“分割-胶片”、“环绕-胶片”、“翻转-相册”转场，如图 12-32 所示。

STEP 07 在图像 9～12 之间添加“拉链-胶片”、“箭头-过滤”、“扭曲-时钟”转场，如图 12-33 所示。

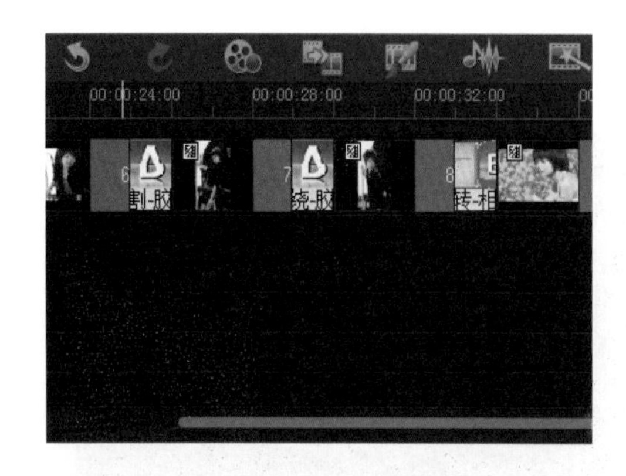

图 12-32　添加转场效果

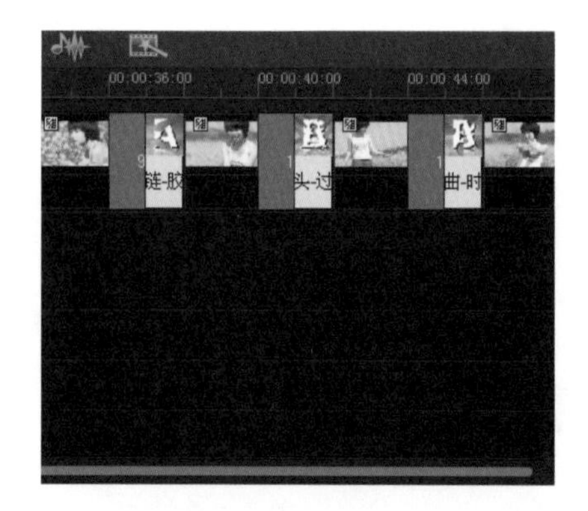

图 12-33　添加转场效果

STEP 08 单击导览面板中的“播放”按钮，查看转场效果，如图 12-34 所示。

图 12-34 预览转场效果

12.2.4 添加标题字幕

在影片中制作标题，并添加标题动画效果，可以让影片看起来更加生动活泼。

项目文件:	DVD\项目\第 12 章\添加标题字幕.VSP
视频文件:	DVD\视频\第 12 章\12.2.4 添加标题字幕.avi

STEP 01 单击素材库中的“标题”按钮，如图 12-35 所示。

STEP 02 在第 2 张图片的预览窗口中输入文本“可爱篇”，如图 12-36 所示。

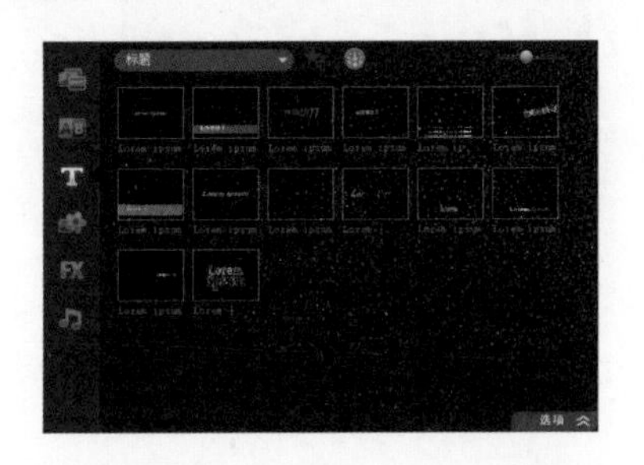

图 12-35 单击“标题”按钮

图 12-36 输入文本

STEP 03 在编辑面板中，选择字体为“方正卡通简体”，字号为 65，单击“色彩”按钮，选择粉色，如图图 12-37 所示。

STEP 04 在编辑面板上，单击“边框/阴影/透明度”按钮，弹出“边框/阴影/透明度”对话框，在边框选项卡中，调整边框宽度为 1，如图 12-38 所示。

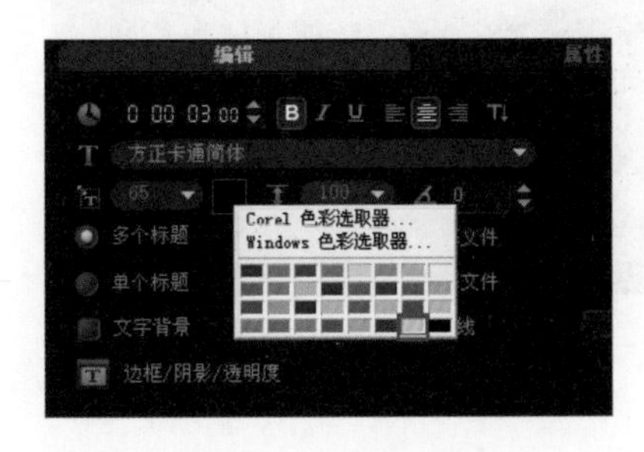

图 12-37 选择粉色

图 12-38 调整边框宽度

STEP 05 单击“阴影”选项卡，选择第一个“无阴影”效果，如图 12-39 所示。

STEP 06 单击“确定”按钮，在预览窗口显示标题效果，如图 12-40 所示。

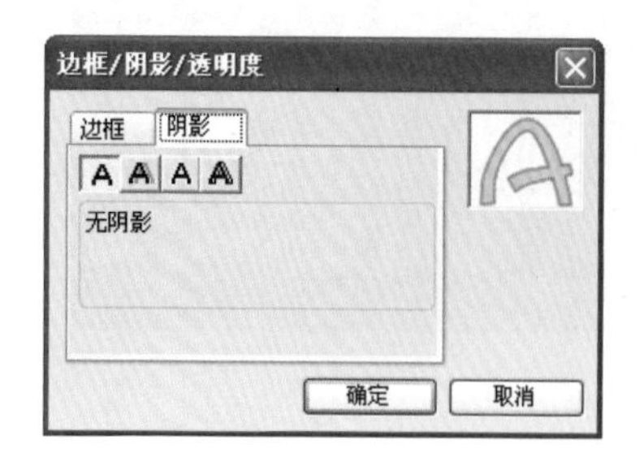

图 12-39　选择“无阴影”效果

图 12-40　显示标题修改效果

STEP 07 选择属性面板，勾选应用，选择“飞行”动画，在预设动画中选择第 6 个动画，如图 12-41 所示。

STEP 08 在导览面板中调整“暂停区间”，如图 12-42 所示。

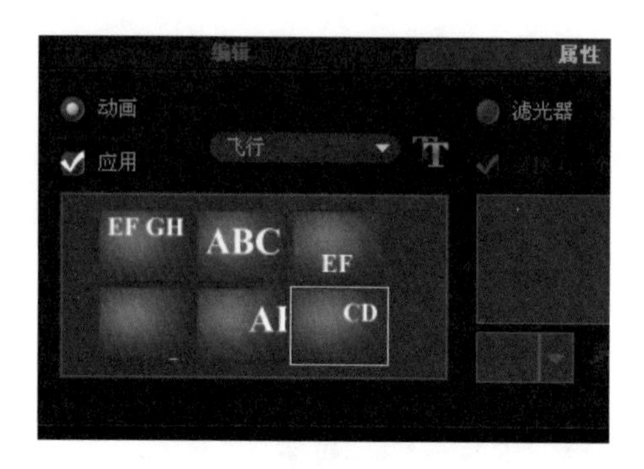

图 12-41　选择动画效果

图 12-42　调整“暂停区间”

STEP 09 在第 5 张图片的预览窗口中输入文本“时尚篇”，如图 12-43 所示。

STEP 10 在编辑面板中，选择字体为“方正卡通简体”，字号为 65，单击“色彩”按钮，选择绿色，如图图 12-44 所示。

图 12-43　输入文本

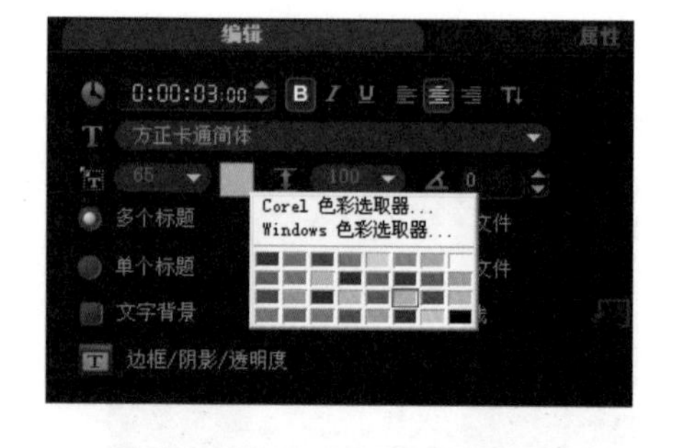

图 12-44　选择绿色

STEP 11 单击导览面板中的“播放”按钮，查看标题效果，如图 12-45 所示。

STEP 12 在第 8 张图片的预览窗口中输入文本“田园篇”，如图 12-46 所示。

图 12-45　预览标题效果

图 12-46　输入文本

STEP 13 在编辑面板中，选择字体为“方正卡通简体”，字号为 65，单击“色彩”按钮，选择“Corel 色彩选取器”选项，如图 12-47 所示。

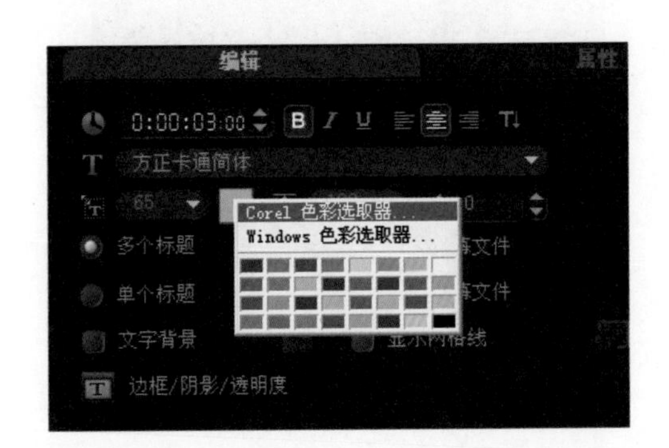

图 12-47　单击“Corel 色彩选取器”选项

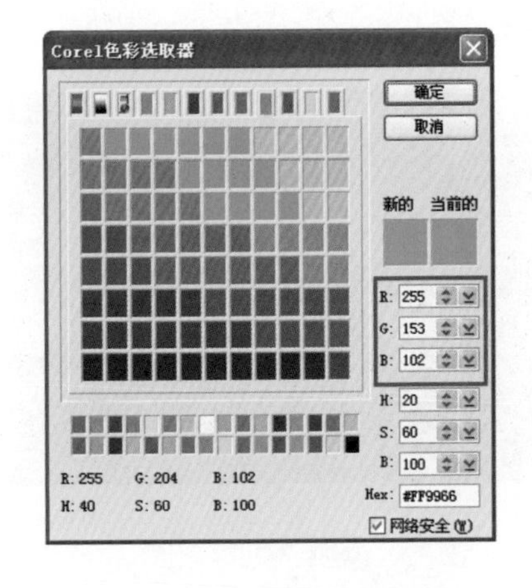

图 12-48　设置色彩数值

STEP 14 弹出“Corel 色彩选取器”对话框，输入 R：255、G：153、102，如图 12-48 所示。

STEP 15 单击导览面板中的“播放”按钮，查看标题效果，如图 12-49 所示。

图 12-49　预览标题效果

12.2.5 制作影片结尾

影片制作好后，还需要制作结尾，让影片在自然的过渡中结束。

项目文件：	DVD\项目\第 12 章\制作影片结尾.VSP
视频文件：	DVD\视频\第 12 章\12.2.5 制作影片结尾.avi

STEP 01 在视频轨道上添加视频（DVD\第 12 章\素材\01.mpg），如图 12-50 所示。

STEP 02 单击素材库中的“转场”按钮，在画廊中选择“过滤”转场，如图 12-51 所示。

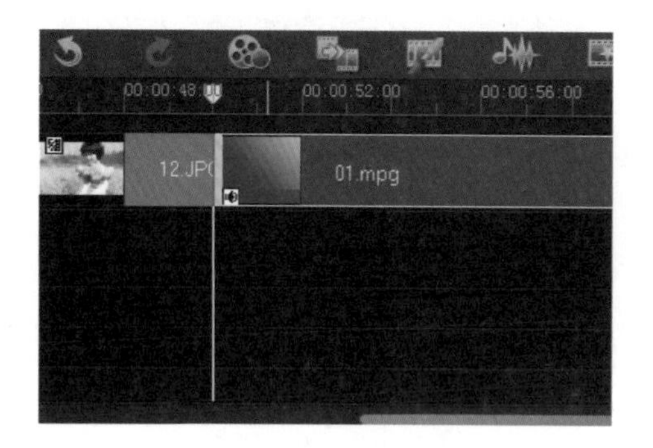

图 12-50　添加视频素材

图 12-51　过滤素材库

STEP 03 选择“交叉淡化-过滤”转场，添加到图片 12 与视频素材之间，如图 12-52 所示。

STEP 04 双击已添加到素材之间的“交叉淡化-过滤”转场，如图 12-53 所示。

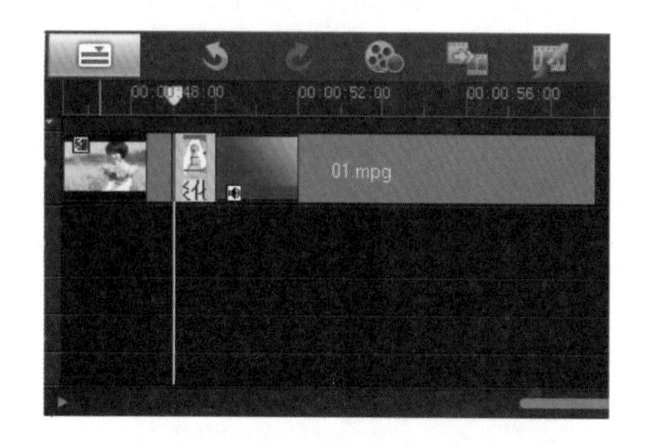

图 12-52　添加“交叉淡化”转场

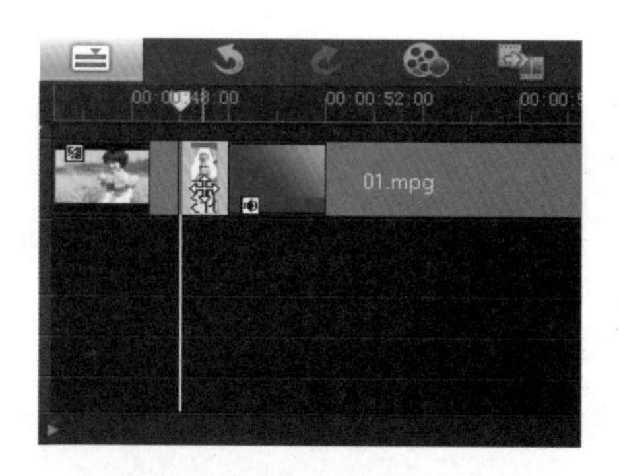

图 12-53　双击“交叉淡化”转场

STEP 05 在选项面板上，修改转场时间为 0: 00: 02: 00，如图 12-54 所示。

STEP 06 单击素材库中的“图形”按钮，切换到色彩素材库，单击“添加”按钮，如图 12-55 所示。

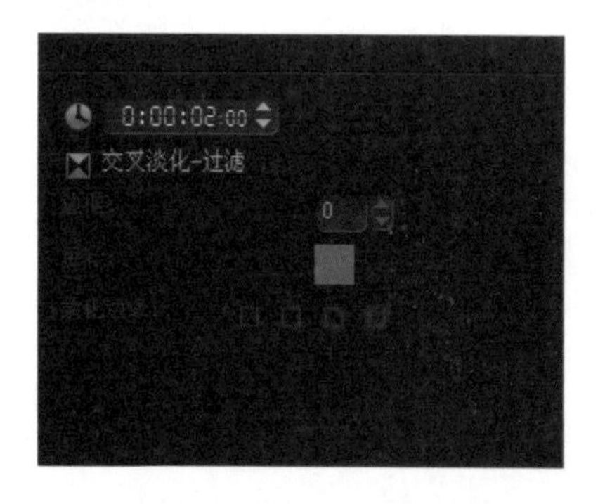

图 12-54　修改转场时间

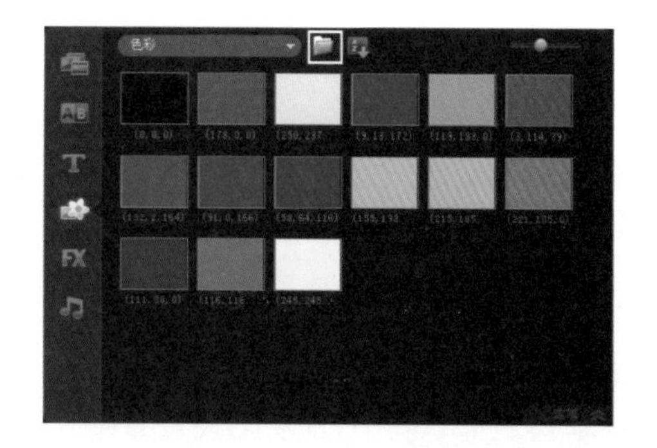

图 12-55　单击“添加”按钮

STEP 07 弹出“新建色彩素材”对话框，输入数值 255、255、255，如图 12-56 所示。

STEP 08 单击“确定”按钮，将新建色彩素材添加到视频轨道上，如图 12-57 所示。

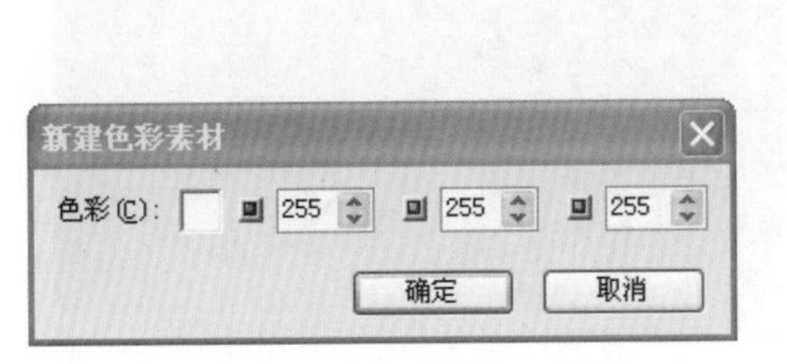

图 12-56　输入色彩数值

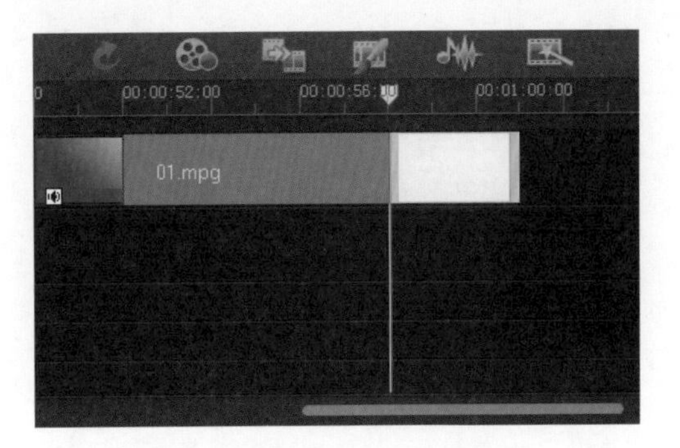

图 12-57　添加色彩素材

STEP 09 单击素材库中的“转场”按钮，在画廊中选择“过滤”转场，如图 12-58 所示。

STEP 10 选择“交叉淡化-过滤”转场，添加到视频素材与新建色彩素材之间，如图 12-59 所示。

图 12-58　过滤素材库

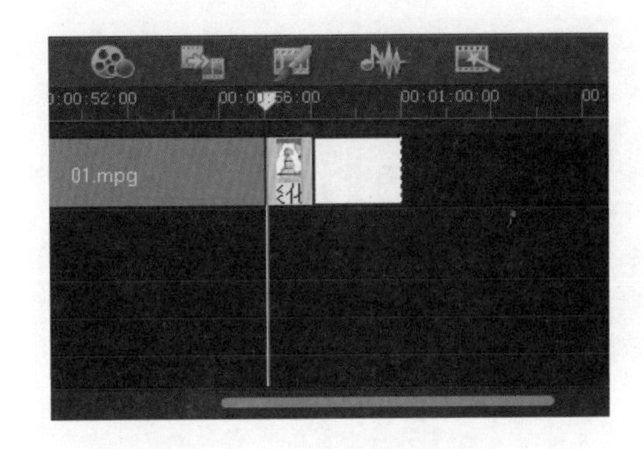

图 12-59　添加“交叉淡化”转场

STEP 11 双击已添加到素材之间的“交叉淡化-过滤”转场，如图 12-60 所示。

STEP 12 在选项面板上，修改转场时间为 0: 00: 03: 00，如图 12-61 所示。

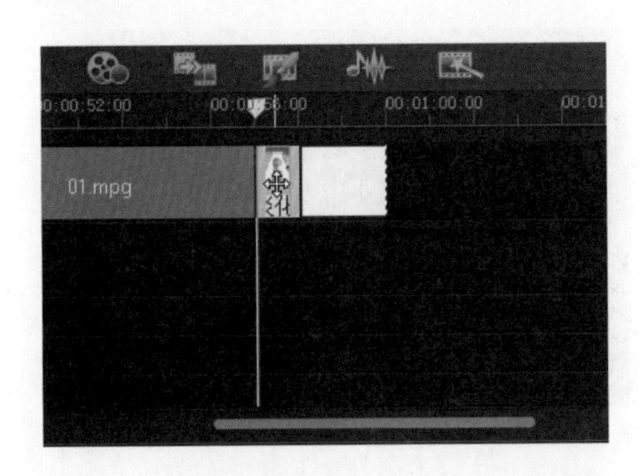

图 12-60　双击“交叉淡化”转场

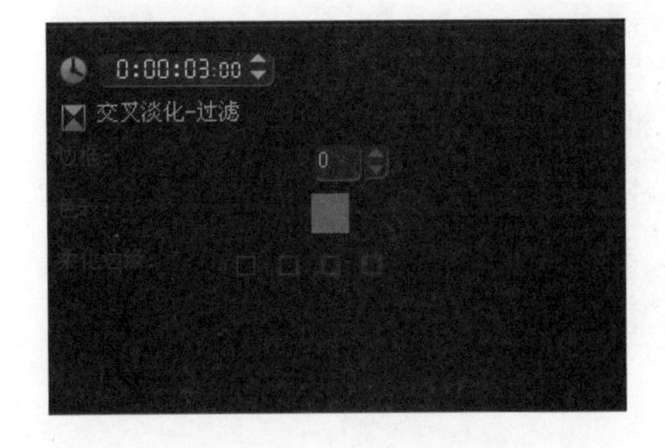

图 12-61　修改转场时间

STEP 13 在时间轴视图中显示修改效果，如图 12-62 所示。

STEP 14 单击素材库中的“标题”按钮，切换到标题素材库，如图 12-63 所示。

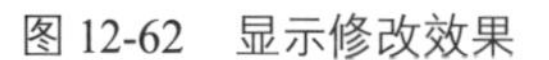
图 12-62　显示修改效果

图 12-63　单击“标题”按钮

STEP 15 预览窗口中，在视频 01 上输入文本“谢谢欣赏”，如图 12-64 所示。

STEP 16 在编辑面板中，选择字体为“华文行楷”，字号为 70，单击“色彩”按钮，选择白色，如图 12-65 所示。

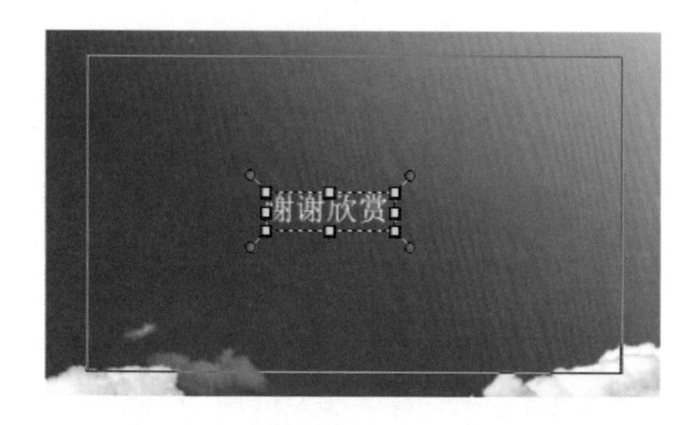

图 12-64　输入文本

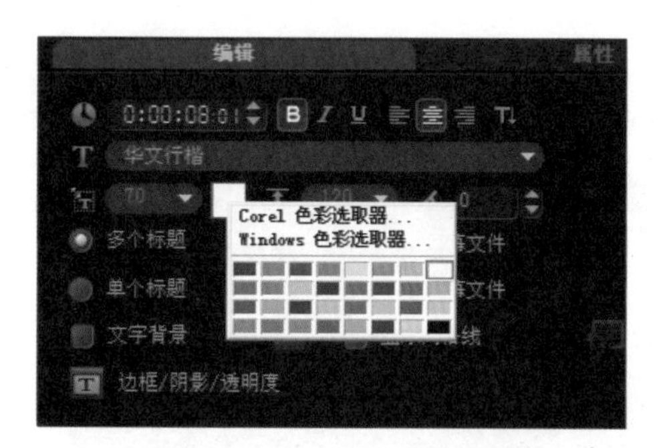

图 12-65　设置文本属性

STEP 17 在预览窗口，查看标题修改效果，如图 12-66 所示。

STEP 18 选择属性面板，勾选应用，选择“飞行”动画，在预设动画中选择第 1 个动画，如图 12-67 所示。

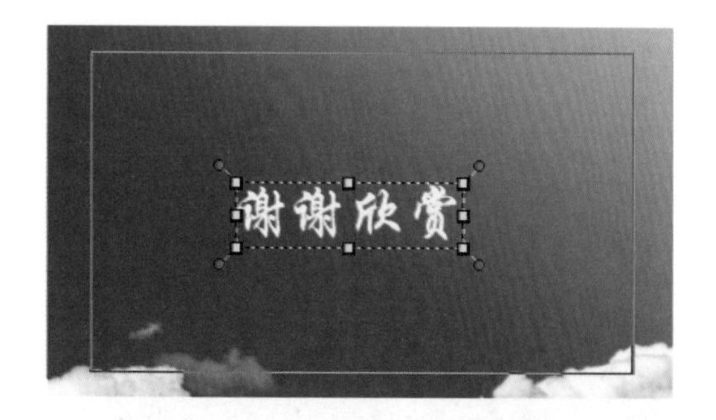

图 12-66　查看标题修改效果

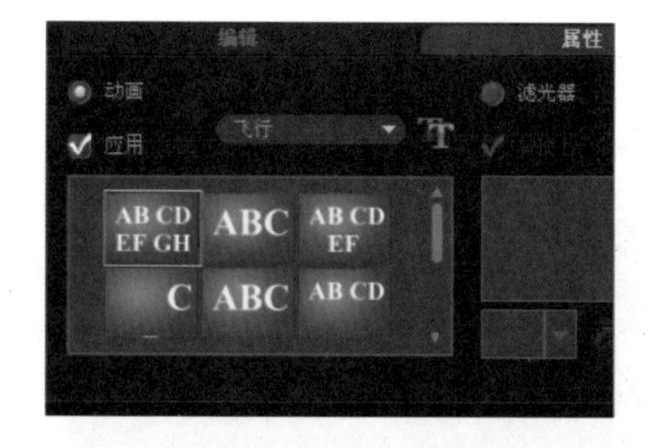

图 12-67　选择动画效果

STEP 19 在标题轨道上，选择标题，将鼠标放在标题边缘处，出现箭头，如图 12-68 所示

STEP 20 拖动箭头，将标题长度与视频轨素材同样长，如图 12-69 所示。

图 12-68　将鼠标放在标题边缘处

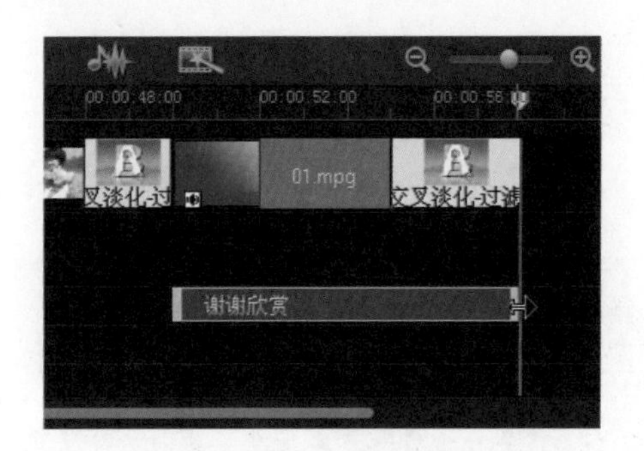

图 12-69　调整标题长度

STEP 21 单击导览面板上的“播放”按钮，查看标题效果，如图 12-70 所示。

图 12-70　预览标题效果

12.2.6 添加音乐文件

影片编辑完成后，还需要添加音乐，让影片的视觉与听觉相融合起来。

项目文件:	DVD\项目\第 12 章\添加音乐文件.VSP
视频文件:	DVD\视频\第 12 章\12.2.6 添加音乐文件.avi

STEP 01 在时间轴空白处单击鼠标右键，弹出快捷菜单，选择“插入音频”|“到音乐轨 #1”选项，如图 12-71 所示。

STEP 02 弹出“打开音频文件”对话框，选择需要导入的音频文件（DVD\第 12 章\素材\个人写真.mp3），如图 12-72 所示。

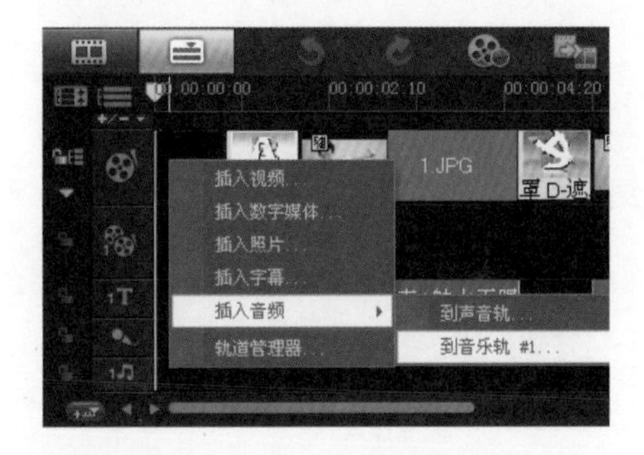

图 12-71　单击“到音乐轨#1”选项

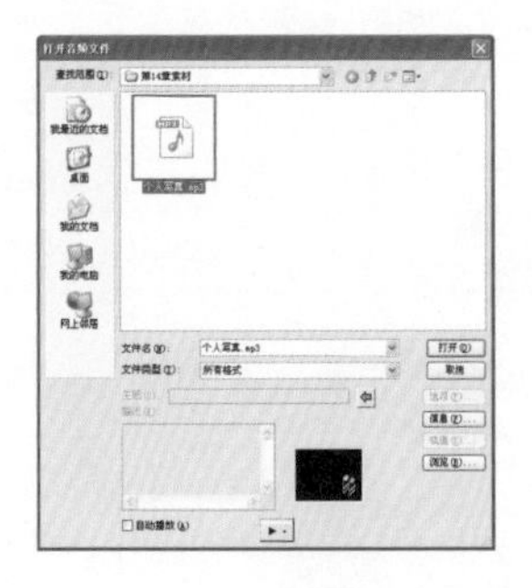

图 12-72　选择需要使用的音乐

STEP 03 单击“打开”按钮，即可将文件导入到音乐轨道中，如图 12-73 所示。

STEP 04 将时间线移动到 00: 00: 58: 00 时间位置，选择音乐文件，单击鼠标右键，弹出快捷菜单，选择“分割素材”选项，如图 12-74 所示。

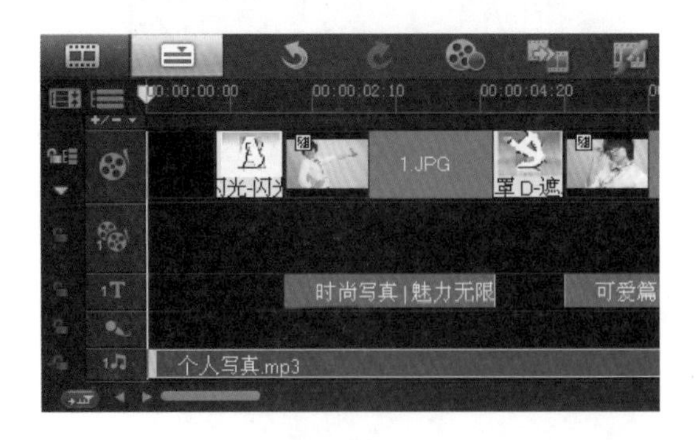

图 12-73　导入音乐文件

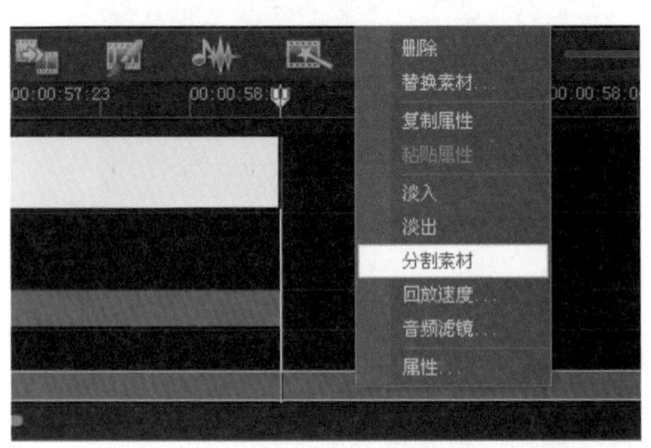

图 12-74　单击“分割素材”选项

STEP 05 音频文件已被分割成两段，选择后一段音频素材，单击鼠标右键，弹出快捷菜单中选择“删除”选项，如图 12-75 所示。

STEP 06 删除完成后，选择“音乐和声音”选项面板，单击“淡入”、“淡出”按钮，如图 12-76 所示。

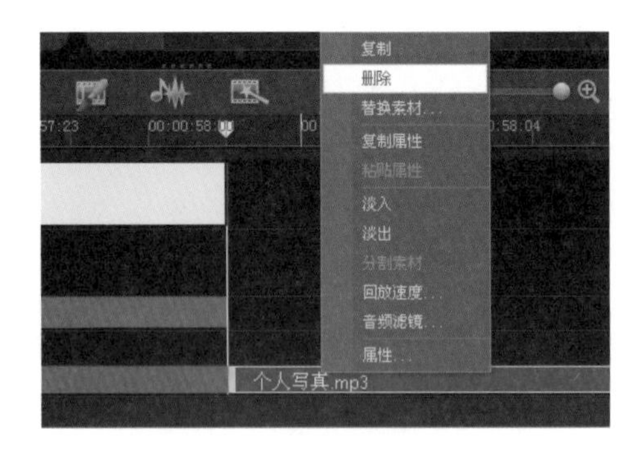

图 12-75　删除无用音乐文件

图 12-76　单击“淡入”、“淡出”按钮

12.2.7 输出视频文件

视频编辑完成后，需要把文件进行输出，以便分享给亲朋好友。

视频文件:	DVD\视频\第 12 章\12.2.7 输出视频文件.avi

STEP 01 选择“分享”按钮，在分享面板上单击“创建视频文件”按钮，在弹出的菜单中选择“自定义”选项，如图 12-77 所示。

STEP 02 弹出“创建视频文件”对话框，选择保存位置，并输入文件名称，如图 12-78 所示。

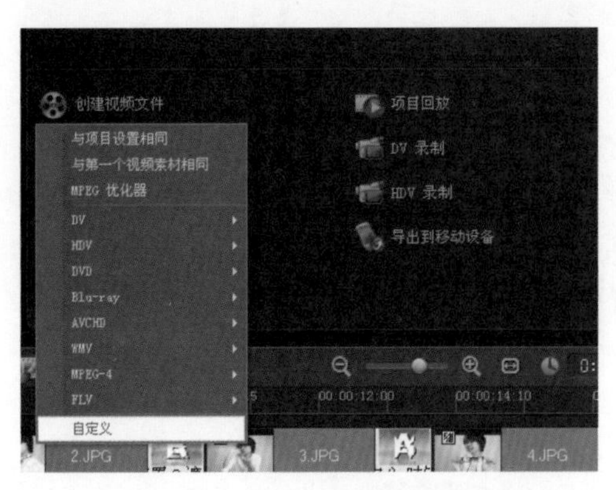

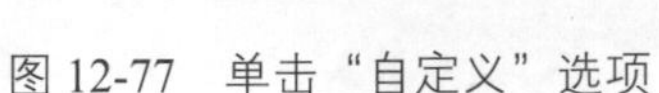

图 12-77　单击“自定义”选项

图 12-78　输入文件名称

STEP 03 单击“保存”按钮，显示渲染进度，如图 12-79 所示。

图 12-79　显示渲染进度

STEP 04 单击导览面板上的播放按钮，查看视频效果，如图 12-80 所示。

图 12-80　预览视频效果

第13章 生活留念——快乐假日

我们和家人在一起的时候，总是那么温馨、快乐。全家一起出游更是一种享受，用数码相机记录下来这温馨的时刻，通过会声会影来进行编辑制作，让这份美好延续下去。

本章重点：

★ 项目分析

★ 项目制作

13.1 项目分析

制作游玩相册之前，我们先来欣赏一下制作效果，并掌握技术核心。

13.1.1 相册效果欣赏

实例效果图如图 13-1 所示。

图 13-1　效果欣赏

13.1.2 技术核心知识

知识点一：为素材修改区间，让用户更好地进行编辑。
知识点二：制作影片片头，并添加滤镜效果。
知识点三：为素材之间添加淡化效果，可以让素材与素材之间的过渡显得更自然。
知识点四：制作标题，并添加动画效果，可以让制作的影片更加生动。
知识点五：制作片尾，并添加动画效果，让整个影片看起来更完整。
知识点六：添加音频文件，并制作淡入、淡出音频效果，让视觉与听觉完美地结合。

13.2 项目制作

13.2.1 修改照片区间

修改照片区间，是为了影片更好的进行编辑。

素材文件:	DVD\素材\第 13 章\1—15.jpg
项目文件:	DVD\项目\第 13 章\修改照片区间.VSP
视频文件:	DVD\视频\第 13 章\13.2.1 修改照片区间.avi

STEP 01 进入会声会影 X3 高级编辑界面，在视频轨道中单击右键，弹出的菜单中选择“插入照片”选项，添加素材图像（DVD\素材\第 13 章\.图像 1—15.jpg），如图 13-2 所示。

STEP 02 按住 Ctrl+A 选择全部照片，并单击鼠标右键，在弹出的菜单中选择“更改照片区间”选项，如图 13-3 所示。

图 13-2 添加素材图像

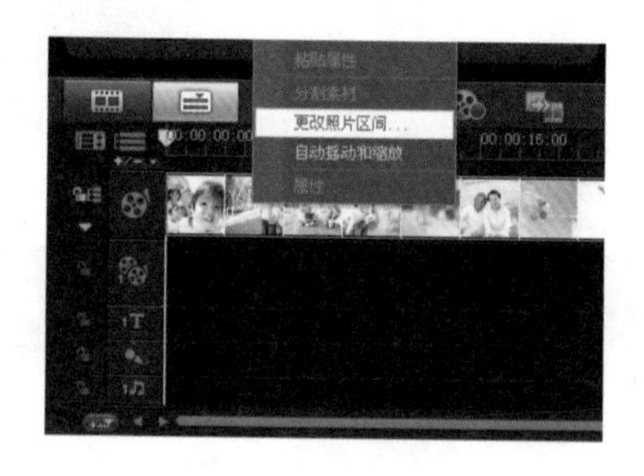

图 13-3 单击“更改照片区间”选项

STEP 03 在弹出的区间对话框中修改时间为 5 秒，单击“确定”按钮，如图 13-4 所示。

STEP 04 切换为故事板视图，查看修改后的照片区间，如图 13-5 所示。

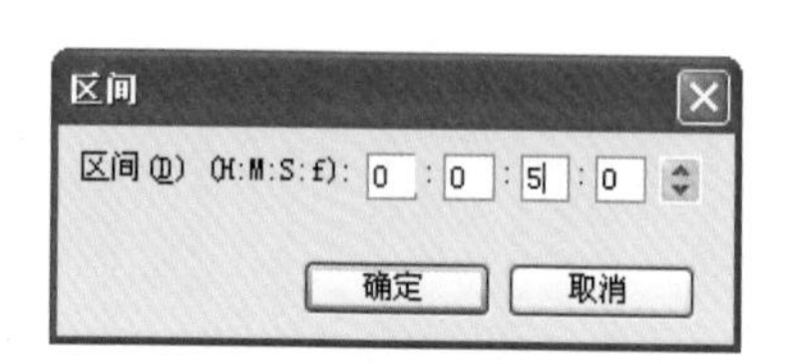

图 13-4 调整区间

图 13-5 显示修改区间效果

13.2.2 制作影片片头

制作游玩相册前需要制作影片的片头，下面介绍制作影片片头的步骤。

项目文件:	DVD\项目\第 13 章\制作影片片头.VSP

 视频文件:	DVD\视频\第 13 章\13.2.2 制作影片片头.avi

STEP 01 单击素材库中“滤镜”按钮，在画廊中选择“NewBlue 视频精选Ⅱ”选项，如图 13-6 所示。

STEP 02 将“画中画”滤镜添加到图像 1 上，如图 13-7 所示。

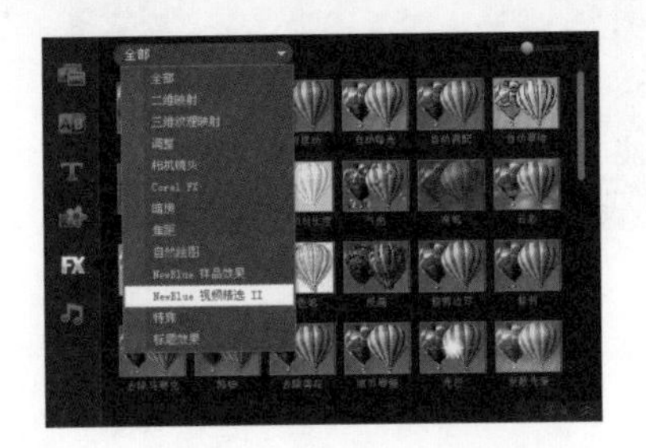

图 13-6　单击“NewBlue 视频精选Ⅱ”选项

图 13-7　添加“画中画”滤镜

STEP 03 在素材库上单击“选项”按钮，如图 13-8 所示，打开选项面板。

STEP 04 在弹出的属性面板中，单击“自定义滤镜”按钮，如图 13-9 所示。

图 13-8　添加 Flash 素材

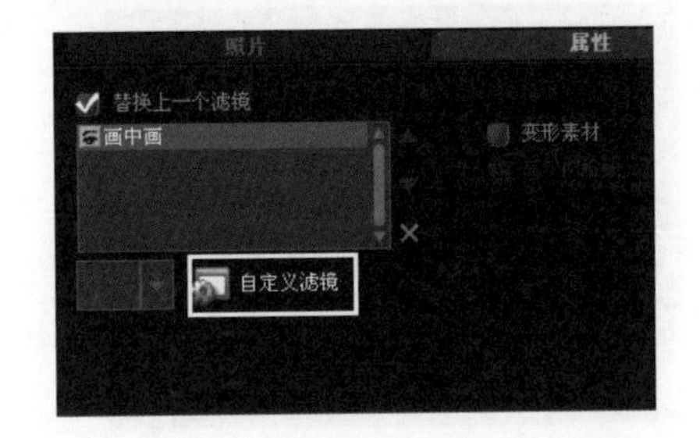

图 13-9　单击“自定义”按钮

STEP 05 弹出“NewBlue 画中画”对话框，预设效果对话框中选择“Web 2.0”滤镜效果，如图 13-10 所示。

STEP 06 在对话框中间有一条滑块带，拖动中间的红色滑块到最后位置，如图 13-11 所示。

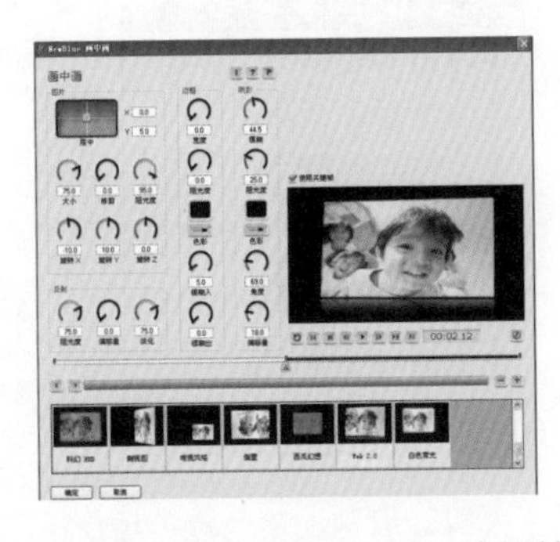

图 13-10　选择“Web 2.0”滤镜效果

图 13-11　拖动滑块

STEP 07 单击“播放”按钮，预览滤镜调整后效果，如图 13-12 所示。

STEP 08 单击“确定”按钮，返回操作界面，在窗口预览应用滤镜效果，如图 13-13 所示。

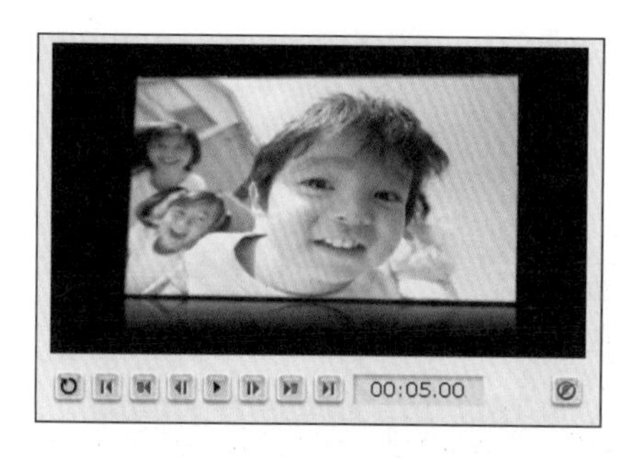

图 13-12　预览滤镜调整后效果

图 13-13　预览应用滤镜效果

STEP 09 单击素材库中的“标题”按钮，选择倒数第 2 个标题添加到标题轨道上，如图 13-14 所示，

STEP 10 在预览窗口，删除原有的文字输入文本为“假日出游”，并调整标题到合适位置，如图 13-15 所示。

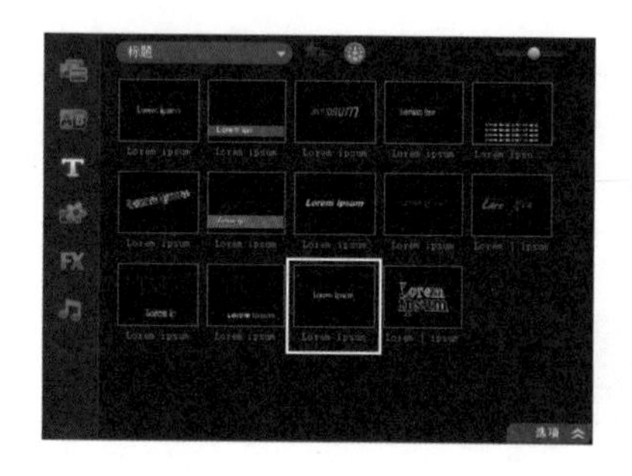

图 13-14　选择标题效果

图 13-15　输入文本

STEP 11 在编辑面板，调整“字体”为“方正彩云简体”，“字体大小”为 70，并单击“色彩”按钮，选择“Corel 色彩选取器”选项，如图 13-16 所示。

STEP 12 在“Corel 色彩选取器”中，输入 R：255、G：255、B：122，如图 13-17 所示。

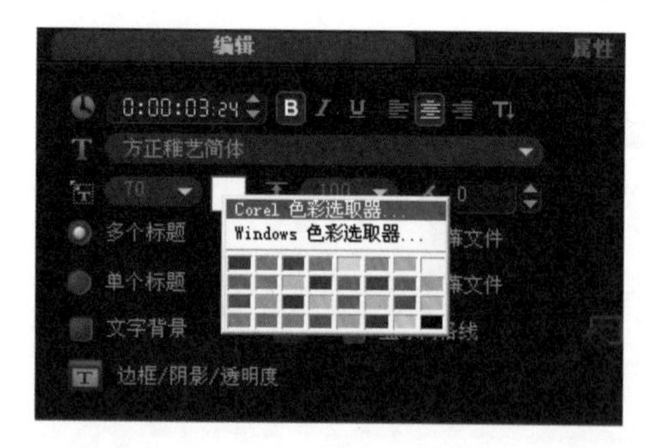

图 13-16　单击“Corel 色彩选取器”选项

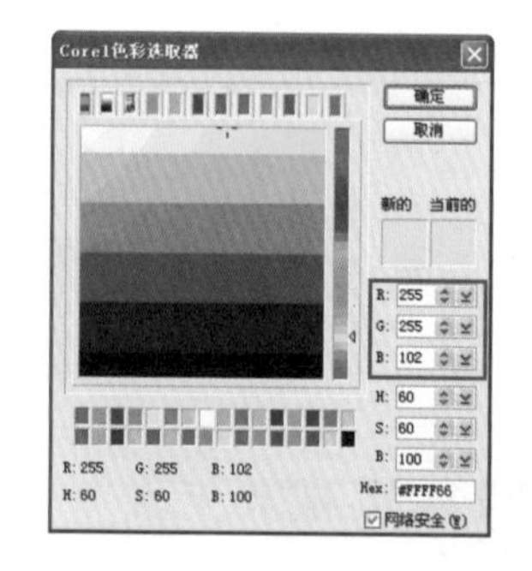

图 13-17　设置色彩数值

STEP 13 单击“确定”按钮，返回“编辑”选项面板，单击“边框/阴影/透明度”按钮，如图 13-18 所示。

STEP 14 弹出的“边框/阴影/透明度”对话框，在“边框”选项卡中，设置“边框宽度”为 3，如图 13-19 所示。

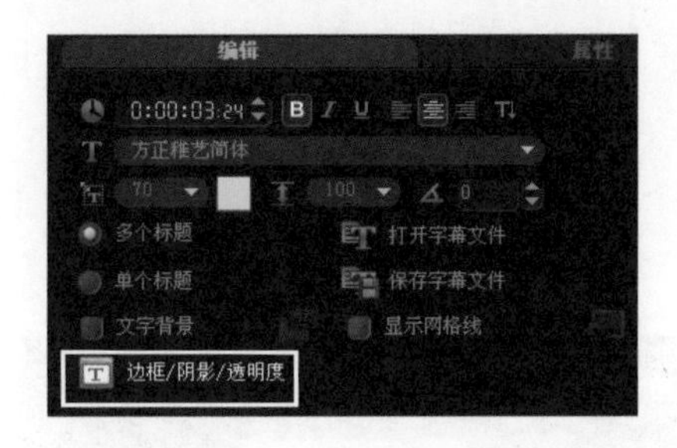

图 13-18　单击“边框/阴影/透明度”按钮

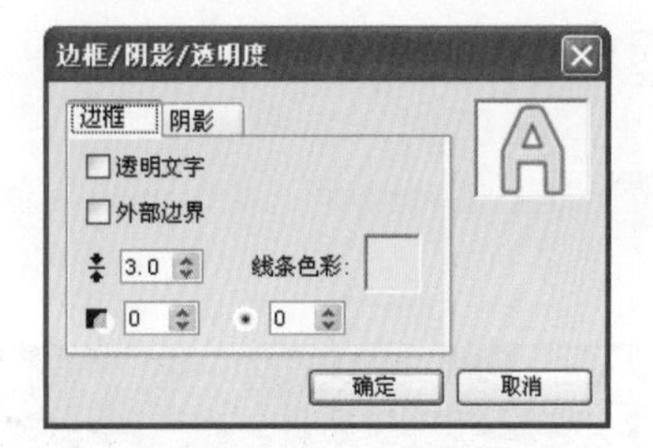

图 13-19　设置“边框宽度”

STEP 15 选择“阴影”选项卡，选择第 3 个“光晕阴影”效果，强度为 2，色彩为黑色，如图 13-20 所示。

STEP 16 单击“确定”按钮，在预览窗口预览调整后的标题效果，如图 13-21 所示。

STEP 17 在编辑面板上修改标题区间长度为 0: 00: 03: 24，如图 13-22 所示。

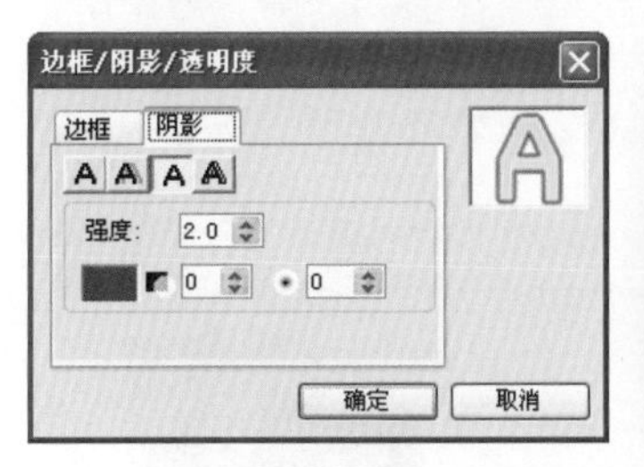

图 13-20　选择“光晕阴影”效果

图 13-21　预览标题效果

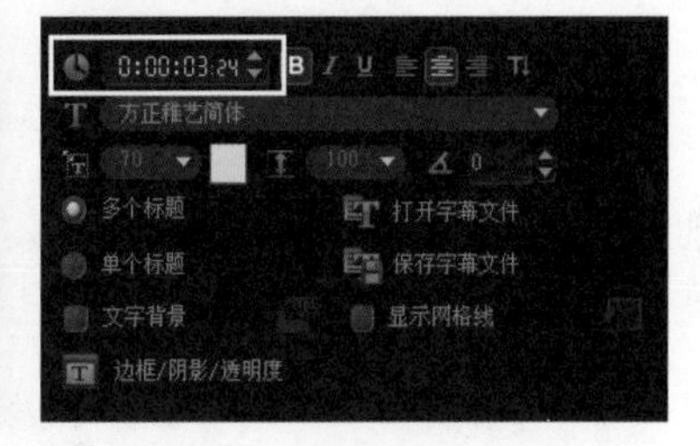

图 13-22　调整标题播放长度

STEP 18 单击导览面板中的“播放”按钮，预片头效果，如图 13-23 所示。

图 13-23　预览片头效果

13.2.3 添加摇动和缩放

添加“自动摇动和缩放”效果，可以使静态图像更加具有画面感，下面就来介绍添加摇动和缩放的步骤。

项目文件：	DVD\项目\第 13 章\添加摇动和缩放.VSP
视频文件：	DVD\视频\第 13 章\13.2.3 添加摇动和缩放.avi

STEP 01 按住 Shift 键，用鼠标单击图片 2 和图片 15，在图片 2 和图片 15 之间的图片将全部选中，如图 13-24 所示。

STEP 02 单击鼠标右键，在弹出的快捷菜单中选择“自动摇动和缩放”选项，如图 13-25 所示。

图 13-24　选择图像

图 13-25　单击“自动摇动和缩放”选项

STEP 03 单击导览面板上的“播放”按钮，查看添加的自动摇动和缩放效果，如图 13-26 所示。

图 13-26　预览应用效果

13.2.4 添加转场效果

添加转场效果，可以使素材与素材之间的过渡更加自然。

项目文件：	DVD\项目\第 13 章\添加转场效果.VSP
视频文件：	DVD\视频\第 13 章\13.2.4 添加转场效果.avi

STEP 01 单击素材库中的“转场”按钮，在“画廊”中选择“相册”转场，如图 13-27 所示。

STEP 02 添加“相册”转场到图片 1 与图片 2 之间，如图 13-28 所示。

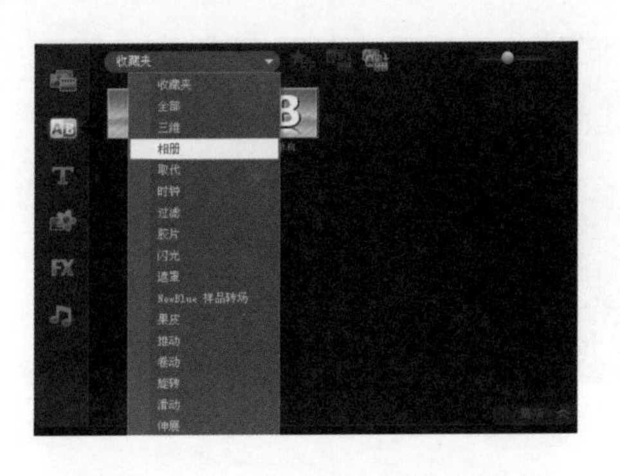

图 13-27　选择“相册”选项

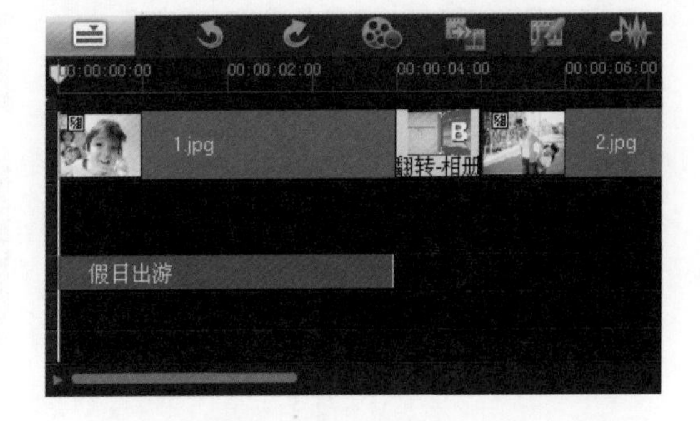

图 13-28　添加相册转场

STEP 03 单击导览面板上的“播放”按钮，查看“相册”转场效果，如图 13-29 所示。

图 13-29　预览“相册”转场效果

STEP 04 在图片 2～5 之间添加“交叉淡化-过滤”、“飞去 B-胶片”、“四分之一-时钟”转场，如图 13-30 所示。

STEP 05 在图片 5～8 之间添加“墙壁-取代”、“环绕-胶片”、“单向-时钟”转场，如图 13-31 所示。

图 13-30　添加转场效果

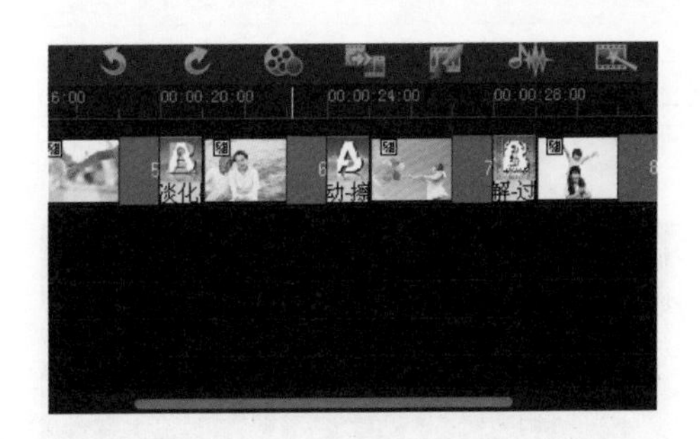

图 13-31　添加转场效果

STEP 06 在图片 8～11 之间添加“对角线-滑动”、“网孔-推动”、“闪光-闪光”转场，如图 13-32 所示。

STEP 07 在图片 11～15 之间添加“溶解-过滤”、“扭曲-卷动”、“遮罩 C-遮罩”“百叶窗-三维”转场，如图 13-33 所示。

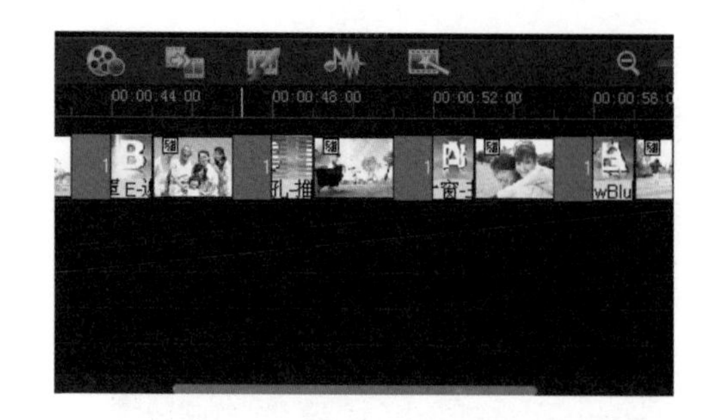

图 13-32　添加转场效果

图 13-33　添加转场效果

STEP 08 单击导览面板上的“播放”按钮，查看添加的转场效果，如图 13-34 所示。

图 13-34　预览转场效果

13.2.5 添加影片标题

为影片添加标题，可以使影片更加有趣，下面就来介绍添加标题的步骤。

项目文件:	DVD\项目\第 13 章\添加影片标题.VSP
视频文件:	DVD\视频\第 13 章\13.2.5 添加影片标题.avi

STEP 01 单击素材库中的“标题”按钮，切换到标题素材库，如图 13-35 所示。

STEP 02 在预览窗口中，输入文本“开心”，如图 13-36 所示。

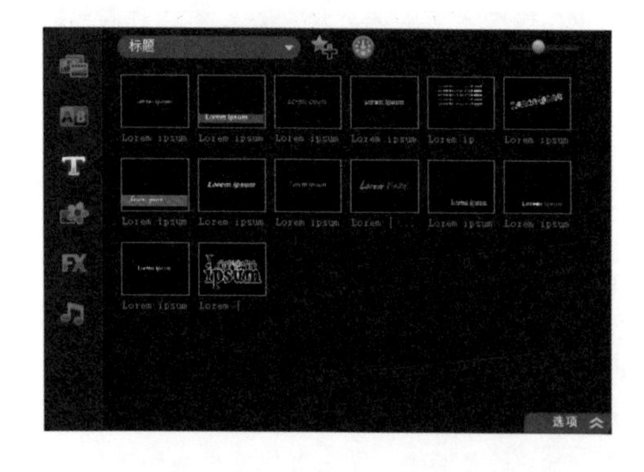

图 13-35　单击“标题”按钮

图 13-36　输入文本

STEP 03 在“编辑”面板中，字体调整为“方正少儿简体”，字体大小为 70，单击“色彩”按钮，选择“Corel 色彩选取器”，如图 13-37 所示。

STEP 04 在弹出的“Corel 色彩选取器”对话框中，输入 R:0、G: 204、B: 255，如图 13-38 所示。

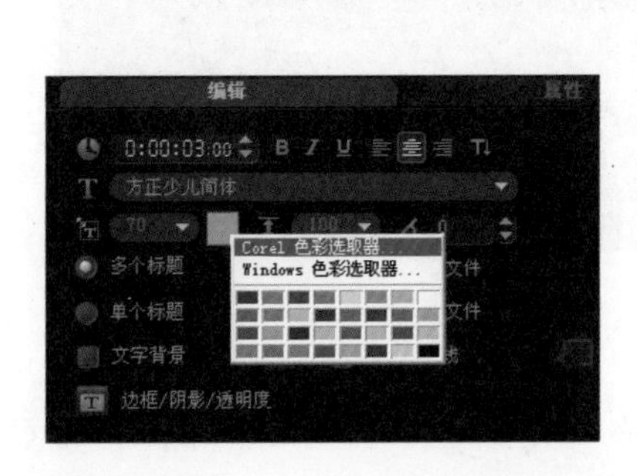

图 13-37　设置字体属性

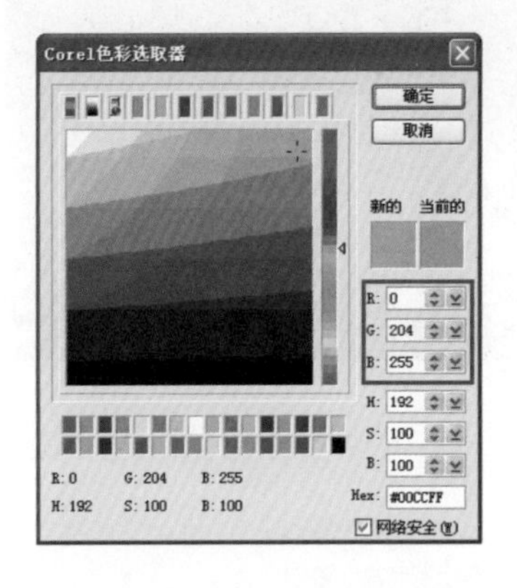

图 13-38　设置色彩数值

STEP 05 单击“确定”按钮，返回编辑选项卡，单击“边框/阴影/透明度”按钮，如图 13-39 所示。

STEP 06 弹出的“边框/阴影/透明度”对话框中，在“边框”对话框中，把所有数值都调整为 0，如图 13-40 所示。

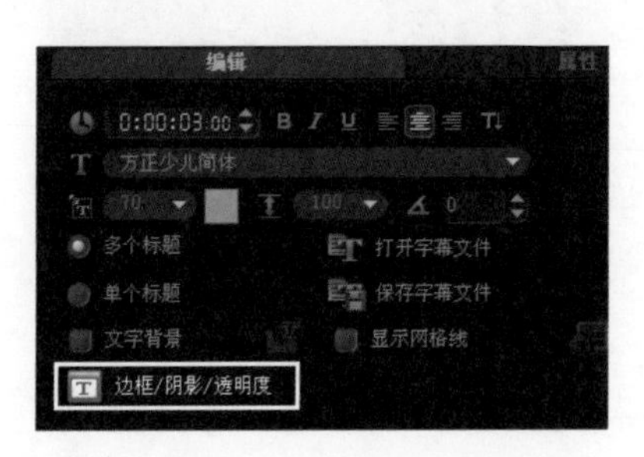

图 13-39　单击“边框/阴影/透明度”按钮

图 13-40　设置所有数值为零

STEP 07 选择“阴影”选项卡，并单第 3 个“光晕阴影”效果，如图 13-41 所示。

STEP 08 单击“确定”按钮，在预览窗口预览标题调整效果，如图 13-42 所示。

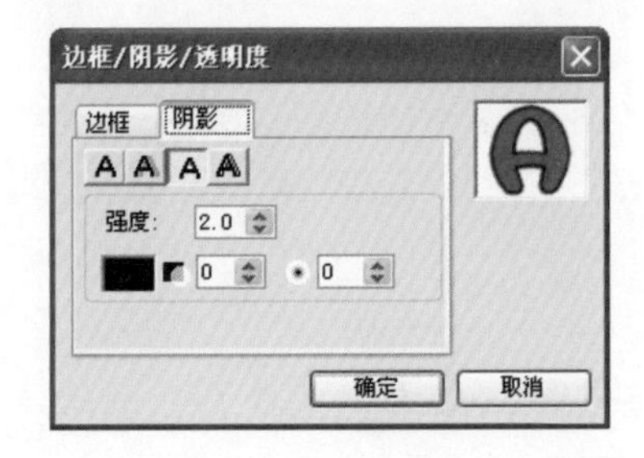

图 13-41　选择“光晕阴影”效果

图 13-42　显示标题调整后效果

STEP 09 选择属性选项卡，单击“应用”右侧的三角按钮，在弹出的菜单中选择“移动路径”动画类型，如图 13-43 所示。

STEP 10 选择“移动路径”动画中的第 4 个预设动画效果，如图 13-44 所示。

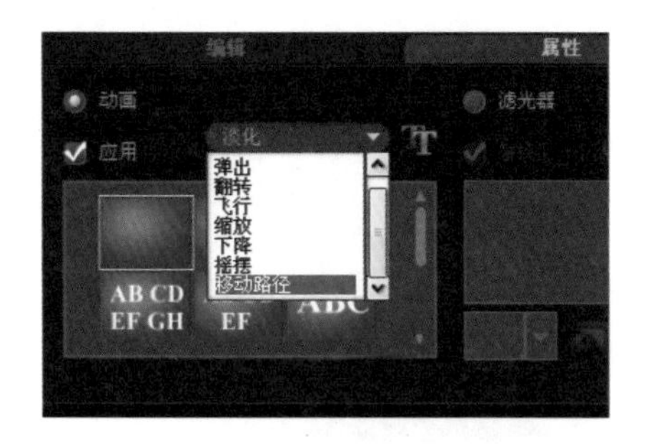

图 13-43　选择“移动路径”动画类型

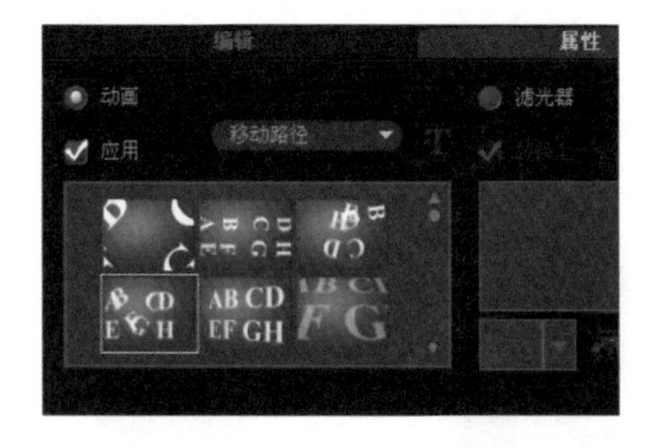

图 13-44　选择动画效果

STEP 11 单击导览面板上的“播放”按钮，查看添加的标题动画效果，如图 13-45 所示。

图 13-45　预览标题效果

STEP 12 选择第 9 张图片，单击素材库中的“标题”按钮，在预览窗口出现“双击这里可以添加标题”提示，如图 13-46 所示。

STEP 13 双击预览窗口，输入文本“快乐”，并调整标题到合适位置，如图 13-47 所示。

图 13-46　显示提示信息

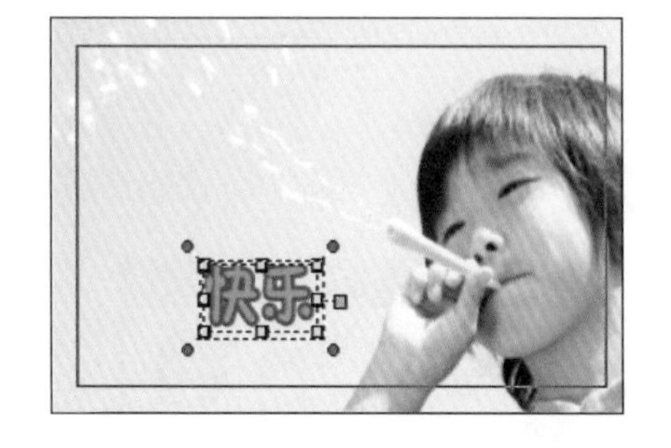

图 13-47　单击“标题”按钮

STEP 14 在编辑面板中，选择“字体”为“华文行楷”，“字体大小”为 70，单击“色彩”按钮，选择“Corel 色彩选取器”选项，如图 13-48 所示。

STEP 15 在弹出的“Corel 色彩选取器”对话框中，输入 R:255、G: 102、B: 102，如图

13-49 所示。

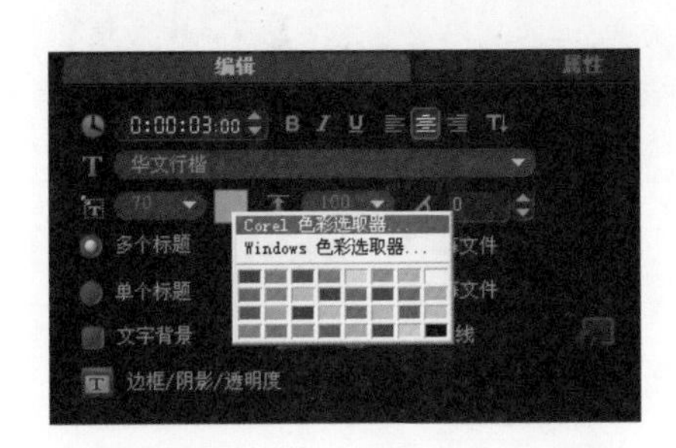

图 13-48 选择“Corel 色彩选取器”选项

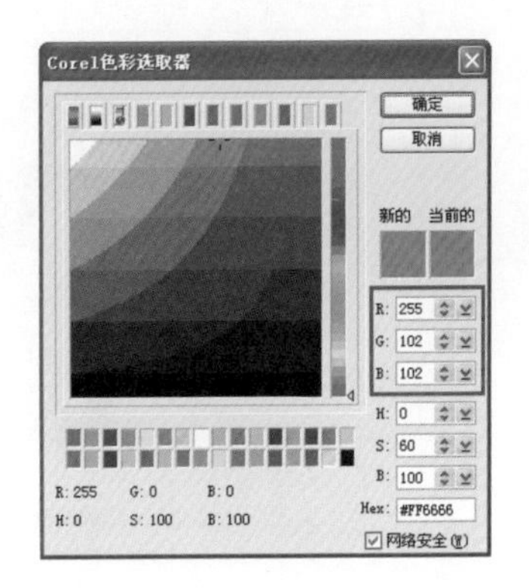

图 13-49 设置色彩数值

STEP 16 单击“确定”按钮，返回编辑选项卡，单击“边框/阴影/透明度”按钮，如图 13-50 所示。

STEP 17 弹出的“边框/阴影/透明度”对话框中，在“边框”选项卡中，将所有数值都修改为 0，在“阴影”选项卡中，单击第一个“无阴影”效果，如图 13-51 所示。

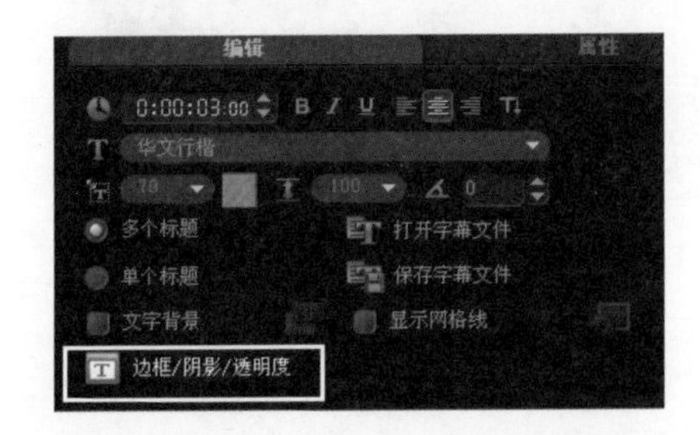

图 13-50 单击“边框/阴影/透明度”按钮

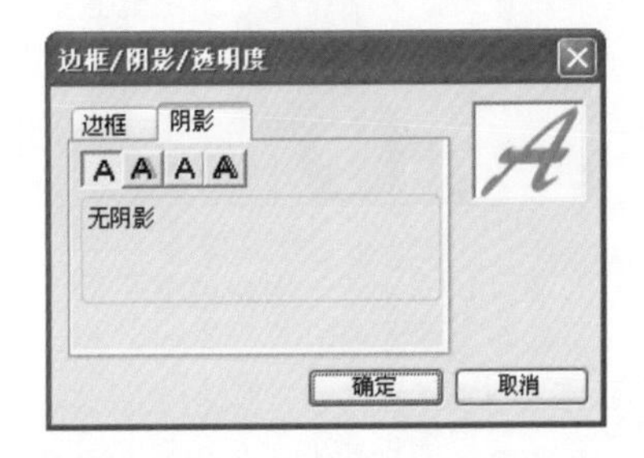

图 13-51 选择“无阴影”效果

STEP 18 单击“确定”按钮，选择属性选项卡，单击“应用”右侧的三角按钮，在弹出的菜单中选择“下降”动画类型，如图 13-52 所示。

STEP 19 选择“下降”动画中的第 1 个预设动画效果，如图 13-53 所示。

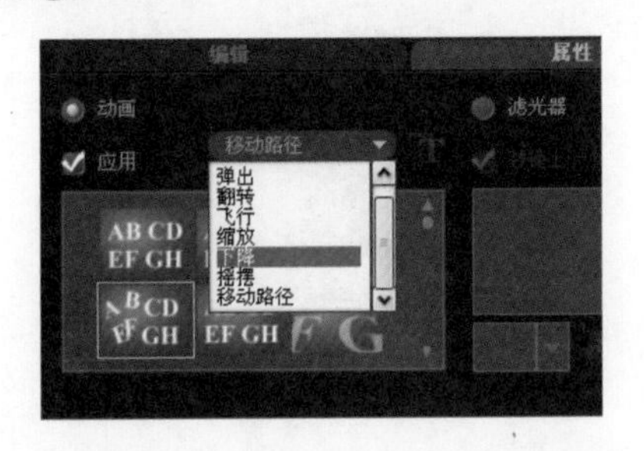

图 13-52 选择“下降”动画类型

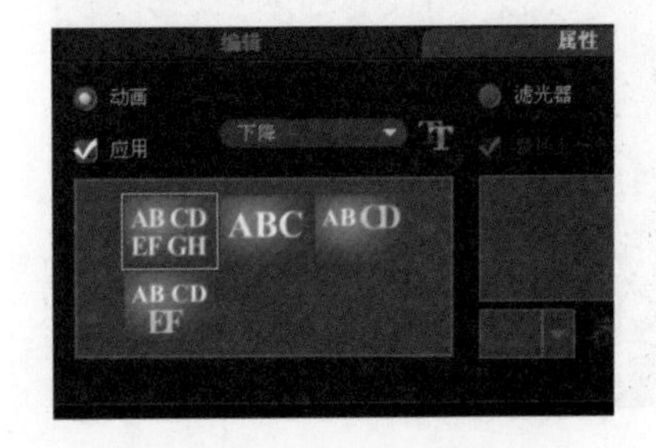

图 13-53 选择动画效果

STEP 20 单击导览面板上的“播放”按钮，查看添加的标题动画效果，如图 13-54 所示。

STEP 21 选择第 9 张图片，单击素材库中的“标题”按钮，在预览窗口出现“双击这里可以添加标题”提示，如图 13-55 所示。

图 13-54　预览标题动画效果

STEP 22 双击预览窗口，输入文本“其乐融融”，并调整标题到适合的位置，如图 13-56 所示。

图 13-55　显示提示信息

图 13-56　输入文本

STEP 23 在编辑面板中，选择“字体”为“华文行楷”，“字体大小”为 70，单击“色彩”按钮，选择“Corel 色彩选取器”选项，如图 13-57 所示。

STEP 24 在弹出的“Corel 色彩选取器”对话框中，输入 R:255、G: 102、B: 255，如图 13-58 所示。

图 13-57　单击“Corel 色彩选取器”选项

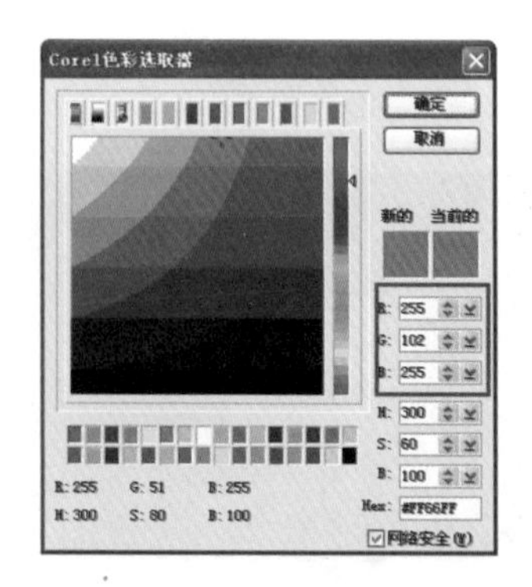

图 13-58　设置色彩数值

STEP 25 单击“确定”按钮，返回编辑选项卡，单击“边框/阴影/透明度”按钮，如图 13-59 所示。

STEP 26 弹出的“边框/阴影/透明度”对话框中，在“边框”选项卡中，将所有数值都修改为 0，在“阴影”选项卡中，单击“无阴影”效果，如图 13-60 所示。

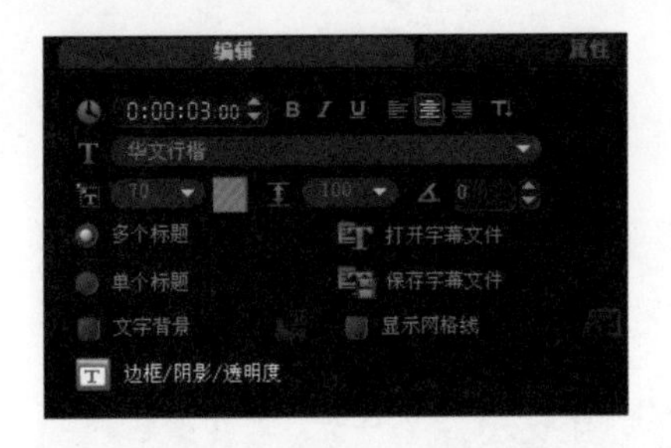

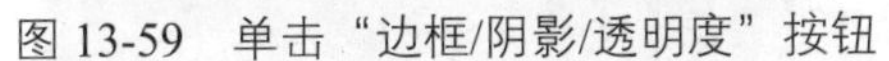
图 13-59 单击“边框/阴影/透明度”按钮

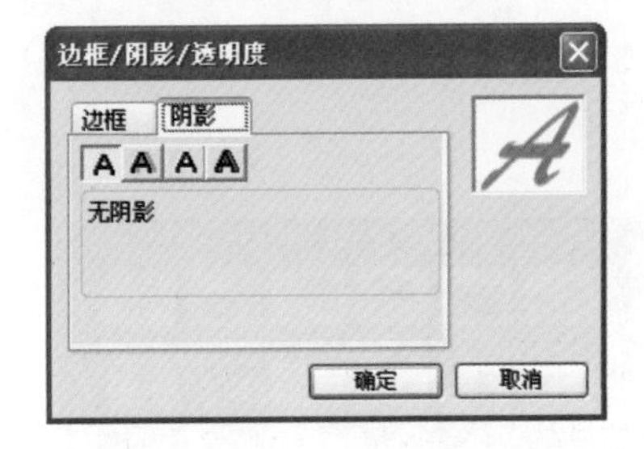

图 13-60 单击“无阴影”效果

STEP 27 单击“确定”按钮，选择属性选项卡，单击“应用”右侧的三角按钮，选择“淡化”动画，在预设动画效果中，选择第 1 个预设动画效果，并单击“自定义动画属性”按钮，如图 13-61 所示。

STEP 28 弹出“淡化动画”对话框，选择淡化样式为“交叉淡化”样式，如图 13-62 所示，单击“确定”按钮即可。

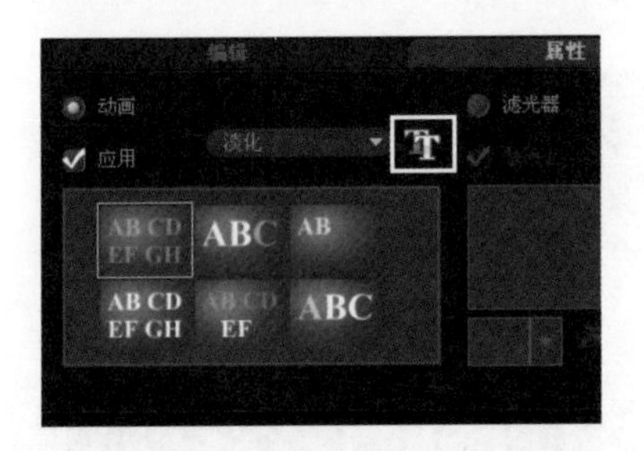

图 13-61 单击“自定义动画属性”按钮

图 13-62 选择“交叉淡化”样式

STEP 29 单击导览面板上的“播放”按钮，查看添加的标题动画效果，如图 13-63 所示。

图 13-63 预览标题动画效果

13.2.6 添加 Flash 动画

添加 Flash 动画，可以使画面看起来更加丰富，下面就来介绍添加 Flash 动画的步骤。

项目文件：	DVD\项目\第 13 章\添加 Flash 动画.VSP

视频文件:	DVD\视频\第 13 章\13.2.6 添加 Flash 动画.avi

STEP 01 单击素材库上的“图形”按钮，在画廊中选择“Flash 动画”选项，切换至 Flash 动画素材库，如图 13-64 所示。

STEP 02 添加 Flash 动画“MotionF08.swf”，到图片 14 下方的覆盖轨#1，如图 13-65 所示。

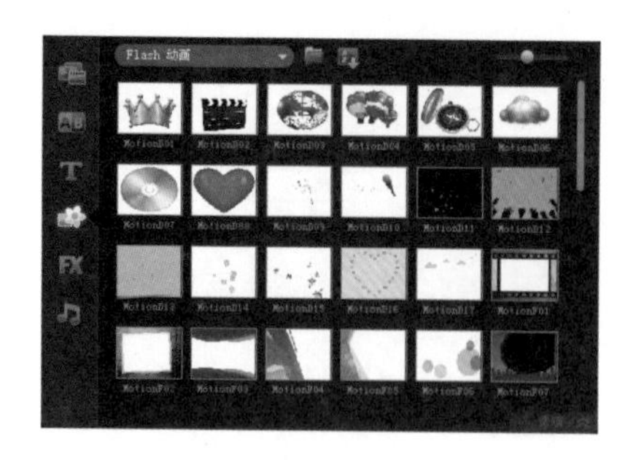

图 13-64 Flash 动画素材库

图 13-65 添加 Flash 动画

STEP 03 将添加的 Flash 动画时间，调整为和图片 14 同样的长度，如图 13-66 所示。

STEP 04 单击导览面板上的“播放”按钮，查看添加的 Flash 动画效果，如图 13-67 所示。

图 13-66 调整 Flash 动画长度

图 13-67 预览添加的 Flash 动画效果

STEP 05 在视频轨道上，双击图片 15，如图 13-68 所示。

STEP 06 在弹出的属性面板中，单击“自定义”按钮，如图 13-69 所示。

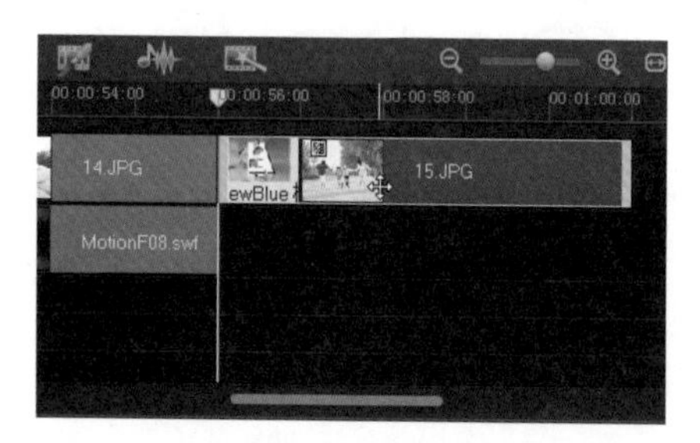

图 13-68 双击图片 15

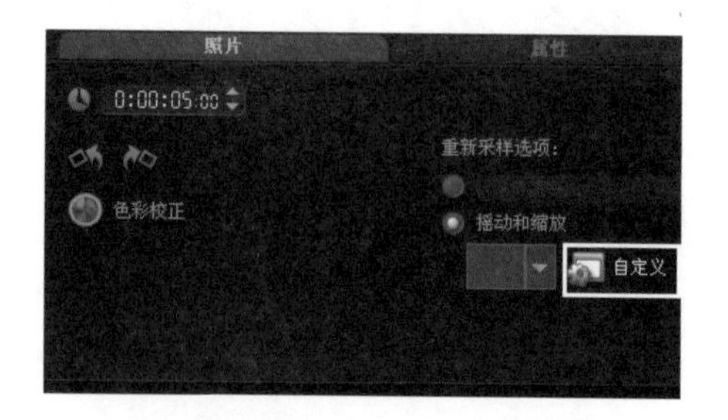

图 13-69 单击“自定义”按钮

STEP 07 弹出“摇动和缩放”对话框，将时间线拖动到 00: 00: 03: 00，勾选“无摇动”，单击添加关键帧按钮，如图 13-70 所示。

STEP 08 将时间线拖动到最后一帧上，将缩放率调整为 143%，如图 13-71 所示。

图 13-70　添加关键帧

图 13-71　调整缩放率

STEP 09 单击“确定”按钮，返回操作界面，在素材库上单击“图形”按钮，如图 13-72 所示。

STEP 10 将黑色色彩添加到视频轨道上，如图 13-73 所示。

图 13-72　单击“图形”按钮

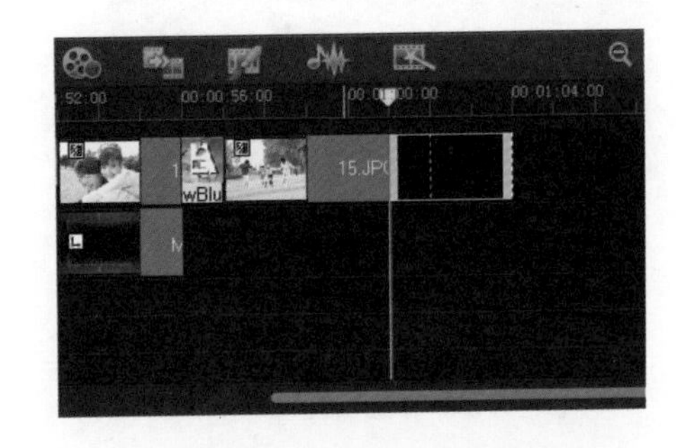

图 13-73　添加色彩素材

STEP 11 单击素材库上的“转场”按钮，在画廊中选择“过滤”转场，切换至过滤素材库，如图 13-74 所示。

STEP 12 在“过滤”转场中选择“交叉淡化”转场，添加到色彩与图片 15 中间，然后双击“交叉淡化”转场，如图 13-75 所示。

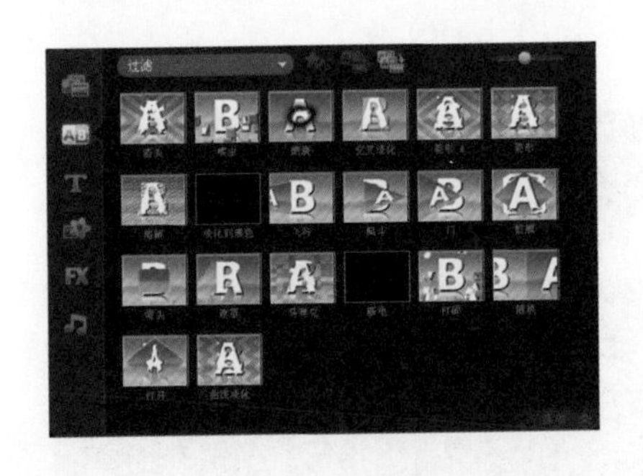

图 13-74　过滤素材库

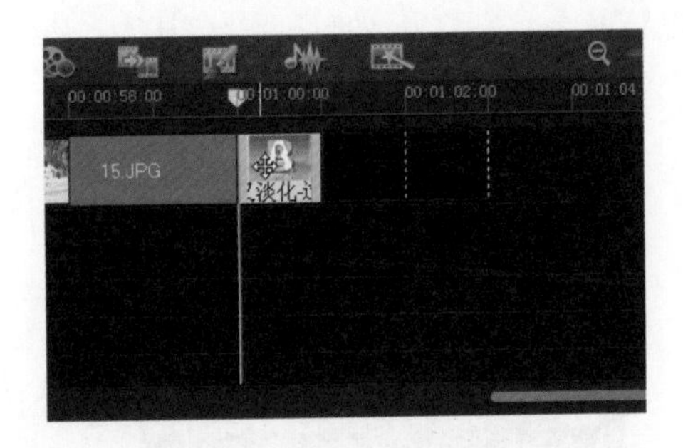

图 13-75　双击“交叉淡化”转场

STEP 13 在弹出的面板上调整转场区间为 0: 00: 03: 00，如图 13-76 所示。

STEP 14 修改完转场区间，在时间轴中显示修改后效果，如图 13-77 所示。

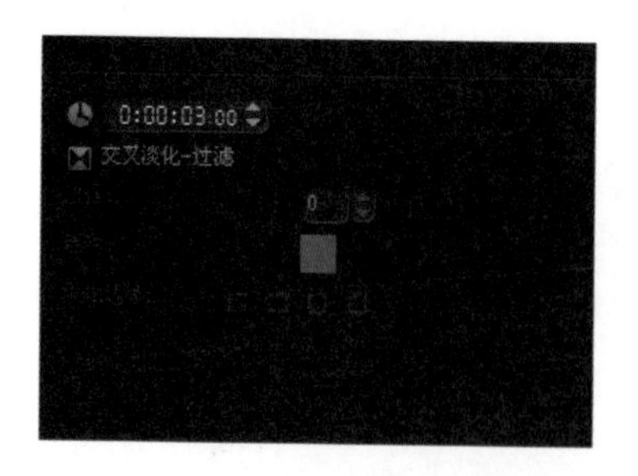

图 13-76　调整转场效果时间

图 13-77　显示修改效果

STEP 15 单击导览面板上的“播放”按钮，预览转场效果，如图 13-78 所示。

图 13-78　预览转场效果

13.2.7 制作影片结尾

影片制作完成后，还需要制作影片结尾，让影片在自然的过渡中结束。

项目文件:	DVD\项目\第 13 章\制作影片结尾.VSP
视频文件:	DVD\视频\第 13 章\13.2.7 制作影片结尾.avi

STEP 01 选中图像 4，单击鼠标右键，弹出的快捷菜单中选择“复制”选项，如图 13-79 所示。

STEP 02 复制到覆盖轨#1 上 00: 01: 01: 00 位置时，如图 13-80 所示。

图 13-79　复制图像

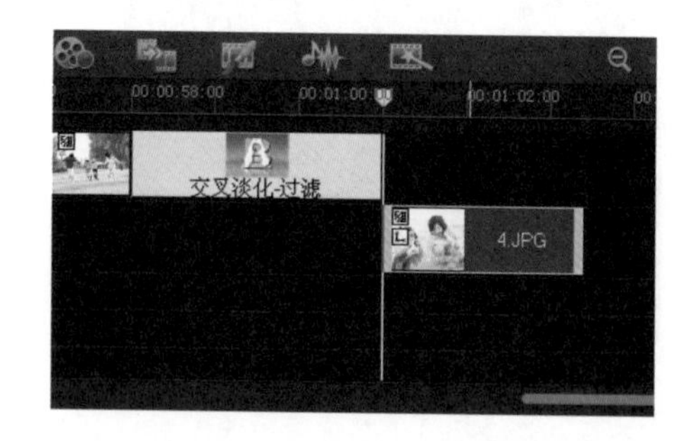

图 13-80　粘贴图像

STEP 03 在预览窗口，调整覆盖轨位置及大小，如图 13-81 所示。

STEP 04 单击素材库中的“图形”按钮，如图 13-82 所示。

图 13-81　调整覆叠素材大小及位置

图 13-82　单击“色彩”按钮

STEP 05 在覆盖轨图像 4 前，添加黑色色彩素材，如图 13-83 所示。

STEP 06 单击素材库中的“转场”按钮，在画廊中选择“过滤”选项，切换至过滤素材库，如图 13-84 所示。

图 13-83　添加色彩素材

图 13-84　过滤素材库

STEP 07 到在黑色色彩和覆盖轨图像 4 中间添加“交叉淡化”转场，如图 13-85 所示。

STEP 08 将覆盖轨#1 上的色彩素材向右进行拖动，拖动到与“交叉淡化”转场重合，如图 13-86 所示。

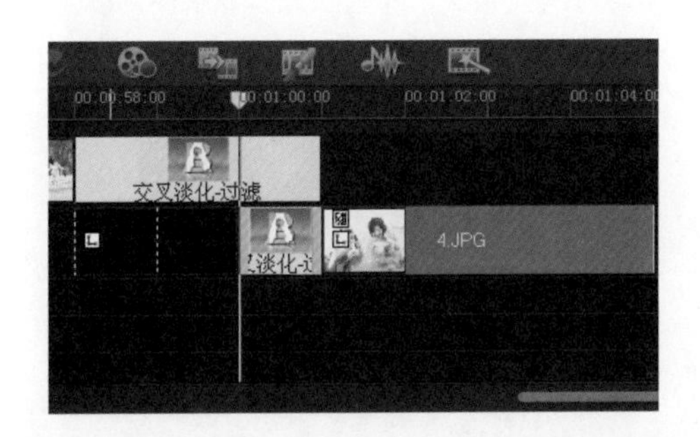

图 13-85　添加“交叉淡化”转场

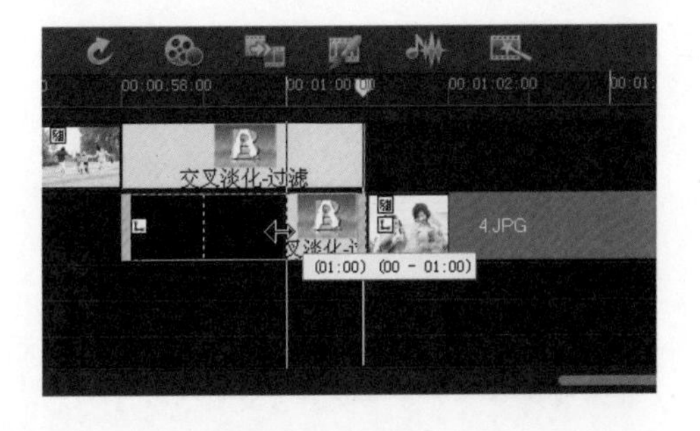

图 13-86　拖动交叉淡化转场

STEP 09 修改色彩区间完成后，在时间轴中显示修改效果，如图 13-87 所示。

STEP 10 选中图像 7，单击鼠标右键，弹出的快捷菜单中选择“复制”选项，如图 13-88 所示。

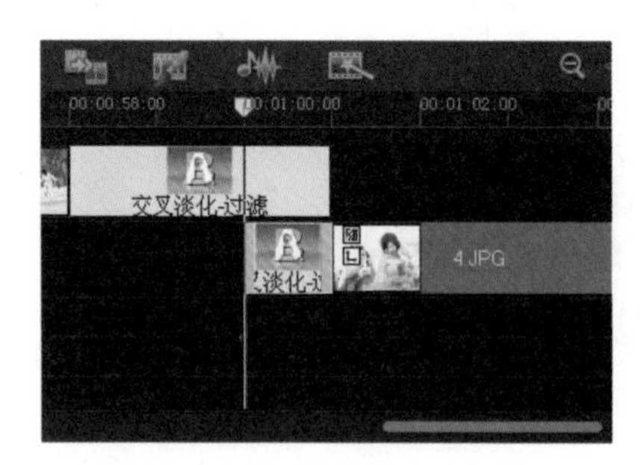

图 13-87　显示修改效果

图 13-88　复制素材

STEP 11 粘贴到覆盖轨图像 4 的后面，如图 13-89 所示。

STEP 12 选中覆盖轨图像 4，单击鼠标右键，弹出的快捷菜单中选择“复制属性”选项，如图 13-90 所示。

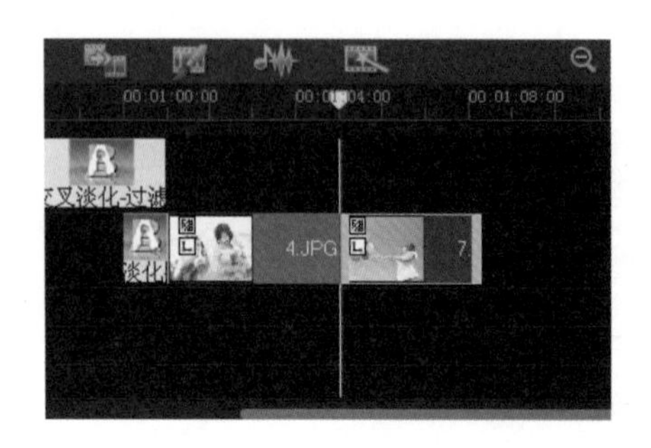

图 13-89　粘贴素材

图 13-90　复制属性

STEP 13 在覆盖轨#1 上选择图像 7，并单击鼠标右键，在弹出的快捷菜单中，选择“粘贴属性”选项，如图 13-91 所示。

STEP 14 在覆盖轨#1 图像 4 和图像 7 之间添加“交叉淡化-过滤”转场，如图 13-92 所示。

图 13-91　粘贴属性

图 13-92　添加“淡化”转场

STEP 15 在覆盖轨#1 上添加黑色色彩素材，如图 13-93 所示。

STEP 16 在覆盖轨#1 的图像 7 和色彩素材之间添加“交叉淡化-过滤”转场，如图 13-94 所示。

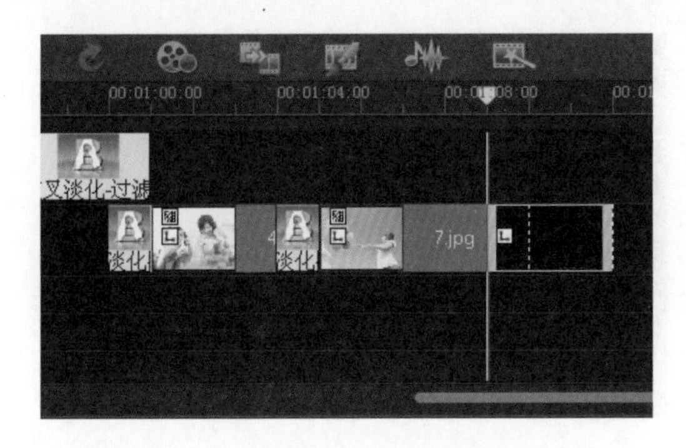

图 13-93　添加色彩素材

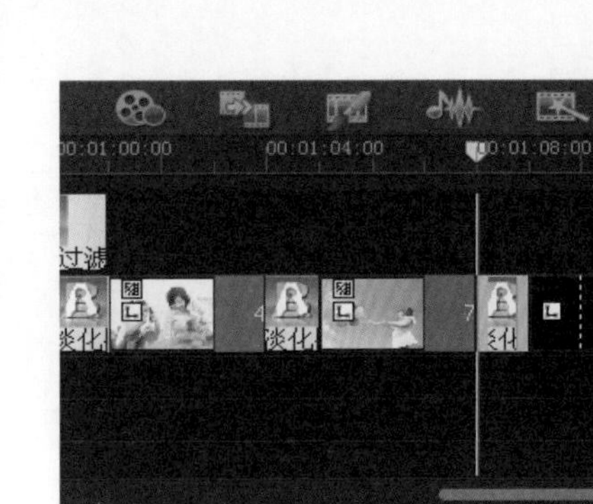

图 13-94　添加“交叉淡化”转场

STEP 17 单击素材库上的“标题”按钮，如图 13-95 所示，添加第 5 个标题到标题轨道上，。

STEP 18 在预览窗口，将原有的文字进行删除，输入文本，如图 13-96 所示。

图 13-95　单击“标题”按钮

图 13-96　输入文本

STEP 19 在编辑面板中，选择字体为“方正琥珀简体”，“字体大小”为 40，颜色为白色，如图 13-97 所示。

STEP 20 在时间轴中调整标题的位置及长度，如图 13-98 所示。

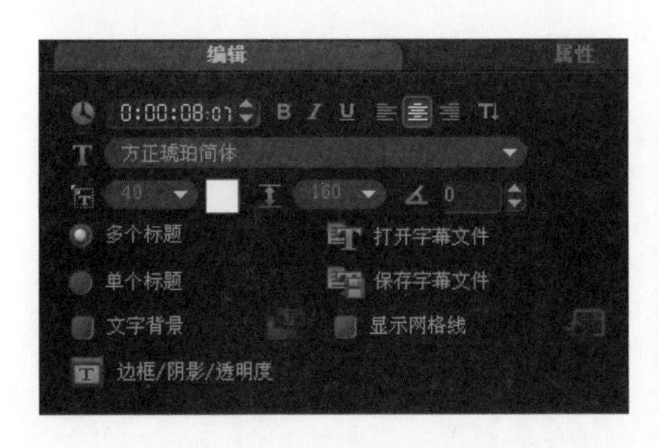

图 13-97　设置文字属性

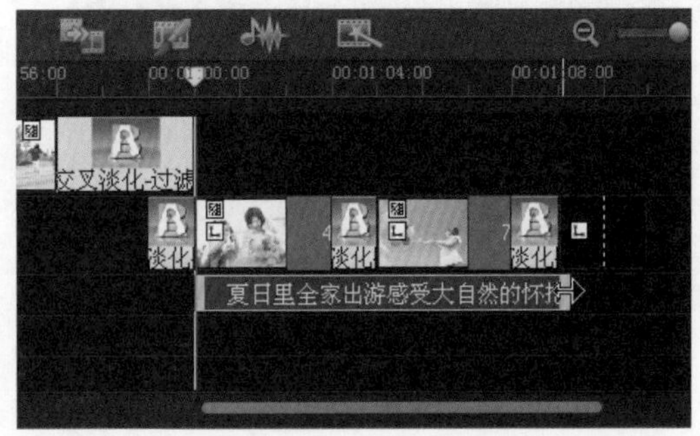

图 13-98　调整标题长度

STEP 21 单击导览面板上的“播放”按钮，查看标题效果，如图 13-99 所示。

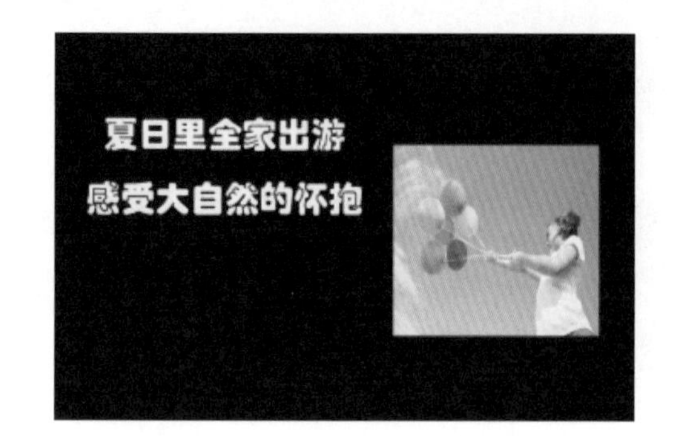

图 13-99　预览结尾效果

13.2.8 添加音乐文件

影片编辑完成后，还需要添加音乐，让影片的视觉与听觉相融合起来。

素材文件：	DVD\素材\第 13 章\假日出游.mp3
项目文件：	DVD\项目\第 13 章\添加音乐文件.VSP
视频文件：	DVD\视频\第 13 章\13.2.8 加音乐文件.avi

STEP 01 在时间轴空白处单击鼠标右键，弹出快捷菜单，选择“插入音频”|“到音乐轨#1”选项，如图 13-100 所示。

STEP 02 弹出“打开音频文件”对话框，选择需要导入的音频文件（DVD\第 13 章\素材\假日出游.mp3），如图 13-101 所示。

图 13-100　单击“到音乐轨#1”选项

图 13-101　选择音乐素材

STEP 03 单击“打开”按钮，即可将文件导入到音乐轨道中，如图 13-102 所示。

STEP 04 将时间线移动到 00: 01: 10: 00 位置，选择音乐文件，单击鼠标右键，弹出快捷菜单，选择“分割素材”选项，如图 13-103 所示。

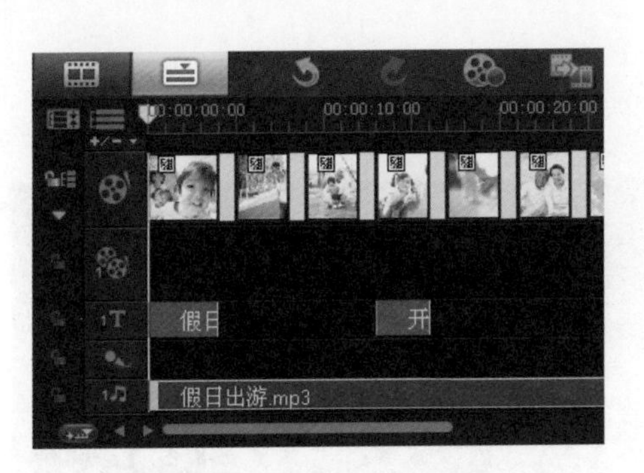

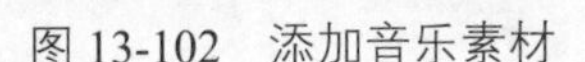
图 13-102 添加音乐素材

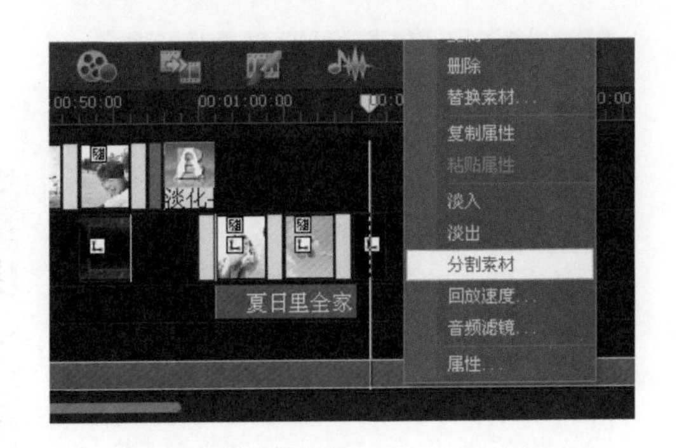

图 13-103 单击“分割素材”选项

STEP 05 音频文件已被分割成两段，选择后一段音频素材，按键盘上的 Delete 键，进行删除，如图 13-104 所示。

STEP 06 删除完成后，选择“音乐和声音”选项面板，单击“淡入”、“淡出”按钮，如图 13-105 所示。

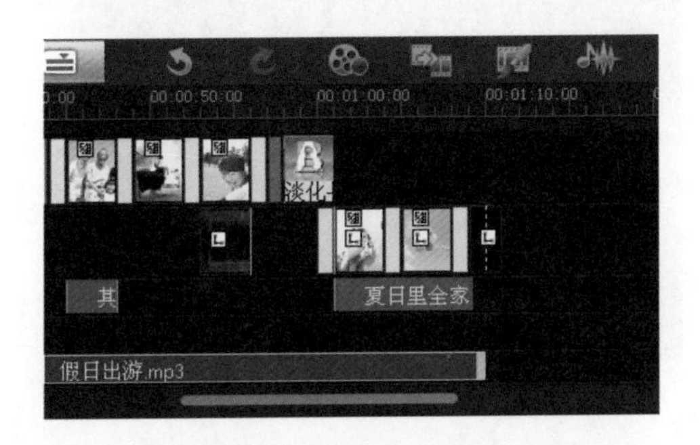

图 13-104 删除后一段音频素材

图 13-105 单击“淡入”、“淡出”按钮

13.2.9 输出视频文件

视频编辑完成后，需要把文件进行输出，以便分享给亲朋好友。

视频文件:	DVD\视频\第 13 章\13.2.9 输出视频文件.avi

STEP 01 选择“分享”按钮，在分享面板上选择“自定义”选项，如图 13-106 所示。

STEP 02 弹出“创建视频文件”对话框，选择保存位置，并输入文件名称，如图 13-107 所示。

STEP 03 单击“保存”按钮，显示渲染进度，如图 13-108 所示。

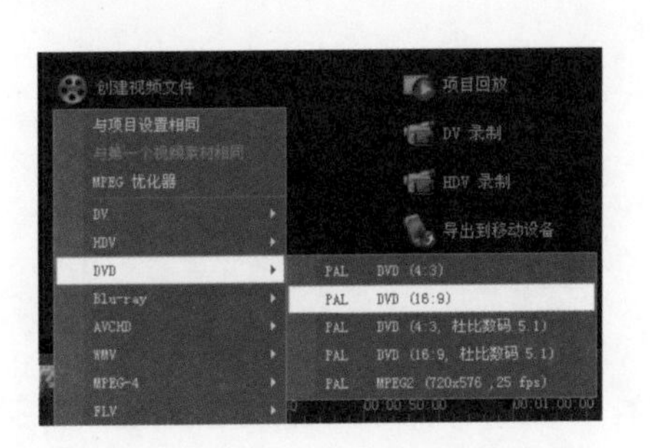

图 13-106 选择文件格式

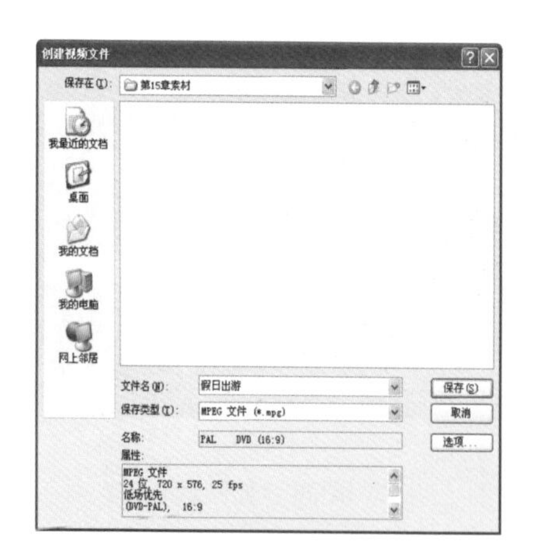

图 13-107 输入文件名称

图 13-108 显示渲染进度

STEP 04 单击导览面板上的播放按钮，查看视频效果，如图 13-109 所示。

图 13-109 预览视频效果

第14章 婚纱相册——情真意切

结婚是人生中很重要的事情之一，结婚前拍摄婚纱照已经成为一种时尚，对于新郎新娘来说也是记录自己最美丽的时刻。

用专业相机拍摄来记录这美丽的瞬间，并用会声会影进行编辑，让这份美好的回忆永远保存下来，分享给亲朋好友，一起感受爱的感觉。

本章重点：

★ 项目分析

★ 项目制作

14.1 项目分析

制作婚纱相册之前，我们先来欣赏一下制作效果，并掌握技术核心。

14.1.1 相册效果欣赏

实例效果图如图 14-1 所示。

图 14-1　效果欣赏

14.1.2 技术核心知识

知识点一：制作影片片头，添加覆叠素材。

知识点二：为素材修改区间，让用户更好地进行编辑，并添加滤镜效果。

知识点三：为覆叠素材添加遮罩效果，增加图像的画面感。

知识点四：为覆叠素材设置进入进出方向，可以让制作的影片更加生动。

知识点五：制作片尾，并添加转场效果，让整个影片看起来更完整。

知识点六：添加音频文件，并制作淡入、淡出音频效果，让视觉与听觉完美地进行结合。

14.2 项目制作

14.2.1 制作影片片头

制作婚纱相册时，首先需要制作相册的片头，下面就来介绍制作影片片头。

素材文件：	DVD\素材\第 14 章\1—15.jpg
项目文件：	DVD\项目\第 14 章\制作影片片头.VSP
视频文件：	DVD\视频\第 14 章\14.2.1 制作影片片头.avi

STEP 01 进入会声会影 X3 高级编辑界面，在时间轴中添加黑色色彩素材，如图 14-2 所示

STEP 02 在时间轴中添加图像素材（DVD\第 14 章\素材\1.jpg、2.jpg、5.jpg、8.jpg），并调整素材播放时间分别为：00: 00: 04: 22、0: 00: 00: 17、0: 00: 00: 22、0: 00: 00: 22，在图像 1 素材上添加“视频摇动和缩放”滤镜，如图 14-3 所示。

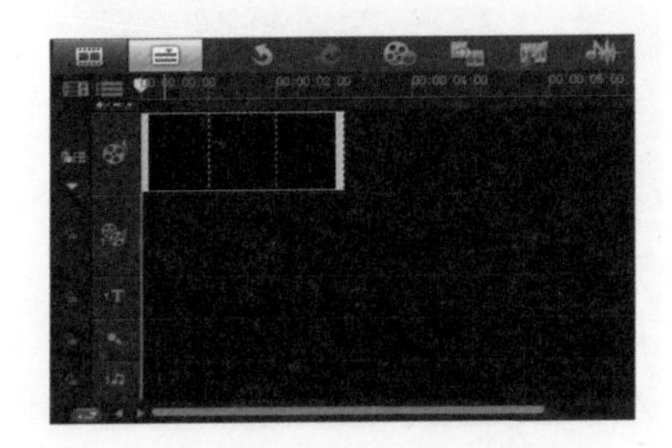

图 14-2　添加色彩素材

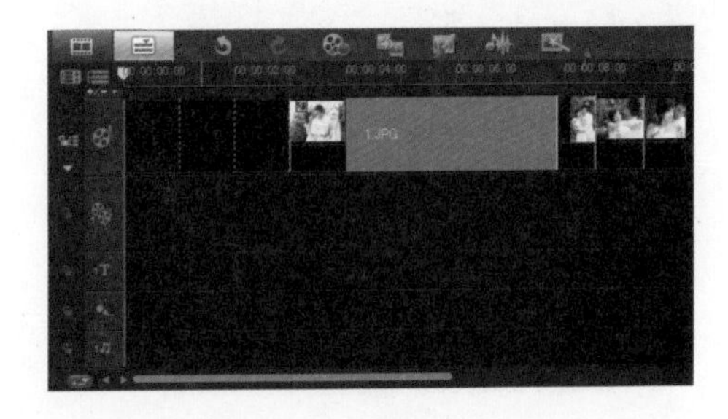

图 14-3　添加图像素材

STEP 03 在色彩素材与图像 1 之间添加“交叉淡化”转场，调整转场播放时间为 00: 00: 01: 24，如图 14-4 所示。

STEP 04 在时间轴上添加覆叠素材（DVD\第 14 章\素材\情真意切.png），将素材拖动到 0: 00: 02: 03 帧位置，在预览窗口调整覆叠素材大小及位置，如图 14-5 所示。

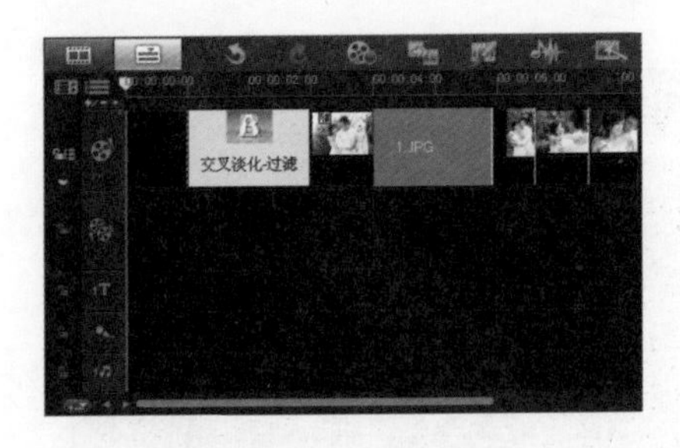

图 14-4　添加转场效果

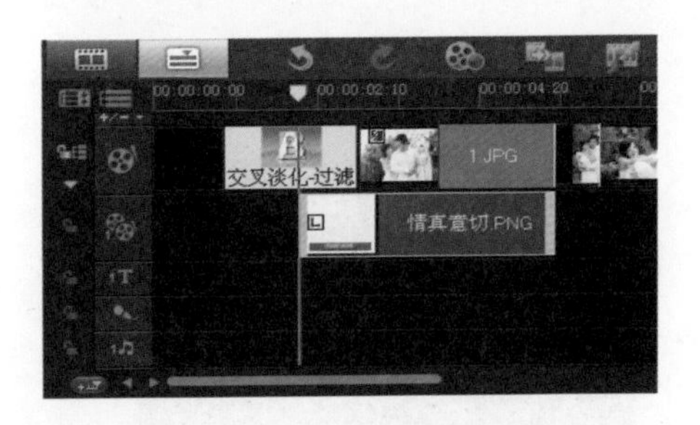

图 14-5　添加覆叠素材

STEP 05 在时间轴中选中覆叠素材，单击“选项”按钮，选择编辑面板，在编辑面板中

调整覆叠素材播放时间为 00: 00: 03: 20 帧，如图 14-6 所示。

STEP 06 在时间轴中，在覆叠轨图标上单击鼠标右键，并单击弹出的“轨道管理器”选项，如图 14-7 所示。

图 14-6　调整覆叠素材播放时间

图 14-7　单击“轨道管理器”选项

STEP 07 弹出“轨道管理器”对话框，在对话框中勾选“覆叠轨#2”、“覆叠轨#3”和“覆叠轨#4”复选框，如图 14-8 所示。

STEP 08 单击“确定”按钮，在时间轴中，显示添加覆叠轨道效果，如图 14-9 所示。

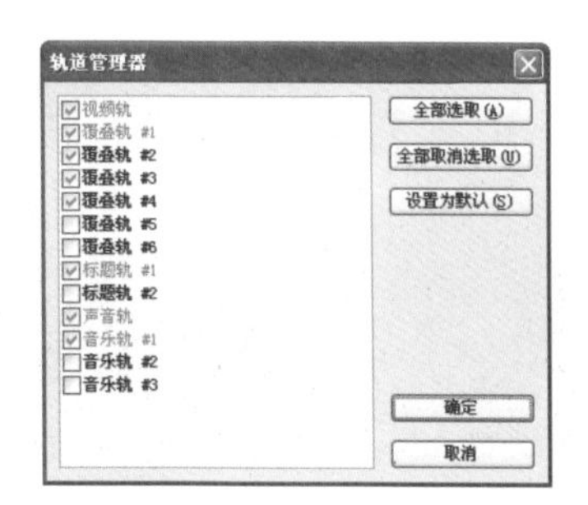

图 14-8　添加覆叠轨

图 14-9　显示添加效果

STEP 09 在覆叠轨#1 上添加黑色色彩素材，将素材拖动到 00: 00: 08: 07 帧位置时，并调整色彩播放时间为 00: 00: 00: 18，如图 14-10 所示。

STEP 10 在刚刚添加的色彩素材后面，继续添加覆叠素材（DVD\第 14 章\素材\走进幸福的照片.png），在预览窗口中调整覆叠素材大小及位置，如图 14-11 所示。

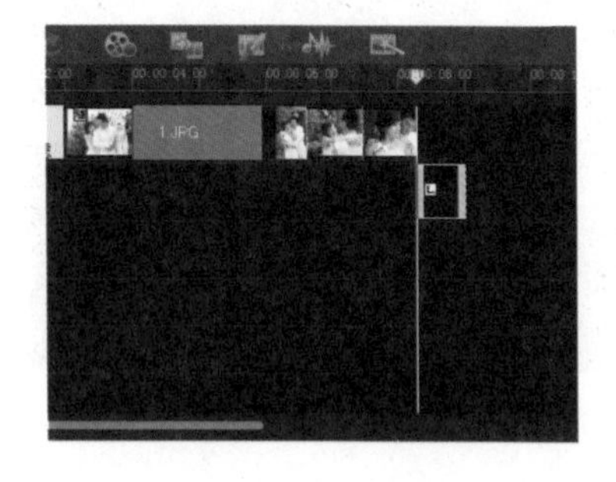

图 14-10　添加色彩素材

图 14-11　调整素材大小和位置

STEP 11 调整覆叠素材播放时间为 00: 00: 01: 09，如图 14-12 所示

STEP 12 在属性面板中单击“自定义”按钮，弹出“视频摇动和缩放”对话框，在原图中调整缩放位置，如图 14-13 所示。

图 14-12　调整覆叠素材播放时间

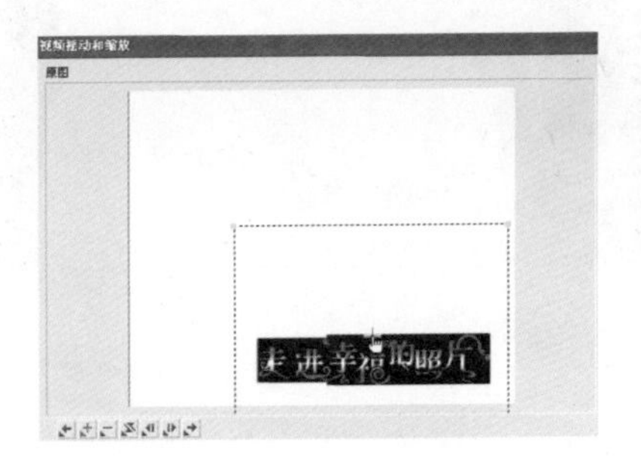

图 14-13　调整缩放位置

STEP 13 拖动滑块到 00: 00: 01: 02 帧位置，单击“添加关键帧”按钮，调整缩放率为 141，如图 14-14 所示。

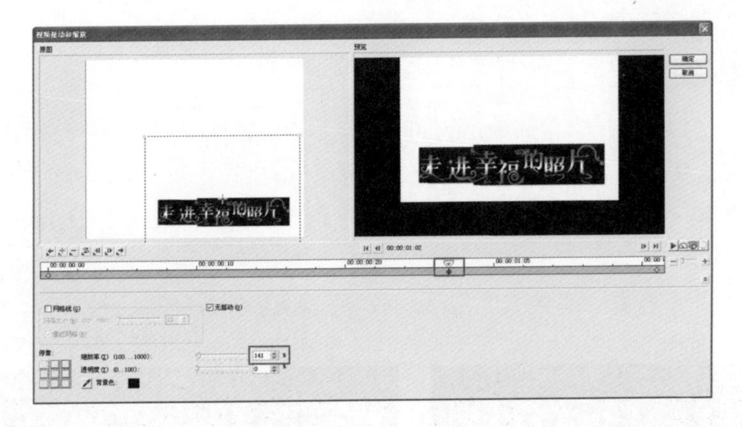

图 14-14　添加关键帧

STEP 14 添加“交叉淡化”转场到色彩素材和添加的覆叠素材之间，如图 14-15 所示。

STEP 15 调整转场播放时间为 0: 00: 00: 08，如图 14-16 所示。

图 14-15　添加“交叉淡化”转场

图 14-16　调整转场播放时间

STEP 16 单击导览面板中的“播放”按钮，查看预览效果，如图 14-17 所示。

图 14-17　预览片头效果（1）

图 14-18　预览片头效果（2）

14.2.2 添加滤镜效果

静止的画面看起来单调又乏味，这时就需要添加滤镜效果，让静止的画面看起来更加生动。

项目文件：	DVD\项目\第 14 章\添加滤镜效果.VSP
视频文件：	DVD\视频\第 14 章\14.2.2 添加滤镜效果.avi

STEP 01 制作完影片片头后，继续在覆叠轨#1 上分别添加覆叠素材（DVD\第 14 章\素材\7.jpg、4.jpg、8.jpg、9.jpg、），并分别调整播放时间为：0: 00: 01: 18、0: 00: 03: 00、0: 00: 02: 02、0: 00: 05: 12、0: 00: 05: 05、如图 14-19 所示，并在预览窗口调整素材大小及位置。

STEP 02 选中图像 7 单击“选项”按钮，选择编辑面板，在编辑面板上勾选“应用摇动和缩放”复选框，并单击“自定义”按钮，如图 14-20 所示。

图 14-19　添加覆叠素材

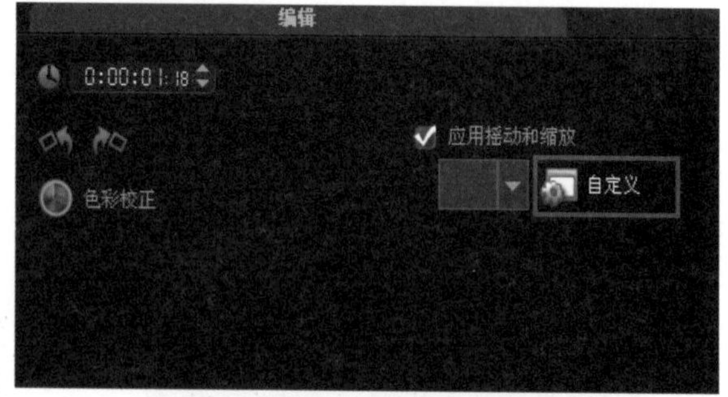

图 14-20　单击“自定义”按钮

STEP 03 弹出“摇动和缩放”对话框，在原图中，调整缩放范围和路径，如图 14-21 所示，单击“确定”按钮。

STEP 04 选中在图像 4，单击“选项”按钮，在编辑面板上勾选应用“摇动和缩放”复选框，单击“自定义”按钮，弹出“摇动和缩放”对话框，在原图中，调整缩放范围和路径，如图 14-22 所示。

图 14-21　调整缩放范围和路径

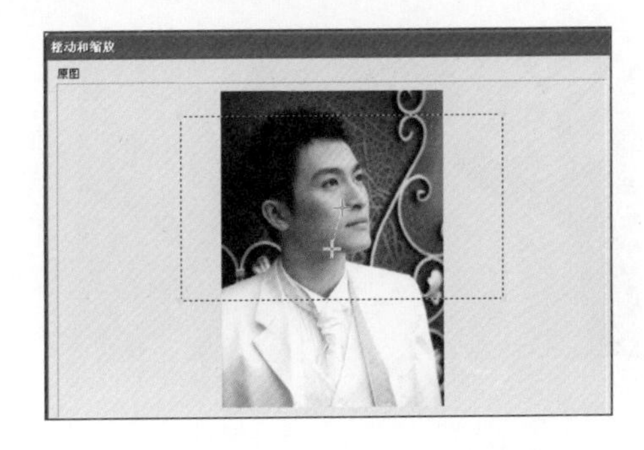

图 14-22　调整缩放范围和路径

STEP 05 选中图像 8，单击"选项"按钮，在编辑面板上勾选应用"摇动和缩放"复选框，单击"自定义"按钮，弹出"摇动和缩放"对话框，在原图中，调整缩放范围和路径，如图 14-23 所示。

STEP 06 选中图像 9，单击"选项"按钮，在编辑面板上勾选应用"摇动和缩放"复选框，并在编辑面板上选择第 10 个预设滤镜，如图 14-24 所示。

图 14-23　调整缩放范围和路径

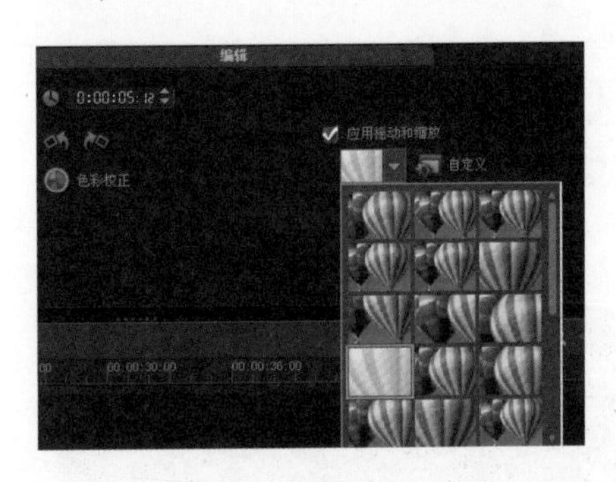

图 14-24　选择预设滤镜

STEP 07 在编辑面板中，单击"自定义"按钮，弹出"摇动和缩放"对话框，调整缩放范围和路径，如图 14-25 所示。

STEP 08 选中图像 9，在编辑面板中，勾选""，如图 14-26 所示。

图 14-25　调整缩放范围和路径

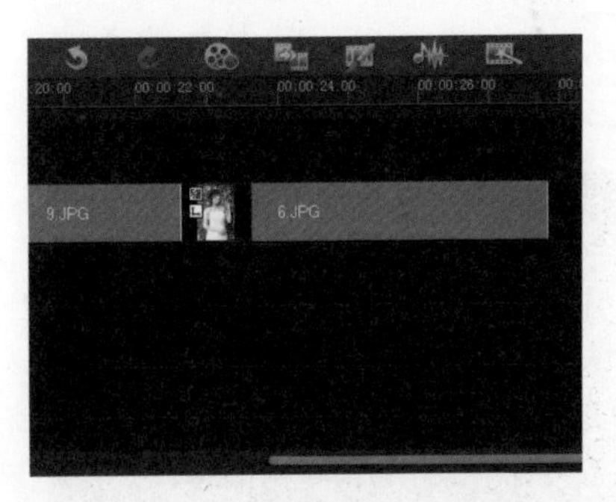

图 14-26　添加"视频摇动和缩放"滤镜

STEP 09 单击导览面板中的"播放"按钮，查看预览效果，如图 14-27 所示。

图 14-27　预览应用效果

14.2.3 添加遮罩效果

添加遮罩可修整图像的轮廓，让图像看起来更有创意，下面就来介绍添加遮罩效果的步骤。

项目文件：	DVD\项目\第 14 章\添加遮罩效果.VSP
视频文件：	DVD\视频\第 14 章\14.2.3 添加遮罩效果.avi

STEP 01 在图像 9 的属性面板中，单击“遮罩和色度键”按钮，如图 14-28 所示。

STEP 02 在遮罩和色度键面板镇南关，勾选“应用覆叠选项”复选框，类型选择“遮罩帧”，在预设遮罩中选择倒数第 5 个遮罩效果，如图 14-29 所示。

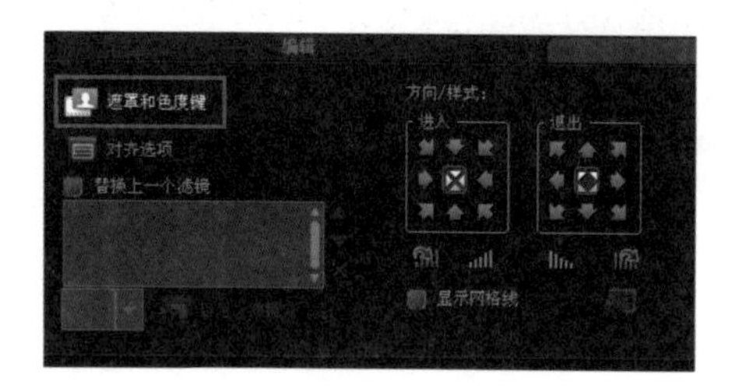

图 14-28　单击“遮罩和色度键”按钮

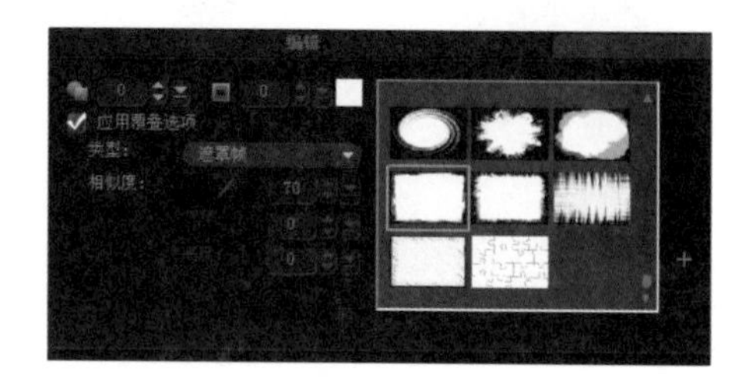

图 14-29　选择遮罩效果

STEP 03 在预览窗口中，调整覆叠素材大小及位置，如图 14-30 所示。

STEP 04 在覆叠轨#2 上，添加黑色色彩素材，如图 14-31 所示。

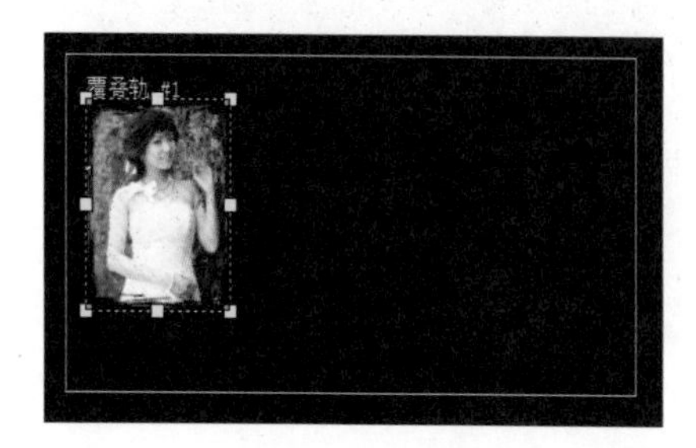

图 14-30　调整覆叠素材大小及位置

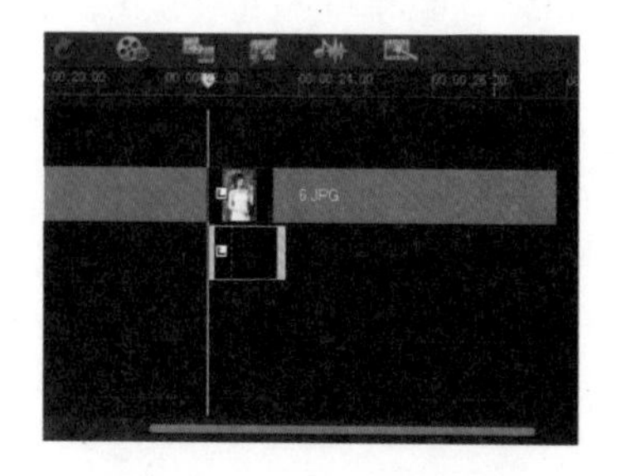

图 14-31　添加色彩素材

STEP 05 在编辑面板中，调整黑色色彩素材播放时间，如图 14-32 所示。

STEP 06 在预览窗口中，调整黑色色彩素材位置及大小，如图 14-33 所示。

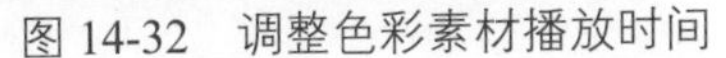
图 14-32　调整色彩素材播放时间

图 14-33　调整色彩素材位置及大小

STEP 07 在色彩素材后面添加（DVD\第 14 章\素材\3.jpg），并调整播放时间为 0: 00: 04: 01 如图 14-34 所示。

STEP 08 选中覆叠轨#1 上的图像 6，单击鼠标右键，在弹出的快捷菜单中选择“复制属性”选项，如图 14-35 所示。

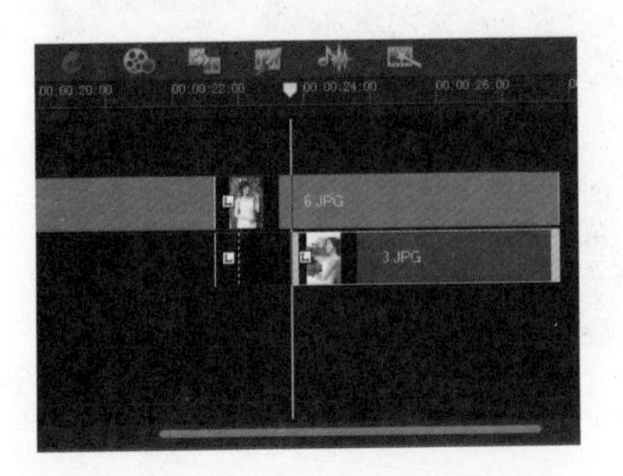

图 14-34　添加覆叠素材

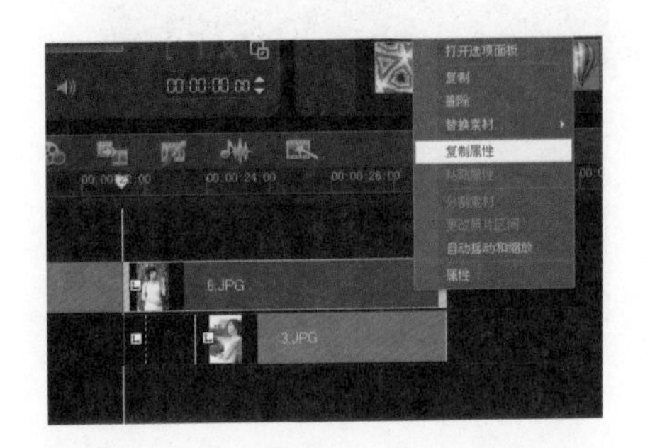

图 14-35　复制属性

STEP 09 在覆叠轨#2 上选中图像 3，单击鼠标右键，在弹出的快捷菜单中选择“粘贴属性”选项，如图 14-36 所示。

STEP 10 在预览窗口中调整图像 3 的位置及大小，如图 14-37 所示。

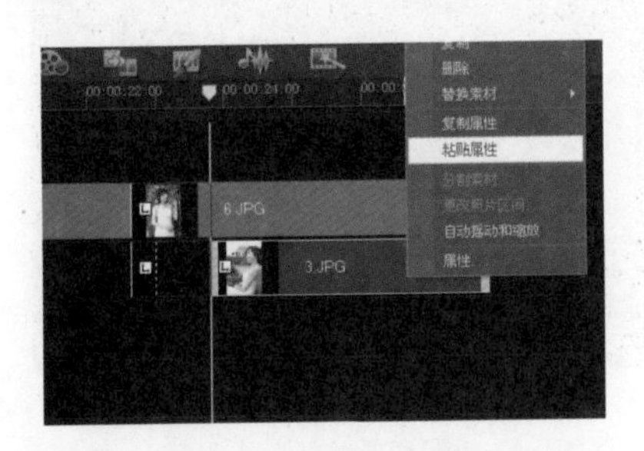

图 14-36　粘贴属性

图 14-37　调整覆叠素材位置及大小

STEP 11 在覆叠轨#2 上选中色彩素材，单击鼠标右键，在弹出的快捷菜单中选择“复制”选项，如图 14-38 所示。

STEP 12 将色彩素材复制到覆叠轨#3 的时间轴中 0: 00: 24: 13 帧位置，如图 14-39 所示。

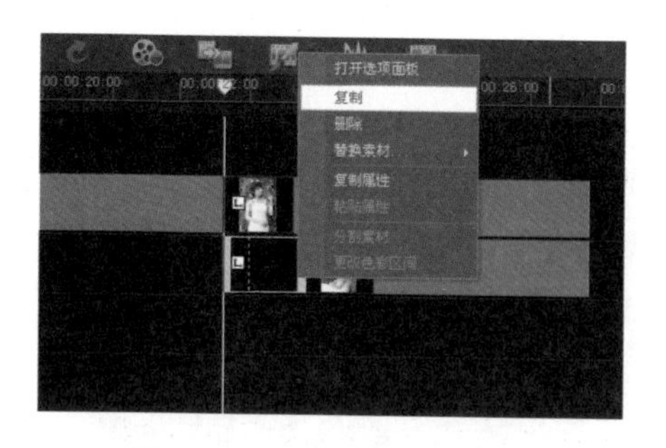

图 14-38　复制色彩素材

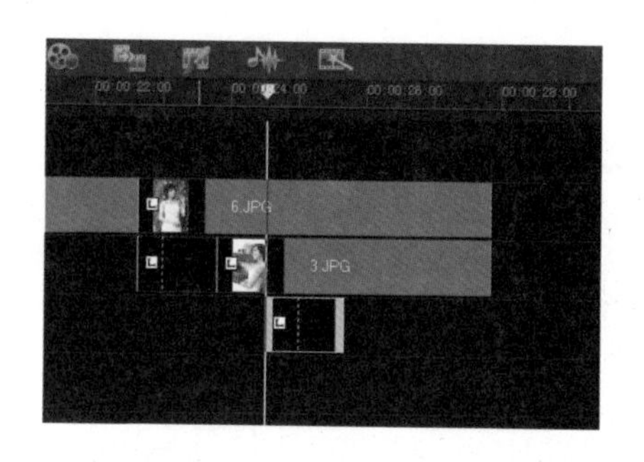

图 14-39　粘贴色彩素材

STEP 13 在覆叠轨#3 上添加图像 11，并调整播放时间为 0: 00: 02: 04，如图 14-40 所示。

STEP 14 选中覆叠轨#2 上的图像 3，单击鼠标右键，在弹出的快捷菜单中选择“复制属性”选项，如图 14-41 所示。

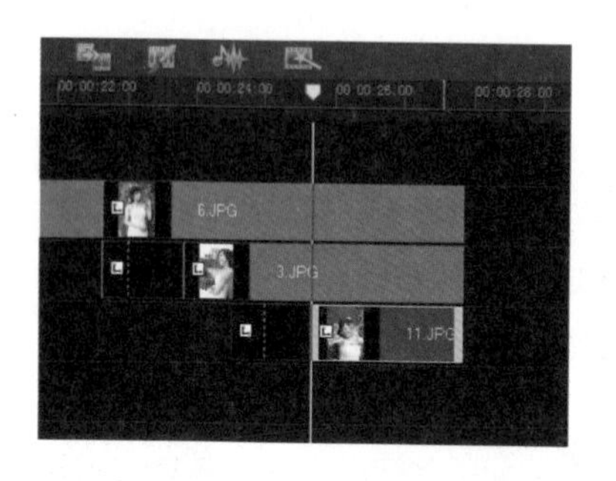

图 14-40　添加覆叠素材

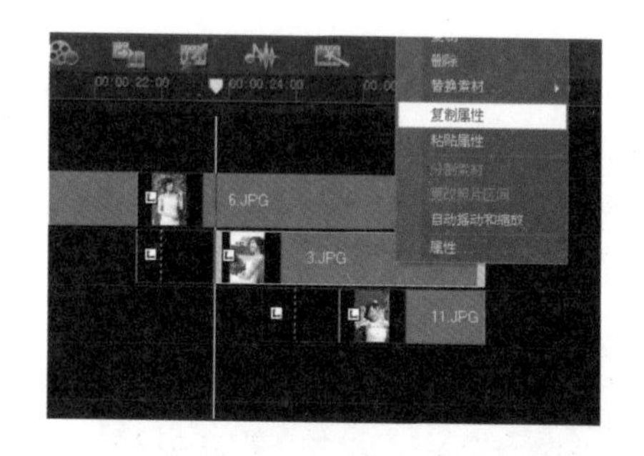

图 14-41　复制属性

STEP 15 在覆叠轨#2 上选中图像 11，单击鼠标右键，在弹出的快捷菜单中选择“粘贴属性”选项，如图 14-42 所示。

STEP 16 在预览窗口中调整图像 11 的位置及大小，如图 14-43 所示。

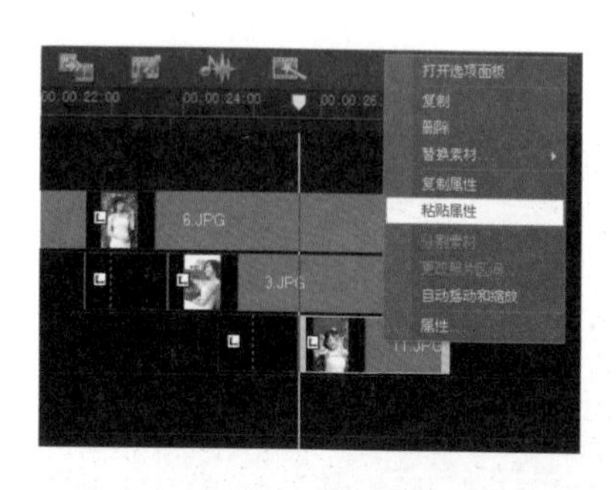

图 14-42　粘贴属性

图 14-43　调整覆叠素材位置及大小

STEP 17 复制黑色色彩素材到覆叠#4 轨道上，如图 14-44 所示。

STEP 18 在覆叠#4 轨道上，添加覆叠素材（DVD\第 14 章\素材\英文 002.png），如图 14-45 所示。

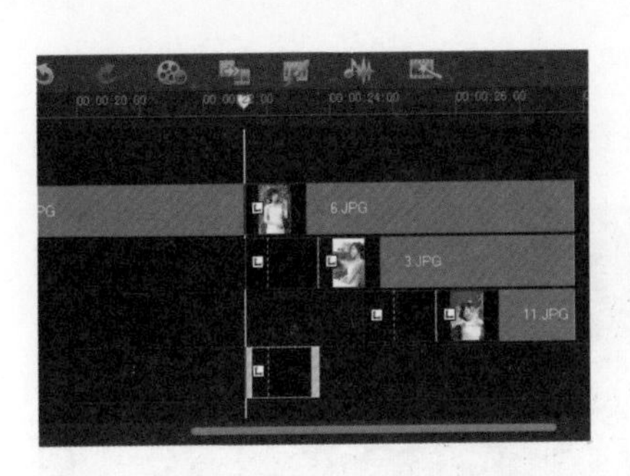

图 14-44　复制覆叠素材

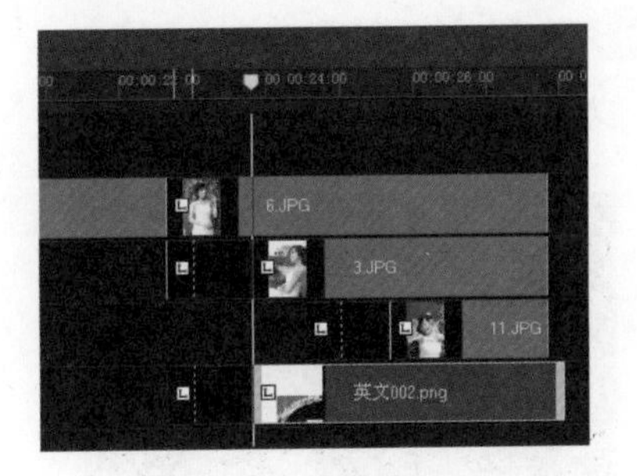

图 14-45　添加覆叠素材图像

STEP 19 在预览窗口中调整覆叠素材位置及大小，如图 14-46 所示。

STEP 20 复制色彩素材分别到覆叠轨#1、#2、#3、#4 的素材后，如图 14-47 所示。

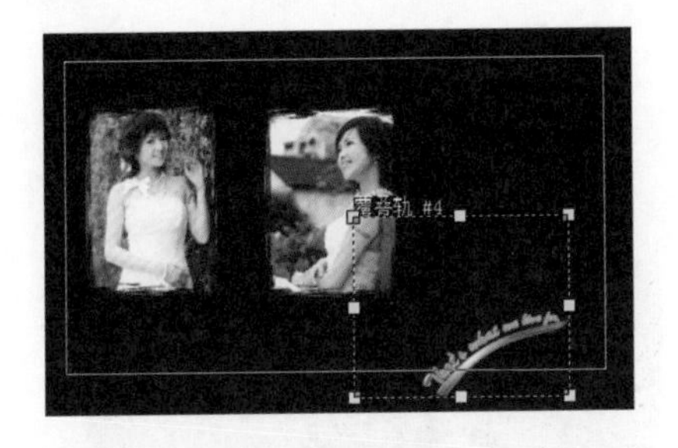

图 14-46　调整覆叠素材位置及大小

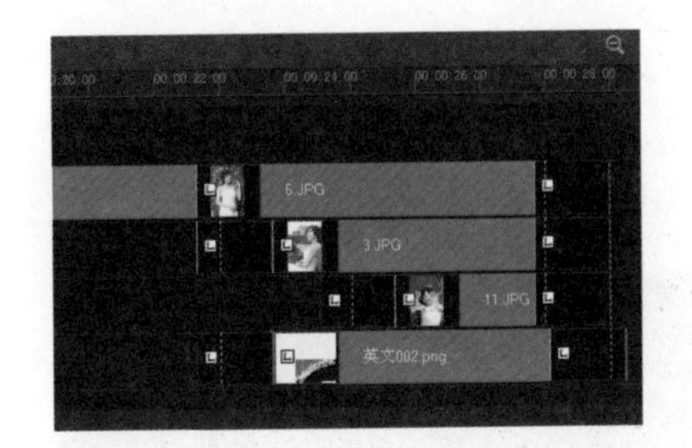

图 14-47　复制素材

14.2.4 添加转场效果

添加转场效果可以让素材与素材之间的衔接更加自然。

项目文件:	DVD\项目\第 14 章\添加转场效果.VSP
视频文件:	DVD\视频\第 14 章\14.2.4 添加转场效果.avi

STEP 01 在添加的色彩素材和图像素材之间，添加“交叉淡化-过滤”转场，如图 14-48 所示。

STEP 02 分别调整覆叠轨道上添加的交叉淡化转场时间，如图 14-49 所示。

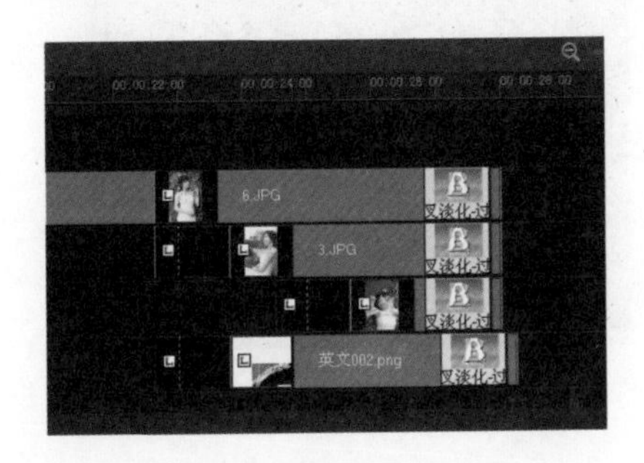

图 14-48　添加“交叉淡化”转场

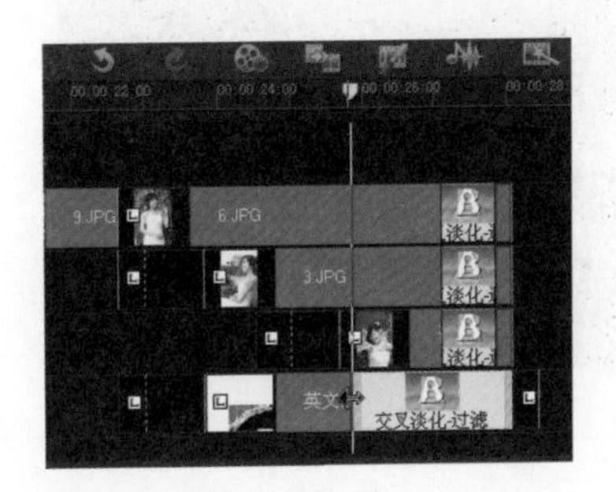

图 14-49　添加“交叉淡化”转场

STEP 03 在图像 4 和图像 9 之间添加“断电-过滤”转场，如图 14-50 所示。

STEP 04 在图像 9 和图像 6 之间添加“闪光-闪光”转场，如图 14-51 所示。

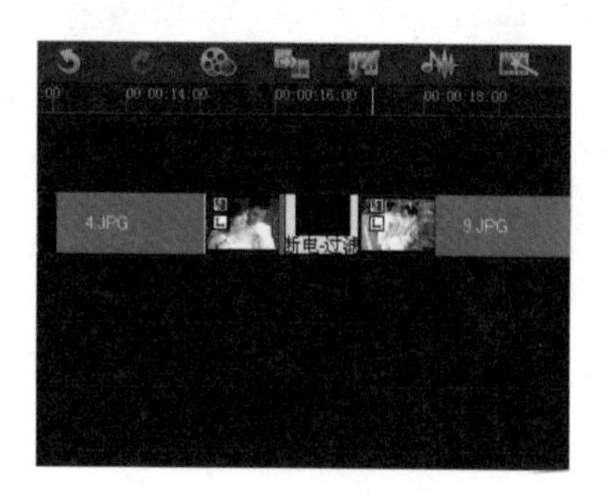

图 14-50　添加“断电”转场

图 14-51　添加“闪光”转场

STEP 05 调整闪光转场播放时间为 0: 00: 00: 14，如图 14-52 所示。

STEP 06 在时间轴中，添加“闪光”转场分别到色彩素材与图像 3 之间和色彩素材与图像 11 之间，如图 14-53 所示。

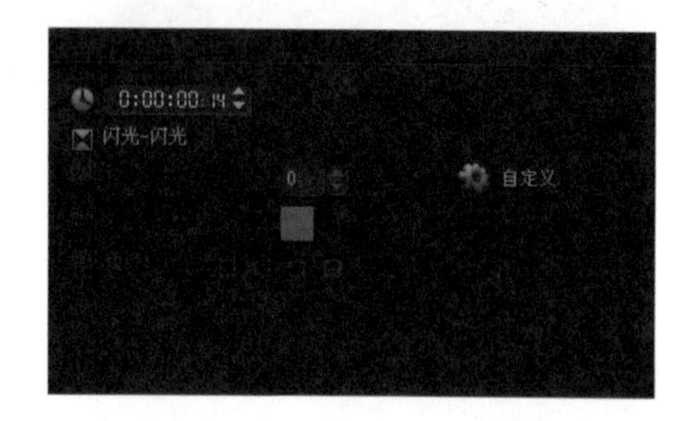

图 14-52　调整转场播放时间

图 14-53　添加“闪光”转场

STEP 07 在覆叠轨#4 色彩素材与覆叠素材之间添加“交叉淡化-过滤”转场，如图 14-54 所示。

STEP 08 在覆叠轨#100: 00: 28: 11 上继续添加素材（DVD\第 14 章\素材\7.jpg、10.jpg、11.jpg、6.jpg）调整播放时间分别为 0: 00: 02: 06、0: 00: 01: 23、0: 00: 01: 13、0: 00: 01: 17、，如图 14-55 所示。

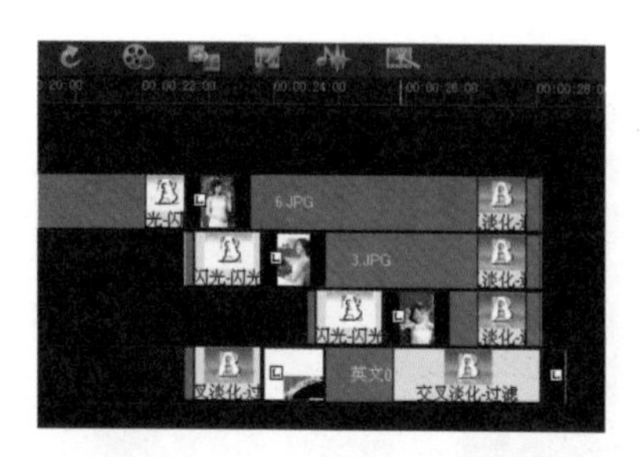

图 14-54　添加转场效果

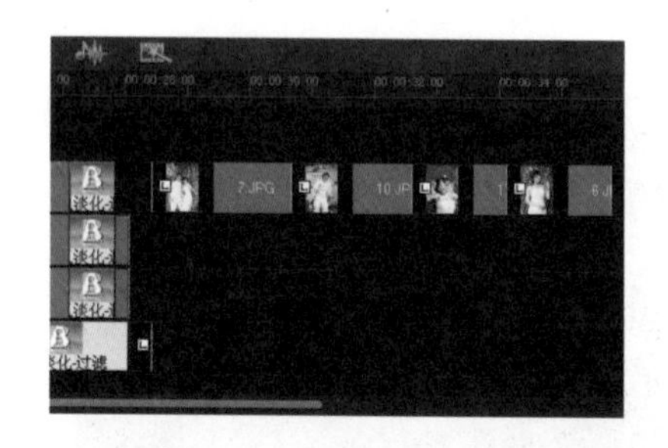

图 14-55　添加素材图像

STEP 09 分别添加“视频摇动和缩放”滤镜到素材上，如图 14-56 所示。

STEP 10 单击导览面板中的“播放”按钮，查看预览效果，如图 14-57 所示。

图 14-56　添加素材图像

图 14-57　预览素材

14.2.5 添加 Flash 动画

添加 Flash 动画，让 Flash 动画和素材完美结合，可以增加画面的可看性。

素材文件:	DVD\素材\第 14 章\字幕-真爱永恒.MOV、字幕-真情永恒.MOV
项目文件:	DVD\项目\第 14 章\添加 Flash 动画.VSP
视频文件:	DVD\视频\第 14 章\14.2.5 添加 Flash 动画.avi

STEP 01 在覆叠轨#1 轨道上添加 Flash 素材（DVD\第 14 章\素材\字幕-真爱永恒.MOV），如图 14-58 所示。

STEP 02 在覆叠轨#2 轨道上添加 Flash 素材（DVD\第 14 章\素材\字幕-真情永恒.MOV），并调整字幕-真爱永恒的结尾和字幕-真情无限的结尾时间是一样的，如图 14-59 所示。

图 14-58　添加覆叠 Flash 动画

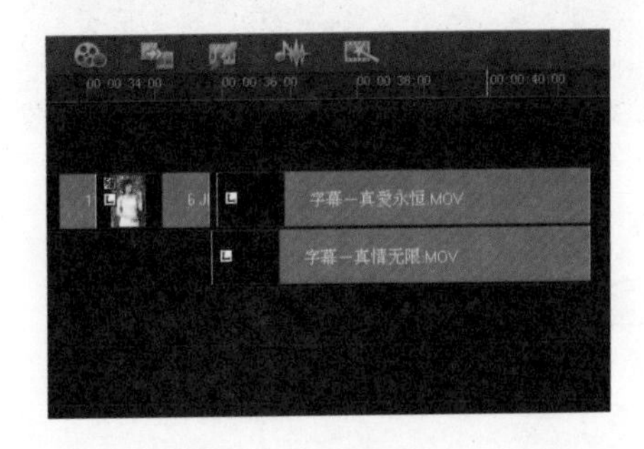

图 14-59　添加覆叠 Flash 动画

STEP 03 单击导览面板中的“播放”按钮，查看 Flash 应用效果，如图 14-60 所示。

图 14-60　预览 Flash 动画效果

STEP 04 复制视频轨道上图像 1，到 Flash 素材下的覆叠#3 轨道上，并调整覆叠素材在预览窗口中的位置及大小，如图 14-61 所示。

STEP 05 在编辑面板中调整素材图像 1 的播放时间为 0：00：03：07，如图 14-62 所示。

图 14-61　添加素材图像

图 14-62　调整播放时间

STEP 06 在属性面板中，选择进入方向为“从右上方进入”，退出方向为“静止”，如图 14-63 所示。

STEP 07 复制视频轨图像 2，到 Flash 素材下的覆叠#3 轨道上，如图 14-64 所示。

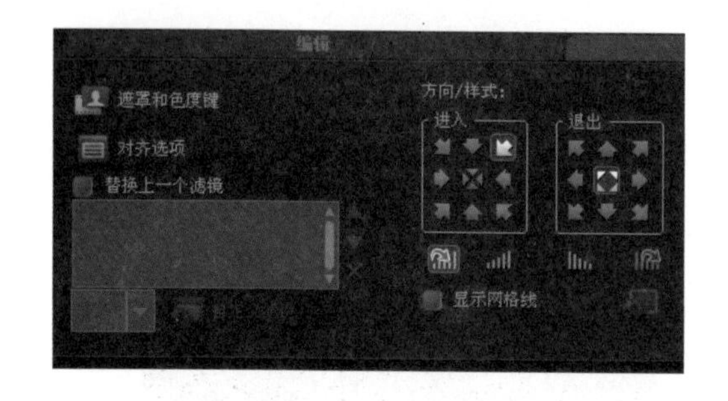

图 14-63　设置“进入”、“退出”方向

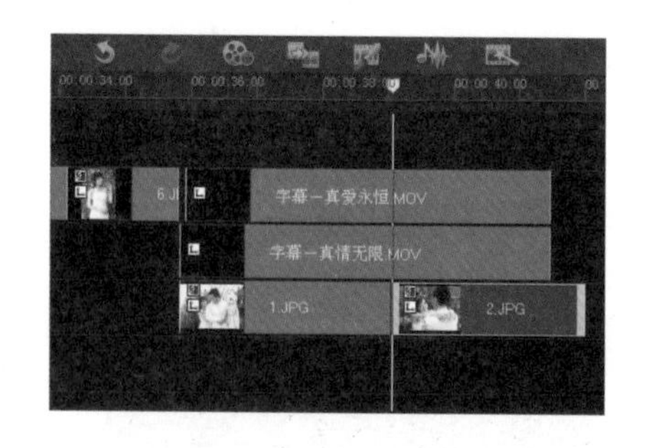

图 14-64　复制图像素材

STEP 08 在覆叠轨#3 上选中图像 1，单击鼠标右键，在弹出的快捷菜单中选择“复制属性”选项，如图 14-65 所示。

STEP 09 在覆叠轨#上选中图像 2，单击鼠标右键，在弹出的快捷菜单中选择“粘贴属性”选项，如图 14-66 所示。

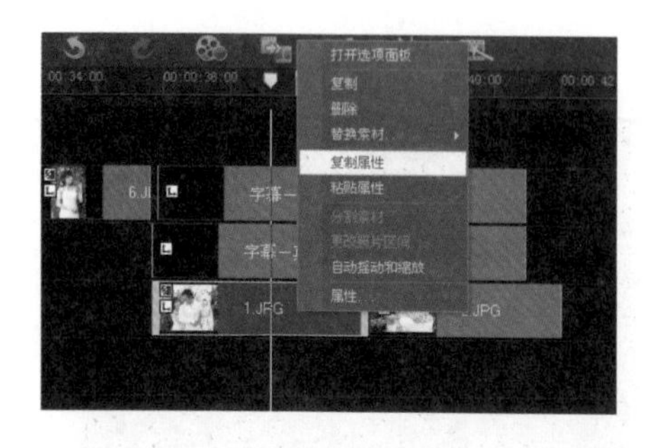

图 14-65　复制属性

图 14-66　粘贴属性

STEP 10 在属性面板中，选择进入方向为“静止”，退出方向为“从左下方退出”，如图

14-67 所示。

STEP 11 并调整覆叠轨#3 上的图像 2 播放时间为 0: 00: 02: 23，如图 14-68 所示。

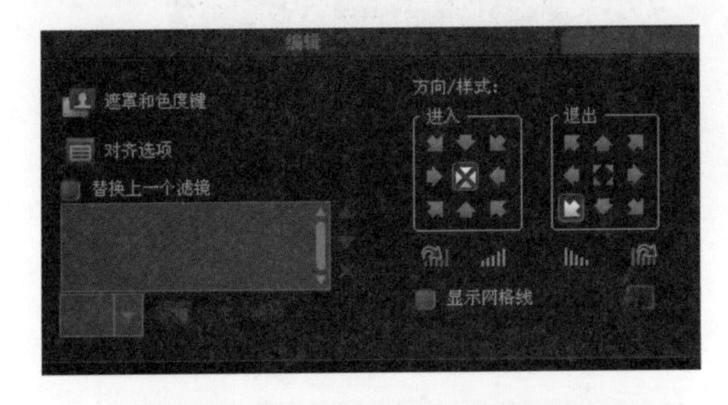

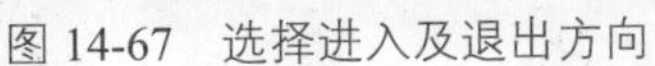
图 14-67　选择进入及退出方向

图 14-68　调整播放时间

STEP 12 单击导览面板上的“播放”按钮，查看预览效果，如图 14-69 所示。

图 14-69　预览添加 Flash 效果

STEP 13 在覆叠轨#2 上继续添加素材（DVD\第 14 章\素材\12.jpg），如图 14-70 所示，调整播放长度为 0: 00: 06: 01。

STEP 14 选中添加的图像，单击“选项”按钮，在编辑面板中，勾选“应用摇动和缩放”复选框，并选择第 13 个摇动和缩放效果，如图 14-71 所示。

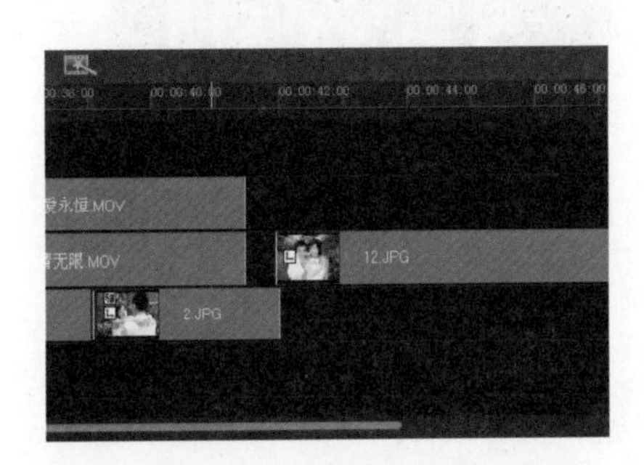

图 14-70　添加素材图像

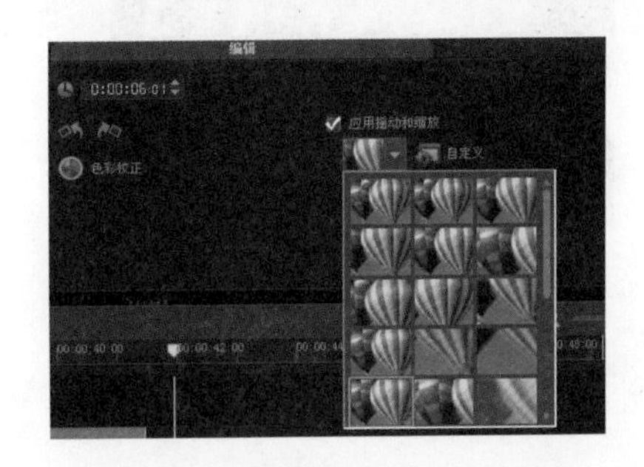

图 14-71　选择第 13 个摇动和缩放效果

STEP 15 单击素材库中的“图形”按钮，单击“画廊”命令，选择“Flash 动画”选项，添加“MotionF32”动画到覆叠轨#3 上，如图 14-72 所示。

STEP 16 复制五个 MotionF32 动画，并调整最后一个动画的播放时间和图像 12 相同长度，如图 14-73 所示。

STEP 17 单击导览面板上的“播放”按钮，查看预览效果，如图 14-74 所示。

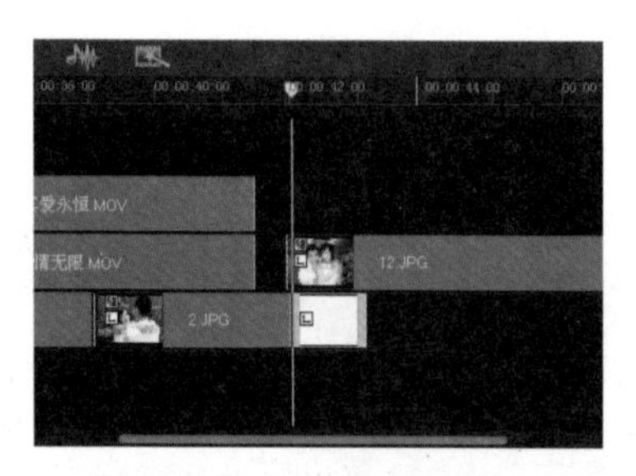

图 14-72　添加“MotionF32”Flash 动画

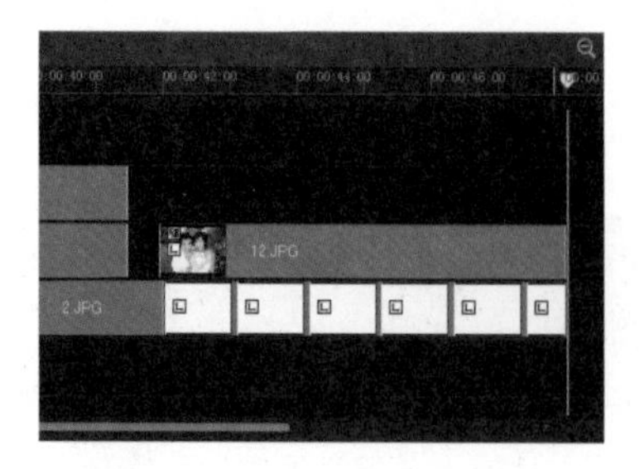

图 14-73　复制 Flash 动画

图 14-74　预览 Flash 动画效果

STEP 18 在覆叠轨#1 上添加素材（DVD\第 14 章\素材\5.jpg、8.jpg、2.jpg、14.jpg、15.jpg、13.jpg），调整素材在预览窗口中的大小及位置，如图 14-75 所示。

STEP 19 添加“视频摇动和缩放”滤镜，到所添加的素材上，调整播放时间分别为 0: 00: 01: 06、，0: 00: 01: 01、0: 00: 00: 22、0: 00: 01: 04、0: 00: 01: 10、0: 00: 00: 22，如图 14-76 所示。

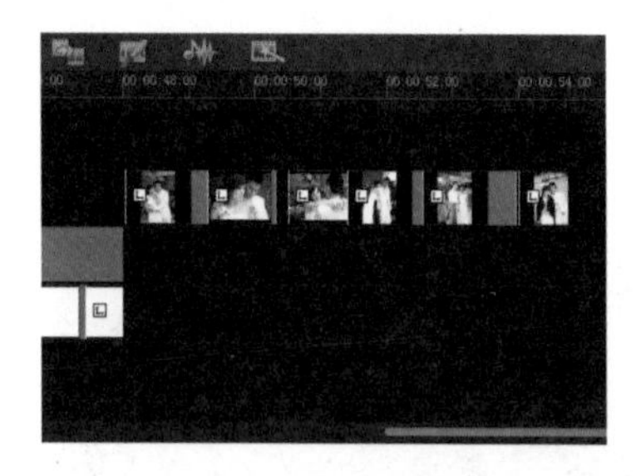

图 14-75　选择进入及退出方向

图 14-76　调整播放时间

STEP 20 单击导览面板中的“播放”按钮，查看添加滤镜效果，如图 14-77 所示。

图 14-77　预览应用效果

14.2.6 制作影片结尾

影片制作好后，还需要制作结尾，让影片在自然的过渡中结束。

素材文件:	DVD\素材\第 14 章\梦幻背景.jpg、I LOVE.png、幸福像花儿一样.png
项目文件:	DVD\项目\第 14 章\制作影片结尾.VSP
视频文件:	DVD\视频\第 14 章\14.2.6 制作影片结尾.avi

STEP 01 在覆叠轨#1 上添加图像素材（DVD\第 14 章\素材\梦幻背景.jpg），如图 14-78 所示，调整播放时间为 0: 00: 00: 22。

STEP 02 复制覆叠轨#3 上的图像 1 到添加的覆叠轨#2 轨道上，在预览窗口调整素材位置及大小，如图 14-79 所示，播放时间调整为 0: 00: 03: 00。

图 14-78　添加图像素材

图 14-79　添加覆叠素材

STEP 03 在属性面板中，单击“遮罩和色度键”按钮，在选项面板中，勾选“应用覆叠选项”复选框，类型为“遮罩帧”，选择第一个遮罩效果，如图 14-80 所示。

STEP 04 继续复制图像 12 到覆叠轨#2 上，调整素材在预览窗口中的位置及大小，如图 14-81 所示。

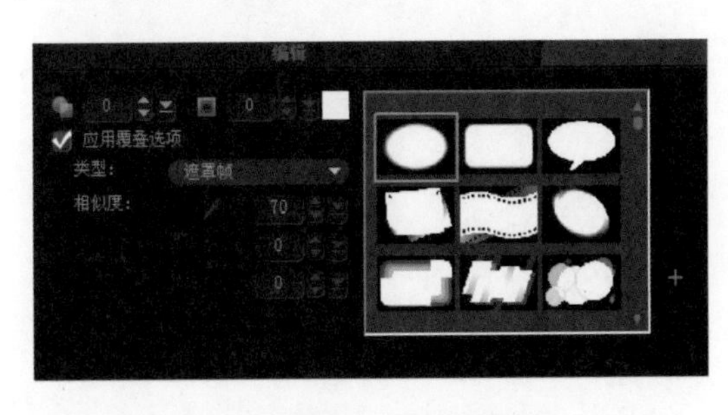

图 14-80　添加遮罩效果

图 14-81　添加覆叠素材

STEP 05 在属性面板中，单击“遮罩和色度键”按钮，在选项面板中，勾选“应用覆叠选项”复选框，类型为“遮罩帧”，选择第一个遮罩效果，如图 14-82 所示。

STEP 06 在两个素材之间添加“穿梭-过滤”转场，如图 14-83 所示。

STEP 07 在覆叠轨道#3 上添加素材（DVD\第 14 章\素材\I LOVE.png），调整覆叠素材位置及大小，如图 14-84 所示，播放时间调整为 0: 00: 02: 10。

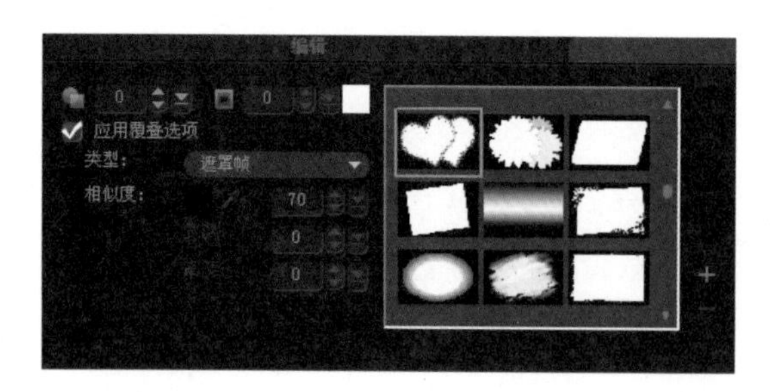

图 14-82 添加遮罩效果

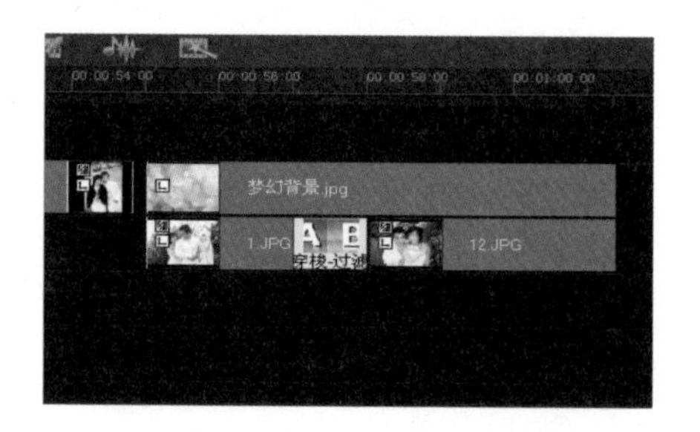

图 14-83 添加覆叠素材

STEP 08 在覆叠轨#3 上 00: 00: 58: 01 帧位置时，继续添加覆叠素材（DVD\第 14 章\素材\幸福像花儿一样.png），调整覆叠素材位置及大小，如图 14-85 所示，播放时间调整为 0: 00: 03: 09。

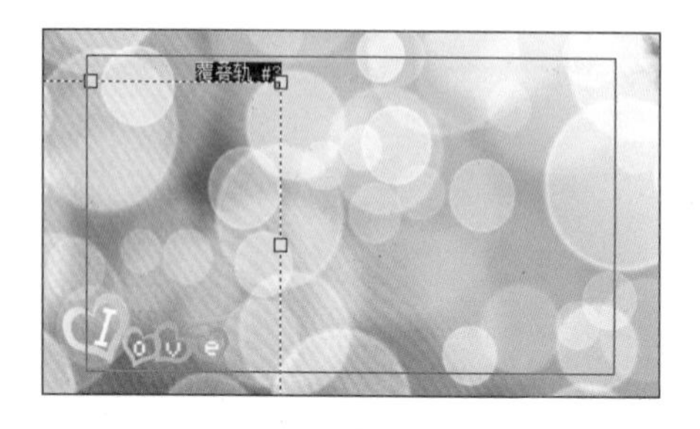

图 14-84 添加覆叠素材

图 14-85 添加覆叠素材

STEP 09 单击导览面板中的“播放”按钮，查看预览效果，如图 14-86 所示。

图 14-86 预览应用效果

14.2.7 添加音乐文件

影片编辑完成后，还需要添加音乐，让影片的视觉与听觉相融合起来。

素材文件:	DVD\素材\第 14 章\情真意切.wav
项目文件:	DVD\项目\第 14 章\添加音乐文件.VSP
视频文件:	DVD\视频\第 14 章\14.2.7 添加音乐文件.avi

STEP 01 在时间轴中空白处单击鼠标右键，在弹出的快捷菜单选择“插入音频”|“到音乐轨”，如图 14-87 所示。

STEP 02 弹出“打开音频文件”对话框，选择要添加的音频，如图 14-88 所示。

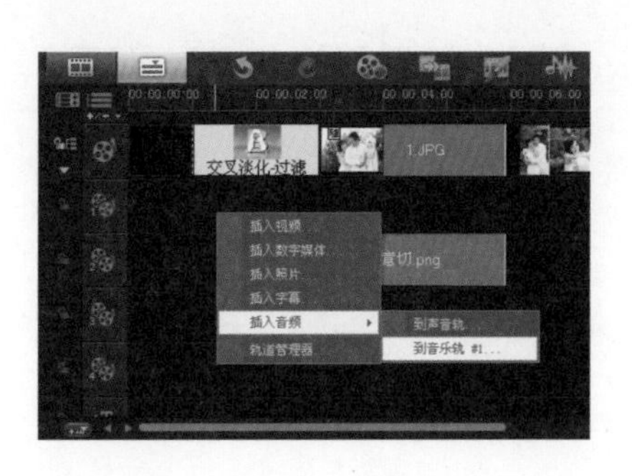

图 14-87 选择“到音乐轨#1”选项

图 14-88 选择音乐素材

STEP 03 单击“打开”按钮，音乐添加到音乐轨上，如图 14-89 所示。

STEP 04 将滑块拖动到影片结尾处，选中音频文件右击鼠标，弹出的快捷菜单中选择“分割素材”，如图 14-90 所示。

图 14-89 添加音乐素材

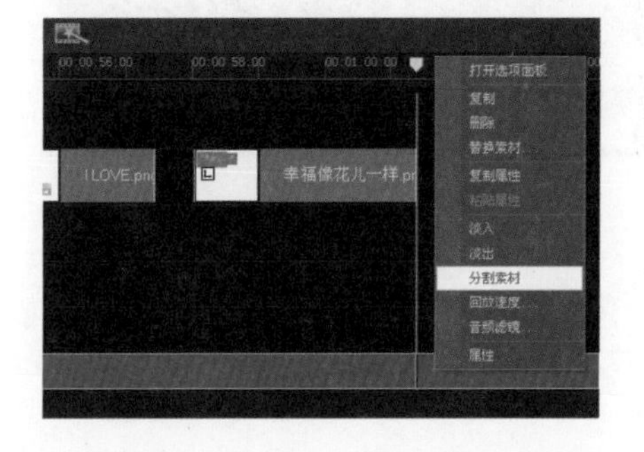

图 14-90 选择“分割素材”选项

STEP 05 音频被分割为两段，选中被分割的后一段音频，单击鼠标右键，选择“删除”选项，删除所选音频文件，在时间轴中，显示删除后效果，如图 14-91 所示。

STEP 06 选中音频文件，单击“选项”按钮，在音乐和声音面板中，单击“淡入”、“淡出”按钮，如图 14-92 所示。

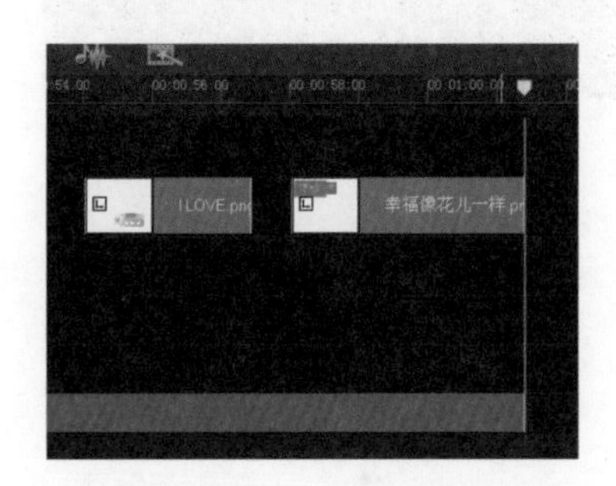

图 14-91 删除音频文件

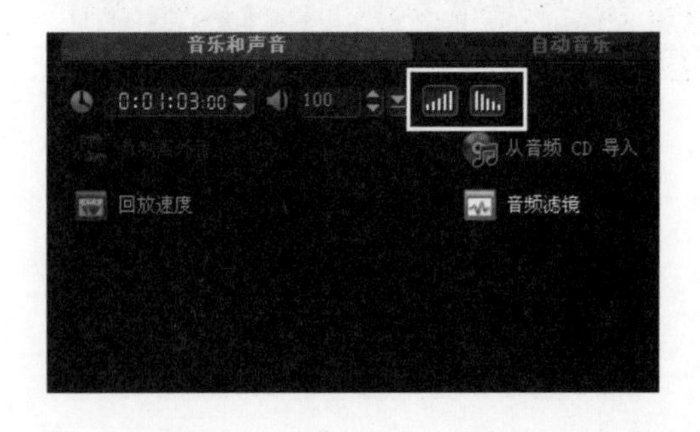

图 14-92 单击“淡入”、“淡出”按钮

14.2.8 输出视频文件

视频编辑完成后，需要把文件进行输出，以便分享给亲朋好友。

视频文件：	DVD\视频\第 14 章\14.2.8 输出视频文件.avi

STEP 01 单击“分享”按钮，选择“创建视频文件”|“自定义”如图 14-93 所示，

STEP 02 弹出“创建视频文件”对话框，选择保存位置，输入文件名称，如图 14-94 所示。

图 14-93 单击“自定义”选项

图 14-94 保存视频文件

STEP 03 单击“保存”按钮，显示文件渲染进度，如图 14-95 所示。

STEP 04 渲染完成的视频自动保存到视频素材库中，如图 14-96 所示。

图 14-95 显示渲染进度

图 14-96 自动保存到素材库中

第15章 儿童相册——可爱女孩

童年的回忆对每个人来说都是那么的重要，也是最难忘的回忆。我们把这美丽的童年记录下来，用会声会影做成动态的影片，并添加文字、音乐、特效等，把这份美好的回忆永久地保存下来。

本章将具体介绍儿童相册的制作方法。

本章重点：

★ 项目分析

★ 项目制作

15.1 项目分析

制作儿童相册之前，我们先来欣赏一下制作效果，并掌握技术核心。

15.1.1 相册效果欣赏

实例效果图如图 15-1 所示。

图 15-1　效果欣赏

15.1.2 技术核心知识

知识点一：为片头制作标题，并添加动画效果。
知识点二：为素材修改区间，让用户更好地进行编辑。
知识点三：为素材之间添加转场效果，可以让素材与素材之间的过渡显得更自然。
知识点四：制作标题，并添加动画效果，可以让制作的影片更加生动。
知识点五：制作片尾，并添加动画效果，让整个影片看起来更完整。
知识点六：添加音频文件，并制作淡入、淡出音频效果，让视觉与听觉完美地进行结合。

15.2 项目制作

15.2.1 制作片头标题

制作儿童相册前，首先需要制作相册的片头，下面我们就来介绍制作影片片头。

项目文件：	DVD\项目\第 15 章\制作片头标题.VSP
视频文件：	DVD\视频\第 15 章\15.2.1 制作片头标题.avi

STEP 01 进入会声会影 X3 高级编辑界面，在时间轴中添加素材库中视频 V14 素材，如图 15-2 所示

STEP 02 将导览面板上的擦洗器拖动到 00: 00: 05: 00 位置，如图 15-3 所示。

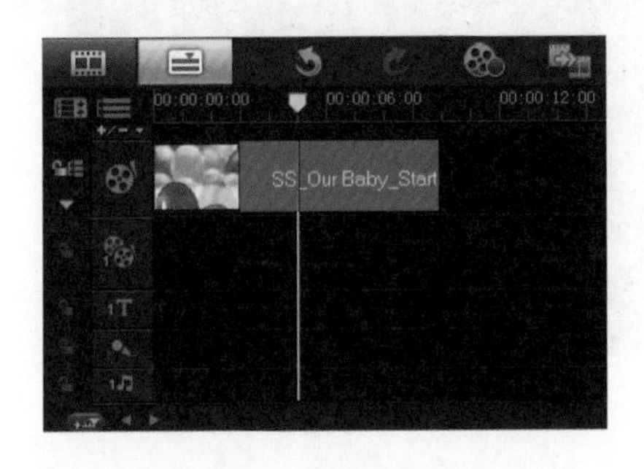

图 15-2　添加 Flash 素材

图 15-3　调整擦洗器到 5 秒位置

STEP 03 单击素材库上的“标题”按钮，如图 15-4 所示。

STEP 04 在预览窗口中输入文本“儿童相册”，如图 15-5 所示。

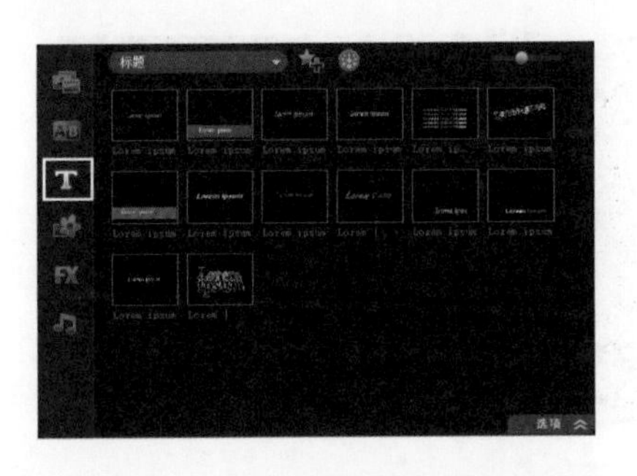

图 15-4　单击素材标题素材库

图 15-5　输入文本

STEP 05 在编辑面板上选择“字体”为“方正少儿简体”，“字体大小”为 100，颜色为橘色，并单击“边框/阴影/透明度”按钮，如图 15-6 所示。

STEP 06 弹出“边框/阴影/透明度”窗口，在边框选项卡中，把所有数值都调为 0，单击阴影选项卡，选择第 1 个“无阴影”效果，如图 15-7 所示。

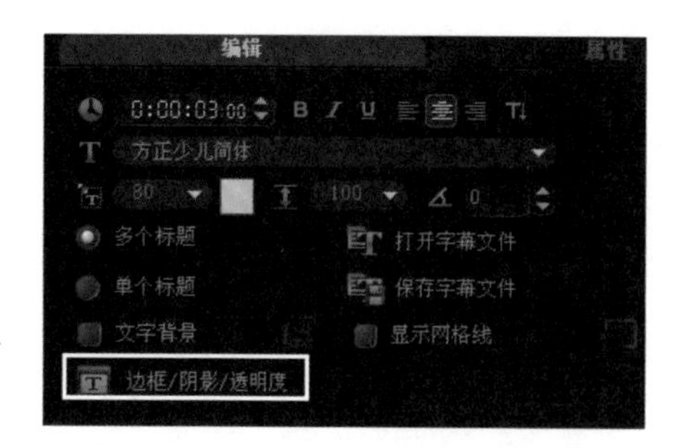

图 15-6　调整文字

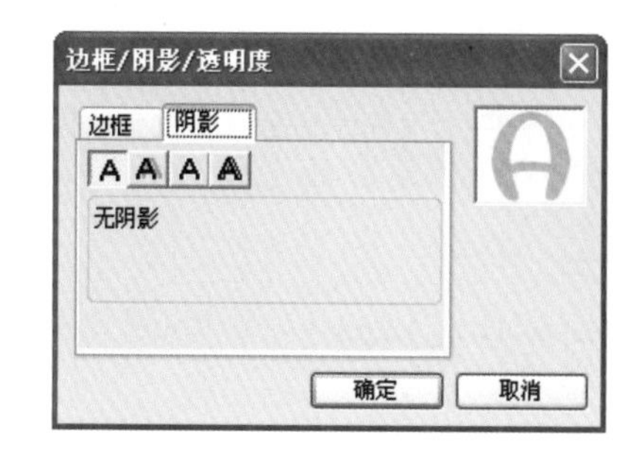

图 15-7　选择“无阴影”效果

STEP 07 单击“确定”按钮，在预览窗口中，预览标题修改效果，如图 15-8 所示。

STEP 08 选择属性选项卡，勾选应用，选择淡化，在预设的应用效果中选择第一个淡化效果，如图 15-9 所示。

图 15-8　预览文字调整效果

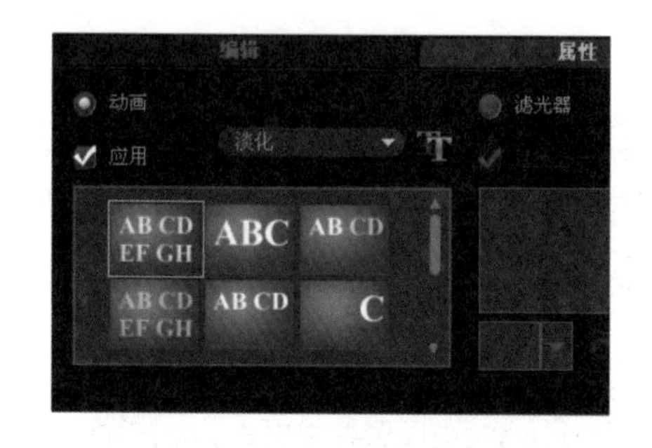

图 15-9　添加动画效果

STEP 09 在预览窗口中继续输入文本“可爱女孩”，如图 15-10 所示。

STEP 10 在选项面板上选择“字体”为“方正少儿简体”，“字体大小”为 60，颜色为橘色，并单击“边框/阴影/透明度”按钮，如图 15-11 所示。

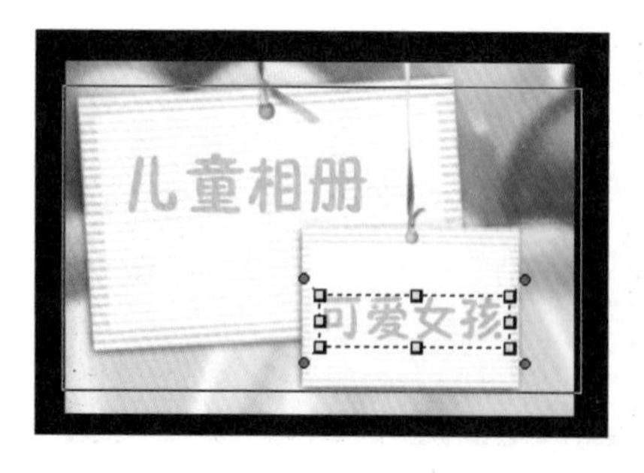

图 15-10　继续输入文本

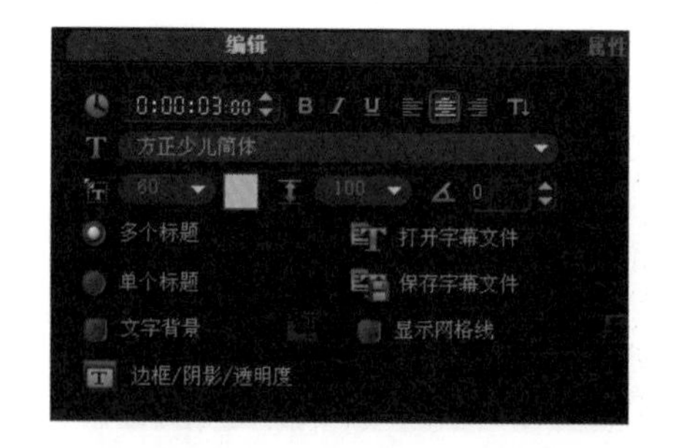

图 15-11　调整字体大小

STEP 11 选择属性选项卡，勾选应用，选择淡化，在预设的应用效果中选择第一个淡化效果，如图 15-12 所示。

STEP 12 在“属性面板”上单击“自定义动画属性”按钮，如图 15-13 所示。

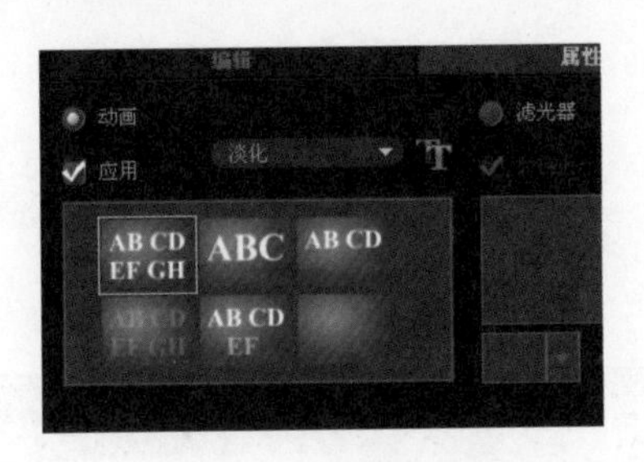

图 15-12 选择预设动画

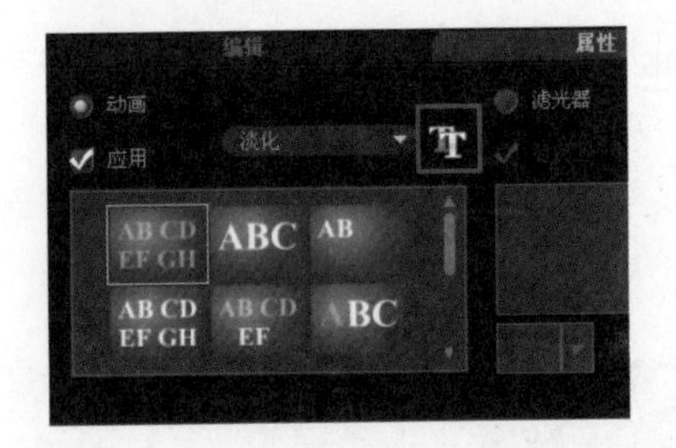

图 15-13 单击“自定义动画属性”按钮

STEP 13 单击“确定”按钮，在时间轴中调整标题的长度，如图 15-14 所示。

STEP 14 单击预览窗口的“播放”按钮，预览片头效果，如图 15-15 所示。

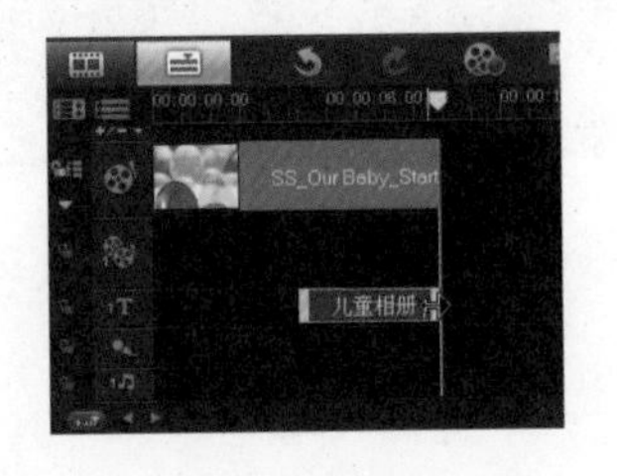

图 15-14 调整标题长度

图 15-15 预览标题效果

15.2.2 修改照片区间

将制作影片需要的照片导入到时间轴中，根据影片编辑的需要，修改照片区间，以便进行影片编辑。

素材文件：	DVD\素材\第 15 章\1-12.jpg
项目文件：	DVD\项目\第 15 章\修改照片区间.VSP
视频文件：	DVD\视频\第 15 章\15.2.2 修改照片区间.avi

STEP 01 在视频轨道上单击鼠标右键，在弹出的快捷菜单中选择“插入照片”，如图 15-16 所示。

STEP 02 在弹出的“浏览照片”对话框中选择所需要的照片，如图 15-17 所示。

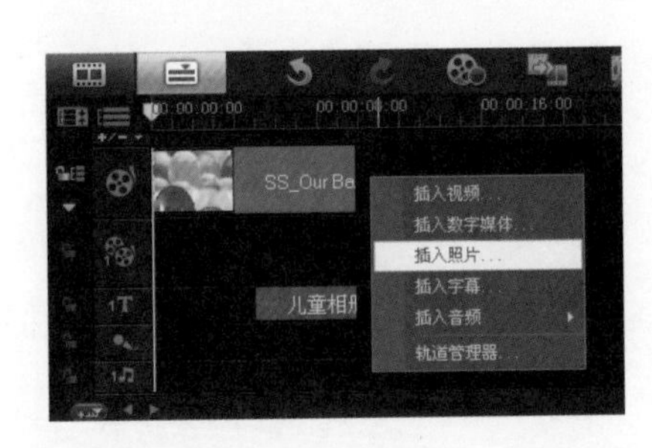

图 15-16 选择“插入照片”选项

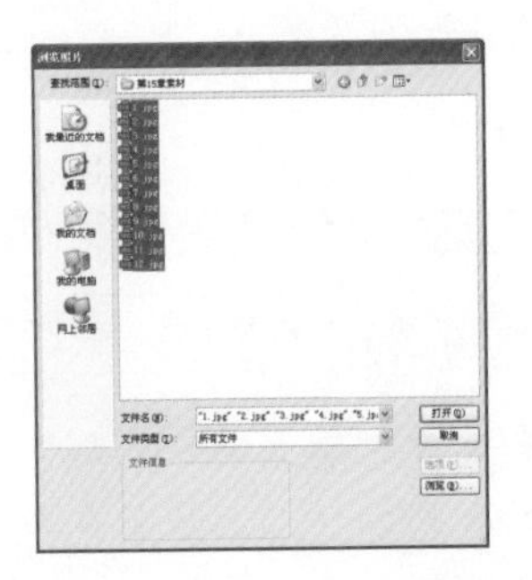

图 15-17 添加素材图像

STEP 03 单击“打开”按钮，在导览面板上单击“播放”按钮，查看图像效果，如图 15-18 所示。

STEP 04 按住 Shift 键，单击第 1 张图像和最后 1 张图像素材进行全选，并单击鼠标右键，在弹出的快捷菜单中选择“更改照片区间”选项，如图 15-19 所示。

图 15-18 查看图像效果

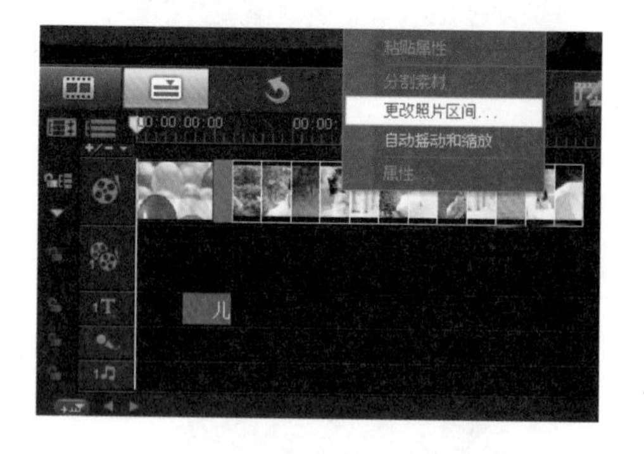

图 15-19 选择“更改照片区间”选项

STEP 05 在弹出的“区间”对话框中修改区间为 5，如图 15-20 所示。

STEP 06 单击“确定”按钮，切换为故事板视图，查看修改后的照片区间，如图 15-21 所示。

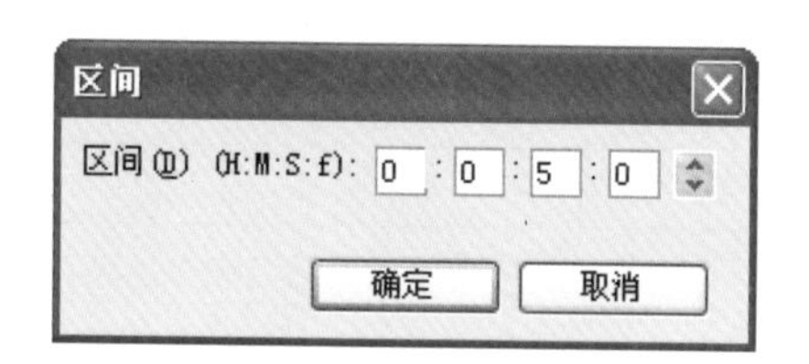

图 15-20 更改区间为 5

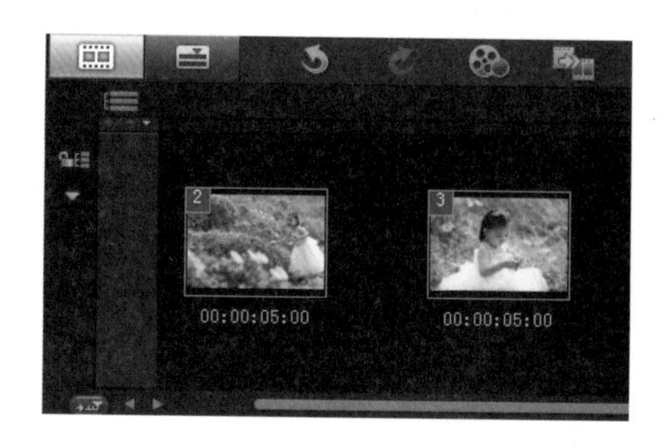

图 15-21 切换到“故事板视图”查看

15.2.3 添加转场效果

添加素材后，需要给素材添加转场效果，这样可以使素材之间的过渡显得比较自然。

项目文件:	DVD\项目\第 15 章\添加转场效果.VSP
视频文件:	DVD\视频\第 15 章\15.2.3 添加转场效果.avi

STEP 01 单击素材库上的“图形”按钮，切换至图形素材库，如图 15-22 所示。

STEP 02 在色彩库中，添加黑色色彩素材到视频轨道上，如图 15-23 所示。

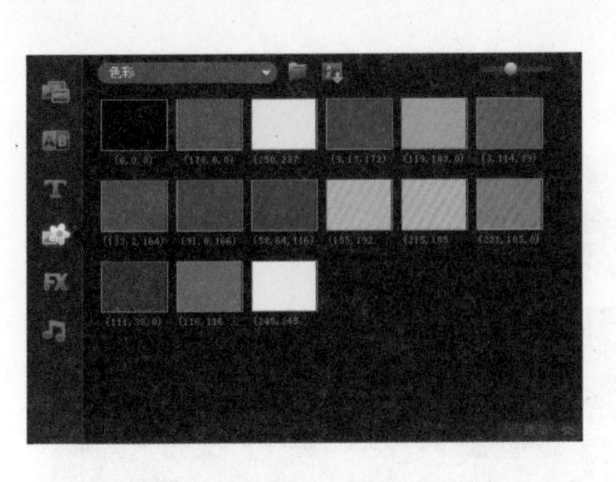

图 15-22 单击“图形”按钮

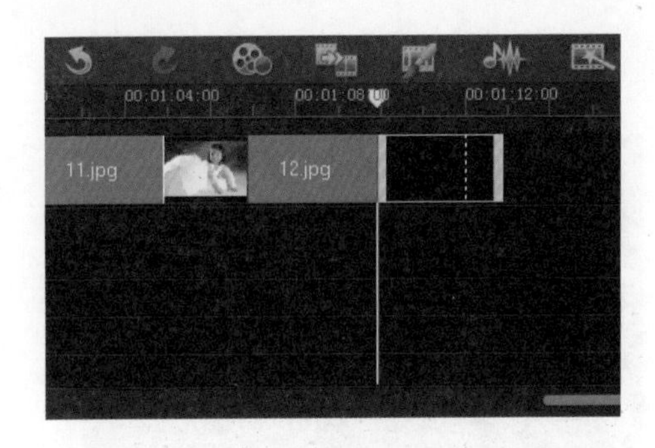

图 15-23 添加色彩素材到视频轨上

STEP 03 单击素材库上的“转场”按钮，在“画廊”上单击，在弹出的菜单中选择“过滤”选项，如图 15-24 所示。

STEP 04 在过滤转场中选择“交叉淡化-过滤”转场，添加到 Flash 素材和图像 1 之间，如图 15-25 所示。

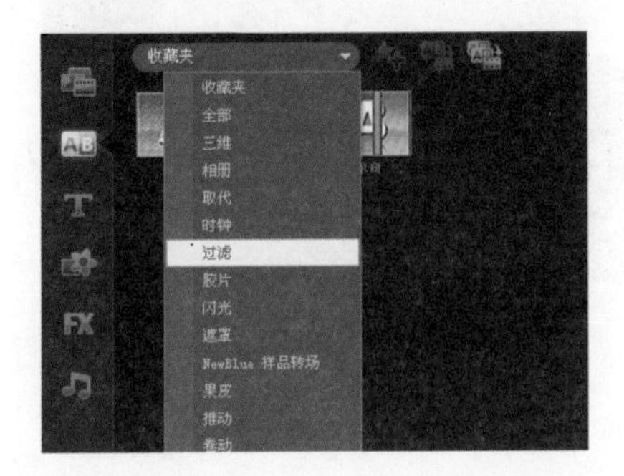

图 15-24 选择“过滤”选项

图 15-25 添加“交叉淡化”效果

STEP 05 选中标题并调整标题长度与 Flash 素材长度相同，如图 15-26 所示。

STEP 06 在图像 1-3 之间添加“虹膜-过滤”、“对角线-滑动”、“溶解-过滤”转场，如图 15-27 所示。

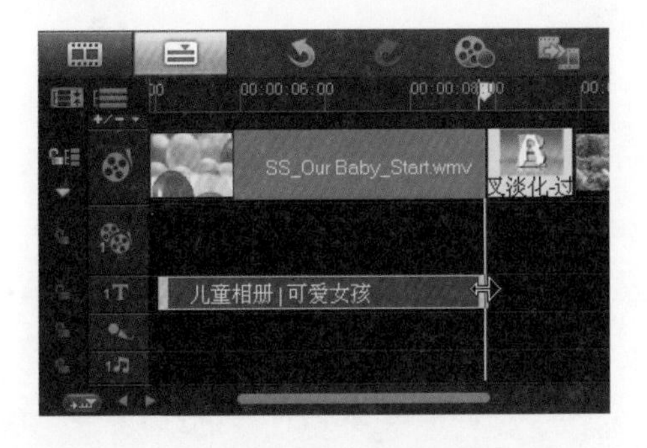

图 15-26 添加素材图像

图 15-27 添加覆叠素材图像

STEP 07 在图像 4-6 之间添加“挤压-三维”、“旋转-旋转”、“墙壁-取代”转场，如图 15-28 所示。

STEP 08 在图像 7-9 之间添加“螺旋-取代”“手风琴-三维”、“菱形-过滤”转场，如图 15-29

所示。

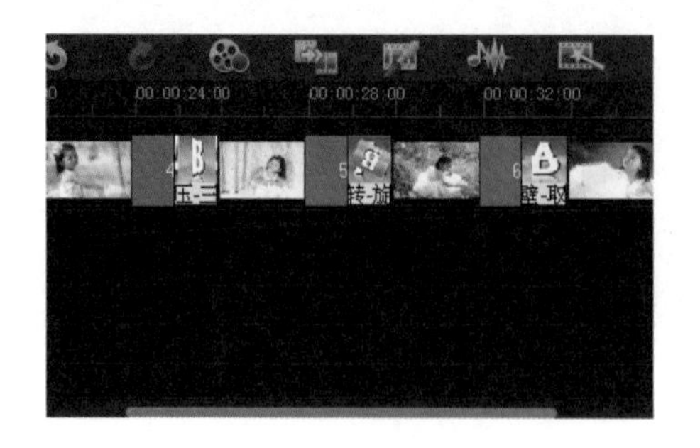

图 15-28　添加转场效果

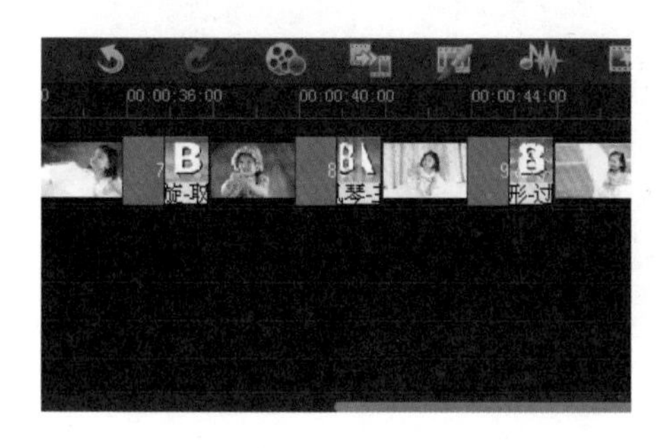

图 15-29　添加转场效果

STEP 09 在图像 10-12 之间添加“对开门-擦拭”、“遮罩 C-遮罩”“交叉淡化-过滤”转场，如图 15-30 所示。

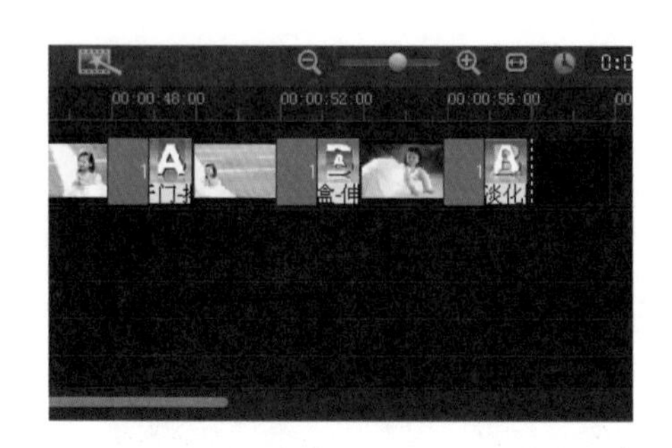

图 15-30　添加转场效果

STEP 10 单击导览面板中的“播放”按钮，预览转场效果，如图 15-31 所示

图 15-31　预览转场效果

15.2.4 制作影片标题

在影片中制作标题，并添加标题动画效果，可以让影片看起来更加生动活泼。

项目文件:	DVD\项目\第 15 章\制作影片标题.VSP
视频文件:	DVD\视频\第 15 章\15.2.4 制作影片标题.avi

STEP 01 单击素材库上的“标题”按钮，切换到标题素材库，如图 15-32 所示。

STEP 02 在图像 2 的预览窗口中，输入文本“花仙子”，如图 15-33 所示。

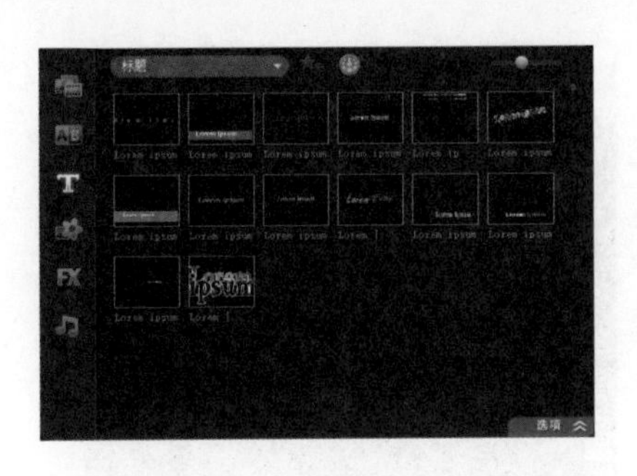

图 15-32　单击“标题”按钮

图 15-33　输入文本

STEP 03 在编辑面板中修改“字体”为“方正艺黑简体”，“字体大小”为 80，“倾斜度”为 10，并单击“色彩”|“Corel 色彩选取器”选项，如图 15-34 所示。

STEP 04 在“色彩”|“Corel 色彩选取器”中，调整 R: 255、G: 204、B: 255，如图 15-35 所示。

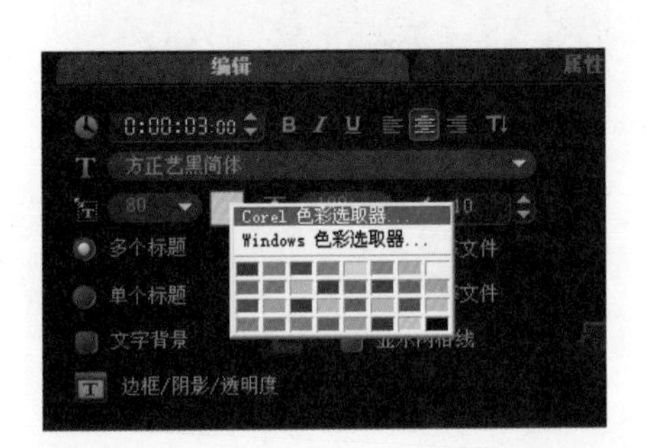

图 15-34　单击“Corel 色彩选取器”选项

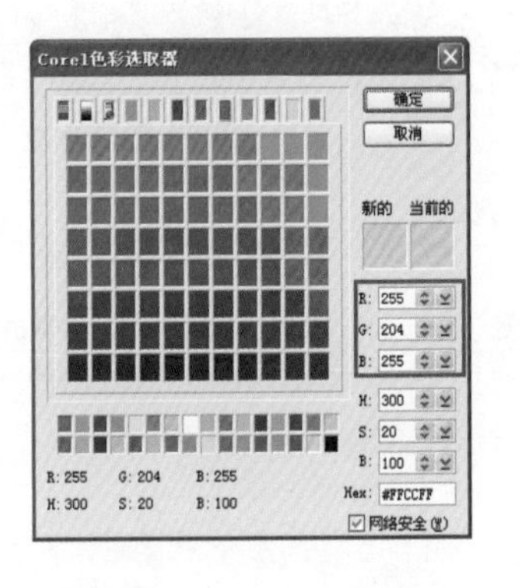

图 15-35　输入色彩数值

STEP 05 单击“确定”按钮，返回编辑面板，并在编辑面板中单击“边框/阴影/透明度”按钮，如图 15-36 所示。

STEP 06 弹出“边框/阴影/透明度”对话框，单击阴影选项卡，选择第 1 个“无阴影”效果，如图 15-37 所示。

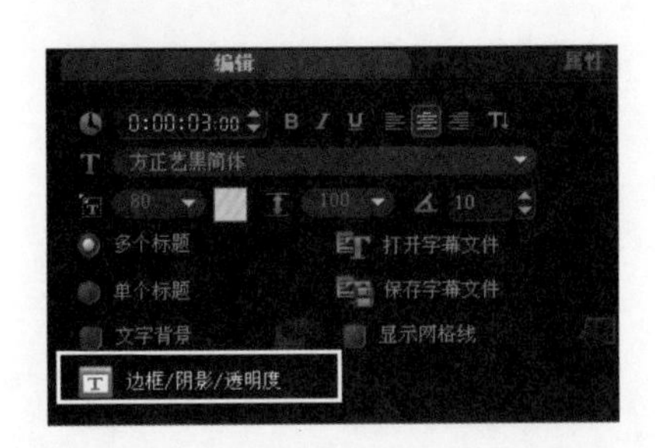

图 15-36　单击“边框/阴影/透明度”按钮

图 15-37　选择“无阴影”效果

STEP 07 单击“确定”按钮，在预览窗口显示修改标题效果，如图 15-38 所示。

STEP 08 选择属性面板，勾选应用，选择淡化，在预设效果中选择第 4 个预设效果，并单击“自定义动画属性”按钮，如图 15-39 所示。

图 15-38 预览标题修改后效果

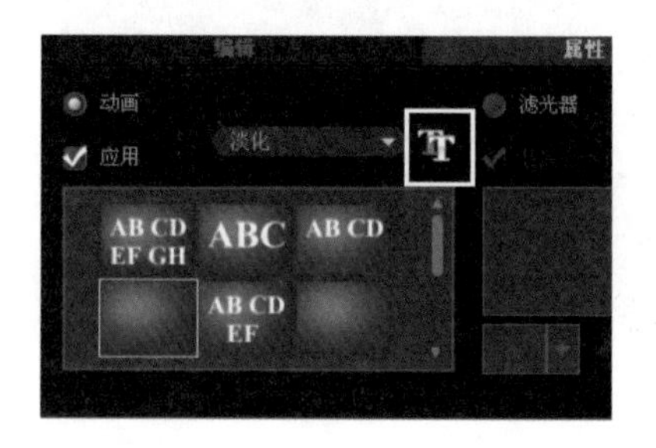

图 15-39 单击“自定义动画属性”按钮

STEP 09 弹出“淡化动画”对话框，在“淡化样式”中选择“交叉淡化”单选按钮，如图 15-40 所示。

STEP 10 单击导览面板中的“播放”按钮，预览标题效果，如图 15-41 所示

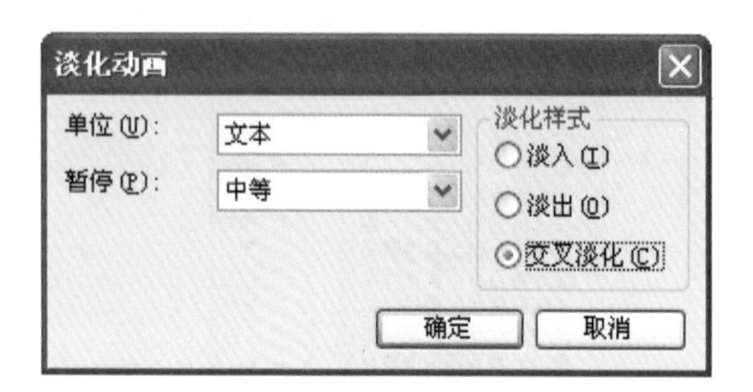

图 15-40 选择“交叉淡化”单选按钮

图 15-41 预览标题效果

STEP 11 以同样的方法分别在第 7 张和第 13 张图片上，写上“可爱精灵”和“快乐童年”，如图 15-42 所示。

图 15-42 输入文本

15.2.5 添加 Flash 动画

添加 Flash 动画，可以使画面看起来更加丰富，下面就来介绍添加 Flash 动画的步骤。

项目文件:	DVD\项目\第 15 章\添加 Flash 动画.VSP
视频文件:	DVD\视频\第 15 章\15.2.5 添加 Flash 动画.avi

STEP 01 单击素材库上的“图形”按钮，在画廊中选择“Flash 动画”选项，切换到 Flash

动画素材库，如图 15-43 所示。

STEP 02 添加 MotionF29.swf 动画到图像 4 下的覆叠轨#1 上，如图 15-44 所示。

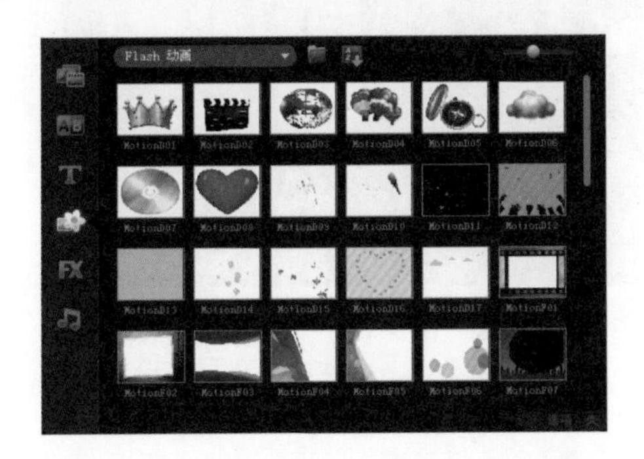

图 15-43　Flash 动画素材库

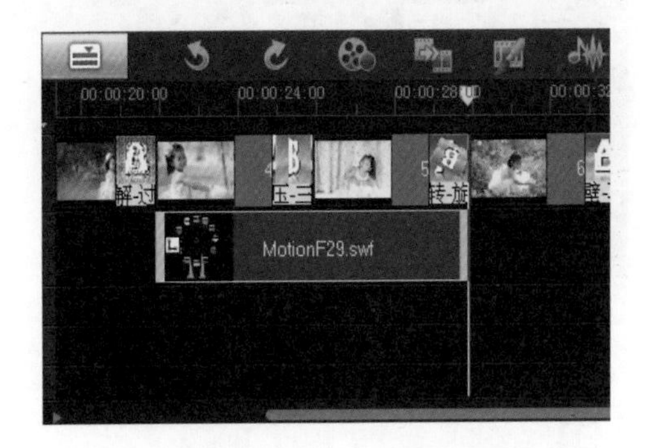

图 15-44　添加 Flash 动画

STEP 03 在预览窗口中，调整 Flash 素材的大小及位置，如图 15-45 所示。

STEP 04 在时间轴中，调整 Flash 素材的长度，如图 15-46 所示。

图 15-45　调整 Flash 素材大小及位置

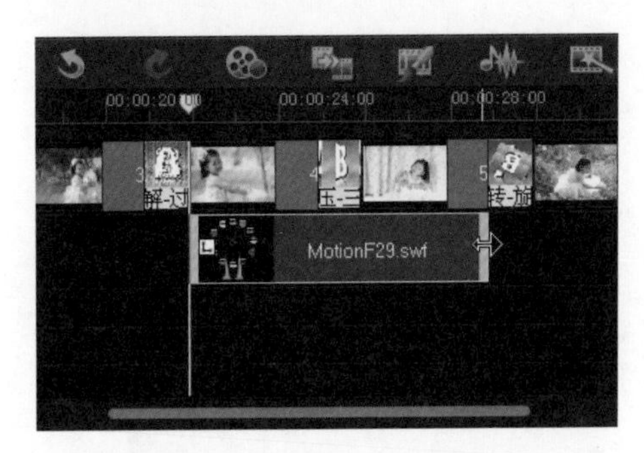

图 15-46　调整 Flash 素材长度

STEP 05 单击导览面板上的“播放”按钮，预览 Flash 动画效果，如图 15-47 所示。

图 15-47　预览 Flash 动画效果

STEP 06 在图像 9 下面的覆盖轨#1 上添加 MotionF52.swf 动画，如图 15-48 所示。

图 15-48　添加 Flash 动画

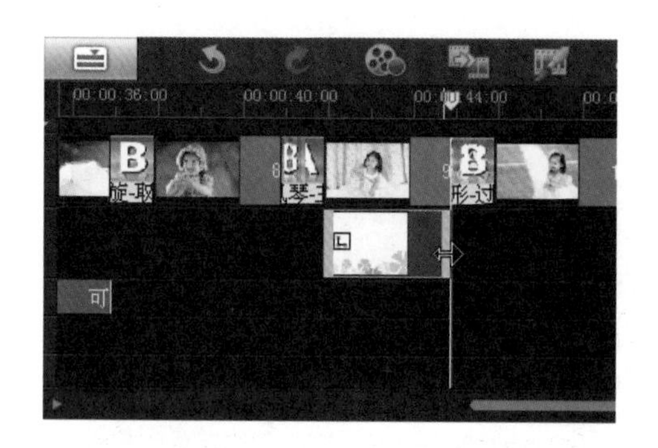

图 15-49　调整 Flash 素材长度

STEP 07 在时间轴中，调整 Flash 素材的长度，如图 15-49 所示。

STEP 08 单击导览面板上的“播放”按钮，预览 Flash 动画效果，如图 15-50 所示。

图 15-50　预览 Flash 动画效果

15.2.6 制作影片结尾

影片制作完成后，还需要制作影片片尾，让影片在自然的过渡中结束。

项目文件:	DVD\项目\第 15 章\制作影片结尾.VSP
视频文件:	DVD\视频\第 15 章\15.2.6 制作影片结尾.avi

STEP 01 单击素材库上的“标题”按钮，如图 15-51 所示。

STEP 02 在预览窗口中输入文本为“美丽的童年”，如图 15-52 所示。

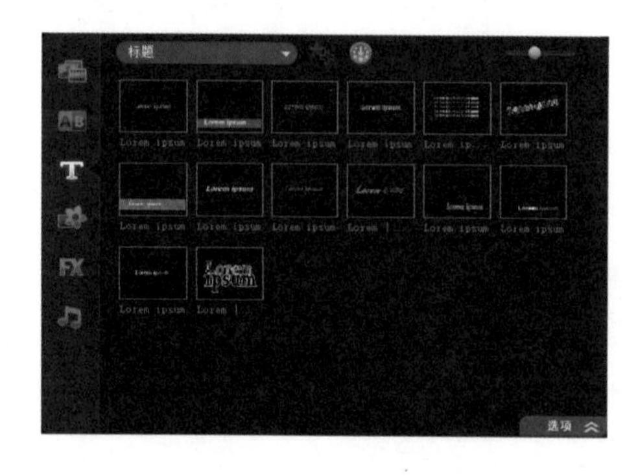

图 15-51　单击“标题”按钮

图 15-52　输入文本

STEP 03 在编辑面板上，“字体”设置为“方正艺黑简体”，“字体大小”为 90，颜色为粉色，如图 15-53 所示。

STEP 04 选择属性面板，勾选“应用”复选框，动画类型选择飞“飞行”，在动画效果中，选择第 1 个动画效果，如图 15-54 所示。

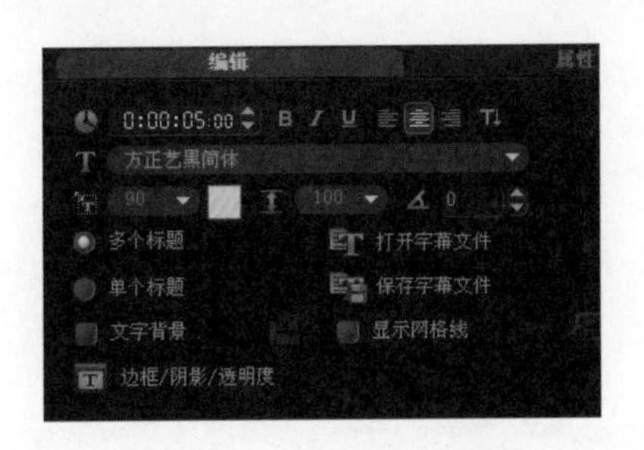

图 15-53　设置字体属性

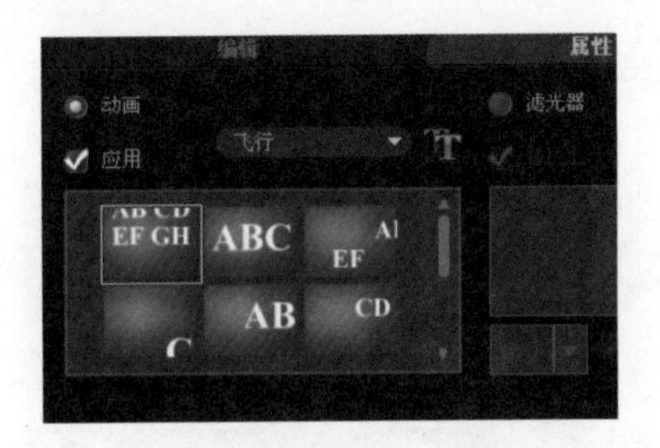

图 15-54　选择动画效果

STEP 05 在时间轴中，调整标题的长度，如图 15-55 所示。

STEP 06 单击导览面板中的“播放”按钮，查看标题效果，如图 15-56 所示。

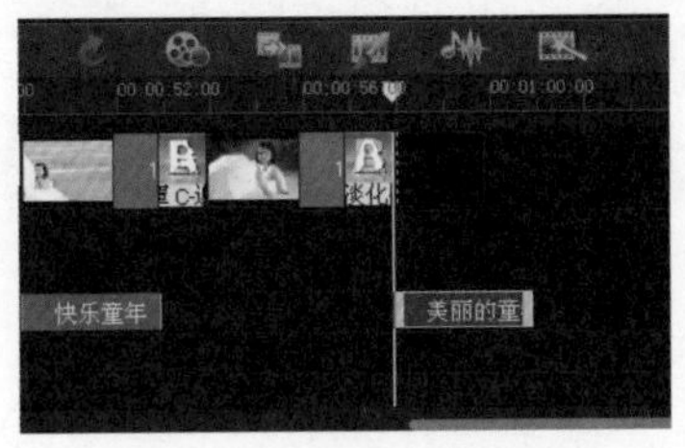

图 15-55　调整标题长度

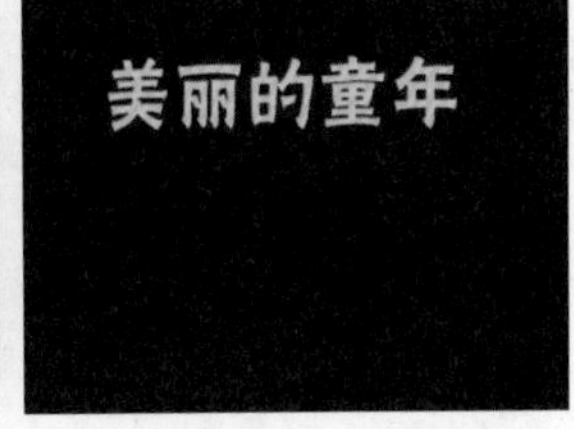

图 15-56　预览标题效果

15.2.7 添加音乐文件

影片编辑完成后，还需要添加音乐，让影片的视觉与听觉相融合起来。

素材文件:	DVD\素材\第 15 章\儿童相册.mp3
项目文件:	DVD\项目\第 15 章\添加音乐文件.VSP
视频文件:	DVD\视频\第 15 章\15.2.7 添加音乐文件.avi

STEP 01 在时间轴中空白处单击鼠标右键，在弹出的快捷菜单选择“插入音频”|“到音乐轨”，如图 15-57 所示。

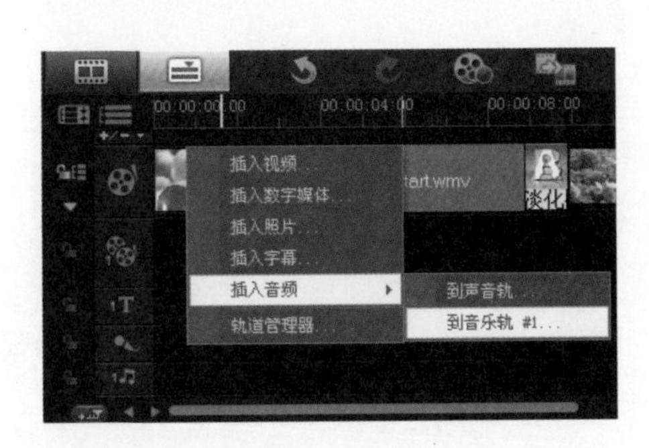

图 15-57　单击“到音乐轨”选项

图 15-58　选择音频文件

STEP 02 出“打开音频文件”对话框，选择要添加的音频(DVD\素材\第 15 章\儿童相册.mp3)，如图 15-58 所示。

STEP 03 单击“打开”按钮，音乐添加到音乐轨上，如图 15-59 所示。

STEP 04 将滑块拖动到影片结尾处，选中音频文件右击鼠标，弹出的快捷菜单中选择“分割素材”选项，如图 15-60 所示。

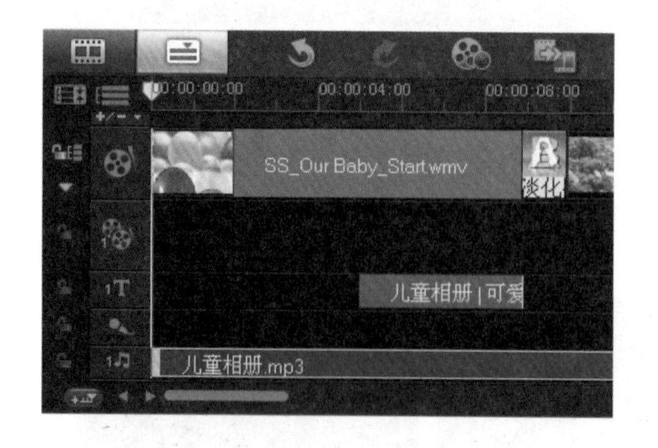

图 15-59　导入音频文件

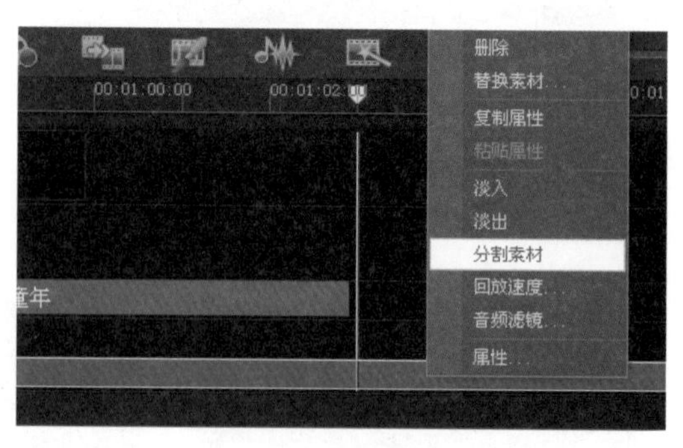

图 15-60　选择“分割素材”选项

STEP 05 音频被分割为两段，选中被分割的后一段音频，单击鼠标右键，选择“删除”选项，删除音频后效果，如图 15-61 所示。

STEP 06 在音乐和声音面板中，单击“淡入”、“淡出”按钮，如图 15-62 所示。

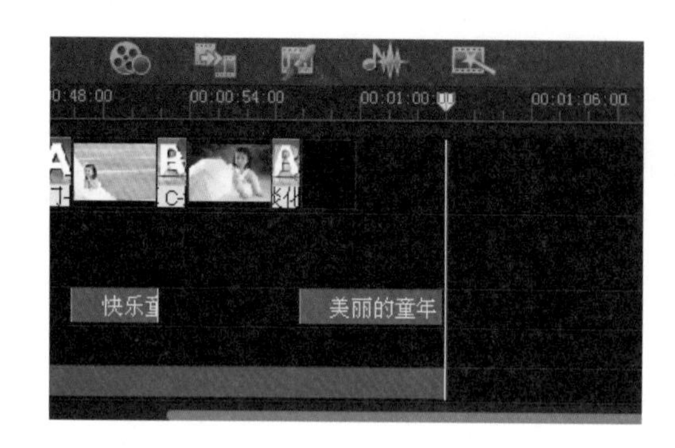

图 15-61　删除分割的音频

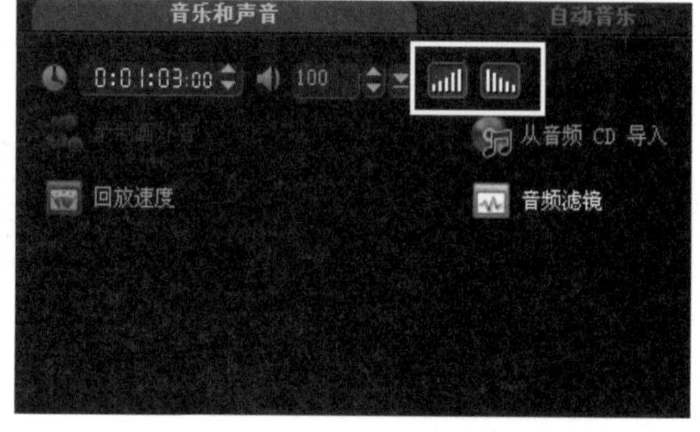

图 15-62　添加淡入和淡出

15.2.8 输出视频文件

视频编辑完成后，需要把文件进行输出，以便分享给亲朋好友。

视频文件:	DVD\视频\第 15 章\15.2.8 输出视频文件.avi

STEP 01 单击“分享”按钮，选择“创建视频文件”|“自定义”选项，如图 15-63 所示，

STEP 02 弹出“创建视频文件”对话框，选择保存位置，输入文件名称，如图 15-64 所示。

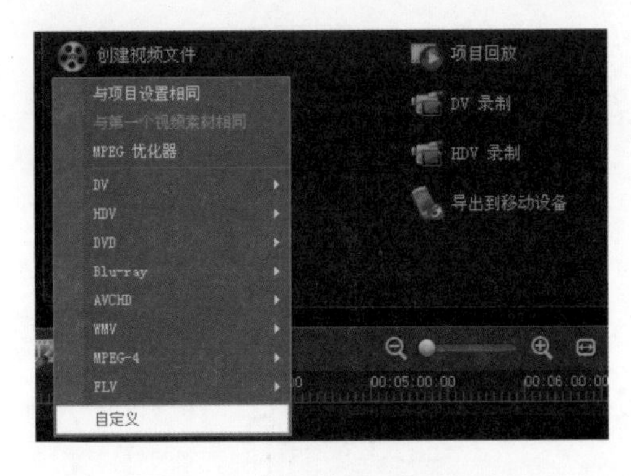

图 15-63　单击“自定义”选项

图 15-64　输入文件名称

STEP 03 单击“保存”按钮，显示文件渲染进度，如图 15-65 所示。

STEP 04 渲染完成的视频自动保存到视频素材库中，如图 15-66 所示。

图 15-65　显示渲染进度

图 15-66　自动保存到素材库中

旅游记录——美丽岳麓山

第16章

在外旅游时，总会拍些东西留作纪念，用会声会影把这些片段或相片组合起来，制作成视频文件，分享给亲朋好友，让旅游中的美好回忆延续。

本章重点：

★ 项目分析

★ 项目制作

16.1 项目分析

制作老年生活相册之前，我们先来欣赏一下制作效果，并掌握技术核心。

16.1.1 相册效果欣赏

图 16-1　岳麓山风光效果欣赏

16.1.2 技术核心知识

知识点一：为片头制作标题，并添加动画效果。

知识点二：制作快速进入画面效果和旋转效果，可以使画面更加动感。

知识点三：为素材之间添加转场效果，可以让素材与素材之间的过渡显得更自然。

知识点四：制作标题，并添加动画效果，可以让制作的影片更加生动。

知识点五：制作片尾，并添加动画效果，让整个影片看起来更完整。

知识点六：添加音频文件，并制作淡入、淡出音频效果，让视觉与听觉完美地进行结合。

16.2 项目制作

16.2.1 制作片头标题

制作旅游相册时，首先需要制作相册的片头，下面我们就来介绍制作影片片头。

素材文件:	DVD\素材\第 16 章\01.mpg
项目文件:	DVD\项目\第 16 章\制作影片片头.VSP
视频文件:	DVD\视频\第 16 章\16.2.1 制作影片片头.avi

STEP 01 进入会声会影 X3 高级编辑界面，添加视频素材（DVD\素材\第 16 章\01.mpg），如图 16-2 所示

STEP 02 单击素材库中“滤镜”按钮，在“画廊”中选择“调整”选项，如图 16-3 所示。

图 16-2 添加视频文件

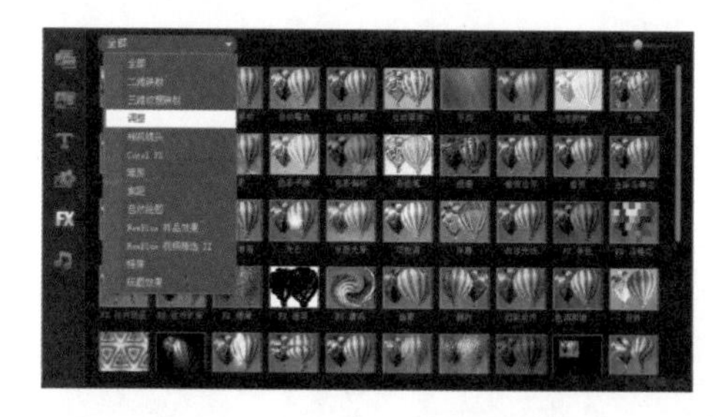

图 16-3 单击“调整”选项

STEP 03 在调整素材库中，添加“抵消摇动”滤镜到素材视频上，并单击“选项”按钮，如图 16-4 所示。

STEP 04 在选项面板上选择字体为“方正平和简体”，“字体大小”为 100，并单击“边框/阴影/透明度”按钮，如图 16-5 所示。

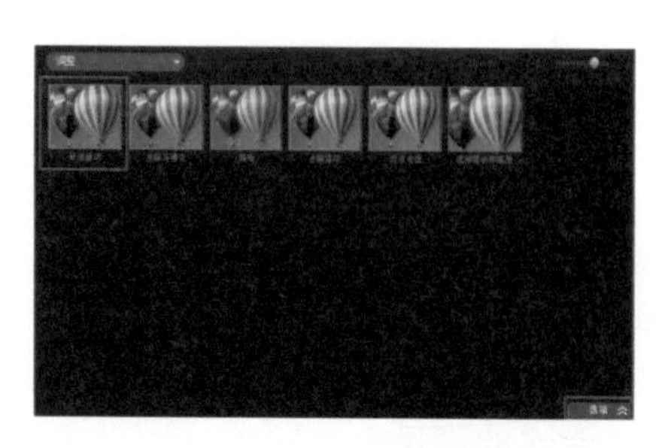

图 16-4 单击“选项”按钮

图 16-5 单击“自定义滤镜”按钮

STEP 05 在弹出的“抵消摇动”对话框中，设置“程度”为 10、“增大尺寸”为 10，如图 16-6 所示。

STEP 06 单击素材库中的“标题”按钮，如图 16-7 所示。

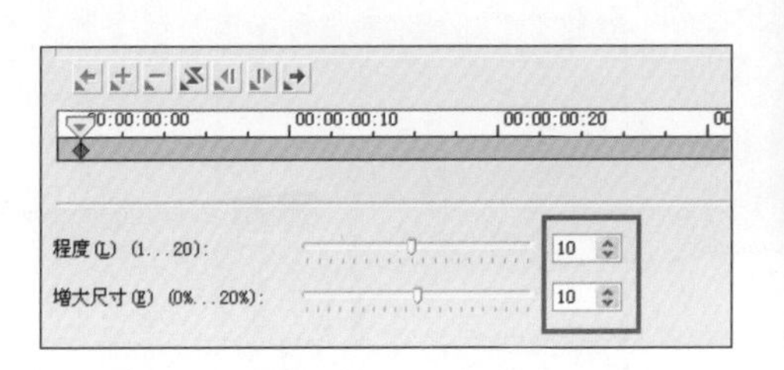

图 16-6 设置数值

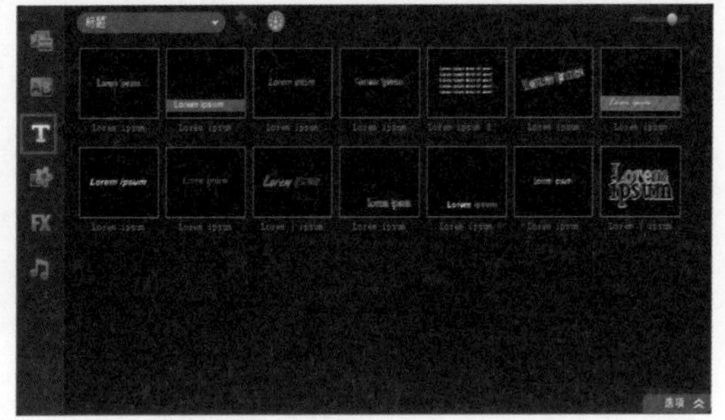

图 16-7 单击“标题”按钮

STEP 07 在导览面板中输入文本“岳麓山风光”，如图 16-8 所示。

STEP 08 在编辑面板上，设置字体为“方正行楷简体”，“字体大小”为 65，单击“色彩”按钮，选择“Corel 色彩选取器”选项，如图 16-9 所示。

图 16-8 输入文本

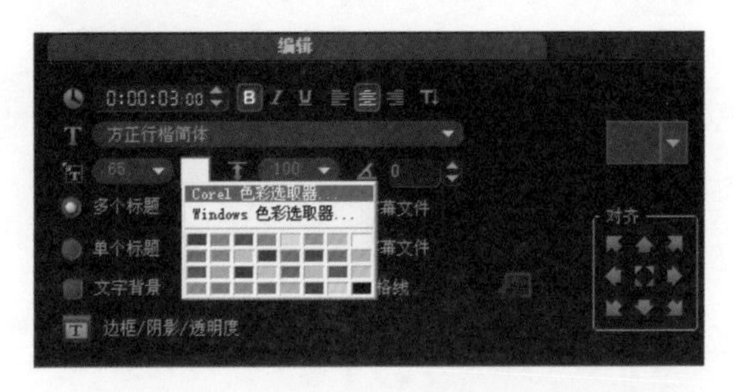

图 16-9 单击“Corel 色彩选取器”选项

STEP 09 在弹出的 Corel 色彩选取器对话框中，设置 R：102、G：204、B：0，如图 16-10 所示。

STEP 10 单击“确定”按钮，在编辑面板中，单击“边框\阴影\透明度”按钮，如图 16-11 所示。

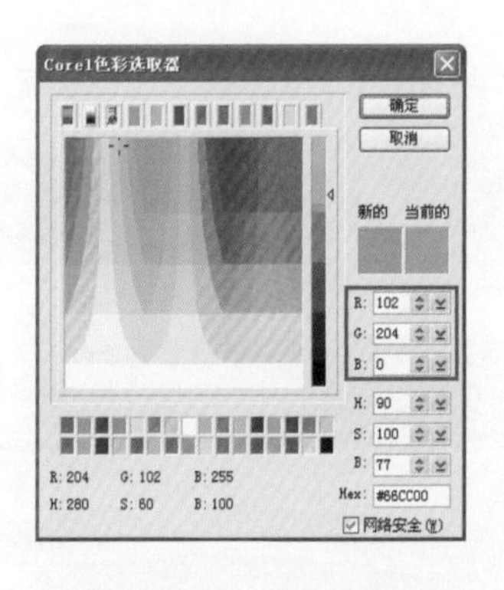

图 16-10 设置色彩数值

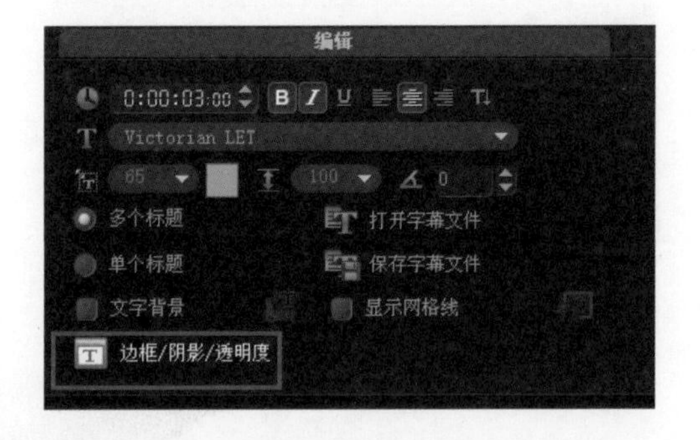

图 16-11 单击“边框\阴影\透明度”按钮

STEP 11 设置“边框宽度”为 2，单击“线条色彩”按钮，选择“Corel 色彩选取器”选项，如图 16-12 所示。

STEP 12 在弹出的 Corel 色彩选取器对话框中，设置 R：0、G：51、B：0，如图 16-13

所示。

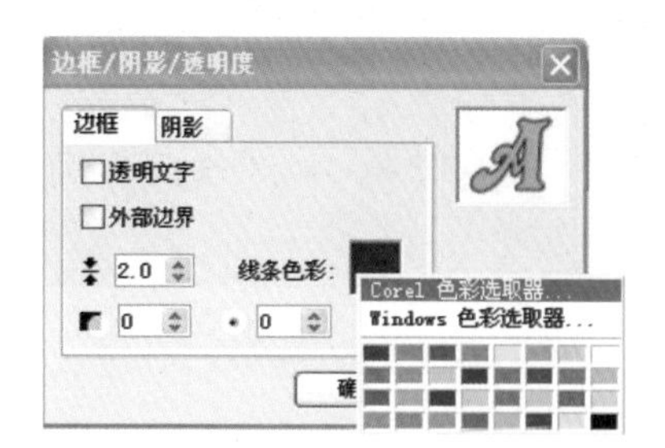

图 16-12　单击“Corel 色彩选取器”选项

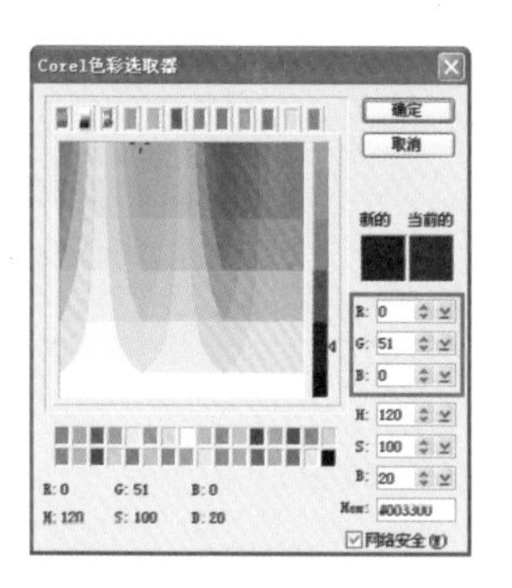

图 16-13　设置色彩数值

STEP 13 单击“确定”按钮，选择阴影选项卡，选择第 3 个“光晕阴影”效果，并调整“强度”为 3，颜色为白色，如图 16-14 所示。

STEP 14 选择属性面板，勾选“应用”复选框，选择“淡化”动画类型，第 1 个动画效果，如图 16-15 所示。

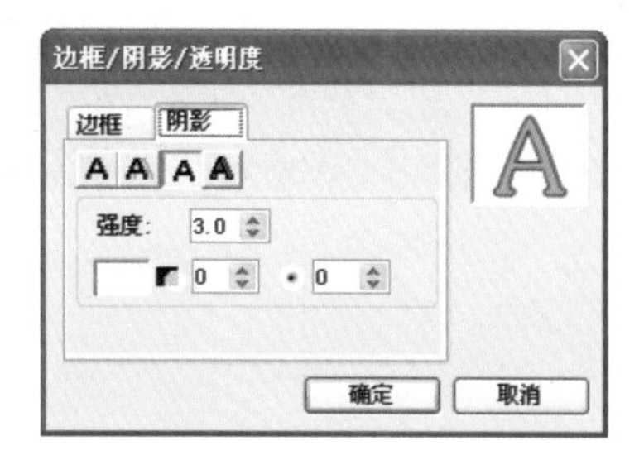

图 16-14　选择第 3 个“光晕阴影”效果

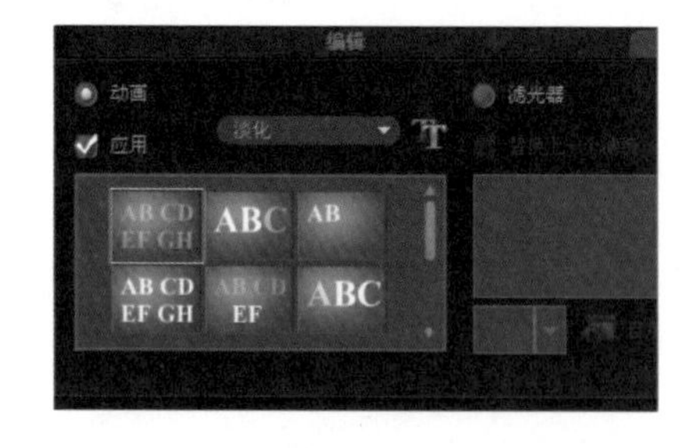

图 16-15　设置动画效果

STEP 15 单击确定“按钮”，在预览窗口调整标题位置，查看片头效果，如图 16-16 所示。

图 16-16　预览片头效果

16.2.2 添加视频文件

将制作影片需要的照片导入到时间轴中，根据影片编辑的需要，修改照片区间，以便进行影片编辑。

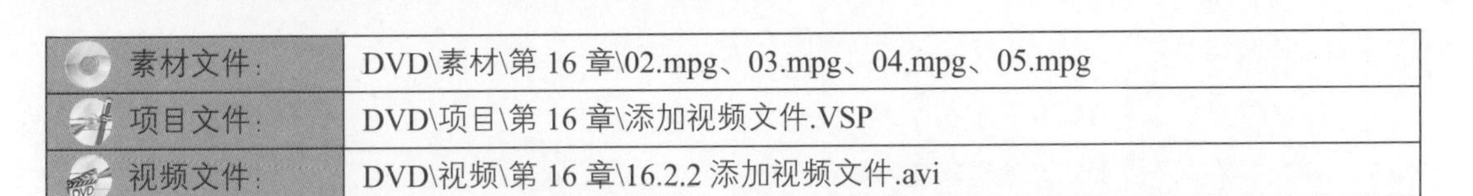

素材文件:	DVD\素材\第 16 章\02.mpg、03.mpg、04.mpg、05.mpg
项目文件:	DVD\项目\第 16 章\添加视频文件.VSP
视频文件:	DVD\视频\第 16 章\16.2.2 添加视频文件.avi

STEP 01 在时间轴单击鼠标右键，在弹出的快捷菜单中，选择“插入视频”选项，如图 16-17 所示。

STEP 02 在弹出的“打开视频文件”对话框中，选择视频（DVD\素材\第 16 章\02.mpg、03.mpg、04.mpg、05.mpg、06.mpg），如图 16-18 所示。

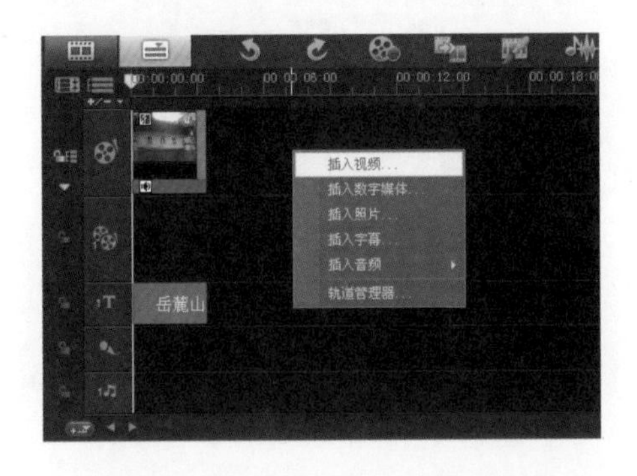

图 16-17　单击“插入视频”选项

图 16-18　选择视频文件

STEP 03 单击“打开”按钮，在时间轴中显示视频添加效果，如图 16-19 所示。

图 16-19　添加视频素材

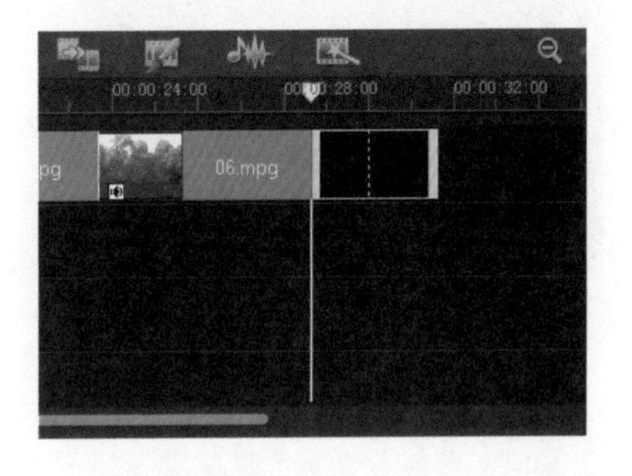

图 16-20　添加色彩素材

STEP 04 在视频轨道上添加黑色色彩素材，如图 16-20 所示。

STEP 05 在色彩素材与视频之间添加“交叉淡化-过滤”转场，如图 16-21 所示，让视频渐渐的过渡到黑色。

图 16-21　添加转场效果

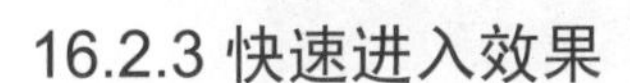

16.2.3 快速进入效果

制作快速进入效果，可以让一组静态的图像动起来，快速的进入画面，下面就来介绍操作方法。

素材文件:	DVD\素材\第 16 章\1.jpg、2.jpg、3.jpg、4.jpg
项目文件:	DVD\项目\第 16 章\快速进入效果.VSP
视频文件:	DVD\视频\第 16 章\16.2.3 快速进入效果.avi

STEP 01 在菜单栏上执行“设置”|“轨道管理器”命令，如图 16-22 所示。

STEP 02 在弹出的“轨道管理器”对话框中，添加 3 个覆叠轨，如图 16-23 所示。

图 16-22　单击“轨道管理器”命令

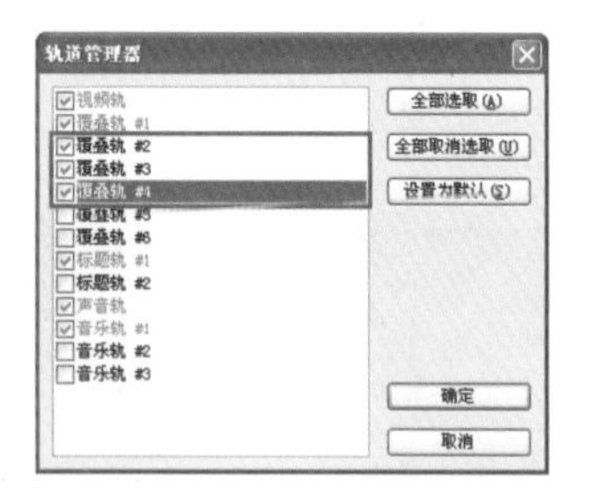

图 16-23　添加轨道

STEP 03 在覆叠轨#1 00: 00: 30: 02 时间位置时，添加素材图像(DVD\素材\第 16 章\1.jpg)，如图 16-24 所示。

STEP 04 选中图像，单击“选项”按钮，在编辑面板中，调整播放时间为 0: 00: 06: 00，如图 16-25 所示。

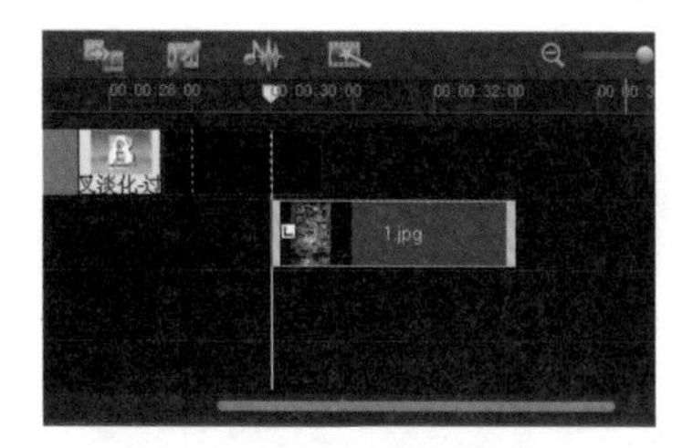

图 16-24　添加图像素材

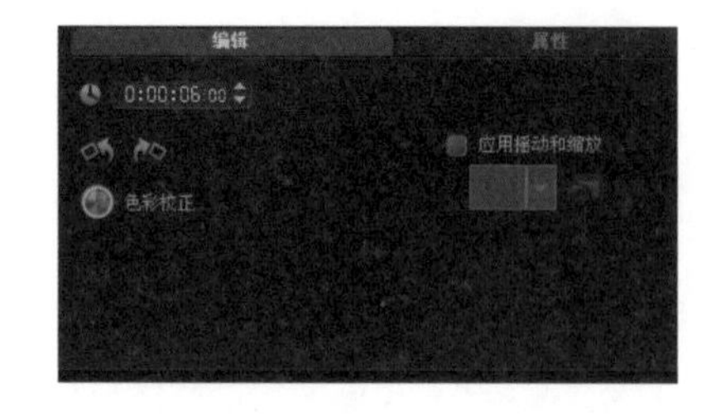

图 16-25　调整播放时间

STEP 05 在预览窗口中，调整素材的位置及大小，如图 16-26 所示。

STEP 06 在时间轴中 00: 00: 31: 00 位置时，添加素材（DVD\素材\第 16 章\2.jpg）到覆叠轨#2 上，并调整素材长度，如图 16-27 所示。

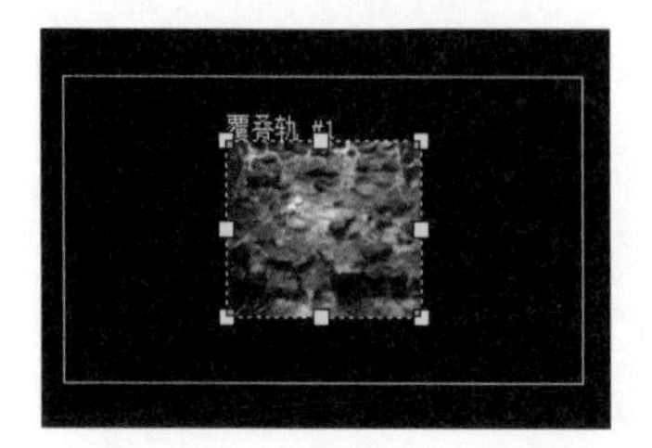

图 16-26　调整素材位置及大小

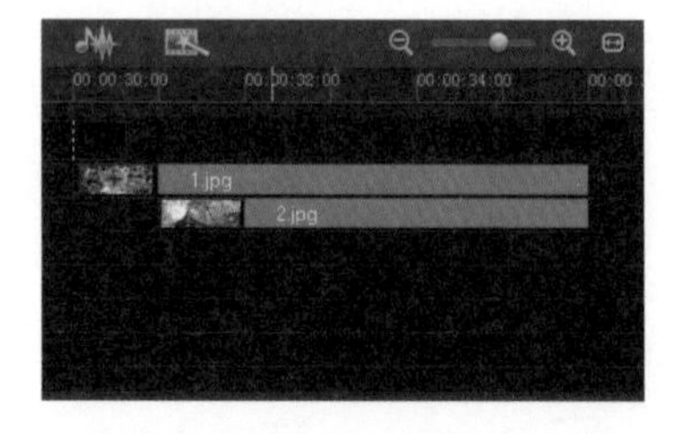

图 16-27　添加素材图像

STEP 07 在时间轴中 00: 00: 32: 00 位置时，添加素材（DVD\素材\第 16 章\3.jpg）到覆叠

轨#3 上，并调整素材长度，如图 16-28 所示。

STEP 08 在时间轴中 00: 00: 33: 00 位置时，添加素材（DVD\素材\第 16 章\4.jpg）到覆叠轨#4 上，并调整素材长度，如图 16-29 所示。

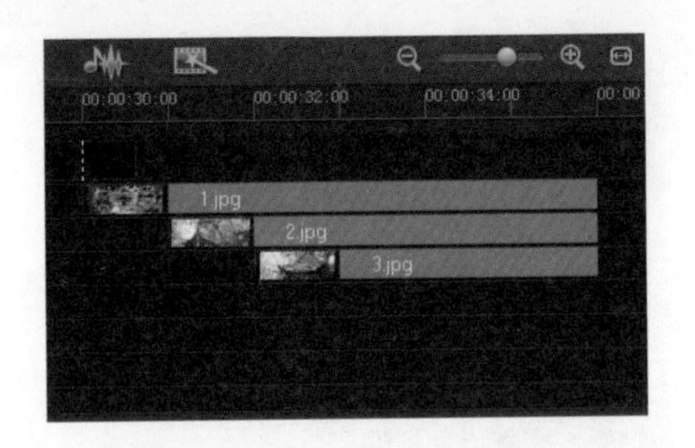

图 16-28　添加素材图像

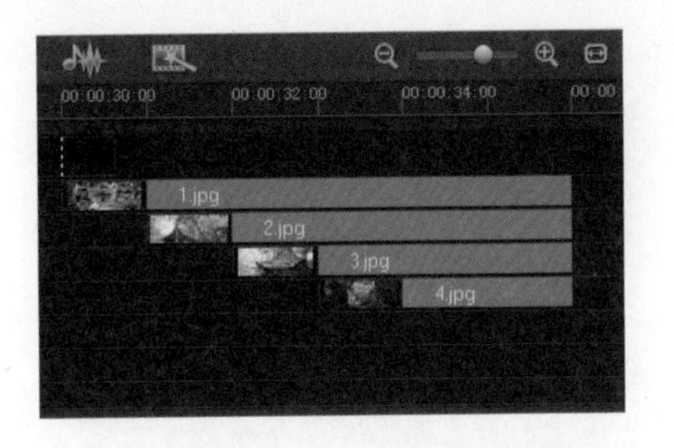

图 16-29　添加素材图像

STEP 09 在导览面板中，拖动“擦洗器”到 00: 00: 00: 13 位置，将“修整标记”也拖动到 00: 00: 00: 13 位置，如图 16-30 所示。

STEP 10 在时间轴中选中图像 1，单击“选项”按钮，打开属性面板，在属性面板中设置进入方向为“从右边进入”，如图 16-31 所示。

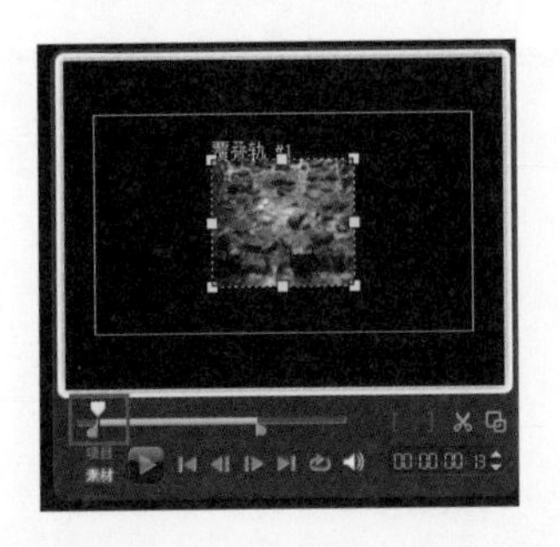

图 16-30　拖动“擦洗器”和“修整标记”

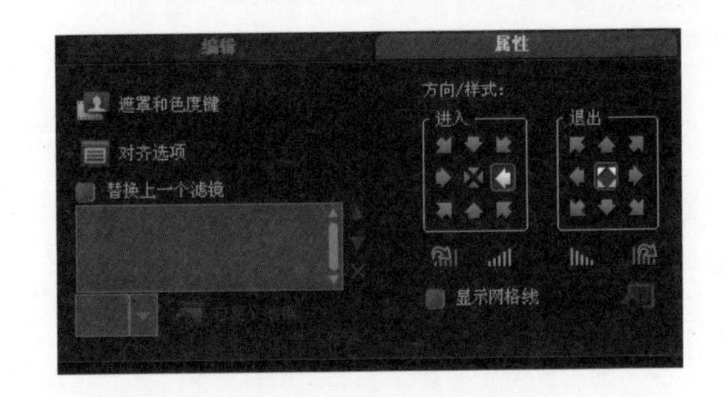

图 16-31　设置进入方向

STEP 11 选中图像 1，单击鼠标右键，在弹出的快捷菜单中，选择“复制属性”选项，如图 16-32 所示。

STEP 12 选中图像 2，单击鼠标右键，在弹出的快捷菜单中，选择“粘贴属性”选项，如图 16-32 所示。

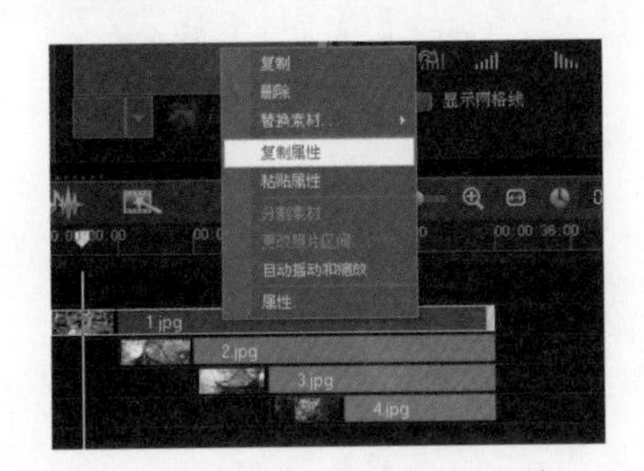

图 16-32　单击“复制属性”选项

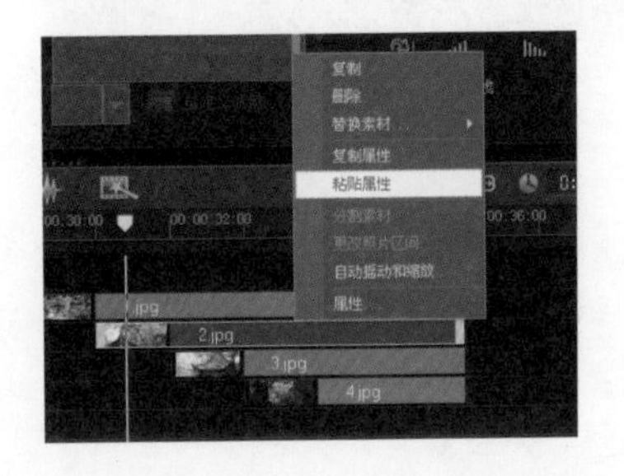

图 16-33　单击“粘贴属性”选项

STEP 13 选中图像 3，单击鼠标右键，在弹出的快捷菜单中，选择“粘贴属性”选项，如

图 16-34 所示。

STEP 14 选中图像 4，单击鼠标右键，在弹出的快捷菜单中，选择“粘贴属性”选项，如图 16-35 所示。

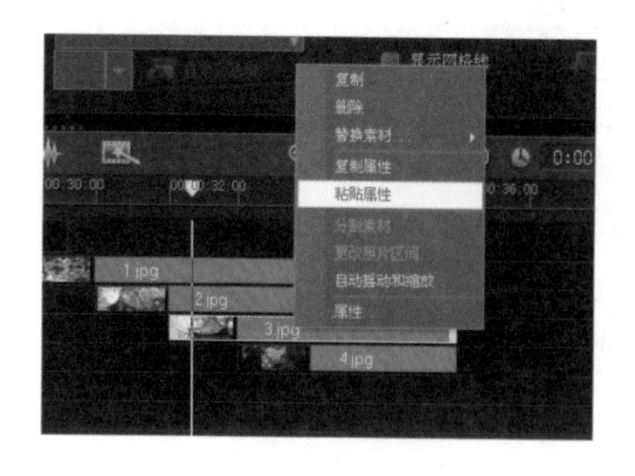

图 16-34　单击“粘贴属性”选项

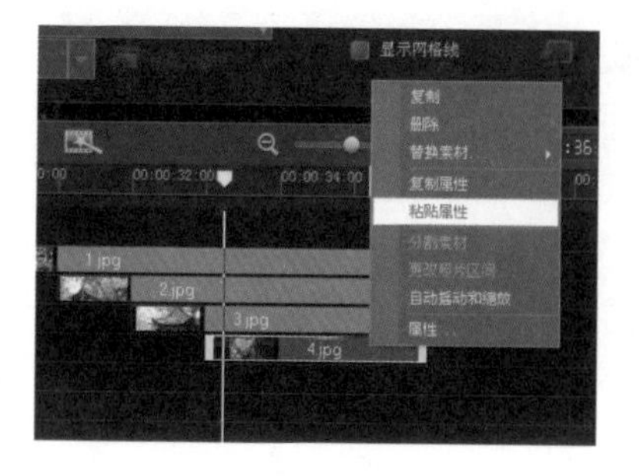

图 16-35　单击“粘贴属性”选项

16.2.4 制作旋转效果

制作旋转效果是让图像进行叠加后进行不同位置的旋转，下面就来介绍制作旋转效果的方法。

素材文件：	DVD\素材\第 16 章\1.jpg、2.jpg、3.jpg、4.jpg
项目文件：	DVD\项目\第 16 章\制作旋转效果.VSP
视频文件：	DVD\视频\第 16 章\16.2.4 制作旋转效果.avi

STEP 01 在覆叠轨#1 上添加素材图像（DVD\素材\第 16 章\1.jpg），如图 16-36 所示。

STEP 02 在预览窗口中，调整素材的位置及大小，如图 16-37 所示。

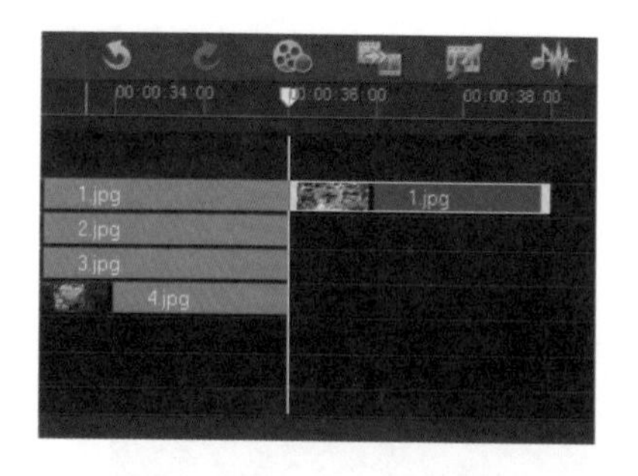

图 16-36　添加素材图像

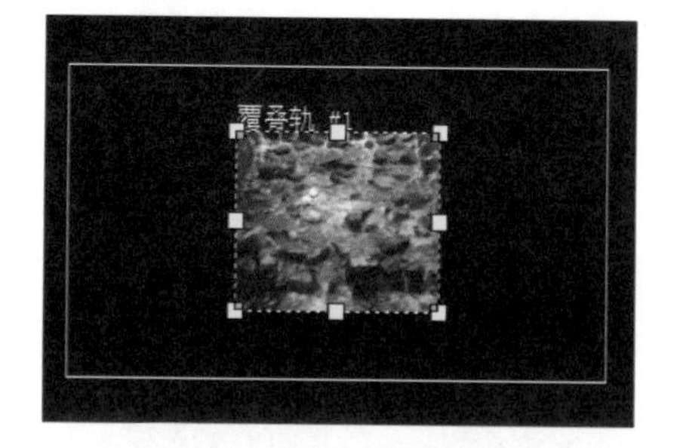

图 16-37　调整素材位置及大小

STEP 03 分别在覆叠轨#2、覆叠轨#3、覆叠轨#4 上添加素材图像（DVD\素材\第 16 章\2.jpg、3.jpg、4.jpg），如图 16-38 所示。

STEP 04 选中图像 1，单击鼠标右键，在弹出的快捷菜单中，选择“复制属性”选项，如图 16-39 所示。

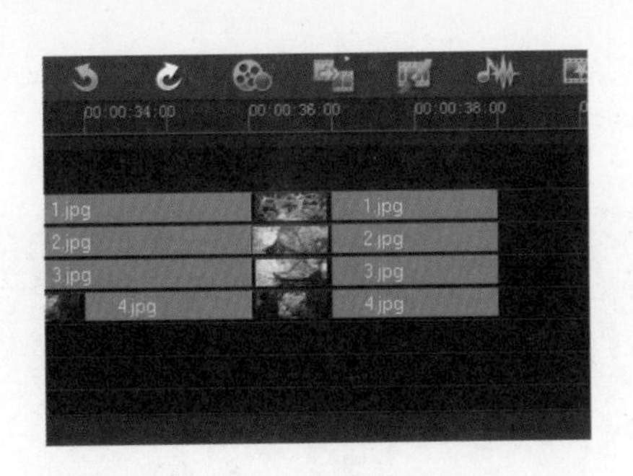

图 16-38　添加素材图像

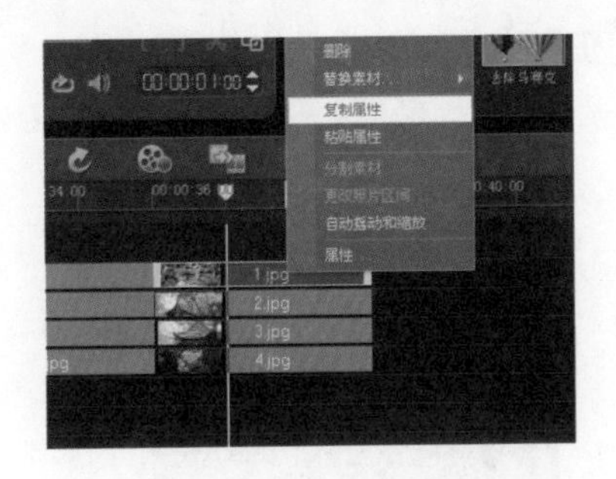

图 16-39　单击“复制属性”选项

STEP 05 分别选中图像 2、3、4，单击鼠标右键，在弹出的快捷菜单中，选择“粘贴属性”选项，如图 16-40 所示。

STEP 06 选中图像 1，单击“选项”按钮，打开属性面板，设置退出方向为“左上方退出”，单击“暂停区间前旋转”按钮，如图 16-41 所示。

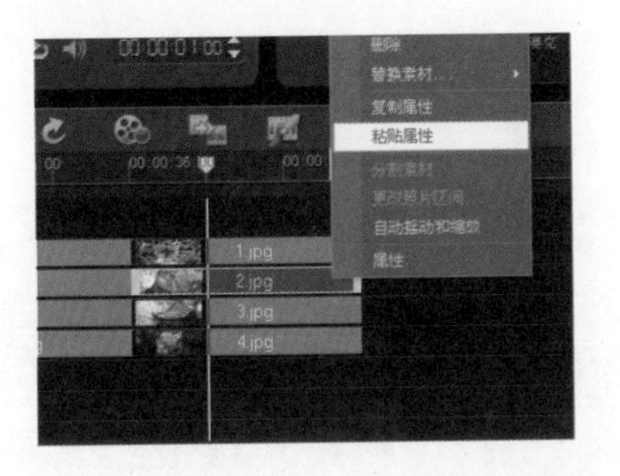

图 16-40　单击“粘贴属性”选项

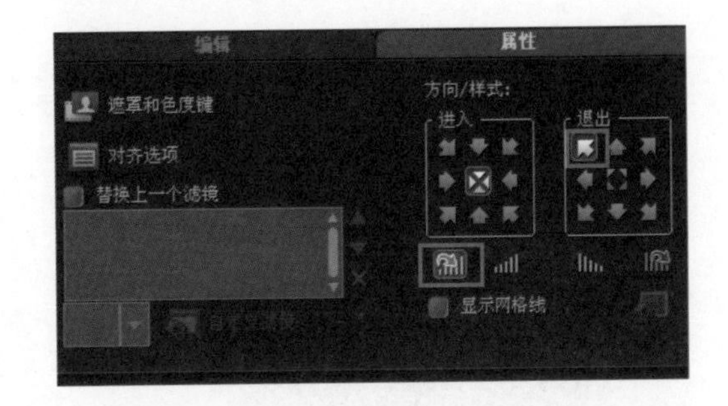

图 16-41　设置退出方向和暂停区间

STEP 07 在导览面板中，将“擦洗器”拖动到 00: 00: 00: 10 的位置，拖动“暂停区间”也到 00: 00: 00: 10 的位置，如图 16-42 所示。

STEP 08 选中图像 2，单击“选项”按钮，打开属性面板，设置退出方向为“右上方退出”，单击“暂停区间前旋转”按钮，如图 16-43 所示。

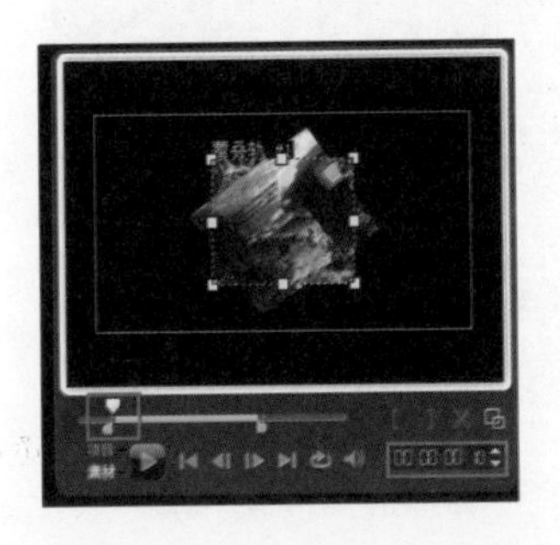

图 16-42　拖动“擦洗器”及“暂停区间”

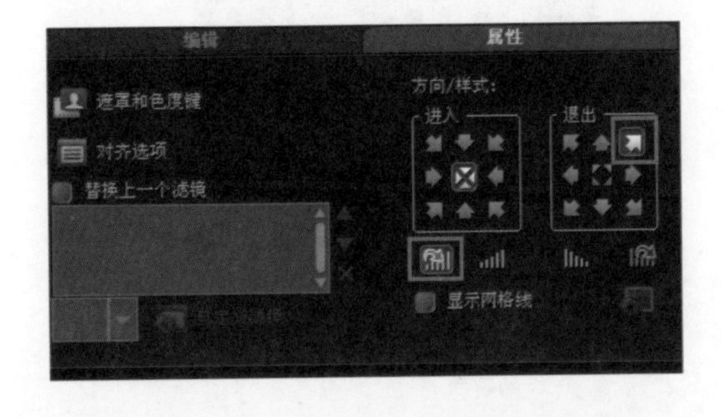

图 16-43　设置退出方向和暂停区间

STEP 09 在导览面板中，将“擦洗器”拖动到 00: 00: 00: 15 的位置，拖动“暂停区间”也到 00: 00: 00: 15 的位置，如图 16-44 所示。

STEP 10 选中图像 3，单击“选项”按钮，打开属性面板，设置退出方向为“左下方退出”，单击“暂停区间前旋转”按钮，如图 16-45 所示。

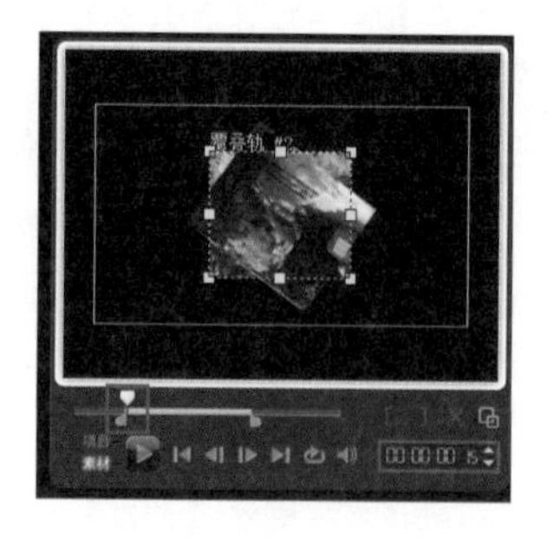

图 16-44　拖动“擦洗器”及“暂停区间”

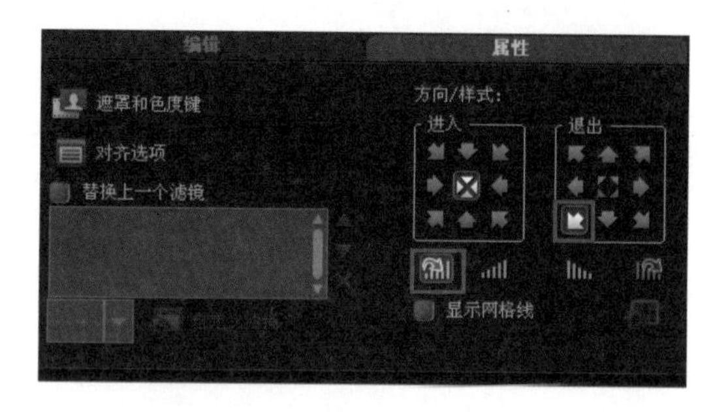

图 16-45　设置退出方向和暂停区间

STEP 11 在导览面板中，将“擦洗器”拖动到 00: 00: 00: 20 的位置，拖动“暂停区间”也到 00: 00: 00: 20 的位置，如图 16-46 所示。

STEP 12 选中图像 4，单击“选项”按钮，打开属性面板，设置退出方向为“右下方退出”，单击“暂停区间前旋转”按钮，如图 16-47 所示。

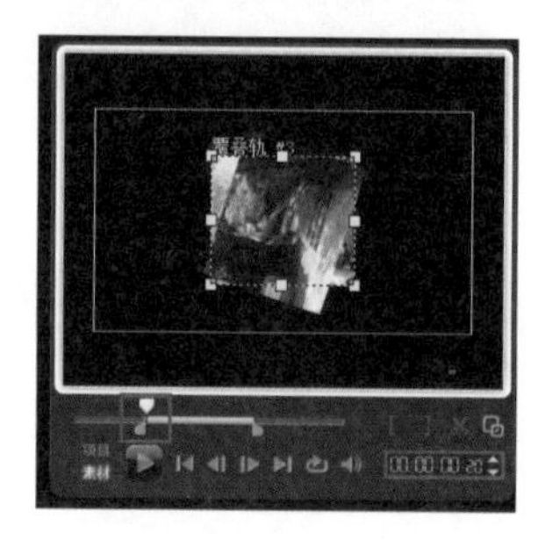

图 16-46　拖动“擦洗器”及“暂停区间”

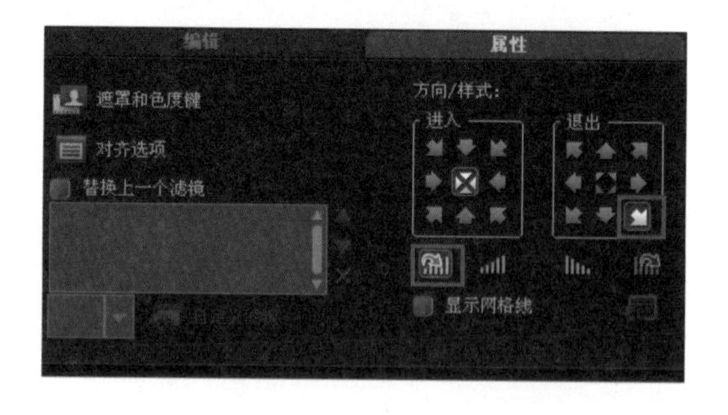

图 16-47　设置退出方向和暂停区间

STEP 13 单击导览面板中的“播放”按钮，预览素材旋转效果，如图 16-48 所示。

图 16-48　预览素材旋转效果

16.2.5 添加转场效果

添加素材后，需要给素材添加转场效果，这样可以使素材之间的过渡显得比较自然。

素材文件:	DVD\素材\第 16 章\5.jpg、6.jpg、7.jpg、8.jpg、9.jpg
项目文件:	DVD\项目\第 16 章\添加转场效果.VSP
视频文件:	DVD\视频\第 16 章\16.2.5 添加转场效果.avi

STEP 01 添加黑色色彩素材到覆叠轨#1 上，如图 16-49 所示。

STEP 02 单击“选项”按钮，在编辑面板上，调整素材播放时间为 0: 00: 01: 00，如图 16-50 所示。

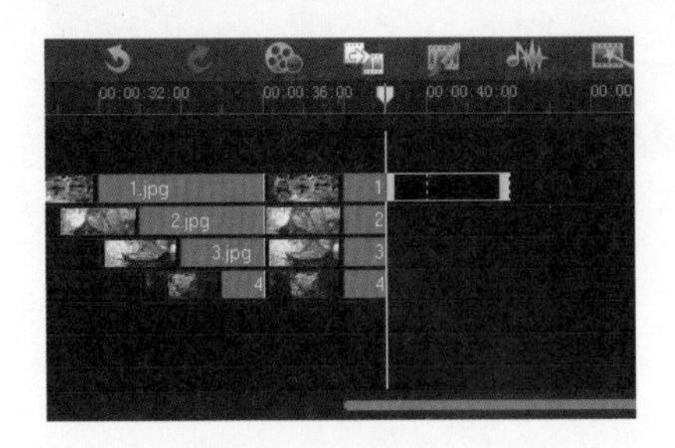

图 16-49 添加色彩素材

图 16-50 调整播放时间

STEP 03 添加素材图像（DVD\素材\第 16 章\5.jpg），在预览窗口中，选中素材，单击鼠标右键，在弹出的快捷菜单中选择“调整到屏幕大小”选项，将素材图像调整屏幕大小，如图 16-51 所示。

STEP 04 在色彩素材与图像 5 之间添加“方盒-伸缩”转场，如图 16-52 所示。

图 16-51 将素材调整到屏幕大小

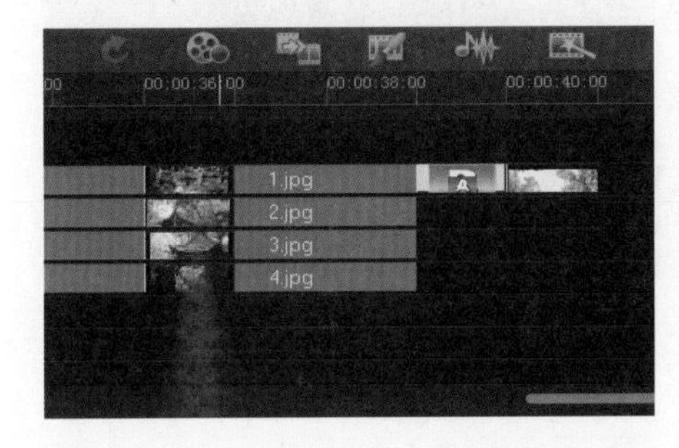

图 16-52 添加转场效果

STEP 05 添加素材图像（DVD\素材\第 16 章\6.jpg、7.jpg、8.jpg、9.jpg、10.jpg）到覆叠轨#1 上，如图 16-53 所示。

STEP 06 分别调整素材 6-9.jpg 在预览窗口的位置，如图 16-54 所示。

STEP 07 将图像 10 调整到和屏幕一样大小，如图 16-55

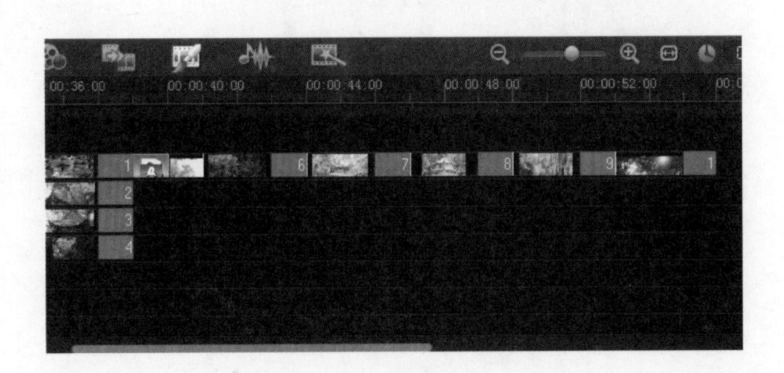

图 16-53 添加素材图像

所示。

图 16-54 调整素材位置及大小

图 16-55 将素材调整到屏幕大小

STEP 08 在图像 5～图像 8 之间添加“单向-伸展”、“百叶窗-擦拭”、“3D 彩屑-NewBlue 样品转场”效果，如图 16-56 所示。

STEP 09 在图像 8～图像 10 之间添加“菱形-过滤”、“交叉淡化-过滤”转场，如图 16-57 所示。

图 16-56 添加转场效果

图 16-57 添加转场效果

STEP 10 单击导览面板中的“播放”按钮，预览转场效果，如图 16-58 所示。

图 16-58 预览转场效果

16.2.6 添加标题效果

在影片中制作标题，并添加标题动画效果，可以让影片看起来更加生动活泼。

项目文件:	DVD\项目\第 16 章\添加标题效果.VSP
视频文件:	DVD\视频\第 16 章\16.2.6 添加标题效果.avi

STEP 01 单击素材库上的“标题”按钮，在预览窗口输入文本“金鱼”，如图 16-59 所示。

STEP 02 在编辑面板上设置字体为“方正稚艺简体”、“字体大小”为 70、颜色为橘色，勾选“文字背景”复选框，并单击“自定义文字背景属性”按钮，如图 16-60 所示。

图 16-59　输入文本

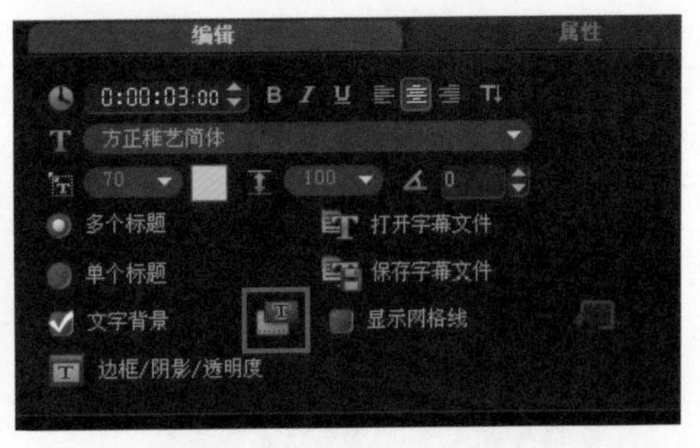

图 16-60　单击“自定义文字背景属性”按钮

STEP 03 在弹出的“文字背景”对话框中，背景类型选择“与文本相符”|“椭圆”选项，色彩设置单击“单色”单选按钮，颜色为粉色，透明度为 55，如图 16-61 所示。

STEP 04 单击“确定”按钮，返回编辑面板，在编辑面板中，单击“边框/阴影/透明度”按钮，如图 16-62 所示。

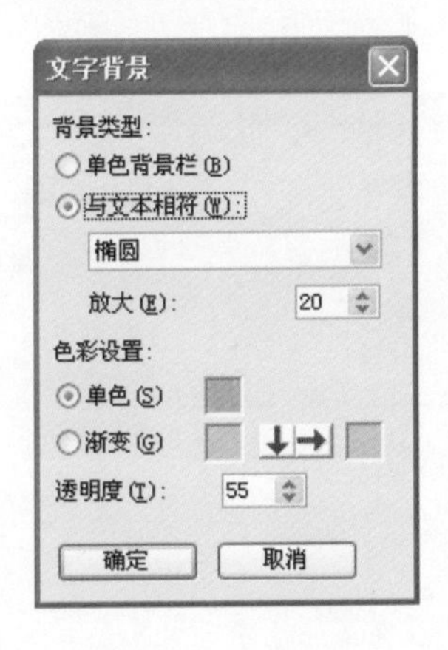

图 16-61　设置属性

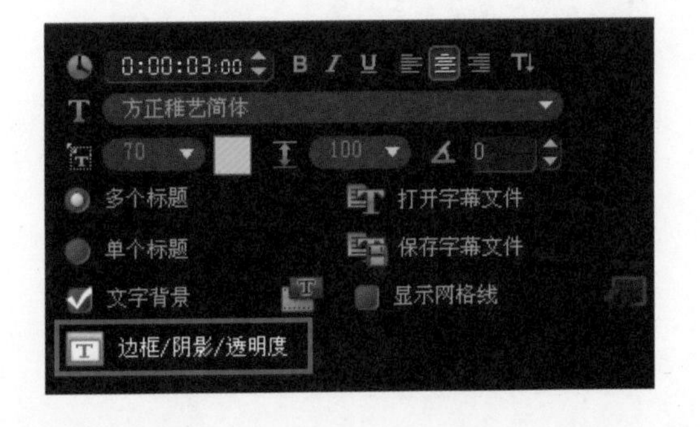

图 16-62　单击“边框/阴影/透明度”按钮

STEP 05 在弹出的“边框/阴影/透明度”对话框中，勾选“外部边界”复选框，“边框宽度”设置为“2”，线条颜色为黄色，如图 16-63 所示。

STEP 06 单击阴影选项卡，选择第 2 个“下垂阴影”效果，水平和垂直偏移量都设置为 1，如图 16-64 所示，单击“确定”按钮。

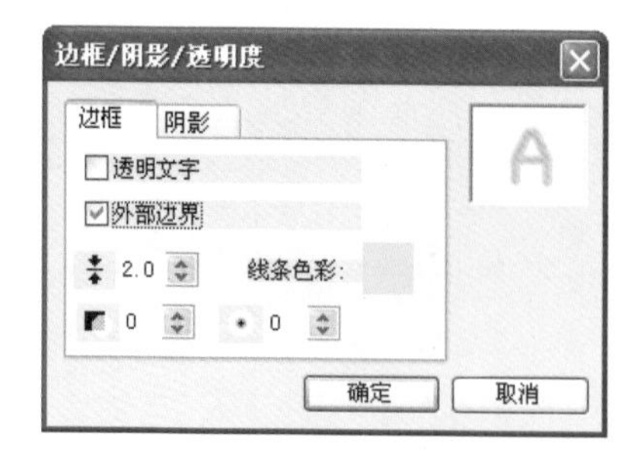

图 16-63　设置边框宽度

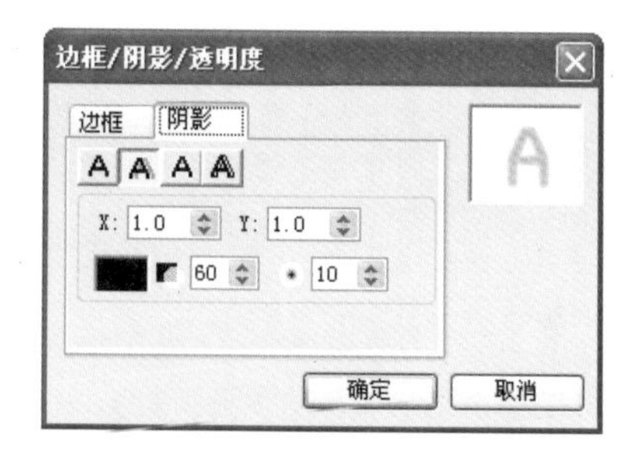

图 16-64　设置阴影效果

STEP 07 选择属性面板，在属性面板中，勾选“应用”复选框，动画类型选择淡化，第 1 个动画效果，并单击“自定义动画属性”按钮，如图 16-65 所示。

STEP 08 在弹出的“淡化动画”对话框中，淡化样式选择“交叉淡化”样式，如图 16-66 所示。

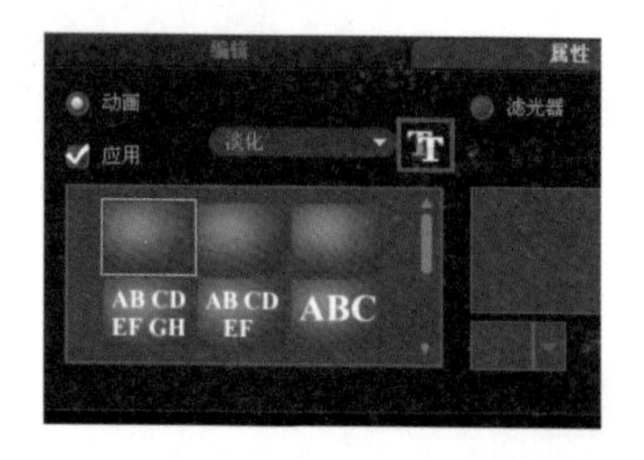

图 16-65　单击“自定义动画属性”按钮

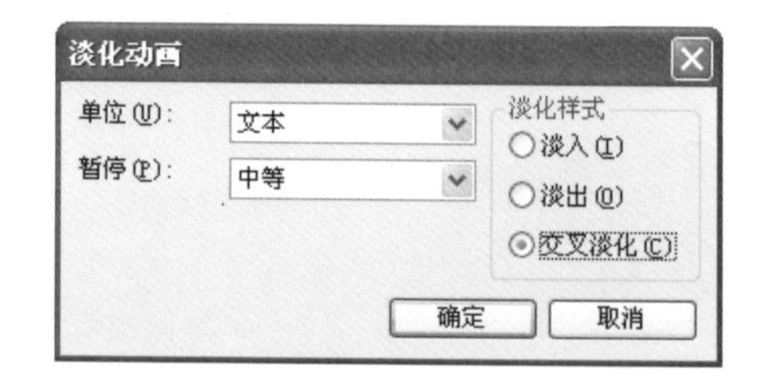

图 16-66　选择“交叉淡化”样式

STEP 09 单击导览面板中的“播放”按钮，预览标题效果，如图 16-67 所示。

图 16-67　预览标题效果

16.2.7 制作影片结尾

影片制作完成后，还需要制作影片片尾，让影片在自然过渡中结束。

项目文件:	DVD\项目\第 16 章\制作影片结尾.VSP
视频文件:	DVD\视频\第 16 章\16.2.7 制作影片结尾.avi

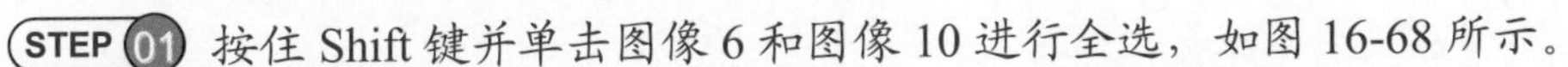

STEP 01 按住 Shift 键并单击图像 6 和图像 10 进行全选，如图 16-68 所示。

STEP 02 单击鼠标右键，在弹出的菜单中选择“自动摇动和缩放”选项，如图 16-69 所示。

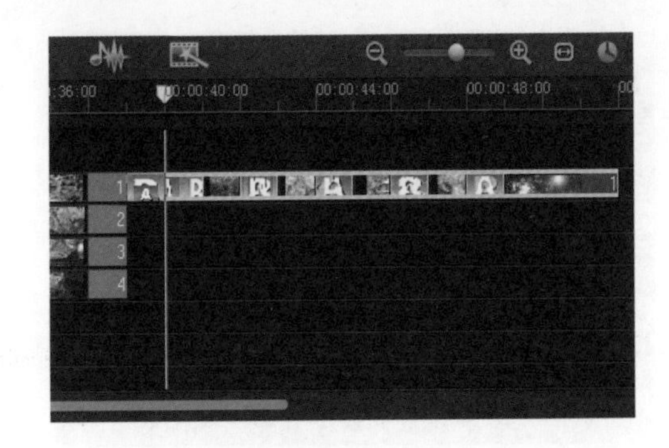

图 16-68 选择图像

图 16-69 单击“自动摇动和缩放”选项

STEP 03 在时间轴中选择图像 10，双击鼠标左键，如图 16-70 所示。

STEP 04 在编辑面板上调整播放时间为 0: 00: 04: 00，如图 16-71 所示。

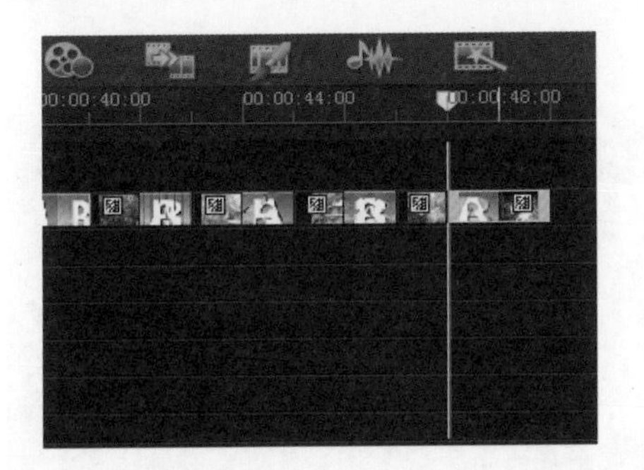

图 16-70 选择图像 10

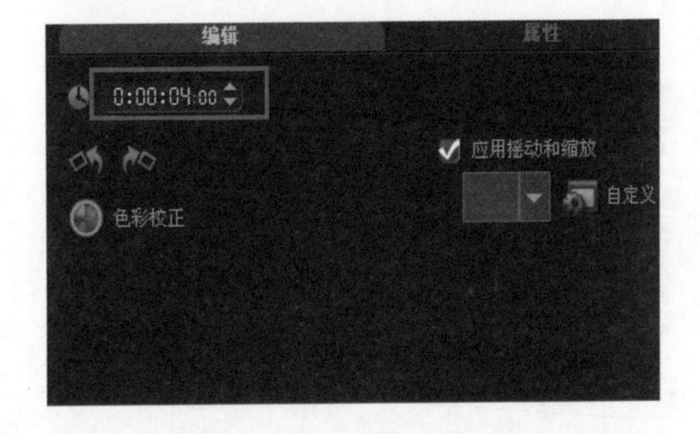

图 16-71 调整素材播放时间

STEP 05 单击素材库中的“标题”按钮，在标题素材库中，选择第 2 个标题效果，如图 16-72 所示。

STEP 06 将第 2 个标题效果拖动到标题轨道，如图 16-73 所示。

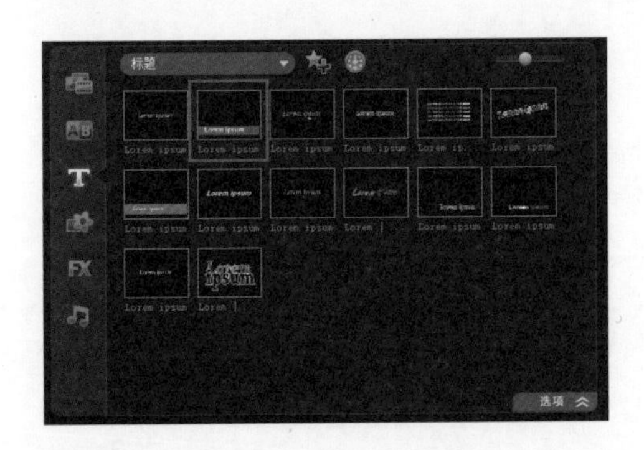

图 16-72 选择标题

图 16-73 添加标题

STEP 07 在预览窗口中修改文本为“岳麓美景”，如图 16-74 所示。

STEP 08 在时间轴中，调整标题的长度，如图 16-75 所示。

图 16-74　输入文本

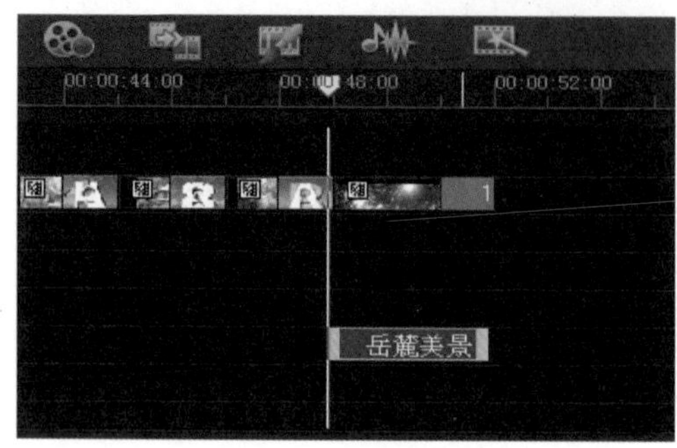

图 16-75　调整标题长度

STEP 09 单击导览面板中的“播放”按钮，预览影片结尾效果，如图 16-76 所示。

图 16-76　预览影片结尾效果

16.2.8 添加音乐文件

影片编辑完成后，还需要添加音乐，让影片的视觉与听觉相融合起来。

素材文件:	DVD\素材\第 16 章\岳麓风光.mp3
项目文件:	DVD\项目\第 16 章\添加音乐文件.VSP
视频文件:	DVD\视频\第 16 章\13.2.8 加音乐文件.avi

STEP 01 在时间轴空白处单击鼠标右键，弹出快捷菜单，选择“插入音频”|“到音乐轨 #1”选项，如图 16-77 所示。

STEP 02 弹出“打开音频文件”对话框，选择需要导入的音频文件（DVD\素材\第 16 章\岳麓风光.mp3），如图 16-78 所示。

图 16-77　单击“到音乐轨#1”选项

图 16-78　选择音乐素材

STEP 03 单击“打开”按钮，即可将文件导入到音乐轨道中，如图 16-79 所示。

STEP 04 将时间线移动到 00: 01: 10: 00 时间位置，选择音乐文件，单击鼠标右键，弹出快捷菜单，选择“分割素材”选项，如图 16-80 所示。

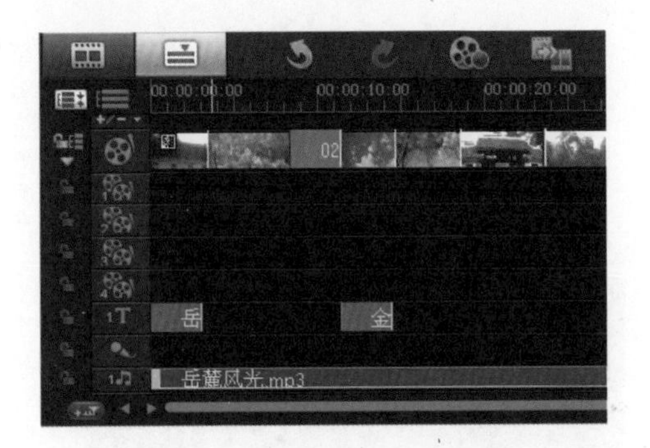

图 16-79　添加音乐素材

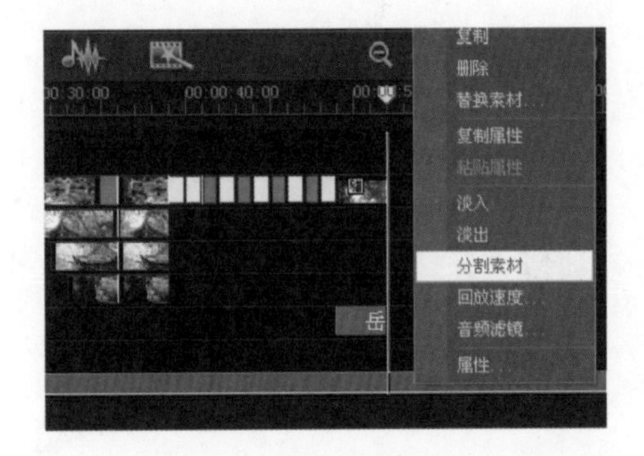

图 16-80　单击“分割素材”选项

STEP 05 音频文件已被分割成两段，选择后一段音频素材，按 Delete 键，进行删除，如图 16-81 所示。

STEP 06 删除完成后，选择“音乐和声音”选项面板，单击“淡入”、“淡出”按钮，如图 16-82 所示。

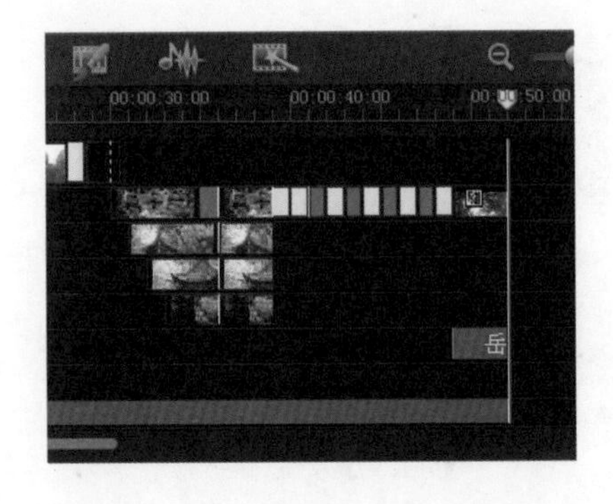

图 16-81　删除后一段音频素材

图 16-82　单击“淡入”、“淡出”按钮

16.2.9 输出视频文件

视频编辑完成后，需要把文件进行输出，以便分享给亲朋好友。

视频文件:	DVD\视频\第 13 章\13.2.9 输出视频文件.avi

STEP 01 选择“分享”按钮，在分享面板上单击“创建视频文件”按钮，在弹出的菜单中选择“自定义”选项，如图 16-83 所示。

STEP 02 弹出“创建视频文件”对话框，选择保存位置，并输入文件名称，如图 16-84 所示。

STEP 03 单击“保存”按钮，显示渲染进度，如图 16-85 所示。

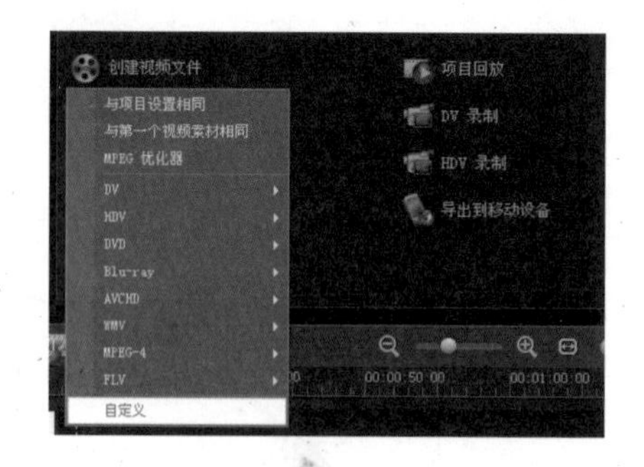

图 16-83　选择文件格式

图 16-84　输入文件名称

图 16-85　显示渲染进度

STEP 04 单击导览面板上的播放按钮，查看视频效果，如图 16-86 所示。

图 16-86　预览视频效果